中国水安全出版工程

丛书主编◎夏　军　　副主编◎左其亭

中国水环境安全

李怀恩　等◎著

长江出版传媒

湖北科学技术出版社

内容提要

我国高度重视生态文明建设与生态环境保护工作，其中，水环境安全占有重要地位。同时，水环境安全也是整个水安全的重要组成部分。我国在水环境安全领域开展了大量研究与实践，在有关课题研究成果的基础上，本书从多维度论述了我国的水环境安全问题、主要影响因素及对策措施。首先阐述了流域非点源污染、生态补偿、河道生态基流保障、海绵城市建设等与水环境安全之间的关系，进而论述地下水环境安全、长三角地区水环境安全、湖泊水环境安全以及城市饮用水水源水库的水质安全保障技术，最后以水环境安全预警系统结束全书。

本书可供水文水资源、资源科学、地理科学、环境与安全、国家安全等专业的科技工作者阅读，也可供有关部门的领导和管理人员参考。

图书在版编目(CIP)数据

中国水环境安全/李怀恩等著. —武汉：湖北科学技术出版社，2021.11
(中国水安全出版工程)
ISBN 978-7-5706-1486-8

Ⅰ.①中…　Ⅱ.①李…　Ⅲ.①水资源-安全管理-中国　Ⅳ.①X143

中国版本图书馆 CIP 数据核字(2021)第 170124 号

中国水环境安全
ZHONGGUO SHUIHUANJING ANQUAN

策划编辑：杨瑰玉　严　冰
责任编辑：罗晨薇　张娇燕
封面设计：胡　博
出版发行：湖北科学技术出版社
排版设计：武汉三月禾文化传播有限公司
印　　刷：湖北金港彩印有限公司
开　　本：710×1000　1/16
印　　张：24.5
字　　数：389 千字
版　　次：2021 年 11 月第 1 版
印　　次：2021 年 11 月第 1 次印刷
定　　价：328.00 元

丛书序

水是人类生存和发展不可或缺的一种宝贵资源，关乎人类社会发展的各个方面，从农业到工业，从能源生产到人类健康，水的作用毋庸置疑。水安全状况对财富和福利的产生和分配有着重要影响。同时，人类对水的诸多使用也对自然生态系统造成了压力。水资源是国家的基础性自然资源，也是战略性经济资源，维持着生态环境的良性循环，同时又是一个国家综合国力的组成部分。然而，地球上的淡水资源是有限的，20 世纪 70 年代以来，随着人口增长和经济社会快速发展，人类对水资源的需求急剧增加，越来越多的地区陷入了水资源紧张的局势。

受全球气候变化影响，极端生态事件频发，全球水资源供需矛盾面临的风险愈来愈严峻。与水污染、水灾害、水短缺、水生态联系的流域、跨界、区域和国家水安全及其水安全保障问题，已经成为制约区域可持续发展的重大战略问题，水安全也事关粮食安全、经济安全、生态环境安全和国家安全。水安全问题成为影响经济社会可持续发展和人民安居乐业的瓶颈制约，也因此越来越受到国际国内组织和专家学者的高度重视。2015 年 1 月在瑞士召开的全球第 45 届达沃斯世界经济论坛发布的《2015 年全球风险报告》中，将水危机定为全球第一大风险因素。

目前，我国水资源供需矛盾突出，发展态势十分严峻，面临着洪涝灾害频发，水资源短缺制约经济社会发展，水土流失严重带来生态环境恶化，水污染未能得到有效控制等多重问题。因此，亟须系统阐述我国水安全问题及其成因，并对中国未来尤其近 30～50 年水安全保障问题进行系统分析与判断，提出科学对策与建议；切实加强水资源保护，提高水资源利用效率，加大水污染治理和非常规水资源开发利用，建设水安全保障的科技支撑体系，关系到我国经济社会可持续发展和生态文明建设的大局。

在相关部门和机构的支持下，武汉大学于2012年组建了国内第一家水安全研究院。多年来我们以水资源、水生态环境系统与社会经济发展和资源开发利用为纽带，在水资源、水生态环境学科发展前沿和重大水利水电和生态环境保护治理工程建设应用研究领域，提出水资源开发与流域综合调度管理战略、流域水生态环境保护战略和水旱灾害防治战略，取得了一批具有创新性、实用性和自主知识产权的标志性成果，为加速我国水污染与水旱灾害的综合治理和重大水利水电与节能减排工程建设，满足经济建设与社会发展对水资源、水环境与水生态的需求，保障水安全、能源安全和生态环境安全，实现社会经济可持续发展，提供理论与技术支持。

为了展示和交流我国学者在水安全方面的研究成果，在有关部门资助和支持下，由武汉大学水安全研究院牵头组织“中国水安全出版工程”丛书的编写工作，其中包括邀请国内知名院士和专家指导，邀请工作在一线的中青年专家担任“中国水安全出版工程”丛书中相关专著的主编或副主编，组织相关专家参与该工作。在大家的共同努力下，本丛书即将陆续面世。我相信，这套丛书的出版对于推动水安全问题的研究及我国的水安全保障与决策支持，有着重要的价值与意义。

是为序。

2018年10月

前　　言

由于水环境对我国社会经济与生态环境的重要性，长期以来，我国非常重视水环境安全问题。近年来，我国高度重视生态文明建设与生态环境保护工作，其中，水环境安全占有重要地位。水环境安全的影响因素众多，加之我国地域辽阔，自然条件与社会经济发展差异巨大，使得我国的水环境安全问题更为复杂。

我国在水环境安全领域开展了大量研究与实践，本书从多维度论述我国的水环境安全问题。本书由李怀恩组织与统稿，全书共九章。第一章由李怀恩、黄康、范远航执笔；第二章由史淑娟、马双良、郭悦嵩、李怀恩执笔；第三章由李怀恩、成波、田若谷、贾斌凯、肖恒靖执笔；第四章由董雯、王瑞琛执笔；第五章由胡保卫、梅雪执笔；第六章由杨寅群、毕雪、杨梦斐执笔；第七章由李凯、黄廷林、文刚执笔；第八章由李家科、李怀恩、马萌华、张蓓、郭超、蒋春博、李凡执笔；第九章由罗军刚、张璇、左岗岗、连亚妮执笔。

夏军院士策划了“中国水安全出版工程”丛书，本书是其中的一本。本书的组织与写作过程，也得到了夏军院士的指导与支持，在此表示衷心的感谢。

受作者水平与时间限制，书中难免存在疏漏之处，敬请读者不吝批评赐教。

编　者

2020 年 12 月

目　录

第一章　非点源污染与水环境安全

第一节　概　　论

一、非点源污染的概念与特征

随着社会和经济的迅速发展，水资源日益匮乏、水环境污染已成为全球性问题。水环境污染是点源污染（point source pollution）和非点源污染（non-point source pollution）共同作用的结果。点源污染是指通过排放口或管道排放的污染，包括工业废水、城市生活污水、污水处理厂出水及其他固定排放源。非点源污染是指污染物以广域的、分散的、微量的形式进入地表及地下水，主要包括大气干湿沉降、暴雨径流、底泥二次污染和生物污染等诸多方面引起的水体污染。

与点源污染相比，非点源污染起源于分散的、多样的地区，地理边界和发生位置难以准确界定，随机性强、形成机理复杂、涉及范围广、控制难度大，具有以下特性：①随机性。非点源污染与降雨、土地利用、土壤结构、气候气象、地质地貌、人类活动等多个因素都有密切关系，这些因素的随机性和不确定性决定了非点源污染的形成具有较大的随机性。②广泛性。由于人类活动的分散性和降雨的普遍性，决定非点源污染在空间分布上具有广泛性。③滞后性。农药化肥的大量施用是造成非点源污染最重要的原因之一，但只有在径流的驱动下，才会将地表长期积累的化学物质带入水体，造成水环境的污染，所以非点源污染在时间上具有滞后性。④模糊性。影响非点源污染的因子复杂多样，由于缺乏明确固定的污染源，因此在判断污染物的具体来源时存在一定的难度。不同影响因子之间又相互影响，因而非点源污染的形成机理具有较大的模糊性。

⑤复杂性。在研究非点源污染机理过程和控制非点源污染方面具有较大的难度，传统的点源污染末端治理技术很难有效地控制非点源污染。

二、非点源污染对水环境安全的影响

目前，非点源污染已引起严重的生态环境问题，成为水环境的第一大污染源。随着工业废水和城镇生活污水排放的点源污染得到有效控制，非点源污染尤其是农业非点源污染已成为威胁水环境安全的主要原因。

自20世纪70年代被提出并证实以来，非点源污染在水体污染中所占比重随着点源污染的大力治理呈大幅度上升趋势。北美学者的研究结果表明：美国约有60%的河流污染与非点源污染有关，农业非点源污染占总污染量的57%～75%。欧洲因农业活动输入北海河口的总氮（TN）、总磷（TP）分别占60%和25%。据2010年《第一次全国污染源普查公报》数据显示，我国农业污染源（不包括典型地区农村生活污染源）中重铬酸盐指数（COD_{Cr}）、TN、TP排放量分别为1324.09万t、270.46万t、28.47万t，分别占全国污染物排放总量的43.71%、57.19%、67.27%。全国523条主要河流中有82%受到不同程度的N、P污染，其中污染负荷50%以上来源于非点源污染。松花江流域TN、TP的非点源污染负荷远大于点源污染负荷；太湖流域非点源污染中畜禽养殖的TP、TN、化学需氧量（COD）污染负荷分别占流域总污染负荷的34%、58%和61%，大大超出了其他污染源；辽河流域非点源污染对水质污染的贡献率表现为TN67.4%，TP76.4%，COD39.4%和氨氮21.9%；密云水库营养物质中有49.9%的TN、73.5%的TP和63.2%的高锰酸盐指数（COD_{Mn}）来自非点源污染。

综上所述，非点源污染目前已经成为影响水体环境质量的重要污染类型，其对农业生产、水资源、水生生物栖息地和流域水文特征均有着严重影响。主要影响如下：

（1）毒害型污染物淤积水体，降低水体的生态功能。水土流失，大量泥沙进入水体，导致河床、湖泊水面升高，水体面积和体积减小，降低了水体的容纳水量和防洪抗旱能力。同时，由于暴雨冲刷和地表径流的作用，农药及其降解产物，化肥中的重金属、有机毒物进入水体，会引起水体生物急性中毒，影响水体生态功能，破坏水生生物的生存环境。

（2）营养型污染物污染水体，破坏水生生物生态系统。过量施用农药和化肥，大量的N、P元素进入地下和地表水，将导致水体的污染，甚至会形成水体的富营养化，破坏水生生物的生存环境，导致水生生态系统的失调。有研究表明农药化肥的过量使用和水土流失是湖泊、水库富营养化加快的主要因素。

(3)污染饮用水源,影响人体健康。生活污水、生活垃圾、农药化肥等对水环境安全构成了严重威胁。有毒有害物质及一些营养盐经过淋溶作用进入地下水或者经地表进入饮用水源区,造成饮用水源的污染,尤其是一些有毒有害物质,具有致癌、致突变、致畸形的性质,对人体健康构成严重威胁。

(4)严重威胁地下水。全世界施入土壤中的肥料有30%~50%经土壤淋溶作用而进入地下水,而大量的土壤中N的淋失和下渗,使地下水中硝态氮含量严重超标。

因此,控制非点源污染已经成为水环境安全保障的重要内容。非点源污染的控制是提升江河湖库等水体水质,保护水生生物的生存环境,维持生态系统平衡的重要手段;是保护水源地和城市水环境,使城市持久稳定发展的重要保证。

第二节　流域非点源污染负荷估算方法比较研究

水环境污染问题通常可分为点源污染和非点源污染,在点源污染的控制达到一定水平后,非点源污染的严重性逐渐表现出来,对其控制的迫切性也随之日益增强。非点源污染负荷的评估是做好非点源污染控制的第一步,故有必要对非点源污染负荷估算方法进行研究。国内外目前采用的较为成熟的非点源污染负荷估算模型可以分为有限资料条件下的非点源污染负荷估算模型,系统资料条件下的非点源污染负荷估算模型,以及无资料地区的非点源污染负荷估算模型等三类,汇总结果如表1.1所示。

表1.1　国内常用非点源污染模型归纳表

模型归类	模型名称	模型方程/输入、输出参数	模型适用范围
有限资料条件下的非点源污染负荷估算模型	平均浓度法	$C=\frac{\sum_{j=1}^{m}\bar{C}W_{Aj}}{\sum_{j=1}^{m}W_{Aj}}$ $W_n=W_S C_{SM}$	根据有限的监测资料估算流域非点源污染年负荷量的简便而有效的方法,除了用来预测多年平均及不同频率代表年的非点源污染负荷量外,还可用于预测某些特殊年份(如实际特丰年)或次洪水的非点源污染负荷
	相关关系法	$W_T=C_{SM}W_S+C_{BM}W_B$	在只测有少数几场降雨径流过程的水质水量同步资料,很难直接得到地表径流的平均浓度时,可以应用此模型

续表

模型归类	模型名称	模型方程/输入、输出参数	模型适用范围
有限资料条件下的非点源污染负荷估算模型	降雨量差值法	$\begin{cases} L_{\mathrm{n}}=f(P) \\ L_{\mathrm{p}}=C \\ L=L_{\mathrm{n}}+L_{\mathrm{p}}=f(P)+C \end{cases}$ $L_{\mathrm{A}}-L_{\mathrm{B}}=f(P_{\mathrm{A}}-P_{\mathrm{B}})=f(P')=L_{\mathrm{n}}'$	避开了污染物从产生到流出流域出口的迁移转化过程，属于黑箱模型，且不需要径流量资料，可应用于无水文站地区
	非点源营养负荷-泥沙关系法	$W_{\mathrm{NSP}}=\alpha W_{\mathrm{ADS,NSP}}+B$ $=\alpha\lambda\int_0 Qs(t)\mathrm{d}t+B$ $=\beta\bar{W}_{\mathrm{SXS}}+B$	可用于水土流失区多沙河流非点源污染负荷的初步估算，对于同一流域，如果水质水量同步监测资料中包含有大、中、小三种量级的洪水过程，则获得的结果就具有比较好的代表性
	土地利用关系法	首先，需要选择典型小流域内降雨情况相近且都有水质水量同步监测资料的场次进行分析与修正，划分土地利用类型；然后，按标准化数值计算各流域的综合变量值；最后，建立标准化后的污染物浓度与综合变量之间的相关关系	该方法结构简单，对资料要求较低，适宜在中国资料短缺地区推广使用。由于降雨径流污染不仅取决于土地利用类型，也受降雨径流过程影响。典型洪水的选择是影响负荷预测精度的关键
系统资料条件下的非点源污染负荷估算模型	SWAT模型	输入参数：气候因子、蒸发量、蒸腾量、壤中流、渗漏量、养分因子、农药因子等 输出参数：径流量、入渗量、泥沙迁移量、养分迁移量、农药输移量等	SWAT模型能在缺乏资料、数据的地区建模应用。基于流域尺度并能模拟具有不同土壤类型、不同土地利用方式和不同管理条件的流域内水、泥沙、农药以及营养物质的分布和迁移转化的影响，并能预测近百年之内的总径流量、营养盐负荷等
	AnnAGNPS模型	输入参数：气象参数、地形参数、土地利用参数、土壤参数、管理措施参数 输出参数：暴雨径流和峰值流量沉积物、营养物和浓度	模拟的流域面积最大可达 $3000\mathrm{km}^2$，输入参数包括 8 大类 31 小类，约 500 多个参数，用来描述流域和时间变量，主要包括气象、地形、土地利用、土壤和管理等
	HSPF模型	输入参数：气象和水文数据，土地利用分布和特征，负荷因子与冲刷参数，受纳水体特征，衰减系数 输出参数：径流量和污染物负荷的时间序列，对受纳水体的影响分析，对控制措施的分析	可利用 ArcView 对空间数据具备的存储和处理能力，自动提取模拟区域所需要的地形、地貌、土地利用、土壤、植被、河流等数据，进行非点源污染负荷的长时间连续模拟，并把模拟结果与所存储的实测数据进行比较，以验证模型。在此基础上，可以模拟最佳管理措施或土地利用方式改变对非点源污染的改善效果

续表

模型归类	模型名称	模型方程/输入、输出参数	模型适用范围
系统资料条件下的非点源污染负荷估算模型	ANSWERS模型	输入参数：模拟必要条件、降水信息、土壤信息、土地利用与地表信息、沟道说明、单元元素信息 输出参数：流域特征、径流量、泥沙量、有组织的BMPs效果、泥沙迁移量、沟道沉积	该模型主要是针对欧洲平原地区研发的，用于预报农业典型小流域中次降雨条件下的地表径流量和土壤侵蚀量以及污染物流失量。在土壤侵蚀研究中该模型用于BMPs（最佳管理措施）对流域泥沙及水文过程的影响
无资料地区的非点源污染负荷估算模型	Johnes输出系数模型	$L=\sum_{i=1}^{n}E_i[A_i(I_i)]+p$	大小流域都适用。应用的关键是确定输出系数的种类及其取值。一般将流域的营养源分为种植用地、城镇用地、自然地、牲畜和人五大类。其中牲畜又分为大牲畜、猪、羊、家禽四类
	二元结构模型	$C=\sum_{i=1}^{4}P_iQ_iN_iS_i$	将非点源污染负荷的产生和运移分成溶解态污染负荷和吸附态污染负荷两种过程，并分别进行计算。尤其适用于大尺度流域

本节在比较分析其优劣的基础上，提出适合规划层次非点源污染负荷估算需求的优先推荐模型。选取潼关吊桥断面为渭河流域控制断面，首先计算出吊桥断面2006—2010年实际总污染负荷，进而将实际总污染负荷分割为点源污染负荷以及非点源污染负荷，然后分别采用输出系数法、平均浓度法估算出吊桥断面2010年非点源污染负荷，将此结果与分割出的吊桥断面2010年实际非点源污染负荷进行对比，分析各法的相对误差以及优劣，进而提出非点源污染负荷估算的优先推荐方法。

一、流域实际非点源污染负荷的计算

对于渭河流域实际污染负荷的计算，选取潼关吊桥断面为控制断面，水质资料采用国家公布的2006—2010年渭河潼关吊桥断面的周水质资料。由于缺乏吊桥断面的流量资料，故采用《中华人民共和国水文年鉴》（以下简称《水文年鉴》）上渭河华县站逐日流量以及北洛河南荣华站逐日流量的合成流量作为吊桥断面的逐日流量，根据每周公布的水质资料的时间段选取吊桥断面相应时间段内的逐日流量求平均值，作为与水质资料相对应的周平均流量。根据周水质资料以及周平均流量，可得出周污染负荷，然后相加求和得出年污染负荷。渭河流域 2006—2010 年 COD_{Mn} 及氨氮年污染负荷计算结果见表 1.2。

表 1.2　渭河流域 2006—2010 年实际总污染负荷

年份	年径流量(亿 m^3)	COD_{Mn}(t)	氨氮(t)
2006	42.31	70104	18901
2007	53.27	65449	14340
2008	40.92	47497	14401
2009	43.83	30857	16998
2010	63.81	54531	16277

采用污染分割法对吊桥断面 2006—2010 年总污染负荷进行分割，得到吊桥断面实际非点源污染负荷值，结果见表 1.3。

表 1.3　渭河流域 2006—2010 年总污染负荷构成

年份	COD_{Mn}			氨氮		
	点源污染负荷(t)	非点源污染负荷(t)	非点源污染比例(%)	点源污染负荷(t)	非点源污染负荷(t)	非点源污染比例(%)
2006	62747	7357	10.50	16026	2875	15.21
2007	49802	15647	23.91	11888	2452	17.10
2008	40411	7086	14.92	12753	1648	11.44
2009	23796	7061	22.88	14798	2200	12.94
2010	30262	24269	44.50	12703	3574	21.96

二、输出系数法估算流域非点源污染负荷

(一)思路与方法

应用输出系数法时，首先搜集流域的社会经济资料以及土地利用资料，然后通过查阅文献确定合理的输出系数、入河系数以及降解系数，进而求出流域非点源污染负荷。

1. 入河量的计算

要估算入河量，首先要确定入河系数。入河系数是描述入河过程的重要参数，是指累积在流域坡面的污染物为降雨冲刷所形成的污染负荷，随流域汇流过程进入主河道的比率，其计算公式为

$$\lambda = \frac{L_{sub}}{S_{sub}} \tag{1-1}$$

式中，λ 为入河系数；L_{sub} 为子流域出口非点源污染负荷量；S_{sub} 为子流域产生非点源污染负荷量。

对于入河系数的计算，通常情况下，可以用 SWAT 模型、Behrendt 公式等方法进行确定。

1)流域入河系数计算方法Ⅰ——SWAT 模型计算法

SWAT 模型对每个子流域的污染物从坡面产生直到子流域出口分别计算入河系数，为该子流域的平均入河系数。然后采用 Kriging 法求得子流域每个点的入河系数。

Kriging 函数的表达形式一般为

$$Z(s)=\mu+\varepsilon(s) \tag{1-2}$$

式中，s 为空间位置，可以认为是经纬度表示的空间坐标；$Z(s)$ 为 s 处的变量值，即为所处位置的入河系数 λ；μ 为确定趋势值，即模型所计算的平均入河系数 λ_r；$\varepsilon(s)$ 为自相关随机误差。

2)流域入河系数计算方法Ⅱ——Behrendt 公式法

$$\lambda_i=1/(1+a\times q_i^b) \tag{1-3}$$

式中，λ_i 为流域污染负荷入河系数；q_i 为 P_i 年的径流模数[$cm^3/(km^2\cdot a)$]；a、b 为入河流失系数的计算系数。此式的应用基于输出系数模型与实测资料的计算结果，然后进行回归分析，得到式中参数 a、b 的值。

3)流域入河系数计算方法Ⅲ——降雨量关系式

$$\lambda_i=[c+d\times(p/\bar{p})]\times e \tag{1-4}$$

式中，p 为日降水量(mm)，$\bar{p}$ 为多年平均日降水量(mm)；其余符号均为待定参数，用于反映降水量和单元特征对入河系数的影响。

除以上三种方法之外，入河系数还可以通过调查监测法以及查阅参考文献法等方法获得，其准确定量则需要建立在较长期的水质水量同步监测的基础上。目前，国内对入河系数的研究还处于起步阶段，可查阅到一些研究成果。

2. 水体降解的影响

根据文献的研究，在入河污染负荷量的基础上考虑水体降解的影响，首先确定降解系数。通常情况下，污染物降解系数 K 可以用分析借用法、实测法或经验公式法等求得，主要计算方法如下所示。

1)分析借用法

根据水域以往工作和研究中的有关资料计算，经过分析检验后可以采用。无资料时，可以借用水力特性、污染状况、地理和气象条件相似的邻近河流资料。

2)实测法

选取一个河顺直、水流稳定、无支流汇入、无排污口的河段,分别在其上游(A 点)和下游(B 点)布设采样点,监测污染物浓度值和水流流速,计算 K 值的公式为

$$K = 86.4 \times \frac{u}{\Delta X} \ln \frac{C_A}{C_B} \tag{1-5}$$

式中,ΔX 为上下端面之间的距离(m);C_A 为上断面污染物浓度(mg/L);C_B 为下断面污染物浓度(mg/L)。

3)经验公式法

怀特经验公式:

$$K = 10.3Q^{-0.49} \tag{1-6}$$

$$或 K = 39.6P - 0.34 \tag{1-7}$$

式中,P 为河床湿周(m)。

(二)应用实例

由于缺乏长期的监测资料且实验条件不充分,故采用文献法来初步确定渭河流域污染负荷的输出系数值,并考虑流域总损失以及流域降解对负荷值进行修正,使输出系数法的计算结果更适合流域的实际情况。从渭河流域实际出发,将营养源分为土地利用、牲畜及农业人口三大类。为了提高分析精度,将土地利用进一步分为耕地、草地、林地、城镇用地和未利用地(自然地)五种类型,牲畜又分为大牲畜、猪、羊三种类型。

1. 流域相关资料

渭河流域贯穿陕西、甘肃、宁夏三省。陕西境内主要考虑西安、宝鸡、咸阳、渭南、杨凌示范区、铜川以及延安部分县(吴起、甘泉、富县、洛川)等,甘肃则主要考虑天水、平凉、庆阳以及定西部分县(渭源、陇西、通渭、漳县),宁夏只包括固原市1个行政区。渭河流域内土地利用面积、牲畜及人口状况如表 1.4 所示。

表 1.4 渭河流域内土地利用面积、牲畜及人口状况(2010 年)

行政区	土地利用(万 hm^2)					牲畜(万只)			农业人口(万人)
	耕地	草地	林地	城镇用地	自然地	大牲畜	猪	羊	
西安	30.23	2.37	48.33	12.11	0.63	21.60	94.32	29.45	408.08
宝鸡	36.30	9.02	118.09	6.75	2.01	50.54	108.54	52.17	199.08
咸阳	35.89	12.46	22.23	9.80	0.98	45.76	181.85	106.80	353.19

续表

行政区	土地利用（万 hm^2）					牲畜(万只)			农业人口（万人）
	耕地	草地	林地	城镇用地	自然地	大牲畜	猪	羊	
渭南	57.36	13.16	20.56	11.41	2.28	28.38	182.05	79.13	390.14
杨凌	0.66	0.00	0.07	0.37	0.06	1.13	3.09	0.27	10.85
铜川	9.89	3.53	20.32	1.75	0.54	7.76	7.57	7.33	43.90
延安	10.36	21.75	77.46	1.76	0.59	2.81	11.25	10.76	43.22
天水	38.14	14.41	41.73	4.20	20.43	55.26	70.02	28.95	307.89
平凉	37.22	14.76	32.15	4.60	5.48	80.09	41.15	20.30	193.29
庆阳	44.59	114.15	52.99	21.08	18.84	56.63	38.53	161.90	230.54
定西	34.57	33.80	22.75	3.38	23.59	0.45	42.21	28.33	266.95
固原	25.78	15.25	18.77	2.68	7.45	36.60	17.50	62.80	129.74

2.输出系数的分类及确定

1)TN 输出系数的确定

根据浑河流域以及汉江、丹江流域的研究结果，取渭河流域耕地 TN 的输出系数为 30.94kg/(hm^2·a)；由于研究流域内草地以天然草地为主，基本不施用化肥，故草地 TN 的输出系数为 1.58kg/(hm^2·a)；由于秦岭南坡研究中林地与研究区域林地结构相似，故确定林地 TN 的输出系数为 3.27kg/(hm^2·a)；鉴于城镇用地的复杂易变性，对其输出系数取值的研究还很不完善，根据改进的输出系数法取城镇用地 TN 的输出系数为 11kg/(hm^2·a)；同时，未利用地(自然地)的 TN 输出系数取 8.56kg/(hm^2·a)。由文献研究结果可知，大牲畜、猪、羊的排泄物中 N 含量分别为 61.10kg/(ca·a)、4.51kg/(ca·a)、2.28kg/(ca·a)，N 的输出比例分别为16.71%、16.43%和 17.68%，计算得牲畜排泄物输出系数分别为10.21kg/(ca·a)、0.74kg/(ca·a)、0.40kg/(ca·a)。根据文献的研究，人的排泄物中 N 的输出系数为2.14kg/(ca·a)。确定出的 TN 输出系数值见表 1.5。

2)TP 输出系数的确定

在输出系数中受地域影响最大的是土地利用，而渭河流域土地类型主要为耕地、林地及城镇用地，且耕地的主要作物为小麦和玉米，种植结构较稳定，参考浑河流域及陕西省沣河流域的研究结果确定 TP 的输出系数，如表 1.5 所示。

3)COD 输出系数的确定

由于研究流域处于我国西北地区，根据《禽畜养殖业污染物排放标准》，以及文献的研究，综合得出 COD 污染负荷的输出系数值，如表 1.5 所示。

4)氨氮输出系数的确定

根据双台子河流域的研究结果，再结合渭河流域西安段的研究结果以及陕西省沣河流域的研究结果，综合得出氨氮的输出系数值，如表 1.5 所示。

表 1.5　渭河流域输出系数分类及取值

指标	土地利用类型[kg/(hm^2·a)]					牲畜[kg/(ca·a)]			农业人口[kg/(ca·a)]
	耕地	草地	林地	城镇用地	自然地	大牲畜	猪	羊	
TN	30.94	1.58	3.27	11.00	8.56	10.21	0.74	0.40	2.14
TP	0.77	0.40	0.13	0.19	0.19	0.17	0.11	0.04	0.17
COD	18.00	6.20	9.10	10.00	7.00	49.84	4.51	1.50	16.40
氨氮	3.21	0.68	0.34	1.52	2.08	3.79	1.19	0.41	0.90

根据表 1.4 中渭河流域的土地利用、牲畜和农业人口数据，再结合表 1.5中的输出系数值，应用 Johnes 输出系数模型得出 TN、TP、COD 和氨氮的非点源污染负荷量，如表 1.6 至表 1.9 所示。

表 1.6　渭河流域 COD 非点源污染负荷计算结果

行政区	土地利用(t)					牲畜(t)			农业人口(t)
	耕地	草地	林地	城镇用地	自然地	大牲畜	猪	羊	
西安	5440.6	1467.3	4398.4	1210.6	44.4	10767.6	4253.8	441.8	66925.5
宝鸡	6533.9	559.2	10746.5	675.2	140.9	25191.3	4895.0	782.6	32649.4
咸阳	6460.2	772.6	2022.8	980.0	68.4	22805.4	8201.4	1602.0	57922.4
渭南	10324.7	815.7	1871.0	1141.2	159.8	14145.7	8210.5	1187.0	63982.3
杨凌	119.3	0.3	6.5	37.1	4.2	565.4	139.4	4.1	1778.8
铜川	1780.0	218.8	1848.8	175.5	38.0	3866.1	341.3	109.9	7200.1
延安	1864.0	1348.7	7048.9	176.3	41.4	1399.7	507.6	161.4	7087.9
天水	6865.2	893.2	3797.2	420.0	1429.9	27541.6	3157.9	434.3	50494.0
平凉	6699.6	914.8	2925.7	459.8	383.3	39916.9	1855.9	304.5	31699.6
庆阳	8026.2	7077.3	4822.4	2107.6	1318.8	28224.4	1737.7	2428.5	37808.6
定西	6222.3	2095.3	2070.4	338.1	1651.0	225.2	1903.7	425.0	43779.8
固原	4640.8	945.6	1707.7	267.5	521.4	18241.4	789.3	942.0	21277.4
合计	64976.8	17108.8	43266.3	7988.9	5801.5	192890.7	35993.5	8823.1	422605.8
总计	799455.4								

表 1.7　渭河流域氨氮非点源污染负荷计算结果

行政区	土地利用(t)					牲畜(t)			农业人口(t)
	耕地	草地	林地	城镇用地	自然地	大牲畜	猪	羊	
西安	968.7	16.0	162.9	184.0	13.2	818.8	1117.7	119.3	3672.7
宝鸡	1163.4	60.9	398.0	102.6	41.9	1915.6	1286.2	211.3	1791.7
咸阳	1150.3	84.1	74.9	149.0	20.3	1734.2	2154.9	432.5	3178.7
渭南	1838.4	88.8	69.3	173.5	47.5	1075.7	2157.3	320.5	3511.2
杨凌	21.2	0.0	0.2	5.6	1.2	43.0	36.6	1.1	97.6
铜川	316.9	23.8	68.5	26.7	11.3	294.0	89.7	29.7	395.1
延安	331.9	146.8	261.0	26.8	12.3	106.4	133.4	43.6	389.0
天水	1222.4	97.2	140.6	63.8	424.9	2094.4	829.7	117.2	2771.0
平凉	1192.9	99.6	108.3	69.9	113.9	3035.4	487.6	82.2	1739.6
庆阳	1429.1	770.5	178.6	320.4	391.9	2146.3	456.6	655.7	2074.9
定西	1107.9	228.1	76.7	51.4	490.6	17.1	500.2	114.7	2402.6
固原	826.3	102.9	63.2	40.7	154.9	1387.1	207.4	254.3	1167.7
合计	11569.4	1718.7	1602.2	1214.4	1723.9	14668.0	9457.3	2382.1	23191.8
总计	67527.8								

表 1.8　渭河流域 TN 非点源污染负荷计算结果

行政区	土地利用(t)					牲畜(t)			农业人口(t)
	耕地	草地	林地	城镇用地	自然地	大牲畜	猪	羊	
西安	9351.7	732.2	1580.5	1331.6	54.3	2205.8	698.0	117.8	8733.0
宝鸡	11231.1	2790.4	3861.7	742.7	172.3	5160.6	803.2	208.7	4260.3
咸阳	11104.3	3855.5	726.9	1078.0	83.6	4671.8	1345.7	427.2	7558.2
渭南	17747.0	4070.4	672.3	1255.3	195.5	2897.8	1347.2	316.5	8348.9
杨凌	205.0	1.5	2.3	40.8	5.1	115.8	22.9	1.1	232.1
铜川	3059.6	1092.1	664.3	193.0	46.4	792.0	56.0	29.3	939.5
延安	3204.0	6730.4	2533.0	193.9	50.7	286.7	83.3	43.0	924.9
天水	11800.5	4457.1	1364.5	462.0	1748.6	5642.0	518.1	115.8	6588.8
平凉	11515.9	4565.3	1051.3	505.7	468.8	8177.2	304.5	81.2	4136.4
庆阳	13796.1	35318.0	1732.9	2318.4	1612.7	5781.9	285.1	647.6	4933.6
定西	10695.4	10456.2	744.0	371.9	2018.9	46.1	312.4	113.3	5712.7
固原	7977.0	4718.8	613.7	294.3	637.6	3736.9	129.5	251.2	2776.4
合计	111687.6	78787.9	15547.4	8787.6	7094.5	39514.6	5905.9	2352.7	55144.8
总计	324823								

表 1.9　渭河流域 TP 非点源污染负荷计算结果

行政区	土地利用(t)					牲畜(t)			农业人口(t)
	耕地	草地	林地	城镇用地	自然地	大牲畜	猪	羊	
西安	232.7	9.5	62.8	23.0	1.2	36.5	104.6	11.0	693.7
宝鸡	279.5	36.1	153.5	12.8	3.8	85.4	120.3	19.6	338.4
咸阳	276.4	49.8	28.9	18.6	1.9	77.3	201.6	40.1	600.4
渭南	441.7	52.6	26.7	21.7	4.4	48.0	201.8	29.7	663.2
杨凌	5.1	0.0	0.1	0.7	0.1	1.9	3.4	0.1	18.4
铜川	76.1	14.1	26.4	3.3	1.0	13.1	8.4	2.7	74.6
延安	79.7	87.0	100.7	3.3	1.1	4.7	12.5	4.0	73.5
天水	293.7	57.6	54.2	8.0	38.9	93.4	77.6	10.9	523.4
平凉	286.6	59.0	41.8	8.7	10.4	135.3	45.6	7.6	328.6
庆阳	343.3	456.6	68.9	40.0	35.9	95.7	42.7	60.7	391.9
定西	266.2	135.2	29.6	6.4	45.0	0.8	46.8	10.6	453.8
固原	198.5	61.0	24.4	5.1	14.2	61.8	19.4	23.6	220.6
合计	2779.5	1018.5	618	151.6	157.9	653.9	884.7	220.6	4380.5
总计	10865.2								

3. 入河量的计算

以上计算结果为渭河流域非点源污染负荷产生量，并非一定时期内，由地表径流携带进入渭河水体的负荷量，即入河量。要估算入河量，首先要确定入河系数。

由于目前基本没有可查阅的渭河流域入河系数参考文献，本节在计算渭河流域入河系数时参考中国水利水电科学研究院在 2000 年开展的全国非点源污染调查过程中的估算结果，求出全国各水资源区非点源污染负荷入河量与非点源污染负荷产生量的比值，将所求得的北方 6 区（松花江区、辽河区、海河区、黄河区、淮河区、西北诸河区）入河量与产生量的比值取平均值，作为渭河流域非点源污染负荷入河量与产生量的比值，即渭河流域入河系数，如表 1.10 所示。

表 1.10　渭河流域不同污染物质的入河系数

污染指标	TN	TP	COD	氨氮
入河系数	0.10	0.08	0.07	0.08

此处所求得的入河系数包括了流域损失以及污染物由坡面进入河道过程中所产生的损失，是一个综合入河系数。在此基础上，求出渭河流域2010年非点源污染负荷入河量，如表1.11所示。

表 1.11　渭河流域 2010 年不同污染物质的入河量

污染指标	TN	TP	COD	氨氮
入河量(t)	25005	869	55962	5402

4.水体降解的影响

本节对于降解系数的确定，参考了《陕西省渭河干流水域纳污能力及限制排污总量意见》《黄河流域水资源保护规划》以及其他相关文献，确定出渭河流域不同污染物质的降解系数，如表1.12所示。

表 1.12　渭河流域不同污染物质的降解系数

污染指标	TN	TP	COD	氨氮
降解系数	0.35	0.21	0.45	0.30

根据以上确定的入河量以及降解系数，利用式(1-8)，即可求出2010年渭河流域非点源污染负荷。采用输出系数法计算2010年渭河流域非点源污染负荷时，各系数值及计算结果如表1.13所示。

$$计算值 = 入河量 \times (1 - 降解系数) \tag{1-8}$$

表 1.13　输出系数法计算结果表

污染指标	产生量(t)	入河系数	入河量(t)	降解系数	计算值
TN	324823	0.10	25005	0.35	16253
TP	10866	0.08	869	0.21	687
COD	799454	0.07	55962	0.45	30779
氨氮	67528	0.08	5402	0.30	3781

5.输出系数法误差分析

将采用输出系数法计算的2010年渭河流域非点源污染负荷结果与表1.3中的2010年渭河流域实际非点源污染负荷进行对比，由于实际负荷值计算过程中缺乏 TN、TP 的水质数据，故只将 COD、氨氮的计算结果进行对比分析，如表 1.14所示。

表 1.14　输出系数法计算结果对比表

污染指标	实际值(t)	计算值(t)	相对误差(%)
COD	24269	30779	26.82
氨氮	3574	3781	5.79

表 1.14 表明，输出系数法计算的 2010 年渭河流域非点源污染负荷较实际而言有所偏高，COD 偏高，为 26.82%，氨氮误差相对较小，为 5.79%。原因一方面在于输出系数、入河系数以及降解系数难以准确定量，所参考的其他文献里面所提及的流域具体情况始终与渭河流域存在差异，故系数值可能也存在偏差；另一方面渭河流域流经陕西、甘肃、宁夏三省，每一种土地利用类型的分类面积难以准确获得，故也可能导致计算结果有所偏差。

三、平均浓度法估算流域非点源污染负荷

(一)思路与方法

水质预测和流域非点源污染控制规划需要的是不同条件下的年负荷量，流域出口断面(或其他控制断面)的年总负荷量(W_T)可表示为

$$W_T = \int_{t_0}^{t_e} C(t)Q(t)\mathrm{d}t \tag{1-9}$$

式中，$C(t)$为年内浓度变化过程；$Q(t)$为年径流过程；t_0和 t_e分别为年初和年末时刻。

由水文学可知，年径流过程可以划分为地表径流过程和地下(枯季)径流过程，而非点源污染主要是由地表径流引起的。因此，年总负荷量还可表示为

$$W_T = \int_{t_0}^{t_e} [C_S(t)Q_S(t) + C_B(t)Q_B(t)]\mathrm{d}t \tag{1-10}$$

式中，$Q_S(t)$、$Q_B(t)$分别为地表和地下径流过程；$C_S(t)$、$C_B(t)$分别为地表和地下径流的浓度。

如果具有流量和浓度的同步监测资料，而且连续监测了很多年，则多年平均或不同频率代表年的年负荷量就可以由式(1-10)计算出来。但我国在大多数情况下，只测有几场径流过程的水质水量同步资料，这时，可对式(1-10)进行简化，以求得年负荷量。可以设想，如果我们能够得到地表径流和地下径流的平均浓度，就可以由式(1-10)算出非点源污染年负荷量和枯季径流的年负荷

量，二者之和即为年总负荷量。计算公式为

$$W_{\mathrm{T}} = C_{\mathrm{SM}}\int_{t_0}^{t_e} Q_{\mathrm{S}}(t)\mathrm{d}t + C_{\mathrm{BM}}\int_{t_0}^{t_e} Q_{\mathrm{B}}(t)\mathrm{d}t = C_{\mathrm{SM}}W_{\mathrm{S}} + C_{\mathrm{BM}}W_{\mathrm{B}} \tag{1-11}$$

式中，C_{SM}、C_{BM}分别为地表径流和地下径流的平均浓度；W_{S}、W_{B}分别为年地表和地下径流总量。下面根据这一思路，提出具体计算方法。

1.年径流量及其分割

当有长期的实测径流资料时，可直接统计出多年平均径流量，不同频率的年径流量可通过频率分析的方法得到。对于资料不足或无实测径流资料的流域，多年平均径流量和不同频率的年径流量可采用当地水文手册中的等值线图法等方法推求。

年径流量确定以后，为了分割地表径流和枯季径流，还需要确定年径流量的年内分配（即分配到各月），可采用典型年同倍比缩放法确定。由于非点源污染负荷主要是由汛期地表径流所携带的，因此，应将年径流过程划分为汛期地表径流量（暴雨径流）和枯季径流量（含汛期基流）这两部分。划分方法可采用水文学中的斜线分割法或统计法。

2.平均浓度的推算

根据各次降雨径流过程的水量水质同步监测资料，先计算出每次暴雨各种污染物非点源污染的平均浓度，再以各次暴雨产生的径流量为权重，求出加权平均浓度。

一次暴雨径流过程非点源污染平均浓度的计算公式为

$$\bar{C} = W_{\mathrm{L}}/W_{\mathrm{A}} \tag{1-12}$$

式中，W_{L}为该次暴雨携带的负荷量(g)；W_{A}为该次暴雨产生的径流量(m^3)。

$$W_{\mathrm{L}} = \sum_{i=1}^{n}(Q_{\mathrm{T}i}C_i - Q_{\mathrm{B}i}C_{\mathrm{B}i})\Delta t_i \tag{1-13}$$

$$W_{\mathrm{A}} = \sum_{i=1}^{n}(Q_{\mathrm{T}i} - Q_{\mathrm{B}i})\Delta t_i \tag{1-14}$$

式中，$Q_{\mathrm{T}i}$为t_i时刻的实测流量(m^3/s)；C_i为t_i时刻的实测污染物浓度(mg/L)；$Q_{\mathrm{B}i}$为t_i时刻的枯季流量，即非本次暴雨形成的流量(m^3/s)；$C_{\mathrm{B}i}$为t_i时刻的基流浓度，即枯季浓度(mg/L)；$i=1,2,\cdots\cdots,n$，为该次暴雨径流过程中流量与水质浓度的同步监测次数；Δt_i为$Q_{\mathrm{T}i}$和C_i的代表时间(s)，即

$$\Delta t_i = (t_{i+1} - t_{i-1})/2 \tag{1-15}$$

则多次（如m次）暴雨非点源污染物的加权平均浓度为

$$C = \sum_{j=1}^{m} \bar{C}_j W_{\mathrm{A}j} / \sum_{j=1}^{m} W_{\mathrm{A}j} \tag{1-16}$$

3.负荷量的估算

假定年地表径流的平均浓度近似等于上述多场暴雨的加权平均浓度，则非点源污染年负荷量(W_{n})为

$$W_{\mathrm{n}} = W_{\mathrm{S}} C_{\mathrm{SM}} \tag{1-17}$$

加上枯季径流携带的负荷量，可得到年总负荷量为

$$W_{\mathrm{T}} = W_{\mathrm{n}} + W_{\mathrm{B}} C_{\mathrm{BM}} \tag{1-18}$$

对于具有悬移质泥沙实测资料的流域，还可根据实测的多年平均输沙量或分析得到的不同频率年输沙量计算出修正系数，对计算的年总负荷量进行修正，以便得到更加符合实际的结果。

(二)应用实例

利用平均浓度法进行负荷量估算的步骤：首先将潼关吊桥断面 2006—2010 年的年径流量分割为地表径流量和基流量两部分，然后确定出合理的点源污染浓度和非点源污染浓度，进而分别求出断面的点源污染负荷和非点源污染负荷。

1.年径流量的分割

依旧选取潼关吊桥断面作为控制断面，根据前述实际负荷计算时所采用的潼关吊桥断面的逐日流量，用数字滤波法将渭河流域 2006—2010 年的年径流量分割为地表径流量和基流量两部分，结果如表 1.15 所示。

表 1.15　渭河流域 2006—2010 年的年径流量分割

年份	年径流量(亿 m^3)	地表径流量(亿 m^3)	基流量(亿 m^3)	基流量/年径流量
2006	42.31	11.87	30.44	0.72
2007	53.27	15.51	37.76	0.71
2008	40.92	9.93	30.99	0.76
2009	43.83	11.92	31.91	0.73
2010	63.81	21.69	42.12	0.66

2.非点源、点源污染平均浓度的确定

由于没有洪水过程的水质资料，因此在进行非点源污染浓度计算时，根据《水文年鉴》中渭河华县站以及北洛河南荣华站的洪水发生时间，在 52 周水质资料中选取与此时间相对应的周水质资料，以每周流量为权重，可用以下 3 种方法来求出 2006—2010 年的非点源污染浓度：①利用各年独自的资料，单独求出 5 年的非

点源污染浓度(表 1.16 方法 1)。②考虑到资料的短缺,将 5 年内的资料综合起来,求一个综合非点源污染浓度(表 1.16 方法 2)。③根据表 1.15 的径流资料,2006 年、2008 年以及 2009 年的年径流量相差不大,将这 3 年的洪水资料综合起来求一个综合非点源污染浓度,而 2007 年属于平水年,2010 年属于丰水年,再单独利用这 2 年的资料分别求出 2007 年、2010 年的非点源污染浓度(表 1.16 方法 3)。

表 1.16　渭河流域潼关吊桥断面的非点源污染浓度(单位:mg/L)

年份	方法 1		方法 2		方法 3	
	COD_{Mn}	氨氮	COD_{Mn}	氨氮	COD_{Mn}	氨氮
2006	8.70	1.59	8.04	1.64	7.58	1.82
2007	10.51	1.52	8.04	1.64	10.51	1.52
2008	8.38	2.26	8.04	1.64	7.58	1.82
2009	6.33	2.28	8.04	1.64	7.58	1.82
2010	8.07	1.44	8.04	1.64	8.07	1.44

方法 1 考虑了年际间的差距,单独求出每年的非点源污染浓度,但可用的资料较少,并不能保证计算结果的准确度;方法 2 将所有资料综合起来考虑,但不能反映丰水、平水、枯水年的污染特点,也不能保证浓度的准确性;方法 3 综合了前两种方法,弥补了各自的不足,是为可选之法,故潼关吊桥断面污染负荷的计算采用方法 3 确定的结果。

同非点源污染平均浓度的确定相似,进行点源污染平均浓度计算时,采用吊桥断面 2006—2010 年非汛期内周水质水量资料,剔除流量较大的点并结合其他月份中流量较小时的周水质水量资料,以每周流量为权重,求出加权平均浓度近似作为点源污染浓度。考虑到一年内非汛期时间长,可用资料较多且流域内每年点源污染的治理情况不同,故利用各年的水质水量资料单独求其点源污染浓度。确定的非点源污染浓度以及点源污染浓度如表 1.17 所示。

表 1.17　渭河流域潼关吊桥断面的非点源与点源污染浓度(单位:mg/L)

年份	非点源污染浓度		点源污染浓度	
	COD_{Mn}	氨氮	COD_{Mn}	氨氮
2006	7.58	1.82	20.60	5.28
2007	10.51	1.52	14.47	3.84
2008	7.58	1.82	12.62	4.11
2009	7.58	1.82	6.68	5.29
2010	8.07	1.44	9.65	3.45

3. 非点源、点源污染负荷的计算

根据表 1.15 中的流量资料及表 1.17 中的浓度资料，可算出潼关吊桥断面 2006—2010 年点源、非点源污染负荷及非点源污染负荷所占比例，计算结果如表 1.18所示。

表 1.18　渭河流域潼关吊桥断面 2006—2010 年负荷构成

年份	COD			氨氮		
	点源污染负荷(t)	非点源污染负荷(t)	非点源污染负荷比例(%)	点源污染负荷(t)	非点源污染负荷(t)	非点源污染负荷比例(%)
2006	62708	8996	12.55	16073	2160	11.85
2007	54638	16300	22.98	14500	2357	13.98
2008	39117	7526	16.14	12739	1807	12.42
2009	21315	9033	29.76	16880	2169	11.39
2010	40645	17507	30.11	14531	3124	17.69

表 1.18 中平均浓度法的计算结果显示，渭河流域 COD 非点源污染负荷比例在 5 年内呈现增长的趋势，由于 2010 年属于丰水年，故非点源污染负荷比例较其他年份有所增加，达到 30.11%。氨氮非点源污染负荷比例介于 11%～18%，波动较小，但 2010 年仍达到 17.69%，此结果与前面实际负荷分割出的非点源污染负荷比例较为接近。

4. 总污染负荷的误差分析

将平均浓度法计算出的点源污染负荷以及非点源污染负荷相加求和，得到年总污染负荷，并将此结果与前面计算出的实际总污染负荷进行对比，结果如表 1.19 所示。

表 1.19　渭河流域潼关吊桥断面总污染负荷计算结果对比表

年份	COD			氨氮		
	实际值(t)	计算值(t)	相对误差(%)	实际值(t)	计算值(t)	相对误差(%)
2006	70104	71704	2.28	18901	18233	−3.53
2007	65449	70938	8.39	14340	16857	17.55
2008	47497	46643	−1.80	14401	14546	1.01
2009	30857	30348	−1.65	16998	19049	12.07
2010	54531	58152	6.64	16277	17655	8.47

表1.19显示，除2007年外，平均浓度法计算出的总污染负荷与实际总污染负荷相差不大，相对误差基本在10%内，原因在于2007年汛期与非汛期浓度差别不明显，非汛期流量大的同时浓度依然很高，从而导致总污染负荷相对实际而言有所偏高。总体来说，平均浓度法的计算结果较为合理。

5.非点源污染负荷的误差分析

将平均浓度法计算出的非点源污染负荷与前面分割出的实际非点源污染负荷进行对比，如表1.20所示。

表1.20　渭河流域潼关吊桥断面非点源污染负荷计算结果对比表

年份	COD			氨氮		
	实际值(t)	计算值(t)	相对误差(%)	实际值(t)	计算值(t)	相对误差(%)
2006	7357	8996	22.28	2875	2160	−24.87
2007	15647	16300	4.17	2452	2357	−3.87
2008	7086	7526	6.20	1648	1807	9.65
2009	7061	9033	27.93	2200	2169	−1.41
2010	24269	17507	−27.86	3574	3124	−12.59

表1.20显示，采用平均浓度法计算出的非点源污染负荷较实际而言有所偏差，但误差相对较小。2010年的非点源污染负荷相对实际非点源污染负荷而言偏低，原因在于丰水年洪水期流量大，导致确定的非点源污染浓度偏低，从而导致估算的非点源污染负荷较实际而言有所偏差。整体来看，平均浓度法的计算结果具有一定的合理性与较大的参考价值，是为可选用的非点源污染负荷计算方法。

四、不同方法的结果对比分析

将输出系数法、平均浓度法的估算结果与渭河流域2010年的实际非点源污染负荷进行对比，COD见表1.21、氨氮见表1.22。

表1.21　潼关吊桥断面2010年COD非点源污染负荷计算结果对比表

计算方法	实际值(t)	计算值(t)	相对误差(%)
输出系数法	24269	30779	26.82
平均浓度法	24269	17507	−27.86

表 1.22　潼关吊桥断面 2010 年氨氮非点源污染负荷计算结果对比表

计算方法	实际值(t)	计算值(t)	相对误差(%)
输出系数法	3574	3782	5.82
平均浓度法	3574	3124	−12.59

综合以上计算结果可以看出，输出系数法的精度较高，平均浓度法的精度低一些。平均浓度法应用关键在于合理确定点源、非点源污染浓度；输出系数法关键在于确定合理输出系数以及入河系数。数据需求方面，平均浓度法对水文水质资料要求较输出系数法高；输出系数法所需资料较少，在无水文水质实测资料的流域也适用。综合来看，根据资料条件的不同，这两种方法都能应用于流域非点源污染负荷的估算；在资料条件较少时，优先推荐输出系数法。

第三节　非点源污染对河流水质的影响

随着点源污染控制水平的不断提高，非点源污染已日益成为影响水体质量的主要因素。当前，我国水质监测资料大多属于定期监测资料，不足以全面反映河流的水污染情况，加之我国对主要流域和区域的非点源污染尚缺乏成套的控制技术和适合国情的管理方法，因此，加强流域非点源污染的研究，尤其是弄清河流非点源污染特征并对其影响进行分析，对考虑非点源污染在内的流域水污染控制规划方案、水环境质量的恢复与改善具有十分重要的理论指导意义。

本节主要介绍非点源污染对河流干流、支流影响的特征分析方法，并以渭河干流、支流为例，选取典型控制断面在洪水期、非洪水期的水量水质同步监测资料，定量研究非点源污染负荷及其在总负荷中所占比重，对其非点源污染特征及其对水质的影响进行分析。该研究能够为渭河水污染控制规划方案、水环境质量的恢复与改善提供科学依据。

一、思路与方法

非点源污染对河流干流、支流影响的特征分析方法研究思路如下：首先，收集河流干流、支流典型控制断面在洪水期和非洪水期的水量水质同步监测资料；然后，根据设计年径流量和实测典型年的年内分配得出各站不同频率设计年径流量的年内分配；最后，分别应用水文分割法与平均浓度法，计算得到典型控制断面的非点源污染负荷及其在总负荷中的所占比重。

其中,水文分割法对非点源污染负荷进行估算是指根据水文分割法原理,在河川基流、地表径流划分基础上,将基流状态下水体中的污染负荷视为点源及枯水期天然背景值,将地表径流状态下水体中的污染负荷视为非点源及洪(平)水期天然背景值。水文分割法估算精度主要与洪水期和非洪水期选取以及洪水、非洪水监测场次有关。平均浓度法的基本思想:根据各次降雨径流过程的水量水质同步监测,以及枯季流量和枯季浓度监测资料,先计算每场暴雨径流各种污染物非点源污染的平均浓度,再以各次暴雨产生的径流量为权重,求出加权平均浓度。平均浓度法估算精度主要与地表、地下径流分割以及洪水、非洪水监测场次有关。理论上,在可能的情况下,监测的洪水过程越多,洪水越典型(包括大、中、小洪水),两种方法估算非点源污染年负荷量越准确。

二、河流非点源污染特征与影响分析——以渭河流域为例

1.洪水期与非洪水期水质及其变化特征

渭河干流咸阳站和临潼站洪水期和非洪水期监测浓度见表 1.23 和表 1.24。根据《地表水环境质量标准》对两站水质进行的评价,咸阳站 COD、氨氮、TN 洪水期水质类别分别为Ⅳ、Ⅳ和劣Ⅴ类,非洪水期水质类别分别为劣Ⅴ、Ⅴ和劣Ⅴ类;临潼站 COD、氨氮、TN 洪水期水质类别分别为Ⅳ、劣Ⅴ和劣Ⅴ类,非洪水期水质类别均为劣Ⅴ类。可见,渭河干流关中段主要污染物为 COD、氨氮和 TN。由表 1.23 和表 1.24 可见,洪水期间各指标的平均浓度基本都小于非洪水期(平时)的平均浓度。其中,咸阳站 COD、溶解态磷(DP)、TP、氨氮、亚硝酸盐氮、硝酸盐氮、TN 等指标的平时平均浓度分别为洪水期平均浓度的3.3、1.4、1.4、1.7、1.2、3.7 和 1.6 倍;临潼站 COD、DP、TP、氨氮、亚硝酸盐氮、硝酸盐氮、TN 等指标的平时平均浓度分别为洪水期平均浓度的 1.6、1.3、1.3、1.2、0.8、1.1、1.9 和 1.1 倍。这与以往的研究结果相同。

从表 1.23 和表 1.24 还可看出,临潼站洪水期各指标平均浓度基本高于咸阳站(TN 除外),这可能与咸阳站和临潼站区间泾河流域洪水汇入有关,泾河流域水土流失严重,由此引起临潼站洪水期污染物浓度较高。临潼站非洪水期各指标平均浓度也基本高于咸阳站(COD、硝酸盐氮除外),这主要与西安市点源排污有关。因此,咸阳站的水质总体上好于临潼站。

表 1.23　咸阳站洪水期和非洪水期水质监测浓度　(单位:mg/L)

时段	日期		COD	DP	TP	氨氮	亚硝酸盐氮	硝酸盐氮	TN
洪水期	2009年9月13日	变化范围	20.0～61.0	0.034～0.047	0.065～0.097	0.190～1.140	0.030～0.110	0.120～0.430	4.430～6.500
		算术均值	34.8(Ⅴ)	0.040	0.073(Ⅱ)	0.500(Ⅱ)	0.056	0.236	5.060(劣Ⅴ)
	2009年9月22日	变化范围	2.0～6.0	0.010～0.031	0.049～0.081	0.530～1.170	0.020～0.080	0.020～0.030	3.64～5.49
		算术均值	4.8(Ⅰ)	0.020	0.063(Ⅱ)	0.814(Ⅲ)	0.044	0.024	4.186(劣Ⅴ)
	2010年7月17日	变化范围	7.8～39.2	0.075～0.148	0.126～0.248	0.743～1.584	0.065～0.755	0.550～1.110	0.750～3.350
		算术均值	22.0(Ⅳ)	0.099	0.169(Ⅲ)	1.335(Ⅳ)	0.497	0.941	2.525(劣Ⅴ)
	2010年7月24日	变化范围	12.0～28.1	0.049～0.077	0.060～0.170	0.742～2.185	0.217～0.239	0.514～0.724	5.100～8.550
		算术均值	18.5(Ⅲ)	0.060	0.107(Ⅲ)	1.595(Ⅴ)	0.229	0.589	6.270(劣Ⅴ)
	2010年8月23日	变化范围	26.6～41.8	0.040～0.048	0.094～0.117	0.722～1.166	0～0.017	0.393～0.908	3～4.313
		算术均值	33.5(Ⅴ)	0.044	0.104(Ⅲ)	0.983(Ⅲ)	0.007	0.590	3.425(劣Ⅴ)
5场洪水算术均值			22.7(Ⅳ)	0.052	0.103(Ⅲ)	1.045(Ⅳ)	0.167	0.476	4.293(劣Ⅴ)

时段	日期		COD	DP	TP	氨氮	亚硝酸盐氮	硝酸盐氮	TN
非洪水期	2009年11月29日	变化范围	28.0～82.0	0.040～0.080	0.146～0.241	0.742～0.926	0.014～0.027	2.301～3.074	7.200～9.000
		算术均值	49.0(劣Ⅴ)	0.049	0.199(Ⅲ)	0.831(Ⅲ)	0.021	2.654	7.833(劣Ⅴ)
	2010年5月11日	变化范围	119.2～145.5	0.070～0.099	0.192～0.209	1.688～2.443	0.379～0.648	0.713～1.338	4.425～4.625
		算术均值	132.4(劣Ⅴ)	0.085	0.201(Ⅳ)	2.065(劣Ⅴ)	0.514	1.025	4.525(劣Ⅴ)
	2010年6月25日	变化范围	24.0	0.103	0.112	2.645	0.206	0.916	4.775
		算术均值	24.0(Ⅳ)	0.103	0.112(Ⅲ)	2.645(劣Ⅴ)	0.206	0.916	4.775(劣Ⅴ)
	2010年11月30日	变化范围	25.7～138.3	0.058～0.064	0.063～0.085	1.345～2.080	0.080～0.105	0.112～3.055	9.475～11.240
		算术均值	97.5(劣Ⅴ)	0.062	0.075(Ⅱ)	1.668(Ⅴ)	0.091	2.495	10.187(劣Ⅴ)
4次非洪水算术均值			75.7(劣Ⅴ)	0.075	0.147(Ⅲ)	1.802(Ⅴ)	0.208	1.772	6.830(劣Ⅴ)

表 1.24　临潼站洪水期和非洪水期水质监测浓度　(单位:mg/L)

时段	日期		COD	DP	TP	氨氮	亚硝酸盐氮	硝酸盐氮	TN
洪水期	2009 年 8 月 4 日	变化范围	17.0～34.0	0.085～0.205	0.045～0.200	2.010～7.800	0.340～0.890	0.165～0.765	1.215～3.175
		算术均值	29.5（Ⅳ）	0.141	0.133（Ⅲ）	4.818（劣Ⅴ）	0.53	0.394	2.533（劣Ⅴ）
	2009 年 8 月 29 日	变化范围	20.0～38.0	0.130～0.218	0.260～0.770	1.343～2.688	0.043～0.463	0.116～1.712	3.800～5.800
		算术均值	24.50（Ⅳ）	0.151	0.525（劣Ⅴ）	1.755（Ⅴ）	0.17	0.602	4.533（劣Ⅴ）
	2009 年 9 月 14 日	变化范围	17.0～44.0	0.080～0.210	0.050～0.200	0.740～3.160	0.070～0.150	1.470～1.950	4.490～6.270
		算术均值	26.9（Ⅳ）	0.149	0.146（Ⅲ）	1.707（Ⅴ）	0.1	1.696	5.196（劣Ⅴ）
	2010 年 7 月 17 日	变化范围	11.8～27.5	0.140～0.272	0.182～0.310	0.605～3.073	0.008～0.495	0.190～0.915	1.100～5.350
		算术均值	18.8（Ⅲ）	0.201	0.270（Ⅳ）	1.755（Ⅴ）	0.31	0.488	3.790（劣Ⅴ）
4 场洪水算术均值			24.9（Ⅳ）	0.16	0.268（Ⅳ）	2.509（劣Ⅴ）	0.277	0.795	4.013（劣Ⅴ）
时段	日期		COD	DP	TP	氨氮	亚硝酸盐氮	硝酸盐氮	TN
非洪水期	2009 年 6 月 17 日	变化范围	24.5～32.0	0.270～0.275	0.520～0.560	0.679～0.739	—	—	1.54～1.55
		算术均值	27.3（Ⅳ）	0.273	0.540（劣Ⅴ）	0.709（Ⅲ）	—	—	1.545（Ⅴ）
	2009 年 11 月 29 日	变化范围	38.0～79.0	0.052～0.093	0.125～0.372	0.977～1.072	0.013～0.031	1.561～2.483	8.000～9.300
		算术均值	59.5（劣Ⅴ）	0.071	0.296（Ⅳ）	1.034（Ⅳ）	0.02	2.005	8.429（劣Ⅴ）
	2010 年 5 月 11 日	变化范围	45.0～73.7	0.257～0.291	0.343～0.411	5.853～6.258	0.355～0.410	0.414～0.606	9.100～11.600
		算术均值	59.4（劣Ⅴ）	0.274	0.377（Ⅴ）	6.055（劣Ⅴ）	0.383	0.51	10.350（劣Ⅴ）
	2010 年 6 月 25 日	变化范围	31	0.289	0.375	4.583	0.376	0.477	7.275
		算术均值	31.0（Ⅴ）	0.289	0.375（Ⅴ）	4.583（Ⅱ）	0.376	0.477	7.275（劣Ⅴ）
	2010 年 11 月 30 日	变化范围	12.1～44.4	0.076～0.131	0.126～0.153	2.135～3.635	0.105～0.130	0.093～2.111	9.030～11.305
		算术均值	28.2（Ⅳ）	0.106	0.140（Ⅲ）	2.729（劣Ⅴ）	0.121	0.607	9.911（劣Ⅴ）
5 次非洪水算术均值			41.1（劣Ⅴ）	0.202	0.346（Ⅴ）	3.022（劣Ⅴ）	0.225	0.9	7.502（劣Ⅴ）

2.渭河干流关键水文站径流量频率分析

为了满足渭河干流的纳污能力计算、水质预测等水环境分析的需要，采用的径流资料应能反映现状、考虑人类活动对渭河径流的影响。宝鸡峡塬上灌区林家村引水渠首为渭河干流关中段最主要的人类活动影响，该工程于 1971 年建成。因此，本次频率分析 3 个关键水文站的流量资料均采用 1972—2010 年的资料，林家村站采用河道站数据，即《水文年鉴》上林家村(三)站数据，咸阳站采用《水文年鉴》上咸阳(二)站数据，华县站采用《水文年鉴》上华县站数据。采用 P-Ⅲ型频率曲线进行适线，得出各站的统计参数与不同频率的设计年径流量。然后，按照年径流量接近与枯水期流量较小原则，从实测数据中选出各站不同频率的典型年份，进而依据设计年径流量与典型年径流量的比值以及实测年径流量的年内分配，得出各站不同频率设计年径流量的年内分配。各站所选典型年份、设计年径流量及其逐月径流分析结果如表 1.25 至表 1.27所示。

表 1.25　林家村站设计年径流量及年内逐月分配(单位:万 m^3)

参数	1月	2月	3月	4月	5月	6月	7月	8月	9月	10月	11月	12月	设计年径流量	实际年径流量	缩放比
25%(1993年)	1313	3506	10408	10430	12250	16367	49055	12384	13781	16503	6815	479	153100	156500	0.98
50%(1987年)	604	567	553	5938	11218	42257	20090	2474	2801	696	1795	578	89600	81700	1.10
75%(2007年)	274	234	244	1085	99	947	4240	10444	5408	21625	2213	184	47000	49700	0.95
90%(2001年)	168	161	130	127	110	144	3958	544	13669	3740	874	266	23500	25100	0.94

表 1.26　咸阳站设计年径流量及年内逐月分配(单位:万 m^3)

参数	1月	2月	3月	4月	5月	6月	7月	8月	9月	10月	11月	12月	设计年径流量	实际年径流量	缩放比
25%(1993年)	11533	15702	26530	35043	43497	42203	91249	39934	35744	32686	25054	11825	411000	396200	1.04
50%(1987年)	6338	5462	7222	17119	35826	77795	49040	41482	14441	7695	10305	5905	278300	294000	0.95
75%(1999年)	1768	1635	1865	5037	23253	21491	59375	7664	9113	29557	8581	5702	175100	179300	0.98
90%(1996年)	1746	2155	1673	4666	4873	20857	8809	10059	14729	14203	20403	5120	109400	112500	0.97

表 1.27　华县站设计年径流量及年内逐月分配(单位:万 m^3)

参数	1月	2月	3月	4月	5月	6月	7月	8月	9月	10月	11月	12月	设计年径流量	实际年径流量	缩放比
25%(1989年)	20514	23348	41229	73843	87265	46225	92325	112796	110274	56831	40287	10348	717300	662300	1.08
50%(2007年)	15083	12303	21740	10546	7331	11449	79200	81656	77655	125451	45663	19213	507200	480800	1.05
75%(2000年)	7476	8419	19827	10167	2576	30794	33242	42718	28759	97308	36432	15419	332500	354400	0.93
90%(2002年)	5953	9407	18150	10888	27260	51305	23225	33726	18829	12107	9734	4811	225400	267400	0.84

3. 渭河干流年污染负荷估算及非点源污染负荷比例分析

采用平均浓度法估算非点源污染负荷之前，需要对2009年、2010年咸阳和临潼断面的径流量进行地表径流和基流的分割。采用数字滤波法，从断面日平均流量过程线分割出地表径流和基流两部分。咸阳站和临潼站2009年、2010年的年径流量及其分割见表1.28和表1.29。根据渭河干流1972—2010年39年的年径流量资料进行P-Ⅲ型频率曲线适线结果，渭河流域2009年为枯水年，而2010年为丰水年。

表1.28 咸阳站和临潼站2009年径流量

断面	洪水期（亿 m^3）	非洪水期（亿 m^3）	全年（亿 m^3）	地表径流量（亿 m^3）	基流径流量（亿 m^3）	基流比例(%)
咸阳站	11.84	8.51	20.35	5.84	14.51	71.3
临潼站	21.86	21.50	43.36	9.58	33.78	77.9

表1.29 咸阳站和临潼站2010年径流量

断面	洪水期（亿 m^3）	非洪水期（亿 m^3）	全年（亿 m^3）	地表径流量（亿 m^3）	基流径流量（亿 m^3）	基流比例(%)
咸阳站	21.26	10.37	31.63	10.7	20.9	66.1
临潼站	37.25	26.53	63.78	14.9	48.9	76.7

两断面各场洪水非点源污染平均浓度计算结果见表1.30，点源污染平均浓度计算结果见表1.31。

表1.30 渭河干流各场洪水非点源污染平均浓度计算结果表(单位:mg/L)

断面	日期	COD	DP	TP	氨氮	亚硝酸盐氮	硝酸盐氮	TN
咸阳站	2009年9月13日	33.87	0.03	0.07	0.39	0.03	0.15	4.79
	2009年9月22日	—	0.05	0.07	0.63	0.03	—	3.94
	2010年7月21日	40.26	0.10	0.18	0.86	1.05	1.20	1.33
	2010年7月24日	19.55	0.05	0.10	1.67	0.23	0.61	5.93
	2010年8月22日	29.97	0.04	0.11	0.94	0.01	0.56	3.27
	2011年7月29日	25.66	0.04	0.16	2.11	0.02	0.83	4.48
	2011年9月6日	46.42	0.05	0.41	2.42	0.09	0.23	4.51
	地表径流量加权平均	42.32	0.05	0.27	2.03	0.07	0.52	4.46

续表

断面	日期	COD	DP	TP	氨氮	亚硝酸盐氮	硝酸盐氮	TN
临潼站	2009 年 8 月 4 日	29.32	0.13	0.14	4.78	0.55	0.34	2.61
	2009 年 8 月 29 日	24.75	0.73	0.24	1.67	0.14	1.12	4.57
	2009 年 9 月 14 日	26.10	0.14	0.42	1.06	0.07	1.79	4.02
	2010 年 7 月 17 日	—	0.38	0.52	2.34	1.00	0.70	—
	2010 年 7 月 24 日	44.95	0.12	0.02	0.67	0.10	0.26	0.86
	2011 年 7 月 29 日	77.22	0.06	0.30	1.98	0.19	0.91	4.48
	2011 年 9 月 6 日	36.68	0.19	0.11	2.14	0.24	0.37	6.08
	2011 年 9 月 18 日	34.75	0.03	0.23	1.37	0.24	0.47	2.28
	地表径流量加权平均	43.38	0.14	0.20	1.62	0.22	0.59	3.81

表 1.31　渭河干流点源污染平均浓度计算结果表　(单位:mg/L)

断面站	COD	DP	TP	氨氮	亚硝酸盐氮	硝酸盐氮	TN
咸阳站	29.78	0.10	0.15	1.71	0.16	0.67	4.22
临潼站	34.51	0.24	0.37	4.31	0.16	0.43	9.95

分别应用水文分割法与平均浓度法，计算得到渭河干流咸阳、临潼断面2009 年、2010 年的非点源污染负荷量及其所占总污染负荷量的比例，结果见表1.32 和表1.33。从表 1.32 和表 1.33 可见，水文分割法计算的两站非点源污染负荷量和比例，总体上与平均浓度法相差不大。

表 1.32　2009 年咸阳、临潼非点源污染负荷量及其占总污染负荷量的比例

方法 断面	指标	洪水期(t)	非洪水期(t)	水文分割法				平均浓度法				两种方法平均值			
				PSP①(t)	NSP①(t)	合计①(t)	NSP比例(%)	PSP②(t)	NSP②(t)	合计②(t)	NSP比例(%)	PSP①②平均(t)	NSP①②平均(t)	合计①②平均(t)	NSP比例(%)
咸阳站	COD	30646	26153	39910	16889	56799	29.73	43211	24715	67926	36.39	41561	20802	62363	33.36
	DP	58	57	85	29	114	25.44	145	29	174	16.67	115	29	144	20.14
	TP	115	111	168	58	226	25.66	218	158	375	42.02	193	108	301	35.88
	氨氮	1253	1376	2157	472	2629	17.95	2481	1186	3667	32.34	2319	829	3148	26.33
	亚硝酸盐氮	119	129	204	43	247	17.41	232	41	273	15.02	218	42	260	16.15
	硝酸盐氮	561	440	691	311	1002	31.04	972	304	1276	23.82	832	308	1140	27.02
	TN	5130	3705	5887	2948	8835	33.37	6123	2605	8728	29.85	6005	2777	8782	31.62

续表

方法/断面	指标	洪水期(t)	非洪水期(t)	水文分割法				平均浓度法				两种方法平均值			
				PSP①(t)	NSP①(t)	合计①(t)	NSP比例(%)	PSP②(t)	NSP②(t)	合计②(t)	NSP比例(%)	PSP①②平均(t)	NSP①②平均(t)	合计①②平均(t)	NSP比例(%)
临潼站	COD	58435	57246	86760	28920	115680	25.00	116575	41558	158133	26.28	101668	35239	136907	25.74
	DP	347	388	582	152	734	20.71	811	134	945	14.18	697	143	840	17.02
	TP	684	683	1123	244	1367	17.85	1250	192	1442	13.31	1187	218	1405	15.52
	氨氮	4458	4806	7797	1467	9264	15.84	14559	1552	16111	9.63	11178	1510	12688	11.90
	亚硝酸盐氮	397	448	722	123	844	14.56	540	211	751	28.10	631	167	798	20.93
	硝酸盐氮	1983	1169	2082	1069	3152	33.93	1453	565	2018	28.00	1768	817	2585	31.61
	TN	9674	12652	19009	3317	22326	14.86	33611	3650	37261	9.80	26310	3484	29794	11.69

注:PSP代表点源污染;NSP代表非点源污染;下同。

表1.33 2010年咸阳、临潼非点源污染负荷量及其占总污染负荷量的比例

方法/断面	指标	洪水期(t)	非洪水期(t)	水文分割法				平均浓度法				两种方法平均值			
				PSP①(t)	NSP①(t)	合计①(t)	NSP比例(%)	PSP②(t)	NSP②(t)	合计②(t)	NSP比例(%)	PSP①②平均(t)	NSP①②平均(t)	合计①②平均(t)	NSP比例(%)
咸阳站	COD	55052	31830	47745	39137	86882	45.05	62240	45282	107522	42.11	54993	42210	97203	43.42
	DP	104	68	103	70	173	40.46	209	54	263	20.53	156	62	218	28.44
	TP	206	136	204	138	342	40.35	314	289	603	47.93	259	214	473	45.24
	氨氮	2250	1675	2512	1412	3925	35.98	3574	2172	5746	37.80	3043	1792	4835	37.06
	亚硝酸盐氮	213	157	235	134	369	36.31	334	75	409	18.34	285	105	390	26.92
	硝酸盐氮	1008	536	804	740	1544	47.93	1400	556	1956	28.43	1102	648	1750	37.03
	TN	9215	4510	6765	6960	13725	50.71	8820	4772	13592	35.11	7793	5866	13659	42.95
临潼站	COD	99558	70652	105978	64232	170210	37.74	168754	64636	233390	27.69	137366	64434	201800	31.93
	DP	592	478	716	354	1070	33.08	1174	209	1383	15.11	945	282	1227	22.98
	TP	1166	844	1265	744	2010	37.03	1809	298	2107	14.14	1537	521	2058	25.32
	氨氮	7596	5932	8898	4629	13528	34.22	21076	2414	23490	10.28	14987	3522	18509	19.03
	亚硝酸盐氮	674	552	828	398	1226	32.46	782	328	1110	29.55	805	363	1168	31.08
	硝酸盐氮	3379	1443	2165	2657	4822	55.10	2103	879	2982	29.48	2134	1768	3902	45.31
	TN	16484	15616	23423	8676	32099	27.03	48656	5677	54333	10.45	36040	7177	43217	16.61

由表1.32和表1.33得到的2009年、2010年渭河临潼站与咸阳站各指标点源污染负荷、非点源污染负荷、总污染负荷的负荷差值,可近似看作渭河咸阳—临潼河段的入河排污量(表1.34、表1.35)。从计算结果看,2009年渭河咸阳—临潼河段COD、氨氮的总入河排污量分别为74544t和9540t,其中点源排污量分别为60107t和8859t,非点源排污量分别为14437t和681t,点源排污量

占总排污量的比例分别为80.63%和92.86%。2010年渭河咸阳—临潼河段COD、氨氮的总入河排污量分别为104597t和13674t,其中点源排污量分别为82373t和11944t,非点源排污量分别为22224t和1730t,点源排污量占总排污量的比例分别为78.75%和87.35%。

表1.34 2009年临潼站与咸阳站的负荷差值

方法 / 河段	指标	水文分割法 PSP①(t)	水文分割法 NSP①(t)	水文分割法 合计①(t)	水文分割法 PSP比例(%)	平均浓度法 PSP②(t)	平均浓度法 NSP②(t)	平均浓度法 合计②(t)	平均浓度法 PSP比例(%)	两种方法平均值 PSP①②平均(t)	两种方法平均值 NSP①②平均(t)	两种方法平均值 合计①②平均(t)	两种方法平均值 PSP比例(%)
咸阳—临潼	COD	46850	12031	58881	79.57	73364	16843	90207	81.33	60107	14437	74544	80.63
	DP	497	124	621	80.03	666	105	771	86.38	582	115	697	83.50
	TP	955	186	1141	83.70	1032	34	1066	96.81	994	110	1104	90.04
	氨氮	5640	995	6635	85.00	12078	366	12444	97.06	8859	681	9540	92.86
	亚硝酸盐氮	517	80	597	86.60	308	170	478	64.44	413	125	538	76.77
	硝酸盐氮	1392	758	2150	64.74	480	262	742	64.69	936	510	1446	64.73
	TN	13121	369	13490	97.26	27488	1045	28533	96.34	20305	707	21012	96.64

表1.35 2010年临潼站与咸阳站的负荷差值

方法 / 河段	指标	水文分割法 PSP①(t)	水文分割法 NSP①(t)	水文分割法 合计①(t)	水文分割法 PSP比例(%)	平均浓度法 PSP②(t)	平均浓度法 NSP②(t)	平均浓度法 合计②(t)	平均浓度法 PSP比例(%)	两种方法平均值 PSP①②平均(t)	两种方法平均值 NSP①②平均(t)	两种方法平均值 合计①②平均(t)	两种方法平均值 PSP比例(%)
咸阳—临潼	COD	58234	25095	83329	69.88	106514	19354	125868	84.62	82374	22225	104599	78.75
	DP	614	284	898	68.37	965	155	1120	86.16	790	220	1010	78.22
	TP	1062	606	1668	63.67	1496	9	1505	99.40	1279	308	1587	80.59
	氨氮	6386	3217	9603	66.5	17502	242	17744	98.64	11944	1730	13674	87.35
	亚硝酸盐氮	593	264	857	69.19	448	253	701	63.91	521	259	780	66.79
	硝酸盐氮	1361	1917	3278	41.52	702	323	1025	68.49	1032	1120	2152	47.96
	TN	16659	1716	18375	90.66	39836	905	40740	97.78	28247	1311	29559	95.56

以上结果表明:

(1)以两种方法平均结果计,2009年渭河咸阳站各指标非点源污染所占比例分别为COD33.36%、DP20.14%、TP35.88%、氨氮26.33%、亚硝酸盐氮16.15%、硝酸盐氮27.02%和TN31.62%。渭河临潼站各指标非点源污染所占比例分别为COD 25.74%、DP17.02%、TP15.52%、氨氮11.90%、亚硝酸盐氮 20.93%、硝酸盐氮 31.61%和 TN11.69%。

2010 年渭河咸阳站各指标非点源污染所占比例分别为 COD43.42%、DP28.44%、TP45.24%、氨氮 37.06%、亚硝酸盐氮 26.92%、硝酸盐氮 37.03%和 TN42.95%。渭河临潼站各指标非点源污染所占比例分别为 COD31.93%、DP22.98%、TP25.32%、氨氮 19.03%、亚硝酸盐氮 31.08%、硝酸盐氮 45.31%和 TN16.61%。

2009 年是渭河中游的枯水年，因此非点源污染所占比例相对较小，对水污染的影响不太显著；而 2010 年是渭河中游的丰水年，因此，2010 年非点源污染所占比例普遍比 2009 年大。同时，临潼站各指标非点源污染所占比例基本小于上游咸阳站，这与渭河咸阳至临潼河段西安市的点源排污密切相关。

(2)水文分割法结果表明，咸阳断面 2009 年污染负荷以洪水期负荷为主，洪水期污染负荷以非点源污染负荷为主；临潼断面 2009 年污染负荷以非洪水期负荷为主，洪水期污染负荷以点源污染负荷为主；而 2010 年咸阳、临潼断面污染负荷均以洪水期负荷为主，洪水期污染负荷以非点源污染负荷为主。

(3)2009 年、2010 年渭河干流咸阳—临潼河段污染以点源污染为主，点源污染负荷在总负荷中所占比例基本在 70%以上，这主要与西安市的点源排污有关。因此，这一河段应加强点源污染的治理。

(4)渭河干流关中段的主要污染物为 COD、氨氮和 TN，咸阳、临潼两站洪水期各指标的平均浓度基本都小于平时的平均浓度，咸阳断面的水质总体上优于下游临潼断面。2010 年属于渭河中游的丰水年，渭河干流临潼断面主要污染物的非点源污染负荷所占比例基本在 20%～30%。

第四节 非点源污染对湖泊水库的影响模拟

由于湖库(特别是分层型)的情况比河流复杂得多，所以湖库水质的研究历史比河流短，迟 40 多年，研究成果也相对较少，湖库水质模型一般是由河流水质模型演化而来的。近年来，湖库水质模型在基础研究和实际应用中都取得了很大的进展，从零维、一维发展到二维和三维，在水质模型的数学特性上，由确定性模型发展为随机模型，在水质指标上，从比较简单的生物需氧量(BOD)和溶解氧(DO)两个指标发展到复杂的磷、氮、重金属、浮游动物等指标，尤其是近年随着计算机软件技术的开发及普遍应用，湖库水质模型得到更好的发展。

在实际工作中，由于非点源污染本身的复杂性和难于控制等特点，在湖库水质影响模拟时往往不考虑或是过于简化非点源污染的影响，严重影响湖库水质模拟的精度。另外，非点源污染在时间和空间分布等方面与点源污染明显不同，我国在进行湖库水质模拟时一般都没有考虑这种差异，造成湖库水质模拟精度偏低。因此，探讨非点源污染的湖库水质模拟问题具有重要的现实意义和广阔的应用前景。本节结合陕西省黑河流域金盆水库，具体分析非点源污染对湖库 BOD、DO 及富营养化的影响，同时考虑了水温对 BOD、DO 的影响。

一、水库水温水质分层模型及影响模拟

垂向一维水温模型综合考虑了水库入流、出流、风的混掺及水面热交换对水库水温分层结构的影响，其垂向等温面的假定基本符合一些湖泊及小型水库的实际情况，计算快速稳定，因此在国内外的水库水温研究中得到了广泛的应用。

(一)模型建立

入库热辐射的传递与扩散一般是沿水库垂直方向进行的，因此可把水库在垂直方向划分为许多等厚度的水平分层，组成一个系统，每个水平分层视为一个完全混合的单元体。在各单元体之间有对流、扩散，进行温度交换。水库任一单元体的温度与其所处水平单元层的高程有关，且出库水流温度与该层单元体的温度相同。设 z 表示水位高程，并以向上为正。从高程 z 处取一垂向厚度无限小的水平单元水层，进行热量分析。

1)水平向水体流动

单位时间内入库流量为 q_i，带进的热量为 $c\rho_i q_i T_i$；出库流量为 q_0，带走的热量为 $c\rho q_0 T$，则单位时间内水平方向水体流动引起的微元体热量变化为

$$Q_1 = (c\rho_i q_i T_i - c\rho q_0 T)\mathrm{d}z \tag{1-19}$$

式中，c 为水的比热；ρ_i 为入库水流的密度；q_i 为入库水流单位高度的流量；T_i 为入库水流的温度；ρ 为微元体内水的密度；q_0 为出库水流单位高度的流量；T 为微元体内水的温度。

2)垂直向水体流动

单位时间内通过 z 面的净流量为 Q_z，引起微元体内的热量变化为 $c\rho q_z T$；通过 $z+\Delta z$ 面的净流量为 $Q_z+\mathrm{d}Q_z$，引起微元体内的热量变化为 $c\rho q_z T+\frac{\partial}{\partial z}(c\rho q_z T)\mathrm{d}z$，则单位时间内垂直向水体流动引起的微元体热量变化为

$$Q_2 = -\frac{\partial}{\partial z}(c\rho q_z T)\mathrm{d}z \tag{1-20}$$

3)净吸收的辐射热

单位时间内进入的辐射热为 $\varphi_z+A+\frac{\partial}{\partial z}(\varphi_z A)\mathrm{d}z$,散发的辐射热为 φ_z+A,则单位时间内由辐射而引起的热量变化为

$$Q_3=\frac{\partial}{\partial z}(\varphi_z A)\mathrm{d}z \tag{1-21}$$

式中,φ_z、A 分别为高度 z 处的净辐射热和水库面积。

4)扩散作用

单位时间内由于扩散作用从 z 面进入的热量为

$$-c\rho A(D+E)\frac{\partial T}{\partial z} \tag{1-22}$$

从 $z+\Delta z$ 面进入的热量为

$$-c\rho A(D+E)\frac{\partial T}{\partial z}+\frac{\partial}{\partial z}\left[-c\rho A(D+E)\frac{\partial T}{\partial z}\right] \tag{1-23}$$

则单位时间内由扩散作用引起的热量变化为

$$Q_4=\frac{\partial}{\partial z}\left[c\rho A(D+E)\frac{\partial T}{\partial z}\right]\mathrm{d}z \tag{1-24}$$

式中,D 为水分子扩散系数;E 为紊动扩散系数。

热量的变化将引起水体温度的变化为

$$Q_5=-c\rho\frac{\partial T}{\partial t}A\,\mathrm{d}z \tag{1-25}$$

式中,t 为时间。

考虑入流出流、垂向移流及扩散等引起的热输移及水体内部吸收的太阳辐射,由热量平衡原理得(各变量均取向上为正)

$$\frac{\partial T}{\partial t}+\frac{1}{\rho c A}\frac{\partial}{\partial z}(\rho c Q_z T)=\frac{1}{\rho c A}\frac{\partial}{\partial z}\left[\rho c A(D+E)\frac{\partial T}{\partial z}\right]+\frac{\rho_i q_i T_i}{\rho A}-\frac{q_0 T}{A}-\frac{1}{\rho c A}\frac{\partial}{\partial z}(\varphi_z A) \tag{1-26}$$

为简化上述模型方程,ρ 和 c 近似按常数处理,且有 $\rho_i=\rho$;不考虑 D 和 E 的空间变化与时间变化,以 D_z 表示二者的综合作用,再与水流连续方程式 $\frac{\partial Q_z}{\partial z}=q_i-q_0$ 联立,整理得

$$\frac{\partial T}{\partial t}+V_z\frac{\partial T}{\partial z}=\frac{D_z}{A}\frac{\partial}{\partial z}\left(A\frac{\partial T}{\partial z}\right)+\frac{q_i T_i}{A}-\frac{q_0 T}{A}-\frac{1}{\rho c A}\frac{\partial}{\partial z}(\varphi_z A) \tag{1-27}$$

式中,V_z 为垂向移流速度。

（二）初始和边界条件

取初春水库全同温时的水温（T_0）作为初始分布，即

$$T(z,t)\big|_{t=0} = T_0 \tag{1-28}$$

边界条件包括库底边界条件和水面边界条件。对于库底边界条件，美国和日本处理得比较简单，认为库底是绝热的，则库底边界条件为

$$\left.\frac{\partial T}{\partial z}\right|_{z=z_b} = 0 \tag{1-29}$$

式中，z_b 为库底高程。

对于水面边界条件，由于它是热交换的反映，而水面热交换又是水库的主要热能来源之一，所以一般都处理得比较仔细。考虑的因素有太阳辐射、大气辐射、水面反射、水体辐射、蒸发耗热及水气间的热传递等。在这些因素的综合作用下，设水体净吸收的热通量为 φ_z，则水面边界条件可表示为

$$\left.\frac{\partial T}{\partial z}\right|_{z=z_s} = -\frac{\varphi_z}{\rho c D_z} \tag{1-30}$$

式中，z_s 为库表高程。

（三）模拟结果及分析

采用垂向一维水温模型对黑河流域金盆水库 2007 年垂向水温分布进行模拟，10 月 16 日及 11 月 22 日的模拟结果见图 1.1 和表 1.36。

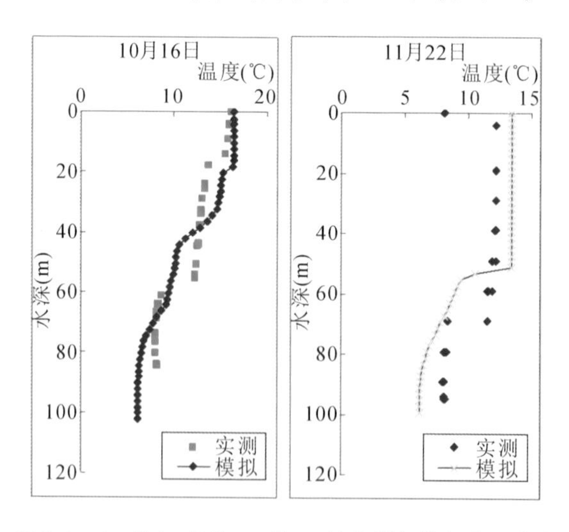

图 1.1　10 月 16 日及 11 月 22 日实测与模拟水温分布

从模拟结果看，表层水温比实测值偏高，底层水温比实测值偏低，但总体趋势与实测情况一致。误差存在的原因可能是缺少实测入库水温及太阳辐射资

料，而选用漫湾村水文站的水温及西安气象站的太阳辐射代替。

表 1.36　实测与模拟值对比

水深(m)	10 月 16 日			11 月 22 日		
	实测(℃)	模拟(℃)	误差(%)	实测(℃)	模拟(℃)	误差(%)
0	16.12	16.39	1.7	12.24	13.34	9.0
10	15.74	16.39	4.1	12.18	13.34	9.5
20	13.56	15.45	13.9	12.17	13.34	9.6
30	13.07	14.78	13.1	12.16	13.34	9.7
40	12.74	12.15	−4.6	12.09	13.34	10.3
50	12.47	10.23	−18.0	11.85	13.34	12.6
60	9.6	9.56	−0.4	11.2	8.84	−21.1
70	8.16	7.83	−4.0	8.27	7.74	−6.4
80	8.04	6.54	−18.7	8.08	6.7	−17.1

3—9 月没有实测水温垂向分布，以每个月 15 号的模拟结果进行分析，如图 1.2 至图 1.5。

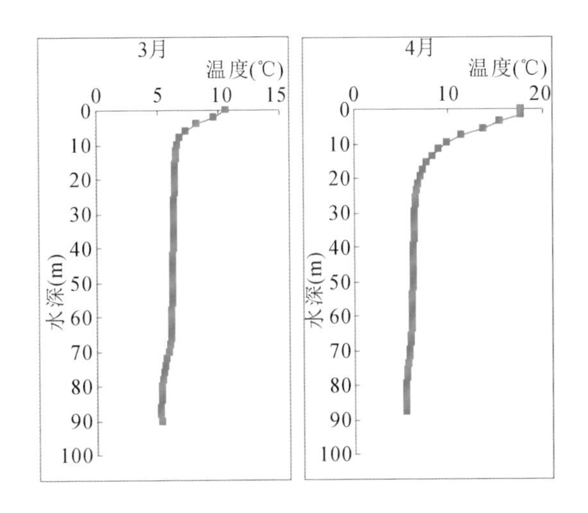

图 1.2　3 月 15 日及 4 月 15 日模拟水温分布

3 月气温开始升高，入库水温也随着升高，表层水温与气温基本相同。4 月的月平均气温比 3 月升高 7℃，入库水温比 3 月升高 3℃，水库表层水温也有较明显的升高，水库底层的水温基本没有变化，在 5～6℃，水库表层、底层温差较大，形成上层水温高、下层水温低的分层状态。

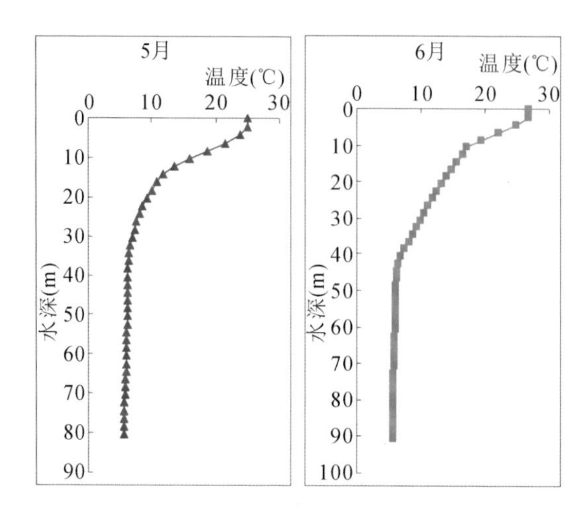

图 1.3　5 月 15 日及 6 月 15 日模拟水温分布

5 月的平均气温升高到 25℃左右，入库水温比 4 月升高不到 3℃，并且入流量也有明显增加，随着气温、入库水温及入流量的增加，表层水温进一步升高，水库底层的水温在 5～7℃，变化不大。6 月气温升高不大，相比 5 月升高不到 2℃，入库水温升高 3.5℃左右，表层水温升高幅度比前两个月小，在 20～40m 深的水库温跃层开始出现，水库分层现象明显，水库底层的水温较 5 月有所增加。

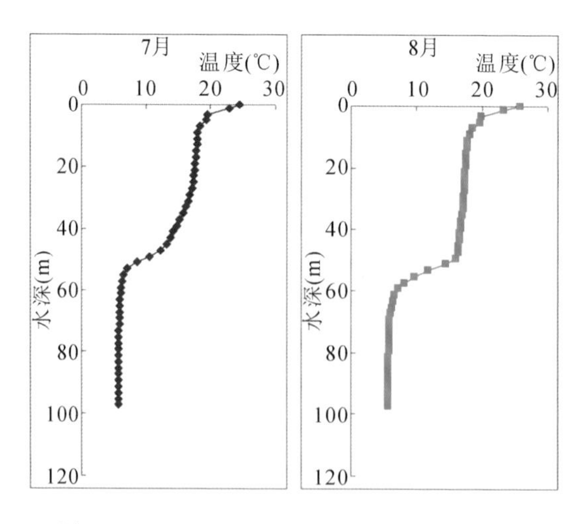

图 1.4　7 月 15 日及 8 月 15 日模拟水温分布

7 月平均气温 25℃左右，入库水温也有所升高，入流量迅速增加，表层水温变化不大，从整个水库看表层水温高于下层水温，形成稳定分层，温跃层温度梯度较 6 月明显，水库底层的水温在 7℃左右。8 月平均气温较 7 月高出 1℃左右，入库水温比7月降低不到2℃，入库流量小于出库流量，分层现象也很明显，但是温跃层温度梯度较大。

9月气温急剧降低到19.5℃左右，入库水温也比8月降低，表层水温有所降低，温跃层温度梯度也有所减小。

10月气温急剧降低到14℃左右，入库水温也降低了2℃，水库温跃层梯度变缓，上层水温高、下层水温低的分层现象开始消失。11月气温急剧下降，入库平均水温8℃左右，且入库流量小于出库流量，入库水体密度大于水库表层水体密度，来水进入水库下部水体，水库呈现混合状态，温度梯度减小到3月以来的最小值。

从模拟结果可以明显看出：3—8月随着气温、入库水温和入库流量的增加，水库逐渐形成明显的分层现象；9—11月随着气温、入库水温和入库流量的减少，水库分层现象逐渐消失，11月水库基本上处于全同温状态。

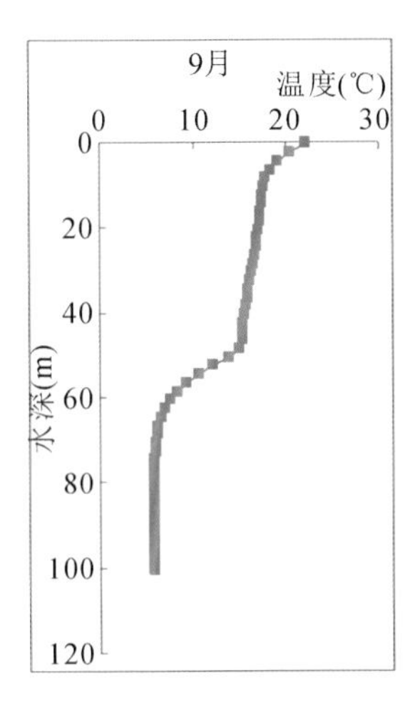

图1.5　9月15日模拟水温分布

二、非点源污染对湖库BOD、DO影响模拟

（一）模型控制方程

研究证明水体中BOD、DO的浓度变化与水温有很大关系，根据污染物在水体中的扩散规律和水体中BOD、DO的影响因素，建立垂向一维BOD-DO与水温耦合模型，反映水库BOD、DO垂向变化规律。

$$
\begin{cases}
\frac{\partial T}{\partial t}+V_z\frac{\partial T}{\partial z}=\frac{D_z}{A}\frac{\partial}{\partial z}\left(A\frac{\partial T}{\partial z}\right)+\frac{q_iT_i}{A}-\frac{q_0T}{A}-\frac{1}{\rho cA}\frac{\partial}{\partial z}(\varphi_zA) \\
\frac{\partial L}{\partial t}+V_z\frac{\partial L}{\partial z}=\frac{D_z}{A}\frac{\partial}{\partial z}\left(A\frac{\partial L}{\partial z}\right)+\frac{q_iL_i}{A}-\frac{q_0L}{A}-k_1L \\
\frac{\partial O}{\partial t}+V_z\frac{\partial O}{\partial z}=\frac{D_z}{A}\frac{\partial}{\partial z}\left(A\frac{\partial O}{\partial z}\right)+\frac{q_iO_i}{A}-\frac{q_0O}{A}-k_1L+k_2(O_s-O)
\end{cases}
\tag{1-31}
$$

式中，L 为 BOD 浓度(mg/L)；O 为 DO 浓度(mg/L)；O_s 为饱和溶解氧浓度(mg/L)；t 为时间(s)；k_1 为 BOD 耗氧系数(1/d)；k_2 为 DO 复氧系数(1/d)。

(二)初始和边界条件

取初春时水库的 BOD(L_0)、DO(O_0)作为初始分布，即

$$
\begin{cases}
L(z,t)\big|_{t=0}=L_0 \\
O(z,t)\big|_{t=0}=O_0
\end{cases}
\tag{1-32}
$$

边界条件包括库底边界条件和水面边界条件。对于库底边界条件，美国和日本处理得比较简单，假定在库底没有物质传递，则库底边界条件为

$$
\begin{cases}
\left.\frac{\partial L}{\partial z}\right|_{z=z_b}=0 \\
\left.\frac{\partial O}{\partial z}\right|_{z=z_b}=0
\end{cases}
\tag{1-33}
$$

式中，z_b 为库底高程。

假设日照区 BOD 的产生率和消耗率相等，通过自由表面没有 BOD 的传递；假定大气复氧和光合作用足以使水库表层日照区的 DO 达到饱和，则水面边界条件为

$$
\begin{cases}
\left.\frac{\partial L}{\partial z}\right|_{z=z_s}=0 \\
\left.\frac{\partial O}{\partial z}\right|_{z=z_s}=O_s
\end{cases}
\tag{1-34}
$$

式中，z_s 为库表高程。

(三)模拟结果及分析

分两种情况对黑河流域金盆水库 2007 年的湖库水质进行模拟：①将实测 BOD、DO 浓度作为入库的总负荷量，作为考虑非点源污染影响的情况，分析湖库水质情况。②将实测枯水期 BOD、DO 浓度的均值作为入库的点源污染负荷量，分析湖库水质情况。比较两种情况下湖库 BOD、DO 浓度变化，分析非点源污染对湖库 BOD、DO 浓度的影响。

从计算结果看，考虑非点源污染后 DO 浓度整体有所下降，但两种情况下

DO 浓度变化不大，表明非点源污染对水库 DO 分布的影响不大。部分月份 DO 对比情况见表 1.37。

表 1.37　两种情况下 DO 垂向分布计算结果　(单位：mg/L)

水深(m)	5 月 15 日		8 月 15 日		11 月 22 日	
	S	N+S	S	N+S	S	N+S
0	8.197	8.197	8.064	8.064	10.1	10.1
10	7.496	7.639	6.930	6.887	7.645	7.665
20	7.930	8.196	6.818	6.692	6.806	6.846
30	8.182	8.288	7.020	6.678	6.773	6.765
40	7.215	7.241	7.722	6.586	6.056	5.802
50	5.602	5.689	7.162	6.164	5.866	5.009
60	5.445	5.771	4.383	4.475	6.051	5.244
70	5.497	6.205	4.322	4.478	5.352	5.040
80	5.520	6.486	4.429	4.639	4.254	4.301

注：N 为非点源污染，S 为点源污染。

3—11 月没有实测 BOD 浓度垂向分布，以每个月 15 号的模拟结果进行分析，如图 1.6 至图 1.10。

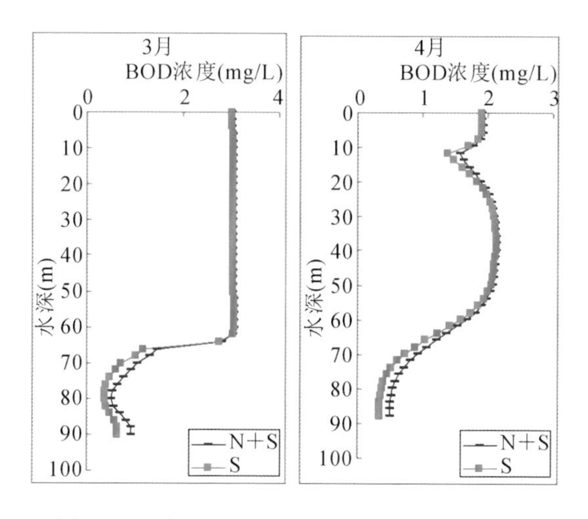

图 1.6　3 月 15 日及 4 月 15 日模拟 BOD 分布

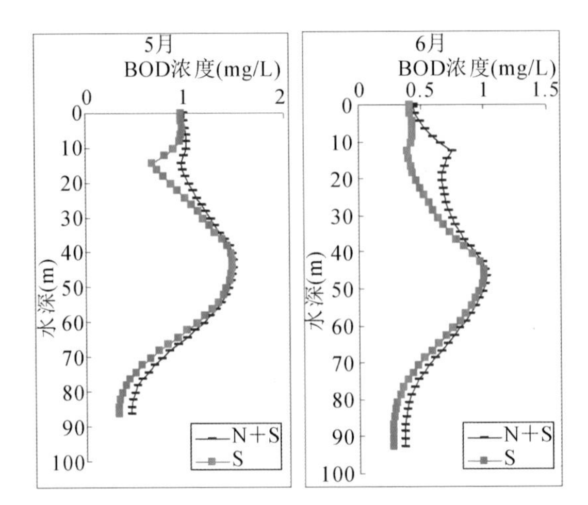

图 1.7　5 月 15 日及 6 月 15 日模拟 BOD 分布

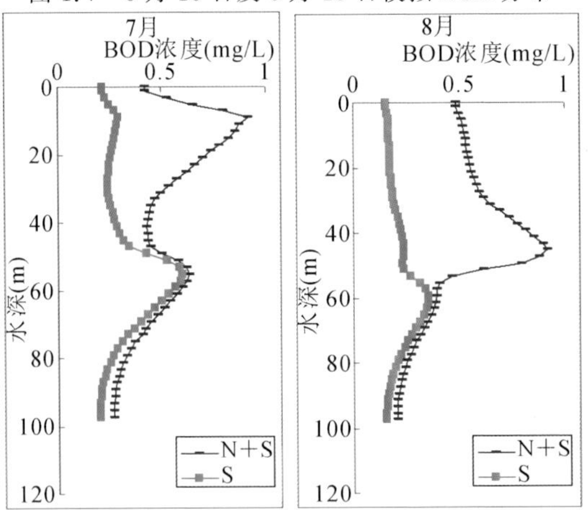

图 1.8　7 月 15 日及 8 月 15 日模拟 BOD 分布

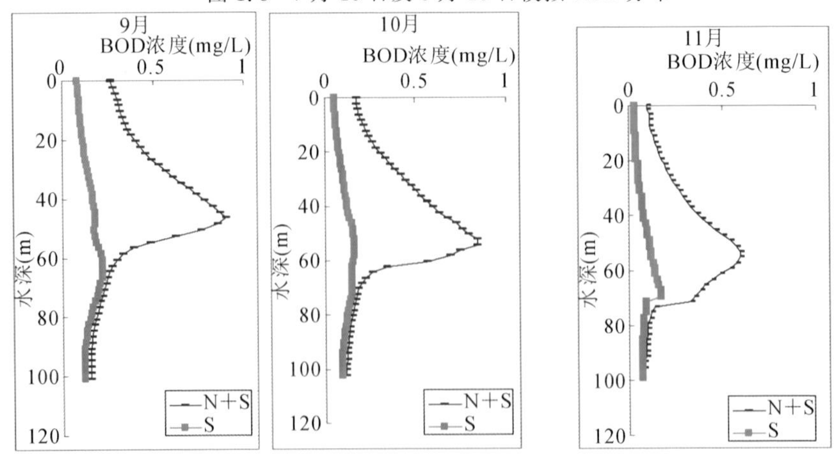

图 1.9　9 月 15 日及 10 月 15 日模拟 BOD 分布　　图 1.10　11 月 15 日模拟 BOD 分布

BOD 变化趋势与 DO 有所不同,从模拟结果可以看出:3—8 月升温期水库表层接收大量有机物,但是表层水体含氧量高,有机物净化较快,BOD 浓度逐渐减小;9—11 月降温期表层水体与下层水体发生混掺,入流携带的有机物下潜进入水库深层,使深层 BOD 有所增多,而表层 BOD 相对减少(表 1.38)。

表 1.38　两种情况下 BOD 垂向分布计算结果　　(单位:mg/L)

水深(m)	3 月		4 月		5 月	
	N+S	S	N+S	S	N+S	S
0	3.022	3.022	1.909	1.912	0.988	0.97
10	3.051	3.051	1.656	1.756	1.017	0.907
20	3.055	3.055	1.847	1.908	1.032	0.856
30	3.056	3.056	2.099	2.109	1.247	1.175
40	3.057	3.057	2.130	2.135	1.466	1.453
50	3.058	3.058	2.050	2.070	1.438	1.419
60	3.059	3.059	1.561	1.657	1.191	1.129
70	0.722	1.055	0.713	0.903	0.777	0.663
80	0.386	0.525	0.373	0.531	0.493	0.370

水深(m)	6 月		7 月		8 月	
	N+S	S	N+S	S	N+S	S
0	0.442	0.411	0.424	0.212	0.487	0.158
10	0.634	0.423	0.898	0.292	0.524	0.169
20	0.666	0.454	0.717	0.257	0.551	0.175
30	0.735	0.625	0.516	0.242	0.625	0.190
40	0.924	0.883	0.432	0.280	0.826	0.225
50	0.989	0.968	0.533	0.468	0.733	0.234
60	0.813	0.764	0.585	0.553	0.390	0.355
70	0.569	0.491	0.439	0.388	0.327	0.292
80	0.402	0.313	0.322	0.261	0.250	0.208

水深(m)	9 月		10 月		11 月	
	N+S	S	N+S	S	N+S	S
0	0.271	0.087	0.171	0.054	0.1	0.03
10	0.320	0.100	0.210	0.063	0.124	0.040

续表

水深(m)	9月		10月		11月	
	N+S	S	N+S	S	N+S	S
20	0.396	0.116	0.303	0.079	0.184	0.050
30	0.557	0.142	0.444	0.100	0.257	0.054
40	0.774	0.171	0.592	0.121	0.371	0.074
50	0.792	0.180	0.787	0.155	0.557	0.104
60	0.308	0.220	0.588	0.154	0.522	0.134
70	0.233	0.206	0.185	0.147	0.451	0.090
80	0.187	0.157	0.146	0.124	0.100	0.080

注:N为非点源污染,S为点源污染。

三、非点源污染对湖库富营养化影响模拟

富营养化是指水体接纳过量的N、P等营养物质,使水体中藻类以及其他水生生物异常繁殖,水体透明度和DO变化,造成水质恶化、增大饮用水处理的难度、破坏水产资源、加速湖泊老化等。供生活用水的湖泊和水库,宜维持在贫营养或中营养状态。造成水体富营养化的因素很多,经国外大量研究表明,P和N元素是最重要的影响因素。Vollenweider指出,80%的湖库富营养化受P元素制约,大约10%的富营养化与N和P元素直接相关,余下10%与N和其他元素有关。因此,本节将N、P营养物质作为研究对象,研究非点源污染与湖库富营养化的关系。

(一)模型选择

目前富营养化预测模型应用较广的有Vollenweider模型、Dillon模型、DECD模型和合田健模型。经前人研究表明Vollenweider模型与Dillon模型预测结果较满意,而且两个模型计算结果相差很小,因此本节应用Vollenweider模型对黑河水库TN、TP浓度进行预测。

Vollenweider模型的公式为

$$C = \frac{C_i}{1 + (V/Q) \times 0.5} \tag{1-35}$$

式中,C为水库年平均浓度(mg/L);C_i为各种入库水量按流量加权的年平均浓

度(mg/L);Q 为年入库水量(m^3);V 为水库体积(m^3)。

(二)TP 模拟结果及分析

根据水量相近原则将黑河流域黑峪口水文站 2003 年作为近似丰水年考虑,2005 年作为近似枯水年考虑,2007 年作为近似平水年考虑。同样根据水量相近原则,近似选取黑峪口水文站 1998 年、1993 年、1992 年的水质资料,分别为水库相应丰水年、平水年、枯水年的模型输入 TP 资料。

分两种情况对水库 TP 进行预测:①考虑非点源污染的情况。②不考虑非点源污染的情况。虽然 Vollenweider 模型简单、考虑因素较少,但经多次使用证明可靠、实用性强,应用比较广泛。因此,应用 Vollenweider 模型分别预测各代表年水库水质情况,结果见表 1.39 和图 1.11 至图 1.13。

表 1.39 各代表年水库 TP 浓度预测结果 (单位:mg/L)

月份	丰水年		平水年		枯水年	
	N+S	S	N+S	S	N+S	S
1	0.003	0.02	0.01	0.01	0.01	0.01
2	0.01	0.02	0.01	0.01	0.01	0.01
3	0.04	0.02	0.01	0.004	0.01	0.01
4	0.08	0.01	0.02	0.004	0.01	0.01
5	0.25	0.00	0.03	0.004	0.01	0.004
6	0.09	0.01	0.02	0.004	0.06	0.01
7	0.25	0.002	0.01	0.001	0.00	0.003
8	0.07	0.001	0.01	0.001	0.01	0.002
9	0.01	0.000	0.00	0.002	0.01	0.002
10	0.01	0.001	0.00	0.001	0.002	0.001
11	0.02	0.003	—	—	0.003	0.003
12	0.01	0.005	0.01	0.01	—	—

注:N 为非点源污染,S 为点源污染。

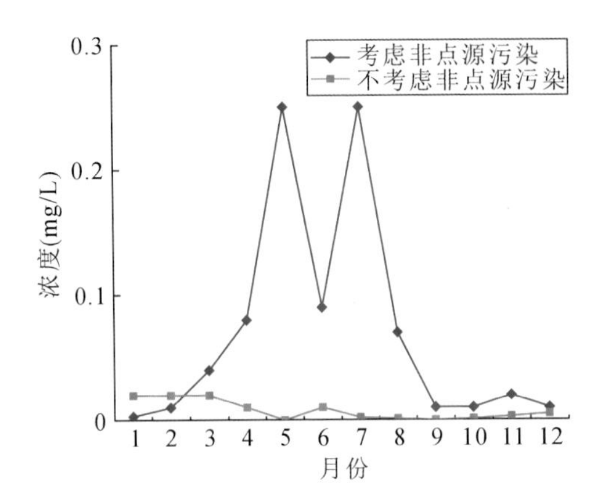

图 1.11　水库丰水年两种情况下 TP 浓度变化

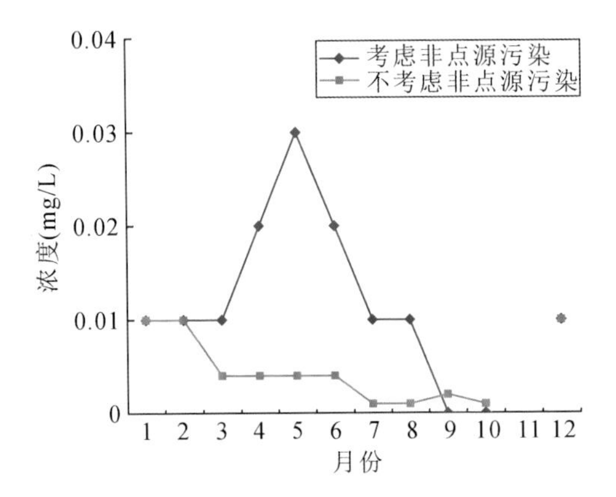

图 1.12　水库平水年两种情况下 TP 浓度变化

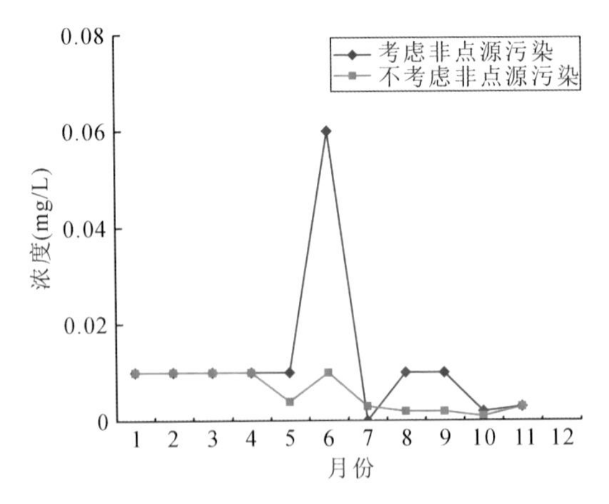

图 1.13　水库枯水年两种情况下 TP 浓度变化

根据计算结果及《地表水环境质量标准》,对水库各代表年的 TP 状态进行评价，结果如表 1.40 所示。

表 1.40　各代表年水库 TP 状态评价

月份	丰水年		平水年		枯水年	
	N+S	S	N+S	N	N+S	S
1	Ⅰ	Ⅱ	Ⅰ	Ⅰ	Ⅰ	Ⅰ
2	Ⅰ	Ⅱ	Ⅰ	Ⅰ	Ⅰ	Ⅰ
3	Ⅲ	Ⅱ	Ⅰ	Ⅰ	Ⅰ	Ⅰ
4	Ⅳ	Ⅰ	Ⅱ	Ⅰ	Ⅰ	Ⅰ
5	劣Ⅴ	Ⅰ	Ⅲ	Ⅰ	Ⅰ	Ⅰ
6	Ⅳ	Ⅰ	Ⅱ	Ⅰ	Ⅳ	Ⅰ
7	劣Ⅴ	Ⅰ	Ⅰ	Ⅰ	Ⅰ	Ⅰ
8	Ⅳ	Ⅰ	Ⅰ	Ⅰ	Ⅰ	Ⅰ
9	Ⅰ	Ⅰ	Ⅰ	Ⅰ	Ⅰ	Ⅰ
10	Ⅰ	Ⅰ	Ⅰ	Ⅰ	Ⅰ	Ⅰ
11	Ⅱ	Ⅰ	—	—	Ⅰ	Ⅰ
12	Ⅰ	Ⅰ	Ⅰ	Ⅰ	—	—

整体来看，丰水年非点源污染影响大于平水年和枯水年，枯水年两种情况下浓度比最小。丰水年考虑非点源污染情况下水库 TP 浓度高于其他代表年，这与非点源污染负荷本身的特点有关，非点源污染负荷随降雨径流进入水库，丰水年水量较大，降雨径流携带的污染负荷大于其他代表年。分析可以看出，非点源污染负荷对水库 TP 浓度影响较大。

（三）TN 模拟结果及分析

代表年选取与 TP 预测情况相同，不同代表年水库 TN 预测结果见表 1.41 和图 1.14 至图 1.16。

表 1.41　各代表年水库 TN 浓度预测结果　　(单位：mg/L)

月份	丰水年		平水年		枯水年	
	N+S	S	N+S	S	N+S	S
1	0.10	0.21	—	—	0.05	0.05
2	0.13	0.18	4.91	0.20	0.04	0.07
3	0.29	0.17	0.41	0.12	0.71	0.05
4	0.56	0.06	1.09	0.13	0.74	0.04

续表

月份	丰水年		平水年		枯水年	
	N+S	S	N+S	S	N+S	S
5	1.83	0.05	1.67	0.11	0.63	0.03
6	0.77	0.10	0.85	0.11	3.05	0.05
7	1.80	0.02	0.45	0.03	0.27	0.02
8	0.49	0.01	0.38	0.03	0.58	0.02
9	0.05	0.005	0.26	0.04	0.29	0.02
10	0.08	0.01	0.16	0.03	0.10	0.01
11	0.15	0.03	—	—	6.80	0.02
12	0.12	0.05	0.70	0.18	—	—

注:N为非点源污染,S为点源污染。

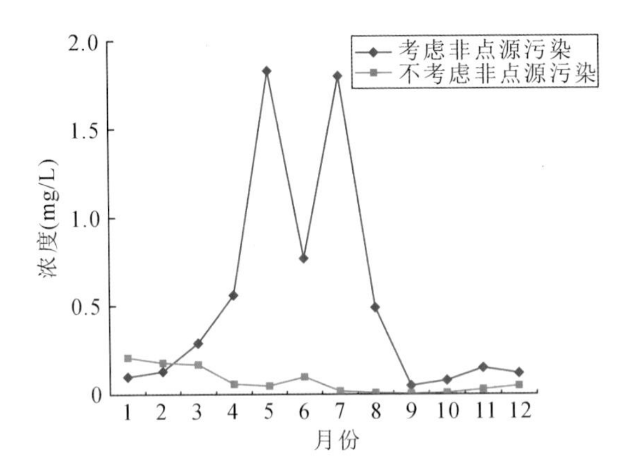

图1.14 水库丰水年两种情况下TN浓度变化

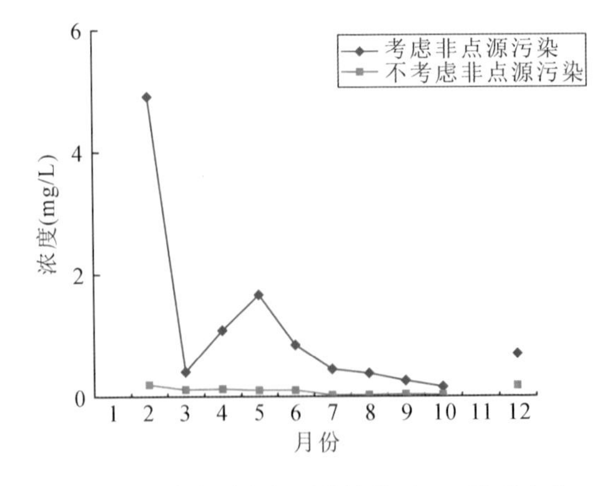

图1.15 水库平水年两种情况下TN浓度变化

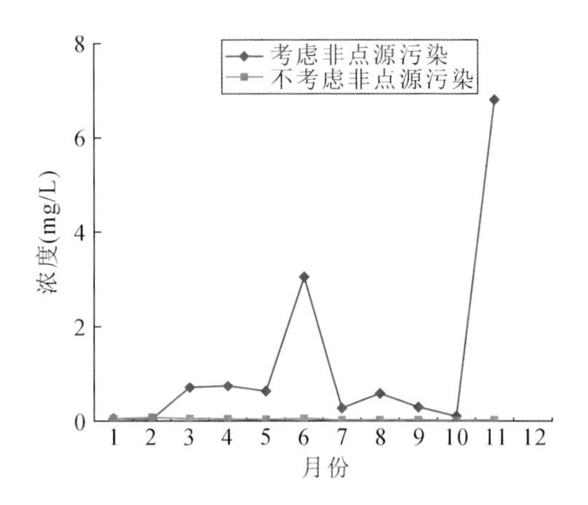

图 1.16　水库枯水年两种情况下 TN 浓度变化

根据计算结果及《地表水环境质量标准》，对水库各代表年的 TN 状态进行评价，结果如表 1.42 所示。

表 1.42　各代表年水库 TN 状态评价

月份	丰水年		平水年		枯水年	
	N+S	S	N+S	S	N+S	S
1	Ⅰ	Ⅲ	—	—	Ⅰ	Ⅰ
2	Ⅰ	Ⅰ	劣Ⅴ	Ⅰ	Ⅰ	Ⅰ
3	Ⅲ	Ⅰ	Ⅲ	Ⅰ	Ⅲ	Ⅰ
4	Ⅲ	Ⅰ	Ⅳ	Ⅰ	Ⅲ	Ⅰ
5	Ⅴ	Ⅰ	Ⅴ	Ⅰ	Ⅲ	Ⅰ
6	Ⅲ	Ⅰ	Ⅲ	Ⅰ	劣Ⅴ	Ⅰ
7	Ⅴ	Ⅰ	Ⅲ	Ⅰ	Ⅲ	Ⅰ
8	Ⅲ	Ⅰ	Ⅲ	Ⅰ	Ⅲ	Ⅰ
9	Ⅰ	Ⅰ	Ⅲ	Ⅰ	Ⅲ	Ⅰ
10	Ⅰ	Ⅰ	Ⅰ	Ⅰ	Ⅰ	Ⅰ
11	Ⅰ	Ⅰ	—	—	劣Ⅴ	Ⅰ
12	Ⅰ	Ⅰ	Ⅲ	Ⅰ	—	—

整体来看，枯水年两种情况下浓度比最小，丰水年考虑非点源污染情况下水库 TN 浓度高于其他代表年，这与非点源污染负荷本身的特点有关，非点源污染负荷随降雨径流进入水库，丰水年水量较大，降雨径流携带的污染负荷大

于其他代表年。分析可以看出，非点源污染负荷对水库 TN 浓度影响较大。

四、小结

1. 水库水温垂向分布预测

采用垂向一维水温模型对水库 2007 年垂向水温分布进行预测，模型中考虑了热传导、入流及出流对水温分布的影响，结果显示水库水温分布具有明显的季节性分层现象，表层水温受气温及入库水温的影响较大，底层水温变化不大。

2. 非点源污染对水库 BOD、DO 的影响

采用垂向一维 BOD-DO 与水温耦合模型对水库 2007 年 BOD、DO 垂向分布进行预测，并将 BOD、DO 分为“考虑非点源污染”和“不考虑非点源污染”两种情况进行模拟分析，结果显示水库 BOD、DO 也具有明显的季节性分层现象，非点源污染对 DO 的影响不大，而 BOD 在考虑非点源污染的影响下部分月份浓度成倍增加，受影响程度较大。

3. 非点源污染对水库富营养化的影响预测

TP、TN 是水体富营养化的主要因素，因此仅考虑非点源污染负荷中 TP、TN 对水库的影响，利用 Vollenweider 模型对水库丰水年、平水年、枯水年的水库富营养化情况进行预测，并将 TN、TP 分为“考虑非点源污染”和“不考虑非点源污染”两种情况进行模拟分析，结果显示非点源污染影响较大，在不考虑非点源污染影响的情况下，各代表年水库 TP、TN 浓度基本达到 Ⅰ 类水质标准，且处在贫营养状态，但考虑非点源污染的影响时部分月份出现富营养化。

第五节　流域非点源污染控制管理

流域非点源污染是由不合理的土地利用造成的。人们为了满足社会、经济的需求，不断地毁林耕作，同时过度利用荒地和草地，造成荒地水土流失加剧，草地功能退化。流域非点源污染控制规划的目的是使流域的经济、社会、生态能够协调发展。

我国在点源污染研究中采用的总量控制方法，对水体污染的控制研究起到了积极的促进作用。根据流域环境控制规划，将总量控制的思想引入非点源污染的控制规划研究中，以期寻求一条非点源污染防治管理的新途径。非点源污

染一般具有动态性、随机性，其空间位置和排放量都难以准确定量化，同时各种土地产生的污染负荷不同，不能按照点源污染防治的方法将污染负荷削减分配给污染源，治理和控制的困难都很大。因此，有必要研究出适应于非点源污染特性的控制措施。

非点源污染主要来自降雨径流的冲刷和淋溶。负荷量的大小与两大因素有关：一是降雨径流，二是地表土地利用情况。降雨量有年际变化，即使年降雨量相同或相近，由于年内降雨次数、降雨强度的不同，泥沙侵蚀量和污染负荷量的差别也会很大，何况降雨因素几乎完全不能人为控制。因此，非点源污染的人为控制主要是针对地表土地利用情况进行的。

目前，根据控制措施的性质，可以将非点源污染控制措施分为两类。

1. 单项控制措施

①坡度大于 15°的耕地还林、植草、种植经济林，部分荒地植草和还林。②坡度大于 25°的耕地还林、植草、种植经济林。③在河流的敏感带设置植被保护带，拦截泥沙、TP、TN。④削减流域的人口数量——移民。

2. 组合控制措施

⑤流域的土地利用方式改变与设置河岸植被保护带结合。⑥流域移民与设置河岸植被保护带结合。

在上述措施中，①②③④等单项控制措施实施时间较长，或控制措施风险较高，在实施过程中仍然有大量的非点源污染物进入水体。而⑤和⑥组合控制措施投资小、见效快。流域的土地利用方式发生变化后，非点源污染负荷减少，但是在有大暴雨或大面积降雨时，流域非点源污染负荷仍有可能很大，进入水体的污染物数量有可能超标；而流域设置植被保护带可以拦截部分污染物，通过组合控制措施⑤可以降低流域水体水质超标的风险。组合控制措施⑥是根据流域人口环境容量，迁移部分居民，降低流域的农业生产活动强度，减小非点源污染负荷；再在河流的敏感带设置植被保护带进一步减少污染物，降低水体水质超标的概率。

参考文献

[1]蔡明，李怀恩，庄咏涛，等. 改进的输出系数法在流域非点源污染负荷估算中的应用[J]. 水利学报，2004，35(7)：40-45.

[2]曹高明,杜强,宫辉力,等.非点源污染研究综述[J].中国水利水电科学研究院学报,2011,9(1):35-40.

[3]樊尔兰,李怀恩.分层型水库的水量水质综合优化调度[M]西安:陕西科学技术出版社,1996.

[4]付意成,徐文新,付敏.我国水环境容量现状研究[J].中国水利,2010(1):26-31.

[5]郭劲松,李胜海,龙腾锐.水质模型及其应用研究进展[J].土木建筑与环境工程,2002,24(2):109-115.

[6]胡昱欣.东辽河流域农业非点源氮、磷污染模拟及入河过程研究[D].长春:吉林大学,2015.

[7]黄永刚,付玲玲,胡筱敏.基于河流断面监测资料的非点源负荷估算输出系数法的研究和应用[J].水力发电学报,2012,31(5):159-162.

[8]李恒鹏,刘晓枚,杨桂山.太湖地区西苕溪流域营养盐污染负荷结构分析[J].湖泊科学,2004,16(12):89-96.

[9]李怀恩,杜娟,李家科.基于实测资料的输出系数分析与陕西沣河流域非点源负荷来源探讨[J].农业环境科学学报,2013(4):827-837.

[10]李怀恩,王莉,史淑娟.南水北调中线陕西水源区非点源总氮负荷估算[J].西北大学学报(自然科学版),2010,40(3):540-544.

[11]李卉,苏保林,张倩,等.平原河网地区农村生活污染入河机制[J].生态与农村环境学报,2011,27(4):110-112.

[12]李琳,李叙勇,李文赞.滏阳河平原区畜禽养殖污染负荷研究[J].农业科技与装备,2013(6):17-19.

[13]李明涛.密云水库流域土地利用与气候变化对非点源氮、磷污染的影响研究[D].北京:首都师范大学,2014.

[14]李强坤,李怀恩,胡亚伟,等.黄河干流潼关断面非点源污染负荷估算[J].水科学进展,2008,19(4):460-466.

[15]李云生,刘伟江,吴悦颖,等.美国水质模型研究进展综述[J].水利水电技术,2006,37(2):68-73.

[16]刘侨博,刘薇,周瑶.非点源污染影响分析及防治措施[J].环境科学与管理,2010,35(6):106-110.

[17]刘永,郭怀成,范英英,等.湖泊生态系统动力学模型研究进展[J].应用生态学报,2005,16(6):1169-1175.

[18]刘庄,李维新,张毅敏,等.太湖流域非点源污染负荷估算[J].生态与农村环境学报,2010,26(增刊1):45-48.
[19]柳娟,马耀光,王伯勤,等.渭河咸阳段有机污染物的降解特征[J].人民黄河,2007,29(4):39-40.
[20]陆莎莎,时连强.水质模型研究发展综述[J].环境工程,2016(S1):78-81.
[21]孟晓云,于兴修,泮雪芹.云蒙湖流域土地利用变化对非点源氮污染负荷的影响[J].环境科学,2012,33(6):1789-1794.
[22]彭畅,朱平,牛红红,等.农田氮磷流失与农业非点源污染及其防治[J].土壤通报,2010,41(2):508-512.
[23]彭泽洲,杨天行,梁秀娟.水环境数学模型及其应用[M].北京:化学工业出版社,2007.
[24]乔飞,孟伟,郑丙辉,等.长江干流寸滩断面污染负荷核算及来源分析[J].环境科学研究,2010,23(8):979-986.
[25]孙颖,陈肇和,范晓娜,等.河流及水库水质模型与通用软件综述[J].水资源保护,2001(2):7-11.
[26]万金保,李媛媛.湖泊水质模型研究进展[J].长江流域资源与环境,2007,16(6):805-805.
[27]王德连.秦岭火地塘森林集水区径流及水质特征的研究[D].咸阳:西北农林科技大学,2004.
[28]王雪蕾,蔡明勇,钟部卿,等.辽河流域非点源污染空间特征遥感解析[J].环境科学,2013,34(10):3788-3796.
[29]吴一鸣,李伟,余昱葳,等.浙江省安吉县西苕溪流域非点源污染负荷研究[J].农业环境科学学报,2012,31(10):1976-1985.
[30]夏军,翟晓燕,张永勇.水环境非点源污染模型研究进展[J].地理科学进展,2012,31(7):941-952.
[31]邢宝秀,陈贺.北京市农业面源污染负荷及入河系数估算[J].中国水土保持,2016(5):34-37.
[32]杨迪虎.新安江流域安徽省地区水环境状况分析[J].水资源保护,2006,22(5):77-80.
[33]杨维,杨肖肖,吴燕萍,等.基于输出系数法核定双台子河非点源污染负荷[J].沈阳建筑大学学报(自然科学版),2012,28(2):338-343.
[34]叶常明.水环境数学模型的研究进展[J].环境工程学报,1993(1):74-81.

[35]于婕.西安对渭河水质的影响分析及污染控制研究[D].西安:西安理工大学,2012.

[36]岳勇,程红光,杨胜天,等.松花江流域非点源污染负荷估算与评价[J].地理科学,2007(2):231-236.

[37]张静,何俊仕,周飞,等.浑河流域非点源污染负荷估算与分析[J].南水北调与水利科技,2011,9(6):69-73.

[38]职锦,郭太龙,廖义善,等.非点源污染对人类健康影响的研究进展[J].生态环境学报,2010,26(6):1459-1464.

[39]周怀东,彭文启,杜霞,等.中国地表水水质评价[J].中国水利水电科学研究院学报,2004,2(4):255-264.

[40]周洋,周孝德,冯民权.渭河陕西段水环境容量研究[J].西安理工大学学报,2011,27(1):7-11.

[41]周园园.考虑非点源影响的水库水质预测[D].西安:西安理工大学,2009.

[42]朱梅.海河流域农业非点源污染负荷估算与评价研究[D].北京:中国农业科学院,2011.

[43]BEHRENDT H. Inventories of point and diffuse sources and estimated nutrient loads-a comparison for different river basins in central Europe [J]. Water Science & Technology,1996,33(4):99-107.

[44]CHO J, PARK S, IM S. Evaluation of Agricultural Nonpoint Source (AGNPS) model for small watersheds in Korea applying irregular cell delineation[J]. Agricultural Water Management,2008,95(4):400-408.

[45]DOWD B M, PRESS D, HUERTOS M L. Agricultural nonpoint source water pollution policy: the case of California's Central Coast [J]. Agriculture Ecosystems & Environment,2008,128(3):151-161.

[46]EDWARDS A C, WITHERS P J A. Transport and delivery of suspended solids, nitrogen and phosphorus from various sources to freshwaters in the UK[J]. Journal of Hydrology,2008,350(3-4):144-153.

[47]GERARD J F, HEINZ G S. Mathematical modeling of plunging reservoir [J]. Hydraulic Research,1998,26(5):525-537.

[48]IMBERGER J, PATTERSON J, HEBBERT B, et al. Dynamics of reservoir of medium size[J]. Journal of the Hydraulics Division,1978,104(5):725-743.

[49]JOHNES P J ,HEATHWAITE A L . Modelling the impact of land use change on water quality in agricultural catchments[J]. Hydrological Processes,1997,11(3):269-286.

[50] LACROIX A, BEAUDOIN N, MAKOWSKI D. Agricultural water nonpoint pollution control under uncertainty and climate variability[J]. Ecological Economics,2005,53(1):115-127.

[51]LEE S I. Non-point source pollution[J]. Conservationi,1979,81(10):1996-2018.

[52] SCHAFFNER M, BADER H P, SCHEIDEGGER R. Modeling the contribution of point sources and non-point sources to Thachin River water pollution. [J]. Science of the Total Environment,2009,407(17):4902-4915.

[53]SINGH V P,WOOLHISER D A. Mathematical modeling of watershed hydrology[J]. Journal of Hydrologic Engineering,2002,7(4):270-292.

[54]SMITH R A,ALEXANDER R B,WOLMAN M G. Water-quality trends in the nation's rivers[J]. Science,1987,235(4796):1607-1615.

第二章　生态补偿与流域水环境安全

南水北调中线工程是我国水资源跨流域调配的一项重大决策，它主要是为了缓解华北地区水资源严重短缺，它具有水质好、覆盖面大、自流输水等优点。南水北调中线工程是指以丹江口水库作为水源，以总干渠自流引水，经湖北、河南、河北，最终输水至北京、天津，工程的主要任务是向华北地区供水，且以城市生活和工业用水为主要供水对象，兼顾农业及其他用水。南水北调中线工程就如一个系统，应把握好每一个环节，在实施过程中，如果忽视任何一个环节，则很可能导致整个工程功亏一篑。实施南水北调中线工程的基本目标是调水而且是优质水，如果水源区的生态环境继续恶化，大量污染的工业项目在水源区不断布局，丹江口水库由于河道的水土流失严重而被大量的泥沙淤积，也许在该工程建成不久就会面临调不出水、调不出优质水的局面，到时再来筹划水源区的生态环境综合整治与建设，为时晚矣。因此从现在开始，国家有关部门应该而且必须高度重视调水水源区的综合生态环境保护与建设，提出相应的水源区生态环境保护政策，给水源区的人民群众为保护水源而做出的努力和牺牲以补偿，将会更有力地保护南水北调中线工程的可持续发展。对于整个社会系统中平等的个体而言，在为社会做出牺牲的同时，如果不能得到应有的补偿，作为一种社会行为首先是不公平的，同时这种行为也是难以持久的。鉴于此，理论界和政府在建立和谐社会这一主旨下，正在思考如何利用经济手段使人们的生态保护行为得到经济补偿，“生态补偿”逐渐成为社会舆论关注的热点话题。

第一节　水环境安全与生态补偿机制理论体系研究

一、生态补偿机制内涵及理论基础

（一）生态补偿机制概念

生态补偿机制（eco-compensation mechanism）是以保护生态环境，促进人与自然和谐发展为目的，根据生态系统服务价值、生态保护成本、发展机会成本，运用政府和市场手段，调节生态保护利益相关者之间利益关系的公共制度。生态补偿机制至少包括四个层面的含义，包括对生态环境本身的补偿，生态环境补偿费，对个人或区域保护生态环境或因保护生态环境而放弃发展机会的行为予以补偿，对具有重大生态价值的区域或对象进行保护性投入，等等。其范围包括重要类型和重要区域的生态补偿。

（二）建立生态补偿机制的理论基础

分析生态补偿机制的主要理论基础有两个目的：一是佐证对其内涵的基本要素界定的科学性；二是对确定实现生态补偿机制的政策工具提供方向性指导。生态补偿的理论基础主要包括生态学理论、法理理论、机会成本理论、外部性理论以及排污权交易理论。

1.生态学理论包括生态资本论和生态价值理论

生态资本论主要包括以下三个方面：①能直接进入当前社会生产与再生产过程的自然资源，即自然资源总量和环境消耗并转化废物的能力。②自然资源的质变化和再生量变化，即生态潜力。③生态环境质量，是指生态系统的水环境质量和大气等各种生态因子为人类生命和社会生产消费所必需的环境资源。生态价值理论包括两个方面：①对于整个人类的生存而言，只有利用生态系统提供的一切自然条件，并参与生态系统的物质、能量和信息的交流，才能得以生存和发展，即人们是环境的产物。②生态系统为人类的生产、生活等活动提供获取利润的劳动对象，是将生态系统某一要素，如水、空气等纳入生产流程中，作为生产资料加以利用。

2.法理理论

我国宪法和环境保护法等法律规定，任何人都有平等保护生态、维持生态平衡的基本义务，任何人也具有平等地获取和享受生态服务功能的基本权利。但实际上，环境资源产权界定或者说权利初始分配的不同造成了事实上的发展权利的不平等。通常，水源区的生态保护者比受水区的人需要遵守更为严格的法律规定或更少的权利分配，如遵守更为严格的水质标准等。因此需要一种补偿来弥补这种权利的失衡。在具体的政策实践中，生态功能区划就是一种环境资源产权的界定或权利的初始分配。根据这种区划，就可以确定不同类型下补偿和被补偿的义务和权利。

3.机会成本理论

机会成本是指当资源用于一种用途时所必须放弃的其他用途中的最高收

益，是一种资源保持现有的使用状态所必须获得的最低报酬。生存权、发展权与环境权是人类最基本的权利。为保护生态环境，资源地区必须放弃一些产业发展机会，以求得生态安全，维护环境权；而良好的生态环境效应带给当地以外的个人、企业、区域更多的发展环境和经济利益。这种机会利益的丧失不利于当地人的生存权、发展权。因此，应当寻求生存权、发展权与环境权之间协调发展的有效途径。而生态补偿就能恰当地协调好生存权、发展权与环境权之间的矛盾。

4.外部性理论

无论是纯粹的公共物品，还是俱乐部产品和共同资源，它们共同的问题是在其供给和消费过程中产生的外部性，这是生态补偿所要解决的核心问题。外部性理论经过马歇尔(1890)和福利经济学创始人庇古(1920)等经济学家的研究，如今已经发展成为一套较成熟的经济理论体系，并被广泛地应用到环境保护领域。

5.排污权交易理论

排污权交易是指根据一定的废弃物排放量向各个污染源分配排放许可，从而有效地满足一个地区特定的总排放水平或满足一个确定的环境标准，然后准许各个许可持有者相互购买或出售许可。

排污权具有可量化、排他性和可分割性等特点。排污权的量化是以环境资源使用权为基础的。排污权是根据一定的法律法规赋予排污主体向公共环境排放一定数量污染的权利。其他主体不能同时使用，所以说排污权具有排他性。排污权具有可分割性，排污权涉及排污数量，这种数量在技术上是可以计量的，因而也是可以分割的。另外，没有政府的强制性环境执行标准，任何企业都不可能产生对排污权的需求。

二、建立跨流域调水生态补偿机制的基本要素

(一)生态补偿的原则

1.“谁受益，谁补偿”原则

生态环境的保护并不是某一区域的事情，水源区生态环境保护好了，受益的是受水区。生态保护的受益者有责任向生态保护者支付适当的补偿费用，因此，受益区应该为水源区的生态环境建设承担环境外部成本，履行生态环境恢复责任，赔偿相关机会成本损失，支付占用环境容量的费用。只有这样才能保障水源区生态保护措施的有效实施，防止水土流失，使水质保护工作顺利进行，

带给受水区直接或间接利益。

2.明确界定主体责任原则

生态补偿涉及多方利益调整，需要广泛调查各利益相关者的情况，合理分析生态保护的纵向、横向权利义务关系，科学评估维护生态系统功能的直接和间接成本，研究制定合理的生态补偿标准、程序和监督机制，确保利益相关者责、权、利相统一，做到应补则补，奖惩分明。

3.水源区与受水区共赢原则

受水区和水源区首先要树立共赢的观念。受水区向水源区进行补偿是为了保障自己正常生活和经济社会发展的需要，是对占有水源区优质生态环境产品所付的费用。水源区与受水区应在履行环保职责的基础上，加强生态保护和水环境治理方面的相互配合，并积极加强经济活动领域的分工协作，共同致力于改善水源区生态环境质量，拓宽发展空间，推动水源区经济可持续发展。

4.政府引导与市场调控相结合原则

要充分发挥政府在生态补偿机制建立过程中的引导作用，结合国家相关政策和当地实际情况，研究改进公共财政对生态保护的投入机制，同时要研究制定完善、规范市场经济主体的政策法规，增强其珍惜环境和资源的压力和动力，引导建立多元化的筹资渠道和市场化的运作方式。

（二）生态补偿的主体

根据“谁受益，谁补偿”原则，生态补偿的主体在理论上应是生态环境保护的受益者。在水源区补偿问题中补偿主体应指一切从利用流域水资源中受益的群体，包括政府机构、社会组织、企业、个人、外国政府。这些用水活动包括工业生产用水、农牧业生产用水、城镇居民生活用水、水力发电用水、利用水资源开发的旅游项目、水产养殖等。

（三）生态补偿的客体

水源区生态补偿的客体是指执行水环境保护工作等为保障水资源可持续利用做出贡献的地区的生态环境建设者、生态功能区内的地方政府和居民、资源开采区内的单位和居民。一般包括水源区及水源区周边地区，他们是生态补偿政策最直接的执行者，需要执行退耕还林、植树造林、封山育林、水污染治理等政策措施以减少水土流失、保护水环境，为保障向受水区提供持续利用的水资源投入了大量的人力、物力、财力，甚至以牺牲当地的经济发展为代价。

（四）补偿途径

生态补偿的途径是补偿得以实现的形式。生态补偿途径有不同的分类。

1. 按补偿手段划分

按照补偿物品来划分，有以下几种：①资金补偿，这是最常见、最迫切、最急需的补偿方式。常见形式有补偿金，税收的征收、减免或退税，开发押金，等等。②实物补偿，给予补偿对象一定物质、劳力甚至土地，以改善其生活条件，增强生产能力，如退耕还林（草）政策中运用大量粮食进行补偿的方式。③智力补偿，即向补偿对象提供智力服务，包括无偿的技术咨询，提高受补偿者的生产技能和管理水平，为其培养输送各级各类人才，等等。④政策性补偿，上级政府赋予下级政府，或各级政府赋予特定范围的社会成员一定权利或让其享受特殊政策。⑤项目补偿，是指补偿者通过在受补偿者所在地区从事一定工程项目的开发或建设等方式进行补偿，如生态移民、异地开发等。

2. 按补偿要素的公共属性划分

根据补偿要素公共属性的不同，生态补偿主要可分为政府补偿和市场补偿：①政府补偿是指以政府为主体，主要采取管制、补贴、税收利率优惠等手段进行的补偿活动，它是一种命令、控制式的生态补偿。②市场补偿是指市场交易主体在政府制定的各类生态环境标准、法律法规的范围内，利用经济手段，通过市场行为改善生态环境的活动的总称。

（五）生态补偿的标准

生态补偿的标准是指在一定社会经济条件和社会公平观念下，对生态补偿支付的依据。按补偿标准是否法定，可分为法定标准和协定标准。法定标准是法律明确规定不容许单方或双方提高或降低的补偿标准；协定标准则可由双方协商确定，以生态产品在市场上的价格为交换对价，如排污权的交易价格等。

三、水环境安全与生态补偿的关系

生态补偿机制是调整生态环境保护和建立相关各方之间利益关系的一种制度安排，是实现生态环境安全的前提和重要保障。根据党的十九大关于加强生态文明建设及国务院办公厅印发的《关于健全生态保护补偿机制的意见》的指示要求，进一步加快推进水域生态环境建设，促进经济发展与水环境承载能力相协调，完善水资源开发保护及有偿使用，健全政府对水生态补偿的调控手段和政策措施，推动经济社会与水资源环境的协调发展，不断提升水生态环境水平。因此，生态补偿与水环境的协调发展之间还是互推互助的关系。

四、国内流域生态补偿机制研究进展

党的十九大报告明确提出“建立市场化、多元化生态补偿机制”，近年来，虽然我国流域生态补偿已经形成了国家推动和地方自发实践并行的省、市、县多层次的补偿模式，但从总体看，我国的生态补偿研究与实践还处于起步阶段，研究的重点主要在以下3个方面：

1.生态区域补偿机制研究

傅晓华从行政和经济两个方面分别解决水权交接问题和生态补偿问题，探讨湘江流域建立水权交接生态补偿机制；李磊从京冀生态协同发展的角度，探讨构建首都跨界水源地的生态补偿机制；李宁从构建流域生态补偿机制、生态补偿中的博弈理论、基于水足迹法的生态补偿标准计算方法、生态补偿方式及配套机制这四方面对长江中游城市群流域生态补偿机制进行系统研究。

2.生态补偿的法律制度研究

王琪提出了我国流域水资源生态补偿立法结构设想及法律制度构建的具体措施，为流域水资源生态补偿提供完善的法律制度依据，保障各项补偿工作的顺利实施；李元锋从立法层面和司法层面以及相关的配套制度，提出了完善我国流域生态补偿法律制度的详细建议；黄琴提出了如何进行我国市场化流域生态补偿民法规则的完善。

3.生态补偿的标准研究

王燕鹏采用基于聚类分析的污染治理成本表征法作为流域生态补偿标准确定方法；段姗姗以辽河流域为实例，构建了流域生态补偿标准测算模型，并提出了适合该地区的生态补偿逐级协商机制；侯慧平从水质和水量两个角度核算流域生态补偿量，建立流域逐级补偿标准。

五、国内流域生态建设补偿研究存在的问题

国内流域生态建设补偿研究存在的主要不足包括以下6个方面：

(1)我国在流域生态补偿机制方面已经起步，在广东省、北京市等地区已经有了成功案例。但是我国的流域补偿机制更多的是体现在“扶贫”的意义上，没有法律法规或者政策依据。同时我国现在的流域补偿仅仅局限于特定的小型流域，要在大面积的流域管理中推广还有很多问题有待解决。

(2)补偿资金的筹措和运作缺乏相应体制和政策支持。流域的环境和生态问题常常是跨区域性的，即使确定了补偿的标准和额度，由于财政体制的限制，

资金的筹集、调配、运作和统一管理将受到很大影响，实施难度较大。

(3)生态补偿计算方法与补偿标准研究严重滞后，满足不了生态补偿实践的需要。①补偿强度应该随着区域不同、时间变化和地区间经济状况的不同而有所不同，应该是一个有区域性的动态的标准。②没有统一的指标衡量生态建设措施价值量。③补偿标准及实施机制未合理考虑不同地区的经济、环境条件差异，简单划一。④计算水源区环境治理投入未涉及非点源污染的治理费用。

(4)水权不明晰是制约流域生态服务补偿市场的主要因素。流域没有进行初始水权的分配，水权不明晰，造成了对流域自然资源保护与利用的混乱现象。

(5)目前，国内对生态补偿的理论性探讨较多，针对具体地区、跨流域的实践探索较少，尤其缺乏经过实践检验的生态补偿技术方法与政策体系。

(6)南水北调中线陕西水源区生态补偿缺乏各级获益者的广泛参与，预期的资金来源几乎全部依靠中央财政转移，缺乏市场运营机制和多渠道融资途径。

第二节　陕西水源区生态补偿量研究

一、水源区生态补偿量模型的建立

(一)生态补偿量计算的基础方法

计算生态补偿量所运用的基础方法如表 2.1 所示。

表 2.1　生态补偿标准计算基础方法

类型	具体评价方法	方法特点
市场价值法	生产要素价格	将生态系统作为生产中的一个要素，生态系统变化导致产量和预期收益的变化
替代市场价值法	机会成本法	以利用其他方案中的最大经济效益作为该选择的机会成本
	影子价格法	以市场上相同产品的价格进行估算
	影子工程法	以替代工程建造费用进行估算
	防护费用法	以消除或减少该问题而承担的费用进行估算
	恢复费用法	以恢复原有状况需承担的治理费用进行计算
	资产价值法	以生态环境变化对产品或生产要素价格的影响进行估算
	旅行费用法	以旅客旅行费用、时间成本及消费者剩余进行估算
假想市场价值法	条件价值法	以直接调查得出的消费者支付意愿和受偿意愿进行价值计算

（二）水源区的生态补偿量计算模型

依据跨流域生态服务补偿的原则，按照生态补偿量的计算思路，构建水源区保护水源的投入、受水区经济可承受能力、水源区水资源价值和水环境容量排污权的损失价值4种估算水源区生态服务的补偿量模型，通过4种计算模型的结果的对比分析，结合当地经济发展水平、受水区的支付能力，推荐合理的补偿量。

1.基于水源区涵养和保护水源所付出成本的补偿量

水源区涵养和保护水源的投入成本包括点源污染治理费用、发展机会损失成本、非点源污染治理费用等内容。具体构成如图2.1所示。

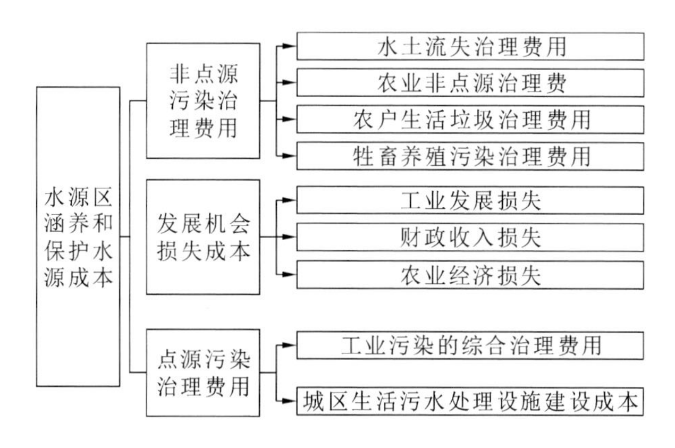

图2.1　水源区涵养和保护水源所付出的成本构成框架图

1）点源污染治理补偿量分析

点源污染主要指工业生产过程中与城市生活中产生的污染，包括城市集中生活污水排放口、大型工业废水排放口、大型固体废弃物堆放点、次级河流等。

点源污染治理补偿包含两方面内容：①在规划年，由于经济的发展，工业及生活排放的污染物陆续增加，为满足受水区饮用水源的要求，须严格控制污染物排放量而产生的治理费用。②在现状年，相对饮用水源来说已超标排放的河流，对其进行治理而产生的费用。

以工业污染COD负荷为例来说明水源区点源污染治理的补偿量。

点源污染治理补偿的计算步骤如下。

（1）首先，采用一维和二维水质模拟模型，分别对水源区现状年与规划年水质进行评价和预测。

以《丹江口库区及上游水污染防治和水土保持规划》中对汉江、丹江流域陕西段2020年的点源入河排污量预测值为上限，以2000年各河段污染物入河量为下限，采用宏观模型粗略地设定平均增长率 r，工业废水中COD进入汉江、丹江的预测方程为

$$C_n = C_0 (1+r)^n \tag{2-1}$$

式中，n 为规划年与现状年的年份差值；C_n 为规划年污染物COD排放量（万t/a）；C_0 为现状年污染物COD排放量（万t/a）；r 为污染物排放量平均增长率。

（2）在枯水期、平水期、丰水期三种水情保证率下，按照不同的水文状况，估算河流的流速和流量，确定COD自净系数。根据陕西水源区各河段的水体生态功能区划水质标准，计算陕西境内丹江、汉江各排放口COD允许排放量。

（3）各河段需要削减的排污量计算。排污削减量是使环境质量达标而应当去除的污染物量。污染物环境削减量为污染物现状排放量与河流水环境容量之差，当现状排放量小于河流水环境容量时，环境削减量为0。反之，超过了水环境容量，则须对超过的量进行削减。排污削减量计算公式为

$$W_{削} = W_{环} - W_{污} \tag{2-2}$$

式中，$W_{削}$ 为排污削减量（t/d）；$W_{环}$ 为根据各河段的水体生态功能区划水质标准计算得到的水环境容量（t/d）；$W_{污}$ 为污染物现状排放量（t/d）。

（4）污染物COD处理费用计算。为保证水源区各河段水质符合水体生态功能区划水质标准，须控制规划年污染物排放并对现状年已污染的河段进行污染物处理。本书计算COD处理费用函数时采用的公式为

$$C = \sum X_i C_i \tag{2-3}$$

式中，C 为总处理费用（亿元）；X_i 为不同处理效率 η_i 下的COD削减量（t/d）；η_i 为不同规模下的处理效率，本书中分别为0.3、0.5、0.7及0.9；C_i 为对应于处理效率 η_i 的COD单位处理费用。

对于不同行业的工业污水，应采用不同的COD单位处理费用，陕西汉江、丹江概化断面污水中COD处理费用有4种类型：①矿业开发和工业废水COD处理费用；②化学行业废水COD处理费用；③酿造业废水COD处理费用；④生活废水COD处理费用。

2）发展机会损失成本的补偿

发展权是紧随生存权之后的基本人权，任何人都无权剥夺。但在社会发展

的不同阶段，国家可能出于整体利益需要，或者为了保护更重要的利益，而对部分地区的发展权予以限制。陕西水源区作为京、津、豫、鄂、冀的饮用水来源地，其丹江、汉江河道周边地区相当大的范围内不得兴建可能对河道水质造成不良影响的企业，或者对河道安全构成威胁的工程。这在一定程度上限制了周边地区的发展，作为受益的受水区，应对这一地区人民牺牲的公平发展权进行补偿。

长期以来，水源区为水质水量达标所丧失的发展机会和所付出的间接投入，主要包括工业发展机会损失、农业收入损失和财政收入受损三个方面。首先，通过环境库兹涅茨曲线分析限制产业发展的变化趋势，选取与水源区自然条件相近但经济发展未受保护水源影响的地区，作为参照对象，比较两者之间的经济差异。近似地将两者之间的差异作为评价水源保护经济损失补偿成本的基础依据：

$$\mathrm{IEC_t} = (\mathrm{GDP_{无}} - \mathrm{GDP_{限}})N_{限} \tag{2-4}$$

式中，$\mathrm{IEC_t}$ 为保护水源经济损失量；$\mathrm{GDP_{无}}$ 为与水源区相近的非水源区人均国内生产总值；$\mathrm{GDP_{限}}$ 为水源区人均国内生产总值；$N_{限}$ 为水源区人口数。

2. 基于受水区经济可承受能力的补偿量

可承受水价是用水户有能力支付、愿意支付、认为公平合理的水价。“可承受”的标准，一般会因用水户的性质、收入水平不同而有相当大的差异。从用水户角度讲愿意支付、接受的价格，一般来说是越低越好。考虑到资源的有限性及其可持续利用，为防止水资源被浪费，用户支付补偿被浪费的资源破坏、保护资源的费用，一般会认为公平合理。

计算居民用户可承受水价上限的通行办法，是比例法。即按水费支出占居民可支配收入的比例，确定居民对自来水水价是否“可承受”。根据《南水北调中线一期工程项目建议书》引用的亚太经济和社会委员会(ESCAP)和中国建设部研究成果的数据，“居民用水的水费支出应不超过家庭收入的3%”；1995年中国建设部完成的《城市缺水问题研究报告》认为，“水费以占家庭平均收入的2.5%～3%为宜”。本书采用水费以占家庭收入的2%为标准，受水区居民可承受水价上限的计算方法可以表达为

$$f_{\mathrm{p}} = I \cdot m \times 2\% \tag{2-5}$$

式中，f_{p} 表示用户居民可承受水价的上限(元/m^3)；I 表示受水区居民的人均可支配收入(元)；m 代表每个居民的年用水量(m^3)。

3.基于水源区水资源价值的补偿量

陕西水源区涵养的水资源不仅为当地政府和人民提供了赖以生存的资源、能源、生态服务和发展空间，而且随着南水北调中线工程的投入使用，也直接为受水区人民解决了水资源短缺问题，促进了这些地区经济、社会的发展和城市化进程，还可以解决700万人长期饮用高氟水和苦咸水的问题。为了保护水源区生态环境、维持水资源的可持续利用，需要投入大量的人力、物力和财力进行生态建设和水资源保护，这就导致水源区水资源具有经济外部性。确定水资源价值的方法有很多种，其中系统模型的方法包括影子价格模型、模糊数学模型、CGE模型、边际机会成本模型等。

本书采用支付意愿法计算陕西水源区的水资源价值。

1)基于支付意愿法的水资源价值计算

其一般式可表示为

$$P_j = \frac{B_j}{W_j} \cdot x_j \tag{2-6}$$

式中，P_j 为第 j 用水行业的消费者支付意愿（元/m^3）；B_j 为第 j 用水行业的销售收入或年人均收入（元）；W_j 为第 j 用水行业的用水量或年人均用水量（m^3）；x_j 为第 j 用水行业的支付意愿系数，工业用户一般为2.5%～3.5%，生活用水一般为1%～2%。

供水系统的边际费用 C，其一般式可表示为

$$C = \left[K \frac{(1+i)^n i}{(1+i)^n - 1} + U + X\right] / W \tag{2-7}$$

式中，K 为供水工程系统相关项目的总投资量（元）；i 为社会折现率或资金的机会成本（可采用0.12）；n 为供水系统的经济寿命（可取30 a或50 a）；U 为供水工程年运行费（元）；X 为供水工程的流动资金占用量（元）；W 为供水系统年总供水量（m^3）。

有了消费者支付意愿 P_j 和供水系统的边际费用 C，则水资源价值 P_{tj} 即可由下式求出：

$$P_{tj} = P_j - C \tag{2-8}$$

2)基于水资源价值的补偿量计算

郑海霞以水资源的市场价格为基础对东阳与义乌水权交易中的补偿额进行了估算。基于水资源市场价格的流域补偿支付的估算公式为

$$P = Q \cdot P_r \tag{2-9}$$

式中，P 为补偿支付的金额（亿元）；Q 为水量（亿 m^3）；P_r 为水资源价值（元/m^3）。

4.基于水源区水环境容量排污权损失价值的补偿量

根据2007年8月24日国家环境保护总局《关于开展生态补偿试点工作的指导意见》，其基本原则：环境和自然资源的开发利用者要承担环境外部成本，履行生态恢复责任，支付占有环境容量的费用，生态保护的受益者有责任向生态保护者支付适当的补偿费用。

国家规定地表水排放标准为Ⅲ类，由于南水北调中线工程的介入，提高了丹江、汉江干流及其支流的地表水出省水质断面标准，而作为饮用水水源的排放标准为Ⅱ类，从一定意义上，造成了陕西水源区环境容量排污权的损失，限制了工业、农业发展，增加了污水处理设施建设的投资。

基于水源区水环境容量排污权损失价值的补偿量的计算步骤如下。

1)水源区水环境容量的计算

水环境容量或纳污能力是满足水功能区划确定的水环境质量标准要求的最大允许污染负荷量。水环境承载能力是指在一定的水域内，其水体能够被继续使用并仍保持良好生态系统时，所能容纳的污水及污染物的最大能力。影响水环境承载能力的因子有水体自净能力、水环境质量目标、水体中污染物的背景浓度和污染物类型及分布情况。这些影响因子中，水体自净能力取决于流量、水流特征、河床质及水生生物的生长情况；水环境质量目标由水功能区划确定或根据河道功能分析计算得到；水体中污染物的背景浓度则取决于本河段及上游河段污染物排放的历史和现状；污染物类型及分布情况取决于流域内的人口密度、人口分布情况、产业类型、产业结构、产业带分布情况、污染物处理程度及排放情况等。某河段段尾的水环境容量可以近似计算如下：

$$W = 31.536 \times \left[Q_0(C_s - C_0) + \sum_{n=1}^{i} C_s(Q_0 + q_n) \cdot (e^{K\frac{L_n}{86400u}} - 1) + \sum_{n=1}^{i} C_s q_n\right] \tag{2-10}$$

式中，W 为计算河段的水环境容量（t/a）；C_s 为目标水质浓度（mg/L）；C_0 为断面起始浓度（mg/L）；Q_0 为设计流量（m^3/s）；u 为平均流速（m/s）；K 为污染物的综合降解系数（1/d）；L_n 为第 n 个污染源或支流离控制断面的距离（m）；q_n 为第 n 个污染源或支流的流量（m^3/s）。

2)水源区水环境容量排污量损失值

陕西水源区水环境容量的排污量损失是指根据陕西省人民政府办公厅发布的《陕西省水功能区划》所规定的各河段功能区标准，陕西境内汉江、丹江流域出省界面水质标准为Ⅲ类，由于南水北调中线工程的启动，陕西水源区作为南水北调中水质标准提高后减少的这部分排污水环境容量，即为陕西水源区水环境容量排污量的损失值。水环境容量排污量的损失值可以由下式估算：

$$W = Q_1 - Q_2 \tag{2-11}$$

式中，W 为水源区水环境容量排污量的损失值；Q_1 为基于陕西省人民政府办公厅发布的《陕西省水功能区划》所规定的各河段功能区标准计算的水环境容量；Q_2 为基于满足南水北调中线调水水质标准计算的水环境容量。

3)水源区水环境容量价值的计算

水环境容量价值应包括 3 个部分：由于利用环境容量而节省的污水处理费用；由于水环境依靠自身特性而保持一定的水质标准所带来的经济效益和生态效益。经济效益是指对于经济发展所产生的工业、农业等效益，生态效益是指对生态系统的效用贡献。水环境容量价值计算公式表示为

$$V = V_1 + V_2 + V_3 \tag{2-12}$$

式中，V 为水环境容量的价值(元)；V_1 为污水处理费用(元)；V_2 为水环境容量自净作用带来的经济效益(元)；V_3 为生态效益(元)。

二、南水北调中线陕西水源区生态补偿量的计算

(一)陕西水源区基于水源区涵养和保护水源所付出成本的补偿量

1.非点源污染治理补偿量

水源区非点源污染控制管理而需要国家和受水区补偿的最低标准为 2006—2015 年 54.63 亿元/a，2016—2020 年 45.92 亿元/a。

2.点源污染治理补偿量

(1)陕西水源区汉江、丹江 2006 年水质评价状况、污染物 COD 排放量、规划年 2020 年各河段 COD 排放量见参考文献[10]。

(2)陕西水源区汉江、丹江各河段 2006 年及规划年 2020 年排污口 COD 削减量如表 2.2 所示，以此来说明陕西水源区 COD 削减状况，2007—2019 年 COD 削减量详见文献[10]。

表 2.2 陕西水源区汉江、丹江各河段 2006 年及规划年 2020 年排污口 COD 削减量 (单位:t/d)

水系	功能区名称	2006 年			2020 年		
		枯水期	平水期	丰水期	枯水期	平水期	丰水期
汉江	宁强源头水保护区	7.78			0.49	0.13	
	勉县保留区	4.07	0.94		336.96	6.05	164.16
	勉县开发利用区				103.68	112.32	112.32
	勉汉保留区				241.92	198.72	77.76
	汉中开发利用区	6773.76			11793.6	1425.6	2203.2
	汉中保留区				319.68	276.48	241.92
	城固开发利用区				0.67	691.2	1036.8
	洋县保留区				0.82	164.16	319.68
	洋县开发利用区				0.92	535.68	673.92
	石泉、紫阳保留区				475.2	466.56	397.44
	安康开发利用区				1.06		1589.76
	旬阳、安康保留区	207.36	12.46		336.96	345.6	293.76
	旬阳开发利用区				976.32	639.36	596.16
	旬阳保留区				43.2	34.56	25.92
	白河缓冲区				250.56	293.76	250.56
丹江	商州源头水保护区	1.09	0.81		0.15	0.13	
	商州保留区	123.55	92.45	43.2	194.4	163.3	120.96
	商州开发利用区	233.28	203.9	169.34	362.02	332.64	298.08
	商州、丹凤保留区	3.81			0.6	0.42	
	丹凤开发利用区	0.25			6.05	6.39	1.12
	丹凤、商南保留区	205.63	95.04	63.07	338.69	230.69	200.45
	商南缓冲区	0.95	0.86	0.52	3.46	3.37	2.85
总计		7561.53	406.47	276.13	15787.41	5927.12	8606.82

(3)由于缺少水源区各行业 COD 处理费用资料,COD 单位治理运行成本采用全国平均治理费用 2500 元/t,根据式(2-3)粗略估算陕西水源区点源污染治理运行总费用。基于此,计算 2006—2020 年各水文频率年点源污染治理所需的生态补偿量,如表 2.3 所示。

表 2.3　点源污染治理所需的生态补偿量　(单位:亿元/a)

年份	枯水期	平水期	丰水期	平均值
2006	38.59	2.00	1.41	14.00
2007	42.98	2.05	1.42	15.48
2008	42.82	2.45	1.58	15.62
2009	45.79	2.88	1.70	16.79
2010	47.73	3.61	2.15	17.93
2011	50.33	4.43	2.94	19.23
2012	52.99	5.59	5.02	21.20
2013	55.81	6.33	6.89	23.01
2014	58.01	6.55	6.99	23.85
2015	59.47	8.31	10.17	25.98
2016	65.96	12.24	20.40	32.87
2017	69.81	14.55	26.16	36.84
2018	73.22	22.46	31.95	42.54
2019	79.73	27.24	38.12	48.36
2020	80.67	30.29	43.98	51.65

由表 2.3 可知,基于水源区点源控制管理的多年平均补偿量为 27.02 亿元/a(未考虑资金的时间价值)。

3.发展机会损失成本的补偿量

以 2006 年为参考年,选取与陕南三市相邻的渭南、咸阳以及丹江口为参考市,分别计算在不同地区参照下的陕西水源区损失的发展机会成本,如表 2.4 所示。由于陕南三市地处秦巴山区,工业比较薄弱,经济发展缓慢,与相邻地区渭南的经济发展状况非常相似,因此采用经济发展水平相对较低的渭南地区的相对损失作为陕西水源区损失的发展机会成本,为 21.29 亿元/a,即由于保护水源而丧失发展机会应向陕西水源区进行补偿,补偿量为 21.29 亿元/a 。

表 2.4　损失的发展机会成本

城市	陕西水源区部分城市			对比城市		
	汉中	安康	商洛	渭南	咸阳	丹江口
城镇居民人均可支配收入(元)	6925	6860	7770	6764	8780	6708
农民人均纯收入(元)	2034	1953	1609	1882	2268	2443
补偿量(亿元/a)	21.29			21.29	93.9	66.1

综上所述，基于水源区涵养和保护水源所付出成本的补偿量：2006—2015年为102.94亿元/a，2016—2020年为94.23亿元/a（以上计算均未考虑资金的时间价值）。

（二）基于受水区经济可承受能力的补偿量

由于各受益区人均收入差异很大，适合采用阶梯式水价，受益区人均收入采用各受水区城镇居民人均可支配收入的平均值，如表2.5所示。

表2.5 受益区2006年各经济指标 （单位：元）

地区	北京市	天津市	河北省	河南省	湖北省	全国平均	水源区
人均GDP	50467	41163	16962	13313	13296	15973	6982
城镇居民人均可支配收入	19978	14283	10304	9810	9803	11759	6517

受水区人均收入按9.8%的增长率算（根据2006年全国统计年鉴，已扣除物价上涨指数），以此计算2010年受水区人均用于水费的支出为387.01元/a。按月人均用水3.5m^{3}计算，自来水的人均可承受水价上限是9.21元/m^3。当南水北调中线工程北京的口门水价为2.052元/m^{3}时，自来水综合价格（自来水厂供水价格+城市管网配水价格+南水北调中线工程供水价格）为5.31元/m^3，加上2010年污水处理费约为1.41元/m^3（以上限北京为标准），得2010年受益区自来水用户可承受水资源费上限为2.49元/m^3。南水北调中线一期工程预计每年调陕西66.5亿m^{3}的水量，以此为依据，受水区对水源区生态服务所能承受的补偿额为165.58亿元/a。

（三）基于陕西水源区水资源价值的补偿量

1.基于支付意愿的水源区水资源价值计算

根据《陕西统计年鉴（2006）》、《汉中年鉴（2006卷）》、《安康年鉴（2006卷）》、《商洛年鉴（2006卷）》和2006年陕南三市的国民经济和社会发展统计公报，工业和第三产业用水的消费者支付意愿系数取0.03，并依据式（2-6）计算得到陕南三市汉中、安康、商洛的工业和第三产业用水的消费者支付意愿。具体计算结果见表2.6。

表2.6 支付意愿法计算陕西水源区三市水资源价值 （单位：元/m^3）

名称		消费者支付意愿	供水系统的边际成本	水资源价值
汉中	城镇生活	4.109	1.594	2.515
	工业	2.109	1.594	0.515
	第三产业	3.085	1.594	1.491
	综合			1.507

续表

名称		消费者支付意愿	供水系统的边际成本	水资源价值
安康	城镇生活	3.479	1.662	1.817
	工业	2.762	1.662	1.1
	第三产业	2.841	1.662	1.179
	综合			1.365
商洛	城镇生活	1.795	1.553	0.242
	工业	1.877	1.553	0.324
	第三产业	3.745	1.553	2.192
	综合			0.919

由上表的计算结果与江汉、丹江的年调水量可得陕西水源区水资源均值为1.317 元/m^3。

2. 基于水源区水资源价值的补偿量计算

南水北调中线一期工程2010年从丹江口水库调水95亿m^3，丹江口水库的年入库水量中有70%来自陕西水源区，即调水量中有70%来自陕西，即第一期工程调用水源区水量为66.5亿m^3。由式(2-9)估算南水北调中线一期工程投入运营后南水北调中线陕西水源区生态补偿量为93.36亿元/a(表2.7)。

表 2.7 基于陕南水源区水资源价值的生态补偿量

年份	水系	年调水量(亿 m^3)	水资源价值(元/m^3)	生态补偿量(亿元)	水源区生态补偿量(亿元)
2010	汉江	62.38	1.436	89.58	93.36
	丹江	4.12	0.919	3.786	
2030	汉江	85.36	1.436	122.58	127.76
	丹江	5.64	0.919	5.183	

(四)基于陕西水源区水环境容量排污权损失价值的补偿量

1. 陕西水源区水环境容量的计算

假设水源区各河段水质标准仅符合《陕西省水功能区划》所规定的各河段功能区标准。

依据水源区各河段功能区的水质要求，对水源区各河段水质排放标准进行适当调整，调整采用如下标准：源头水保护区采用Ⅱ类水标准；保留区采用Ⅲ类水或Ⅳ类水标准；开发利用区采用Ⅳ类水标准；缓冲区即出省界面采用Ⅲ类水标准。计算水源区现状年2006年、规划年2020年各河段的COD水环境容量，结果见表 2.8。

表 2.8 陕西水源区汉江丹江流域各河段 2006 年、2020 年的 COD 水环境容量 (单位:t/d)

水系	功能区名称	2006 年			2020 年		
		枯水期	平水期	丰水期	枯水期	平水期	丰水期
汉江	宁强源头水保护区	2.28	6.90	25.93	1.06	4.63	26.57
	勉县保留区	9.90	29.82	85.22	5.19	21.12	107.41
	勉县开发利用区	23.01	87.67	256.12	13.29	53.12	280.11
	勉汉保留区	42.95	119.54	312.41	22.53	92.33	426.75
	汉中开发利用区	41.30	146.99	460.57	24.06	125.09	610.78
	汉中保留区	42.28	159.87	501.33	18.18	108.20	572.59
	城固开发利用区	61.26	228.63	644.23	23.70	175.59	821.29
	洋县保留区	81.06	220.83	546.45	31.82	175.17	802.01
	洋县开发利用区	152.85	288.44	754.96	37.65	255.05	1090.18
	石泉、紫阳保留区	792.38	1039.98	1944.67	189.74	622.92	2775.52
	安康开发利用区	258.01	615.52	975.92	83.66	392.27	1596.08
	旬阳、安康保留区	315.56	633.18	955.65	94.79	327.60	1377.54
	旬阳开发利用区	124.66	301.52	490.91	36.63	149.31	623.13
	旬阳保留区	171.01	310.50	594.13	42.28	105.68	425.06
	白河缓冲区	146.80	314.77	734.75	61.81	125.59	618.19
小计		2265.31	4504.16	9283.25	686.40	2733.67	12153.21
丹江	商州源头水保护区	0.05	0.32	1.42	0.05	0.26	1.44
	商州保留区	1.70	5.54	23.00	0.95	5.56	18.27
	商州开发利用区	0.93	4.06	12.19	0.33	26.01	7.62
	商州、丹凤保留区	4.55	19.23	59.24	3.37	16.74	60.28
	丹凤开发利用区	3.58	12.95	53.56	1.05	8.76	27.02
	丹凤、商南保留区	2.29	13.99	39.35	0.40	9.03	24.88
	商南缓冲区	1.50	6.51	28.95	−0.65	−3.96	−12.66
小计		14.59	62.60	217.71	5.51	62.40	126.85
总计		2279.91	4566.76	9500.96	691.89	2796.07	12280.06

2.陕西水源区水环境容量排污量的损失值

陕西水源区水环境容量排污量的损失值如表 2.9 所示。

3.陕西水源区水环境容量价值的计算

陕西水源区水环境容量价值如表 2.10 所示。

由表 2.10 可知,基于水源区水环境容量排污量的损失价值的生态补偿量:

2006—2015 年为 300.83 亿元/a，2016—2020 年为 383.51 亿元/a。

表 2.9　陕西水源区汉江丹江流域各河段 2006 年、2020 年的 COD 水环境容量排污量的损失值　(单位：t/d)

水系	功能区名称	2006 年			2020 年		
		枯水期	平水期	丰水期	枯水期	平水期	丰水期
汉江	宁强源头水保护区	0	0	0	0	0	0
	勉县保留区	8.6	25.38	73.48	4.53	18.53	95.51
	勉县开发利用区	18.9	76.16	216.63	16.68	59.40	285.92
	勉汉保留区	29.21	98.36	256.95	19.37	86.17	391.47
	汉中开发利用区	34.15	136.6	403.71	22.37	123.47	586.38
	汉中保留区	33.34	138.25	401.79	18.23	113.79	548.94
	城固开发利用区	53.55	210.26	579.6	24.49	174.54	764.67
	洋县保留区	67.24	185.05	457.79	29.27	168.54	742.19
	洋县开发利用区	132.35	254.63	616.11	40.50	263.21	1059.20
	石泉、紫阳保留区	454.07	621.12	1183.69	116.60	435.35	1859.06
	安康开发利用区	211.85	525.75	772.39	78.75	366.55	1452.40
	旬阳、安康保留区	232.79	525.31	735.95	88.30	358.30	1331.02
	旬阳开发利用区	129.93	313.07	424.18	65.31	218.98	840.05
	旬阳保留区	86.4	189.83	326.07	52.24	132.41	500.77
	白河缓冲区	71.86	190.61	380.2	52.82	130.00	532.37
小计		1564.24	3490.38	6828.54	629.46	2649.24	10989.95
丹江	商州源头水保护区	0	0	0	0.00	0.00	0.00
	商州保留区	1.47	4.48	21.59	1.08	5.91	18.07
	商州开发利用区	3.53	9.81	31.65	3.59	35.34	32.98
	商州、丹凤保留区	3.54	13.56	44.13	3.35	14.33	49.23
	丹凤开发利用区	3.17	10.96	42.68	2.17	12.53	37.32
	丹凤、商南保留区	2.35	9.8	33.79	1.48	13.18	31.79
	商南缓冲区	2.11	7.88	37.25	1.30	9.99	33.19
小计		16.17	56.49	211.09	12.97	91.28	202.58
总计		1580.41	3546.87	7039.63	642.43	2740.52	11192.53

表 2.10　2006—2020 年水环境容量价值　(单位:亿元/a)

年份	2006	2007	2008	2009	2010	2011	2012	2013
水环境容量价值	295.04	263.75	270.08	279.67	289.65	299.95	310.54	321.66
年份	2014	2015	2016	2017	2018	2019	2020	
水环境容量价值	333.07	344.90	357.22	369.86	383.00	396.66	410.83	

注:表 2.8、表 2.9、表 2.10 数据来源于项目《南水北调中线水土保持生态补偿研究》——专题 4《水源区陕西段水质保护生态补偿研究》报告。

(五)陕西水源区生态补偿量分析

以上各种途径的计算结果汇总如表 2.11 所示。

表 2.11　各种估算生态补偿量途径计算结果　(单位:亿元/a)

补偿期	生态补偿标准计算途径			
	涵养和保护水源投入成本	受水区经济可承受能力	水源区水资源价值	水源区水环境容量排污权的损失价值
生态工程投资期	102.94	165.58	93.36	300.83
生态工程管护期	94.23	165.58	93.36	383.51

由表 2.11,可得出以下结论:

(1)以受水区经济可承受能力为依据的补偿量较大,说明受水区经济发达,经济承受能力大,可承受水资源费的升值空间很大。

(2)基于水资源价值的补偿量与基于水源区涵养和保护水源的投入成本的补偿量是接近的,表明通过水源区支付意愿计算的水资源价值的补偿量基本可以反映水源区涵养和保护水源的总投入。

(3)基于水源区水环境容量排污权的损失价值确定的补偿量要高于基于水源区涵养和保护水源的投入成本的补偿量,表明目前情况下水源区提供的生态建设服务价值不能完全被出售,可以出售的只是受水区直接需求的水产品部分,这也反映了水资源作为自然资源的特征,只有使用了才具有经济价值。

根据公平、合理的补偿原则,补偿主体不能随意降低补偿标准,补偿客体也不能随意要求提高补偿标准,补偿主体与补偿客体之间的经济效益、环境效益、社会效益交换应该建立在诚信基础上。公平、合理、诚信的补偿标准是一个补偿机制能够得到良好运转、达到预期目标的关键。

水资源价值补偿不足是造成水资源浪费严重的原因之一。一方面,水资源长期无偿或低价使用,造成用水的大量浪费。比如,我国目前农业用水水价严重偏低,农业水费支出只占生产成本的 3%～5%,再加上用水管理体制不尽合理,未能提高农民节水的意识,大多数地区依然采用大水漫灌的用水形式,水资源被白白浪费。另一方面,过度地开发利用水资源,使得水资源的储量日益减

少。水资源价值的耗费得不到补偿，使自然界水资源的价值大量流失。如此下去，终有一天自然界有限的水资源会被人类不合理的开发利用消耗殆尽，那时影响的将不仅仅是生态环境，没有了水，整个社会也将停止前进的步伐。

从经济学角度来讲，生态建设补偿中的充分补偿是指补偿的价值至少不得低于由水土流失和生态环境、水环境恶化造成的全部经济损失，或为防止水土流失、治理水环境而采取生态建设措施所需的费用。南水北调中线陕西水源区属于生态服务敏感区，水土流失、水环境恶化的潜在威胁很大，应以生态建设的投入为下限，以该区域生态建设的生态服务实际价值量为上限，且以满足最低下限为准进行补偿。如果生态补偿标准低于其市场开发价值，则其经营者或其所有者将对生态保护缺乏积极性，因此，生态环境要素保护的标准应该低于其生态价值而高于其市场价值。

对比 4 个补偿量的计算途径，同时，考虑到当地的可承受能力，基于水源区保护水源所付出成本的水源区生态服务补偿支付是可行的，当然，如果流域水资源交易市场能够逐步形成和完善，基于水资源价值的补偿是最易行和可操作的。

鉴于上述分析，推荐陕西水源区生态补偿量：2006—2015 年为 102.94 亿元/a，2016—2020 年为 94.23 亿元/a。

三、基于水质需求的水源区生态补偿量修正

在水资源利用的过程中，水源区供给受益区水资源的水质好坏，直接关系到受益区的用水效益。因而，应引入水质修正系数，对水源区的补偿标准进行修正。以常用的水质指标 COD 浓度作为水源区与省界交界断面处的代表性指标。考虑水质修正后受水区向水源区的补偿量为

$$C_d k_{Qt} = C_d + p_t M_t$$

$$k_{Qt} = 1 + p_t M_t / C_d \tag{2-13}$$

式中，C_d 为水源区补偿标准；k_{Qt} 为水质修正系数；p_t 为少排放的 COD 量；M_t 为每年削减单位 COD 排放量的投资。

根据南水北调中线工程的要求，丹江口库区水质长期稳定达到国家地表水环境质量Ⅱ类标准，汉江干流省界断面达到Ⅱ类水质，即水源区有责任保证水源区与省界断面处的水质达到Ⅱ类标准，对式(2-13)进行讨论：Q_t＝Ⅱ时，$p_t=0$，$k_{Qt}=1$，受益区只需因利用水源区水量而分摊成本 C_d；Q_t＜Ⅱ时，$p_t>0$，$k_{Qt}>1$，受益区除须分摊成本 C_d 外，因享用优于标准水质的水量而对水源区补贴 $p_t M_t$；Q_t＞Ⅱ时，$p_t<0$，$k_{Qt}<1$，受益区分摊成本 C_d，但水源区因向受益区排放劣于标准水质的水量须向受水区赔偿 $p_t M_t$。

以陕西水源区汉江、丹江现状年出省断面水质监测状况来看,符合地表水Ⅱ类标准,所以陕西水源区的生态补偿量:2006—2015 年为 102.94 亿元/a,2016—2020 年为 94.23 亿元/a。

第三节 陕西水源区生态补偿机制研究

一、陕西水源区生态补偿机制的基本要素

(一)建立陕西水源区生态补偿机制的原则

1.共建共享原则

坚持水源区生态受益补偿和共建共享,促进水源区和受水区可持续发展,必须走水源区生态环境共建共享之路。共建是基础,共享是结果。共建是义务,共享是权利。共享必须建立在共建的基础上,权利和义务应该对等,遵循这个原则,才能有效避免生态环境"先破坏,后治理"的怪圈。

2.协商和参与原则

政府在制定水源区生态补偿标准时,需要确定生态保护价值量,给出制定生态保护基金、向受水区收费和水源区生态环境共建共享的依据,由于生态环境服务功能价值的确定方法、应向水源区补偿多少的方法尚处于初步研究阶段,实行水源区补偿时,要进行充分协商,同时,让非政府组织、公众积极参与,使其在水源区生态环境共建共享中发挥积极的作用。

3.需求和现实可行相结合原则

共建共享本身就是平衡近期和远期之间、不同受益区之间、部门之间的利益,谋求的是社会公平和社会净福利最大化。因此,水源区生态环境共建共享要坚持需求与现实可行相结合,密切结合受水区和水源区的实际,充分考虑相关者的意愿和承受能力。

4.水源区区域协调发展原则

实施水源区生态环境共建共享机制的目的和落脚点是要促进水源区的可持续发展,进而使受水区和水源区能够得到共同发展。

(二)实施生态补偿机制的区域范围

南水北调中线陕西生态补偿区的范围是指陕西境内汉、丹江流域所包含的闭合区间,从行政区域上分属:①汉中市的汉台区、城固县、洋县、勉县、留坝县、

佛坪县全部行政区，西乡县牧马河及泾河流域所涵盖的部分地区，宁强县汉江源头流域所涵盖的部分行政区，南郑区冷水河流域及汉江小支流流域、略阳县、镇巴县汉江支流所涵盖的部分地区；②安康市的汉滨区、汉阴县、石泉县、宁陕县、紫阳县、平利县、旬阳市、白河县全部行政区，岚皋县、镇坪县的部分地区；③商洛市的商州区、丹凤县、商南县、山阳县、镇安县、柞水县全部行政区，洛南县的部分地区；④西安市的周至县水河流域所涵盖的部分行政区；⑤宝鸡市的太白县、凤县的红岩河、褒河流域所涵盖的部分行政区。生态补偿区总面积为6.27万 km^2，总人口约为954万人。

（三）补偿主体的确定

南水北调中线流域生态补偿问题中，虽然其所涉及的地域面积非常大，但是其保护和受益的主体相对明确，关系较为单纯。根据水源区生态建设受益者的划定，南水北调中线水源涵养区所提供的生态服务功能受益的主要是国家，受水区京、津、冀、豫、鄂的政府和人民群众，因此国家和受水区京、津、冀、豫、鄂应当是南水北调中线水源涵养区生态补偿中提供补偿的主体。

（四）补偿客体的认定

南水北调中线水源地——丹江口水库，地处丹江和汉江的汇合处。水库水源区涉及陕西省汉中、安康、商洛、西安、宝鸡5个地（市）的31个县（市、区），当地政府和人民群众为保障向受水区提供可持续利用的优质饮用水源，需要进一步实施退耕还林、植树造林、封山育林等各项水资源保护措施和政策来缓解水土流失的恶化，需要提高污水排放标准，加大污水处理工艺和设备的投入，加大水源区非点源的治理费用，需要投入更多的人力、物力、财力，甚至以牺牲当地的经济发展为代价，所以他们应该是生态补偿的直接对象。

（五）补偿量的确定

由本章第二节可知，陕西水源区涵养和保护水源所需的补偿量：2006—2015年为102.94亿元/a，2016—2020年为94.23亿元/a。

二、补偿途径的探讨

（一）补偿途径探讨的依据

1. 政策依据

包括《中华人民共和国水污染防治法》《关于开展生态补偿试点工作的指导意见》《关于编制全国主体功能区规划的意见》《关于落实科学发展观加强环境保护的决定》《丹江口库区及上游水污染防治及水土保持规划》《陕西省秦岭生

态环境保护条例》等。

2.陕西水源区可持续协调发展存在的问题

①陕西水源区生态系统可持续协调发展能力处于弱协调状态，亟待加强治理，以提高其协调稳定性。②水源区社会系统处于弱协调状态，城镇化水平较低，非农业人口占总人口比重较高，社会保障基金支出占财政收入的比重较低。③水源区经济系统可持续协调发展能力处于弱失调状态，当地经济发展速度缓慢，农民收入、地方财政收入较低，应加快水源区产业结构调整的步伐，以提高当地农民收入、当地财政收入和水源区人民的生活水平。

3.陕西水源区生态功能区划分

根据《丹江口库区及上游水污染防治及水土保持规划》和《陕西省秦岭生态环境保护条例》，截至 2007 年底，陕西水源区建立了自然保护区 19 个，其中国家级自然保护区 5 个，如长青国家级自然保护区、周至国家级自然保护区、佛坪国家级自然保护区等，境内拥有 3456km^2 的天然保护林，区内森林覆盖率较“九五”末提高了 6%以上，陕西水源区由于需要担负为南水北调中线工程提供充足而优质的水源，在主体功能区划中，大部分被划分为水源涵养生态建设区，具体划分如图 2.2 所示。

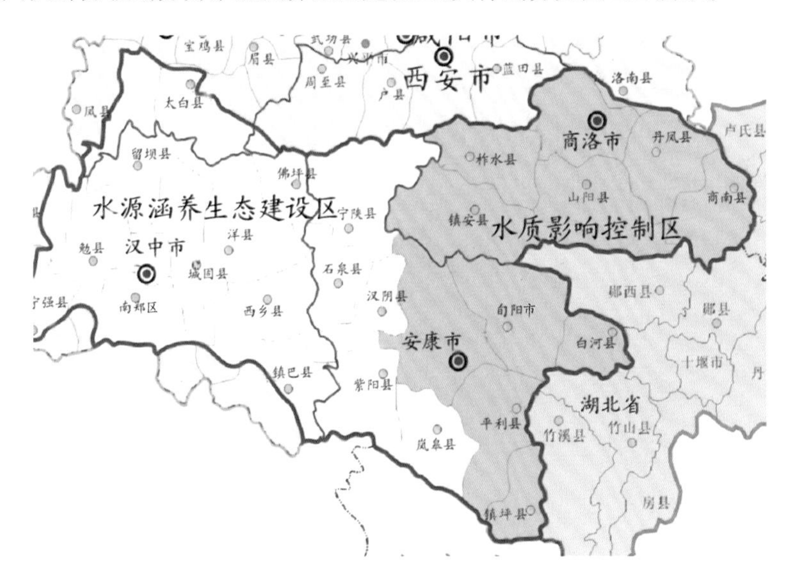

图 2.2 陕西水源区生态功能区划分

（二）补偿途径的探讨

根据我国现有的生态补偿政策，以陕西水源区可持续协调发展能力现状为基础，参考表 2.12，借鉴京、津、冀水源涵养的经济补偿模式，新安江流域的生态补偿模式，以及美国、巴西、哥斯达黎加等国家的生态补偿经验，提出生态补偿实施的框架构想，综合利用法律、行政和市场手段，建立多层次的补偿途径，如图 2.3 所示。

表 2.12　建立生态补偿机制的政策工具

			重要生态功能区	跨省界的中型流域
主体利益/责任关系	被补偿主体		功能区的政府和居民	上游地方政府和居民
	补偿主体		功能区以外的所有受益者	下游地方政府和居民
	上级政府			国家协调和部分补偿
公共类政策	财政政策	纵向财政转移支付	适宜	较适宜（如果流域上游是国家重要生态功能区）
		生态建设和保护投入	适宜（国家投入）	较适宜（国家投入，如果流域上游是国家重要生态功能区）
		横向财政转移支付		适宜
	税费和专项资金		较适宜	
	扶贫、税费优惠和发展援助		适宜	较适宜（如果流域上游是国家重要生态功能区）
	经济合作			适宜
市场手段	一对一的市场交易（水资源交易）			适宜
	可配额的市场交易		较适宜	
	生态标志（如有机农产品、旅游文化标志）		适宜	较适宜

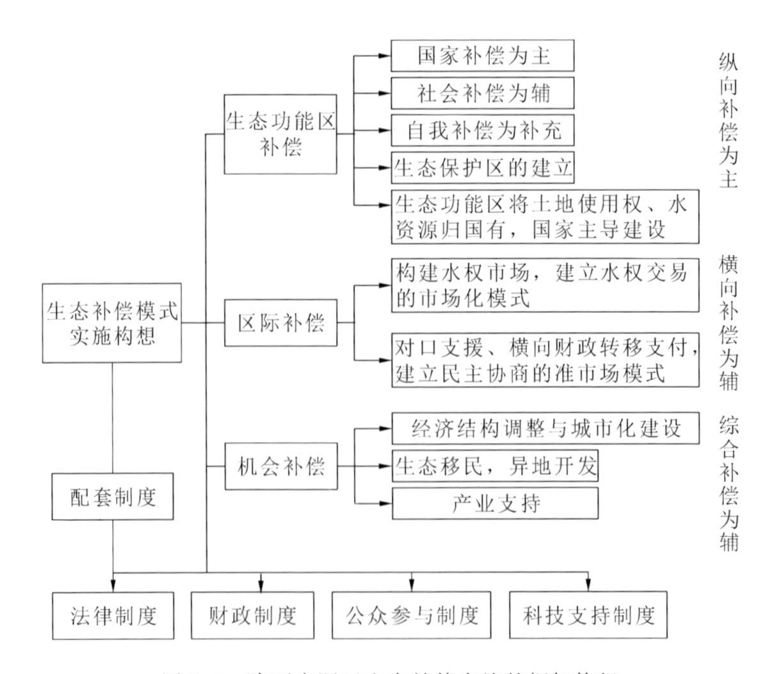

图 2.3　陕西水源区生态补偿实施的框架构想

1.陕西水源区生态功能区补偿途径

在陕西水源区境内,除了旬阳市等12个县(市区)被划为水质影响控制区外,其他如洋县、勉县等19个县(市区)都被划为水源涵养生态建设区。为了南水北调中线工程的可持续发展,当地政府和居民在这些生态功能区内进行了生态建设并采取了环境保护措施,这些在一定程度上造成了对土地使用权的制约和生产费用的增加,使当地民众自身利益受到很大损失,而产生的正外部效应辐射受水区和全国,受益的是整个社会,这部分利益的损失应该由国家和社会通过建立生态基金等方式进行补偿。

具体实施内容如下:

(1)国家应将生态功能区水土保持项目投资建设、污水处理基础设施建设、管护能力建设和基本管护费用,以及扶持保护区内原居住居民进行生态移民的费用纳入相应领域的中央政府预算,推动建立南水北调陕西水源区的生态功能区投资管护专项基金,加大中央对生态功能区的财政支持力度,提高生态功能区规范化建设水平。

(2)支持建设陕南绿色产业示范基地,全力打造全国第一个国家级绿色产业示范基地。通过建立东中西部开发互动机制,由政府牵头引进京、津、冀、豫、鄂五个地区的资金和技术,借鉴杨凌示范区的经验,采取中央、受水区和陕西省共建的方式,加强国家和地方、受水区与水源地之间的互动合作,鉴于秦巴山区的资源特点和经济传统采取多元化的发展思路,逐步改造提升陕西水源区的传统产业结构,全面发展生态特色经济,打造国家级绿色产业示范基地的品牌,使陕南绿色产业实现突破发展。引导保护区及周边社区居民转变生产生活方式,因地制宜地发展有机食品、生态旅游等特色产业,增加就业机会,降低周边社区对自然保护区的压力。

(3)加快经济结构调整和城市化进程。国家应通过政府和财政支持等多种方式,大力支持水源区全流域加快城镇化进程和加强城镇基础设施(城镇污水处理、垃圾无害化处理)建设。扩大流域内国家重点自然保护区的范围,提高养护补助资金标准。大力支持陕西水源区的农村非点源污染防治及水土保持、沼气建设等基础设施建设,优先安排项目,适当增加中央出资比例。中央财政对启动阶段给予资金支持(监测设施、执法能力、基础研究等)。通过资金及物质补偿、提供就业机会和实施优惠政策等形式,吸引和帮助自然保护区内的居民开展生态移民。实行永久性粮食补助,对25°以上的坡耕地退耕还林,每亩地每年补助粮食150kg、种苗费70元,以确保农民基本的生产生活需求,保障社会和谐稳定。

(4)生态县、市建设的主要标志：生态环境良好并不断趋向更高水平的平衡，环境污染基本消除，自然资源得到有效保护和合理利用，环境保护法律、法规、制度得到有效贯彻执行；以循环经济为特色的社会经济加速发展；人与自然和谐共处，生态文化长足发展；城镇、乡村环境整洁优美，人民生活水平全面提高。

2.省区际补偿途径

(1)探索建立水源区与受益区之间的水权转让机制，受水区按照市场价格定期支付区域水资源费用。

构建跨流域区际水权交易市场，采用市场机制解决跨行政区水资源纠纷，随着水资源有偿使用局面的加剧，水源区应该把水权交易作为水源区生态环境保护补偿的重要途径。

(2)构建水源区与受水区的横向财政转移支付，通过民主协商实现省区际生态补偿的准市场模式。

建立陕西水源区与受水区的省区际利益互补的协调机制。发挥中央和京、津、冀、豫、鄂各省市的宏观协调能力和财政转移支付能力，将水源区与受水区的生存发展权利、资源开发权利和享有清洁水源、生态安全保障的权利结合起来，重新配置和界定，由水源区与受水区结成利益共同体，共享良好生态环境带来的服务价值，共担生态环境保护成本。

(3)建立水源区与受水区对口支援、协作与补偿相结合的方式。水源区和受水区加强协调，制定优惠政策，促进陕西水源区产业结构的优化。打破行政区划界限，引导、鼓励企业和个人以独资、合资等多种形式，参与陕西水源区的环保产业、新型工业和生态农业建设。

流域内各级政府将目前居住在沿河、沿江的居民迁村合并，分年逐步设置简易污水处理和固体废物收集设施。有条件的受水区为陕西水源区农村经济发展和污染治理提供必要的人才、技术支持，推广实用的农村简易式污染处理设施。

加强水源区与受水区之间的劳务输出、科技、人才、信息方面的合作，引导水源区劳务输出的定向有序发展。加强生态环境质量监测方面的合作，建立和完善现代化的水环境自动监测网络，提高水环境保护和监测的科技水平。

3.水源区发展机会损失补偿模式

(1)包括在水源区内，对现已排放达标的企业关、停、并、转的补助资金；对现已排放达标的企业提高排放标准的技术改造补助；生态友好型企业技术省级资金补助；城镇生活污水及垃圾处理设施运行费用补助；农村沼气建设、垃圾收集设备和运行费用补助；水土保持和森林管护资金补助；流域内沿河、沿江居民外出务工培训及迁移安置资金补助；对生态建设和环境保护做出突出贡献的单位和个人的奖励资金；水量、水质监测体系建设运行费用补助。

(2)中央政府和受水区各级政府每年要在水源区域内安排一定数量的技术项目，帮助水源区群众发展替代产业，或者对无污染产业的上马给予补助以发展生态农业。通过制定有利于生态建设的信贷政策，以低息或无息贷款的形式向有利于生态环境的行为和活动提供小额贷款，可以作为生态环境建设的启动资金，鼓励当地人民从事生态保护工作。

(三)资金补偿方式的探讨

资金补偿是最简单、最直接、最急需的补偿方式，急需补偿的地区只有在收入得到保障后，才会有进行生态保护和建设的积极性。现以资金补偿为例来探讨水源区补偿资金筹措的途径。

根据《关于落实科学发展观加强环境保护的决定》，推动建立专项资金，“加强与有关各方协调，多渠道筹集资金，建立促进跨行政区的流域水环境保护的专项资金，重点用于流域上游地区的环境污染治理与生态保护恢复补偿”。生态补偿资金的筹措应坚持“各级政府主导、市场机制驱动、利益主体参与”的原则，充分发挥政府宏观调控、市场机制调节、社会公众参与的作用，拓宽多种形式的生态补偿资金筹集渠道。

资金筹措的主要来源与方式如下：

(1)根据国务院“先治污，后通水”的指导方针，以及《丹江口库区及上游水污染防治和水土保持规划》中“水污染防治和水土保持项目，纳入南水北调中线一期工程总体方案，与南水北调主体工程同步实施”的要求，项目建设投资约14.41亿元用于南水北调中线陕西水源区的生态保护。这部分资金用于水源区生态工程的启动资金，以填补水源区保护水源成本计算的遗漏空缺，不计入陕西水源区的生态补偿量。

(2)中央财政在生态环境建设投入期出资62.45亿元/a，在生态环境管护期出资57.23亿元/a，占水源区总补偿额的60%，用于南水北调中线陕西水源区的自然保护区生态环境保护基金、退耕还林补助基金、生态公益林管护补助基金、企业节能减排技改补助基金、移民补助基金、生态环保补助基金、扶贫帮困基金等。

(3)在生态环境建设投入期，北京、天津、河北、河南和湖北受水区根据水源区生态标准确定的分担比例共分担 33.31 亿元/a 的补偿资金，在受水区内向用水户以 0.50 元/m³ 征收水资源费，以对口支援的形式，通过中央财政转移支付适当安排，来实现跨省财政转移支付。经分析，受水区用水户平均可承受水资源费的上限为 2.49 元/m³。

在生态环境管护期，受水区按承诺用水量、按比例分摊 30.5 亿元/a 的补偿资金，在受水区内向用水户以 0.46 元/m³ 征收水资源费，通过对口支援的形式来实现跨省财政转移支付。

(4)向水源区用户征收水资源费和污水处理费，目前水源区征收的水资源费标准为 0.3 元/m³，污水处理费为 0.2 元/m³，一般水源区城镇和工业用水量为 2.8 亿 m³/a，每年可收入 1.4 亿元；

(5)在生态环境建设投入期，陕西省地方政府财政注入资金 5.6 亿元/a；在生态环境管护期，陕西省地方政府财政注入资金 5.0 亿元/a。

(6)水源区企业自筹 1.25 亿元/a(矿产开发企业缴纳生态环境恢复保证金)。

(7)接受社会各界和国际捐款，收入未知。

汇总如表 2.13 所示。

表 2.13　生态补偿资金筹资渠道　　(单位:亿元/a)

筹资渠道	涵养和保护水源投入成本	
	生态环境建设投入期	生态环境管护期
中央财政	62.45	57.23
受水区	33.31	30.5
水源区水资源费和污水处理费	1.4	1.4
陕西省当地政府财政	5.6	5.0
水源区企业自筹	1.25	1.25
社会各界和国际捐款	—	—
合计	104.01	95.38

三、政策建议

南水北调中线水源区生态补偿机制是对水源区生态环境保护者的一种利益驱动机制、激励机制和协调机制。机制的实现需要政府的引导和扶持，需要法律制度、财政制度、公众参与制度、科技支持制度等的支持。要确保水源保护工作落实,使其达到一个“生态建设者提供生态产品—生态受益者购买生态产品—为生态建设者提供补偿—生态建设者得到回报—加强生态建设—提供生态产品”的良性循环机制,必须建立完善的水源区生态补偿机制,应本着公平、互利、和谐发展,以及“谁保护、谁受益”“谁受益、谁付费”的原则,从以下7个方面逐步完善水源保护生态补偿机制。

(1)在补偿机制建立之前,国家应加大对水源区生态工程的投资力度。建议国家将陕西省汉江、丹江流域列为水源保护的重点区域,加大对水源保护项目的投入,并纳入南水北调中线工程总体规划,统一安排,确保水源保护工程与中线调水工程总体进度协调一致。

(2)根据“使用者付费,保护者得到补偿”的原则,完善水资源定价机制,推进水资源管理方式的转变,价格机制是市场机制的核心。价格是供需双方开展交易的关键要素。生态建设者、服务者和生态受益者、消费者只有达成了双方都接受的价格水平,交易才有可能实现。生态补偿是一项长期性的工程,交易的长久性在很大程度上取决于生态保护的受益者、消费者能够长期地支付生态建设和环境保护服务的费用,以及生态建设者、服务者投入的合理回报。而消费者是否愿意长期为某种环境服务付费,关键在于他们是否相信自己所付出的资金确实用到了维护或改进所涉及的环境服务。与此同时,受益者、消费者支付的价位应不低于建设者、服务者从其他途径可能获得的收益水平即机会成本。机会成本因地域不同而各不相同,即使相邻地区的两个生态建设者的情况可能也存在较大的差异。所以,确定有效合理的生态环境价格水平需要不断进行尝试摸索和磋商协调。

(3)逐步建立中央政府协调监督下的利益相关方生态补偿的自愿协商和市场交易制度。单独依靠政府干预,或者单独依靠市场机制,都不能起到令人满意的效果,只有将两者结合起来才能有效地解决外部性问题,把污染控制在令人满意的水平。补偿的实现首先取决于两个条件:第一,承认水源区提出补偿要求的合理性;第二,水源区在谈判中处于主导地位并具有较强的谈判力量。所以,补偿谈判应该在中央政府的协商下,明确水源区与受水区之间的权利与义务,通过市场补偿来实现生态补偿,从受水区财政收入中提取一定比例的资金补偿水源区水土保持和环境污染的治理,实现防止水土流失和生态建设的市场补偿机制。在我国的水土保持生态补偿制度中,政府目前在起着主导的作用,市场将在未来发挥更大的作用,但需要政府为市场发挥作用创造条件。

(4)建立补偿标准核算机制。补偿标准的建立是补偿的核心，在水源区内以区域水功能分区、水环境质量标准和水源保护成本为依据来测定和计算对水源区补偿的财政转移支付。根据汉中、安康、商洛、西安、宝鸡5个地(市)的31个县(市、区)水源区生态功能区的划分，研究建立陕西水源区生态补偿标准体系。

(5)建立南水北调陕西水源保护补偿基金及其营运、征收监督机制。补偿基金营运、征收监督机制包括基金的筹集、转移支付方式、资金的使用等内容。尽快建立生态环境补偿税和水资源使用费，根据调水量的规模来确定交纳基金的数量，基金的管理应在中央的统一协调下，由水源区的代表组成水源区补偿基金管理委员会，并确保补偿费建立专户储存，专款专用，水源保护部门提出计划，财政、审计等部门按程序监督，以保证补偿费及时落实到水源保护部门，用于保护工作的再进行，用于陕西生态环境治理尤其是水源涵养区的环境保护、水资源的开发和利用、退耕还林的补偿和发展绿色产业。保障水源涵养与保护行动稳定开展，促进其发挥最大的环境、经济和社会效益。

(6)建立水源保护效益与损失监督和生态环境监测机制。各级政府部门组织建立有权威性的，并能代表国家行使监督权的监督管理体系，监督水源涵养林建设和水源涵养林保护行政执法的行为；建立水源保护效益与损失监督机构，监测保护效益与损失的变化和评估；采取强有力的行政措施来加强水源涵养林体系的建设和保护；水利、林业等部门要加强协作达成共识，形成强有力的监督力量。

(7)以南水北调中线陕西水源区为试点，进行大型跨流域生态补偿机制研究。跨流域生态补偿试点是一项全新的工作，意义十分重大。跨流域补偿试点工作非常复杂，没有现成的模式可以套用，也很难设计一套完美无缺的方案，只能在实践中总结经验逐步完善，逐步建立健全有中国特色的跨流域生态补偿机制。鉴于南水北调中线陕西水源区具有大型跨流域调水的突出特点，水源区生态补偿研究的日趋完善，生态建设基础条件相对成熟，应考虑优先将陕西水源区列为国家级跨流域调水生态补偿机制试点地区，在试点过程中加强现场调研、评估生态建设效益、跟踪指导和总结提高，为其他地区的生态补偿提供示范和经验。

参考文献

[1]曹刚.河流水环境容量价值研究[D].西安:西安理工大学,2000.

[2]曹剑峰,钦丽娟,平建华,等.灰色理论在水资源价值评价中的应用[J].人民黄河,2005,27(7):20-22.

[3]陈丁江,吕军,金树权,等.曹娥江上游水环境容量的估算和分配研究[J].农机化研究,2007(9):197-201.

[4]程艳军.中国流域生态服务补偿模式研究:以浙江省金华江流域为例[D].北京:中国农业科学院,2006.

[5]段姗姗.辽河流域生态补偿标准及其逐级协商机制研究[D].大连:大连理工大学,2011.

[6]傅晓华.湘江流域水权交接生态补偿机制研究[D].长沙:湖南农业大学,2014.

[7]国家环境保护总局.关于开展生态补偿试点工作的指导意见[R].北京:国家环境保护总局,2007.

[8]侯慧平.流域逐级补偿标准研究[D].泰安:山东农业大学,2014.

[9]侯元兆,王琦.中国森林资源核算研究[M].北京:中国林业出版社,1995.

[10]胡芳.南水北调中线陕西段水源区水质保护与生态补偿研究[D].西安:西安理工大学,2009.

[11]胡妍斌.排污权交易问题研究[D].上海:复旦大学,2003.

[12]黄琴.市场化流域生态补偿民法问题研究[D].福州:福建师范大学,2017.

[13]姜文来.水资源价值论[M].北京:科学出版社,1998.

[14]姜文来.水资源价值研究[D].北京:北京师范大学,1995.

[15]蒋自强,史晋川,张旭昆,等.当代西方经济学流派[M].上海:复旦大学出版社,1996.

[16]李慧明,卜欣欣.环境与经济如何双赢:环境库兹涅茨曲线引发的思考[J].南开学报,2003(1):58-64.

[17]李磊.首都跨界水源地生态补偿机制研究[D].北京:首都经济贸易大学,2016.

[18]李宁.长江中游城市群流域生态补偿机制研究[D].武汉:武汉大学,2018.

[19]李元锋.我国流域生态补偿法律制度研究[D].兰州:甘肃政法学院,2016.
[20]刘桂环.京津冀北流域生态补偿机制初探[J].中国人口·资源与环境,2006,16(4):120-124.
[21]罗定贵.模糊数学在水资源价值评价中的应用[J].地下水,2003,25(3):181-182.
[22]任勇,冯东方,俞海,等.中国生态补偿理论与政策框架设计[M].北京:中国环境科学出版社,2008.
[23]水利部发展研究中心.南水北调工程水价分析研究简介[J].中国水利,2003(2):63-69.
[24]宋红丽,薛惠锋,董会忠.流域生态补偿支付方式研究[J].环境科学与技术,2008,31(2):144-147.
[25]孙静,阮本清,张春玲.新安江流域上游地区水资源价值计算与分析[J].中国水利水电科学研究院学报,2007,5(2):121-124.
[26]唐建荣.生态经济学[M].北京:化学工业出版社,2005.
[27]汪恕诚.水环境承载力分析与调控[J].水利发展研究,2002,2(1):2-6.
[28]王浩,阮本清,沈大军,等.面向可持续发展的水价理论与实践[M].北京:科学出版社,2003.
[29]王金南.生态补偿机制与政策设计[M].北京:中国环境科学出版社,2006.
[30]王琪.我国流域水资源生态补偿法律制度研究[D].赣州:江西理工大学,2011.
[31]王燕鹏.流域生态补偿标准研究[D].郑州:郑州大学,2010.
[32]肖燕.南水北调中线陕西水源区生态补偿量研究[D].西安:西安理工大学,2009.
[33]伊凡·邦德.生态补偿机制:市场与政府的作用[M].李小云,靳乐山,左停,译.北京:社会科学文献出版社,2007.
[34]尤艳馨.我国国家生态补偿体系研究[D].天津:河北工业大学,2007.
[35]张春玲.水资源恢复的补偿机制研究[D].北京:中国水利水电科学研究院,2003:80-92.
[36]张志强,徐中民,程国栋.黑河流域张掖地区生态系统服务恢复的条件价值评估[J].生态学报,2002,26(2):885-863.
[37]周晓峰.森林生态功能与经营途径[M].北京:中国林业出版社,1999.
[38]周孝德,郭瑾珑,程文,等.水环境容量计算方法研究[J].西安理工大学学

报,1999,15(3):1-6.

[39]朱智洺.库兹涅茨曲线在中国水环境分析中的应用[J].河海大学学报(自然科学版),2004,32(4):387-390.

[40]JOHANSSON R C. Pricing irrigation water: a review of theory and practice[J]. Water Policy,2002(4):173-199.

[41]LARSON J S. Rapid assessment of wetland: history and application to management[M]//MITSCH W J. Global wetlands: old world and new. Amsterdam:Elsevier,1994.

第三章　河道生态基流保障和水环境安全

第一节　概　　述

目前，我国各大流域均出现了不同程度的水安全问题，如黄河流域水资源短缺、泥沙淤积、生态环境退化日益严重；淮河流域极端洪旱灾害并存、水污染日益严重；西北内陆河、东北松辽流域的生态用水被经济用水严重挤占；海河流域水资源不足与水污染并重等。因此，必须采取必要的措施来解决水安全问题，并逐步修复、治理水生态环境，对有限的水资源进行合理的调控，以保障河流生态系统健康、实现河流生态系统服务价值的最大化，并最终实现以水资源可持续利用来保障流域社会、经济和生态环境的可持续发展。

各大流域产生水安全问题的主要原因是水资源（或流量）不足，使得流域或湖泊生态功能难以完全发挥，造成水环境恶化等现象。流量是河流水文要素中最活跃的要素，河流生态系统以流量作为基本环境，一定流量是河流生态系统健康的首要条件和必要因素。河道生态基流是指为了防止河道萎缩或断流，维持河流、湖泊基本的生态环境功能，河道中常年都应保持一定比例的基本流量。河道生态基流的存在就是为了促进河流或湖泊基本生态功能的发挥，遏制河道断流或是流量减少而造成的生态系统恶化，维持河流或湖泊的生物多样性，净化水质，净化周围环境等，通过河道生态基流的保障最终实现河道生态系统的健康发展，进而缓解河流或湖泊的水生态环境安全问题。

但是随着经济发展，河道生态基流被经济用水严重挤占，河流或湖泊生态基流难以保障，于是人们对河道生态基流保障措施进行了研究。主要集中在工程性措施和生态补偿措施等方面。但是，河道生态基流的完全保障必然会引起其他用水部门的经济损失，尤其是农业用水部门的经济损失，因此，确定适宜的河道生态基流（或是河道生态基流合理保障水平）是河道生态基流保障的必要前提。同时，为了减少因河道生态基流保障而造成其他用水部门的经济损失，可以建立河道生态基流保障的经济损失补偿机制，以促进河道生态基流保障和农业用水部门的协调发展，实现流域水资源可持续利用。

河道生态基流保障是维护河流基本生态系统健康的具体举措，也是缓解水安全问题的必要条件。本章从河道生态基流的内涵出发，通过实例研究，识别了河道生态基流的功能，评估了河道生态基流的价值，探索了河道生态基流的保障措施、河道生态基流保障的经济损失量和合理保障水平。本章的研究对推动流域生态保护及绿色发展具有重要意义，同时对保障水环境安全具有现实意义。

第二节　河道生态基流的功能与价值

为了维持河流的基本生态环境功能，河道中常年（特别是枯水期）应保持一定的基础流量，防止河道出现断流或萎缩，这一基础流量被定义为河道生态基流。在水资源短缺地区，河道生态基流保障的关键期为枯水期，这时河道生态基流保障与当地生产用水之间的矛盾非常尖锐。若只考虑生产用水，忽视河道生态基流，势必会对流域生态环境系统带来不可逆转的影响；若保障河道生态基流，又会给流域周边的工业、农业用水户造成损失。在传统观念中，只有能被人类利用的物质才具有“价值”，传统的价值计算体系也是为人类的经济效益服务的。而河道生态基流几乎不能被人类利用，其蕴含的巨大价值长期不为人所知。所以，在面临要“金山银山”还是“绿水青山”时，人类往往选择前者，这就使得河道生态基流长期受到挤占而得不到有效保障。

要改变这种现状，必须建立河道生态基流价值的计算方法，将河道生态基流的价值用货币形式表示出来，并纳入公共决策和经济运行中，使流域水资源规划和调控向有利于资源可持续利用的方向转变。“占用生态基流要付费，保护生态基流要补偿”，用经济手段提高社会公众保障河道生态基流的积极性，为建立河道生态基流保障机制奠定基础。

一、河道生态基流功能识别

(一)功能分析

河道生态基流使河道中常年有水,是支持河流生态系统的重要因素,对维持生态系统健康发展起着至关重要的作用。因此,河道生态基流的首要功能是维持河流的基本生态环境功能,包括:①最重要的功能是避免河道断流,保障河流中鱼类、水生植物、微生物和无脊椎动物等物种正常发育和栖息繁殖所需的水量,防止稀有物种消亡。②维持与河道连通的湿地生态系统的正常运转,保障其丰富的水生和陆生动植物资源,以及独特的气候环境(如增加局地湿度、净化空气等)。③河道生态基流使河流能容纳一定量的污染物,维持水体自净能力,改善河流水质。④河流是流域生态系统中营养物质输送、转移、扩散的主通道,河道生态基流可维持河流的连续性,促进河流中营养物质的流通和循环;而且,当河道生态基流流量较大时,还可滋养洪泛区土壤,保持土壤肥力。

其次,河道生态基流还具备自然功能,包括:①河道内保持一定量的生态基流可满足蒸发渗漏需水,维持地表水与地下水之间的流量转换,对于一些已形成地下水开采漏斗的地区,河道生态基流还承担着常年补给地下水的作用,这是河道生态基流的水文循环功能。②河道生态基流冲刷河床,挟带泥沙,保持天然河道结构的完整性,维持河床形态,这是河道生态基流的地质功能。

最后,河道生态基流还兼具部分社会功能,包括:①河道生态基流的存在有助于鱼类及其他水生动植物在河流内生长,为人类提供水产品。②河道生态基流可提升流域景观的娱乐性和观赏性。③人类择水而居,城市依河而建,河道生态基流使污染干涸的河流恢复生命力,为河流周边地区注入活力,提高人类生活品质。

(二)枯水期与非枯水期的生态基流功能辨析

通常情况下,河流分为丰水期、平水期和枯水期。在丰水期和平水期,河流水量丰沛,基本可同时满足河道外的生产生活用水以及河道内的生态基流要求,河道生态基流保证率较高,流量也相对较大。但是,在水资源短缺地区的枯水期,河道来水量减少、水位下降,用水矛盾激化,加之这些地区的水资源平均利用率本来就高(约50%),导致河道生态基流常常被占用,得不到保障。因此,枯水期是水资源短缺地区生态基流保障的关键期,也是河道生态基流价值研究的重点。

与非枯水期相比,枯水期河道生态基流比较小,所以其功能也与非枯水期时有所差别，具体分析如表 3.1 所示。

表 3.1　河道生态基流功能分析

类别	生态基流功能	非枯水期		枯水期	
		是否具备	原因	是否具备	原因
生态环境功能	避免河道断流	○	河流水量丰沛，基本可同时满足河道外的生产生活用水以及河道内的生态基流要求，河道断流概率小	√	避免河流在枯水期断流，保障河流中鱼类、水生植物、微生物和无脊椎动物等物种正常发育和栖息繁殖所需的水量，防止稀有物种消亡
	维持湿地生态系统	√	河道生态基流滋养两岸植被，给湿地生物提供赖以生存、繁衍的空间和环境，维持河漫滩湿地的正常运转，改善局地空气质量	√	枯水期河道生态基流可有效缓解河漫滩湿地缺水的情况，维持湿地植被和动植物的正常生长发育，调节温度、湿度等小气候，改善局地空气质量
	水质净化	√	河道生态基流对污染物有稀释、扩散、迁移和净化的作用，增强水体自净能力	√	枯水期河道生态基流使河道内水量增大，增强水体对污染物的稀释、扩散、迁移和净化能力，改善水体自净功能
	营养物质输移	√	维持河流生态系统中营养物质的循环，为水生生物提供生长所需的营养	√	枯水期保证河流的连通性，维持河流生态系统中营养物质的循环，为水生生物提供生长所需的营养
	保持土壤肥力	√	河道生态基流在洪水期可使洪泛区土壤保持湿润，变得肥沃，这是河流两岸植物必要养分的重要来源	○	枯水期河道生态基流小，几乎全在河道内，对周边土壤的润湿作用可忽略
自然功能	水文循环	√	补给地下水，满足蒸发渗漏需水，有效促进区域水文良性循环	√	满足蒸发渗漏需水，有效促进区域水文良性循环
	地质	√	河道生态基流较大时，对河流两岸有冲刷和侵蚀作用	○	枯水期水量小，冲击、侵蚀、搬运作用小，可忽略
	输沙	√	河道生态基流可增加河流的输沙能力，减少河道中的泥沙淤积	○	枯水期河流中含沙量小，可忽略

续表

类别	生态基流功能	非枯水期		枯水期	
		是否具备	原因	是否具备	原因
社会功能	水产品生产	√	河道生态基流有助于鱼类及其他水生动植物在河流内生长，为人类提供水产品	√	枯水期生态基流维持河道中生物的繁衍与生存，保证了一定的生物量，有利于丰水期生物的快速繁殖和生长
	休闲娱乐景观	√	河道生态基流可维持河道水位和径流量，满足流域景观和娱乐用水	√	枯水期河道来水量减小，生态基流保障可有效增加河道水位和径流量，提升流域景观的娱乐性和观赏性
	提高生活品质	√	河道生态基流使河流恢复生命力，为河流周边地区注入活力，提高人类生活品质	√	枯水期河道生态基流可缓解河流污染干涸的情况，提高人类生活品质

注：√表示具备该功能，○表示不具备该功能。

二、河道生态基流功能量化方法

由上述功能分析可以看出，河道生态基流对于生态环境保护具有重要意义，可改善人类现有生存环境，促进人与自然和谐发展，这就是河道生态基流的价值。但是，与河流产生的直接经济效益或实物产品不同的是，这些价值比较难以定量化和货币化，使得人类无法直观认识到河道生态基流中蕴含的巨大价值。本节分别使用资源环境经济学法和当量因子法来量化河道生态基流的价值。

（一）资源环境经济学法

1. 机会成本法

从水资源用途考虑，除河道生态用水之外，河流水资源的用途主要分为三大类：农业用水、工业用水和生活用水。在枯水期，河道内留有足够的水作为生态基流以维持生态系统功能，就意味着水资源的其他用途将会受到影响，部分效益将会放弃。在这种情况下就可以用机会成本法估算生态基流价值，即这三种用途下，总效益最大者为河流生态基流的机会价值。三种用途下的用水经济效益具体计算方法如下。

1）农业用水经济效益

农业用水经济效益采用分摊系数法计算，计算式为

$$W_u = P_u \eta_u \tag{3-1}$$

式中，W_u 为农业用水经济效益（亿元）；P_u 为农业经济利润（亿元）；η_u 为农业用水经济效益分摊系数（无量纲），$\eta_u = (F_{u1} + F_{u2})/F_u$，其中 F_{u1} 为农业水费成本（亿元），F_{u2} 为农业固定资产净值（亿元），F_u 为全要素农业生产成本（亿元）。

2)工业用水经济效益

工业用水经济效益同样采用分摊系数法。用全市综合供水效益分摊系数乘以全市工业总净产值或利税总额表示，计算式为

$$W_i = B_i \eta_i \tag{3-2}$$

式中，W_i 为工业用水经济效益（亿元）；B_i 为工业利税总额（亿元）；η_i 为工业用水经济效益分摊系数（无量纲），$\eta_i = F_{i1}/F_{i0}$，其中，F_{i1} 为工业供水投资（亿元），F_{i0} 为供水范围内工业生产投资（亿元）。

3)生活用水经济效益

生活用水经济效益采用市场价值法计算。用供水量与该地区生活用水价格的乘积表示供水效益，计算式为

$$W_s = P_s Q_s \tag{3-3}$$

式中，W_s 为生活用水经济效益（亿元）；P_s 为生活用水价格（元/m^3）；Q_s 为供水量（亿 m^3）。

2. 影子工程法

影子工程法也叫替代工程法，是恢复费用的一种特殊形式，主要用于环境的经济价值难以直接估算时的环境估价。当环境遭到破坏后，人工建造一个具有类似环境功能的替代工程，并用该替代工程的费用表示该环境价值的一种估价方法。影子工程法计算环境资源价值的公式为

$$V = f(x_1, x_2, \cdots, x_n) \tag{3-4}$$

式中，V 为需评估的环境资源价值（亿元）；$x_1, x_2, \cdots, x_n$ 为替代工程中各项目的建设费用（亿元）。

当生态基流得不到保障时，河流环境功能将不能维持。为了使河流环境功能正常发挥，必须采取一定的措施来保障生态基流。由于水库具有调节性能，可作为保障河道生态基流的可行措施，因此，以水库作为替代工程，采用影子工程法来计算河道生态基流的价值。本节在具体计算中采用单位库容年投入成本与生态基流的乘积作为生态基流的价值。

3. 分析综合法

分析综合法的思路是将环境的功能价值分别加以计算，并将其累加构成总

的环境价值。生态基流(或枯水期的河流)所具有的功能主要有避免河道断流、维持湿地生态系统、水质净化、营养物质输移、水文循环、水产品生产、休闲娱乐景观和提高生活品质。

1)避免河道断流价值

河道断流会给流域生态环境带来不可逆转的影响,其中最重要的是可能导致河流中的稀有物种消亡。稀有物种在流域生态系统中扮演着不可替代的角色,具有极高的科研价值,一旦消亡就会破坏当地生物群落的完整性,甚至会对整个流域生态环境造成影响,所以稀有物种的存在就是其价值。

此外,避免河道断流是河道生态基流其他功能价值的基础,如果发生河道断流,其他价值也不复存在。也就是说,避免河道断流价值已包含在其他功能价值中,不再单独计算。

2)维持湿地生态系统价值

河道生态基流是维持与河道连通的湿地生态系统正常运转的重要因素,若河道断流,河漫滩湿地就会被破坏,需要建造人工湿地来替代其环境功能,那么新工程的投资可用来估算河道生态基流维持湿地生态系统的价值,即$V_{湿地}$。

3)水质净化价值

河道生态基流的保障使水体对污染物的稀释、扩散、迁移和净化能力明显增加,改善了水体自净功能。水质净化能力的提高,可以减少污水处理厂的部分污水处理量,因此可用减少的这部分污水处理成本来计算河道生态基流的水质净化价值。

$$V_{水质} = (G_{COD} \times P_{COD}) + (G_N \times P_N) \tag{3-5}$$

式中,$V_{水质}$为水质净化价值(元);G_{COD}为净化能力增加而减少的COD处理量(t);P_{COD}为COD的处理成本(元/t);G_N为净化能力增加而减少的氨氮处理量(t);P_N为氨氮的处理成本(元/t)。

4)营养物质输移价值

流域中富含的营养物质是水生生物生长发育所需的,若营养物质不能在水体中正常输移,需要人工投放营养盐维持水生生物的生长发育,所需费用即为营养物质输移价值。

水体中的营养物质包含多种元素,根据水体监测指标,只选取必要元素N、P进行计算。

$$V_{营养物质} = \sum C_i \times W_{基流} \times P_i \tag{3-6}$$

式中，$V_{营养物质}$为营养物质输移价值（元）；C_i 为所需营养物质的浓度（mg/L）；$W_{基流}$为河道生态基流对应的水量（m^3）；P_i 为营养物质的市场价格（元/t）；i 为N、P。

5）水文循环价值

在枯水期，可以认为所有河道生态基流都参与了水文循环过程。根据现有资料，一般可用市场价值法计算水文循环价值，即

$$V_{水文} = W_{基流} \times P_{水} \tag{3-7}$$

式中，$V_{水文}$为水文循环价值（元）；$P_{水}$为当地自来水价格（元/m^3）。

6）水产品生产价值

枯水期河道生态基流维持河道中生物的繁衍与生存，保证了一定的生物量，有利于丰水期生物的快速繁殖和生长。鱼类作为河道中的主要生物种群，几乎都可以在市场上找到交换价格，用市场价值法计算其价值；其他水生生物，如微生物、藻类以及各种无脊椎动物和脊椎动物等，可以看作鱼类的饵料，其价值包含在鱼类价值之内，不单独计算。

$$V_{水产品} = \alpha \times \beta \times V_{渔业} \tag{3-8}$$

式中，$V_{水产品}$为水产品生产价值（元）；α 为水资源在渔业资源生产中的比重；β 为河流折算系数；$V_{渔业}$为渔业资源价值（元）。

7）休闲娱乐景观价值

河道生态基流的存在有利于维持河流的休闲娱乐景观功能，而河道生态基流的休闲娱乐景观价值与河流的休闲娱乐景观价值密不可分。所以，河道生态基流的这部分价值可通过河流的休闲娱乐景观价值按比例折算的方式计算，而河流的休闲娱乐景观价值可按旅行费用法计算。

$$V_{景观} = \gamma \times \omega \times V_{旅游} \tag{3-9}$$

式中，$V_{景观}$为休闲娱乐景观价值（元）；γ 为以河流为观光休闲目的的旅游收入比重；ω 为河道生态基流比例折算系数；$V_{旅游}$为区域内全年旅游收入（元）。

8）提高生活品质价值

人类择水而居，城市依河而建，干净清澈的河流美化居住环境，净化和愉悦人类的心灵，给城市带来活力，提高人类的生活品质；而且河流附近的地价、房价倍增，促进城市的经济发展。这部分价值计算复杂，不易定量，仅作定性分析。

（二）当量因子法

1. 河道生态基流对应水面面积

根据河道的几何特性将河道概化成 n 段的规整河道，在每个概化点 i 上收

集资料，结合流量和水面宽的拟合曲线确定生态基流对应水面面积，具体分析过程如下所示。

首先，在概化点上收集资料，包括流量(Q_i)、水面宽(W_i)以及概化段的河长(L_i)等资料，其计算式为

$$Q_i = [Q_1, Q_2, Q_3, \dots, Q_n],\quad W_i = [W_1, W_2, W_3, \dots, W_n],\quad L_i = [L_1, L_2, L_3, \dots, L_n] \tag{3-10}$$

式中，Q_i是指不同概化点上流量(m^3/s)；W_i是指不同概化点上断面的水面宽(m)；L_i是指不同概化点上第 i 点到第 $i+1$ 点之间的距离(m)。

其次，对流量和水面宽进行相关分析，确定流量和水面宽的关系曲线，确定生态基流对应水面宽，流量和水面宽的拟合曲线公式为

$$W_i = f(Q_i) \tag{3-11}$$

最后，结合水面宽和不同概化段的河长 L_i，确定河道生态基流水面面积 S_i，进而将各个概化段生态基流对应水面面积进行加和，其计算式为

$$S_i = \frac{1}{2} \times (W_i + W_{i+1}) \times L_i, S = \sum_{1}^{n} S_i \tag{3-12}$$

2.河道生态基流价值系数

谢高地等根据中国的实际情况，参考 Costanza 的研究成果，在概括综合的基础上，制定了中国陆地生态系统单位面积生态服务价值表。根据生态基流定义以及谢高地等给出的生态系统服务功能，选定了气体调节、气候调节、净化环境、水文调节、土壤保持、维持生物多样性、提供美学景观以及科研文化等八种功能对生态基流价值进行计算。

农田生态系统单位面积食物生产服务功能的经济价值计算公式为(3-13)；生态基流价值系数用农田生态系统单位面积食物生产服务功能的经济价值和水域生态系统服务功能的当量因子和的乘积表示，其计算公式为(3-14)。

$$C_{\mathrm{crop}} = \frac{1}{7} \times T_{\mathrm{a}} \times T_{\mathrm{b}} \tag{3-13}$$

$$\mathrm{VC} = C_{\mathrm{crop}} \times c \tag{3-14}$$

式中，C_{crop}代表农田生态系统单位面积食物生产服务功能的经济价值(元/hm^2)；T_{a}代表研究区域平均粮食单产(kg/hm^2)；T_{b}代表研究区域平均粮食单价(元/kg)，VC 为单位水面面积的生态基流服务价值(元/hm^2)；c 是指水域生态系统服务功能的当量因子和。

3. 河道生态基流价值

河道生态基流价值采用谢高地等提出的当量因子法进行计算。河道生态基流价值用单位水面面积的生态基流服务价值和生态基流对应水面面积的乘积表示，计算公式为

$$V = A \times VC \tag{3-15}$$

式中，V 是指研究区域河道生态基流价值（亿元）；A 为研究区域内河道生态基流对应水面面积（hm^2）。

三、实例研究

（一）资源环境经济学法——以渭河宝鸡段为例

1. 研究区域概况

渭河宝鸡段位于关中平原，属渭河流域中部（图 3.1），是山区河流向平原河流的过渡段，西起林家村宝鸡峡口，东至扶眉与杨凌交界，河道全长约 200km。1971 年，宝鸡峡引渭灌溉工程建成引水后，虽极大地解决了宝鸡峡灌区乃至关中西部水源不足的问题，但也直接导致了渭河宝鸡段生态基流的缺失。1999 年，魏家堡水电站投产运行后，也对渭河宝鸡段河道生态基流的减少产生了不容忽视的影响。

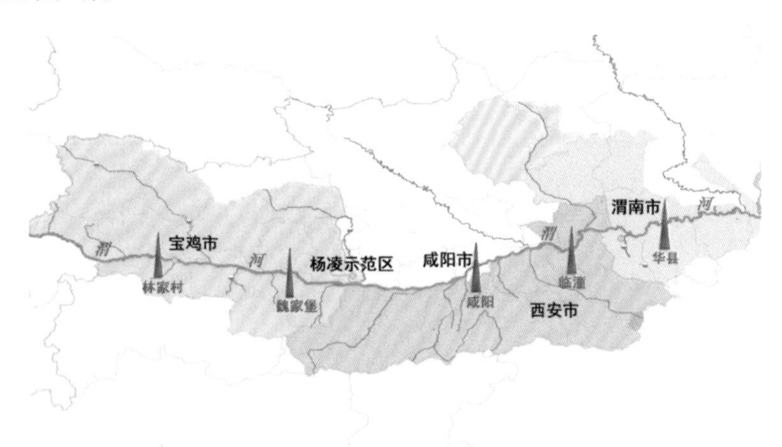

图 3.1 渭河流域陕西段及主要水文站示意图

2. 河道生态基流对应的水量

渭河宝鸡段的林家村水文站位于宝鸡峡灌区引水灌溉渠首，水文站同时监测宝鸡峡引水渠（宝鸡峡渠）流量和引水后渭河干流[林家村（三）站]流量，所以林家村（三）站的水文数据可以直接反映渭河宝鸡段生态基流的水量变化情况。

根据 2010 年林家村(三)站的月平均流量数据(表 3.2),以 $4m^3/s$ 作为河道生态基流的基准值。月平均流量不足 $4m^3/s$ 的月份用水文实测数据计算,大于 $4m^3/s$ 的月份用 $4m^3/s$ 计算,由此可得 2010 年渭河宝鸡段的河道生态基流对应的水量为 $7.58\times10^7 m^3$,具体计算如表 3.2 所示。

表 3.2 渭河宝鸡段 2010 年河道生态基流对应的水量

时间	水文实测数据(m^3/s)	计算所用数据(m^3/s)
1 月	0.78	0.78
2 月	0.79	0.79
3 月	0.99	0.99
4 月	1.04	1.04
5 月	0.78	0.78
6 月	15.00	4.00
7 月	31.00	4.00
8 月	47.70	4.00
9 月	14.40	4.00
10 月	12.30	4.00
11 月	3.88	3.88
12 月	0.60	0.60
河道生态基流的实际水量		$7.58\times10^7 m^3$

3. 机会成本法

1)农业用水经济效益

应用式(3-1)计算。受资料限制,以宝鸡市平均农业用水经济效益近似代替渭河宝鸡段农业用水经济效益。根据《宝鸡市 2013 年国民经济和社会发展统计公报》,宝鸡市农业经济利润(P_u)为 76.31 亿元,农业用水总量(Q)为 4.93 亿 m^3,农业固定资产值为 48.98 亿元,农业总产值 263.99 亿元。根据陕西省水利厅公布的数据,宝鸡峡渠系水利用系数(ε)约为 0.65。农业水费成本(F_{u1})为水资源费(根据宝鸡市统计局的统计数据,水资源费为 0.3 元/m^3)与农业用水总量(Q)的乘积,即 $F_{u1}=0.3\times4.93=1.48$(亿元);农业固定资产净值($F_{u2}$)为农业固定资产值(48.98 亿元)与累积折旧后的差值,灌排渠(河)道每年基本折旧率取 2%,农业固定资产折旧按照 15 年的使用期限处理,则农业固定资产净

值 $F_{u2}=48.98\times(1-2\%)^{15}=36.18$(亿元);全要素农业生产成本($F_u$)为农业总产值与农业经济利润的差值,即 $F_u=263.99-76.31=187.68$(亿元)。则农业用水经济效益分摊系数 $\eta_u=(F_{u1}+F_{u2})/F_u=0.2$,单方农业用水经济效益为 4.8 元/$m^3$,年经济效益为 $4.8\times4\times86400\times365=6.05$(亿元)。

2)工业用水经济效益

应用式(3-2)计算。以宝鸡市平均工业用水经济效益近似代替渭河宝鸡段工业用水经济效益。根据《宝鸡市 2013 年国民经济和社会发展统计公报》,宝鸡市工业利税总额(B_i)为 153.88 亿元,工业用水总量(Q_i)为 0.89 亿 m^3,工业供水投资(F_{i1})为 17.38 亿元,工业生产投资(F_{i0})为 538.2 亿元。则工业用水经济效益分摊系数 $\eta_i=F_{i1}/F_{i0}=0.0323$,单方工业用水经济效益为 5.6 元/$m^3$,年经济效益为 $5.6\times4\times86400\times365=7.06$(亿元)。

3)生活用水经济效益

应用式(3-3)计算。生活用水价格取宝鸡市平均用水价格。根据宝鸡市物价局的数据,2013 年宝鸡市生活用水价格(P_s)为 2.75 元/m^3。则生活用水年经济效益为 $2.75\times4\times86400\times365=3.46$(亿元)。

由机会成本法定义,经济效益最大者即为河流生态基流的机会价值。工业用水效益最大,因此渭河宝鸡段生态基流的价值为 5.6 元/m^3,折合为 7.06 亿元/a。

4.影子工程法

利用我国每立方水库库容所需要的年投入成本作为供水的替代工程。根据《中国水利年鉴》及《森林生态系统服务功能评估规范》,1993—1999 年平均水库库容造价为 2.17 元/t,2005 年价格指数为 2.816。利用 2005 年价格指数,结合陕西省历年固定资产投资的环比价格指数,可计算出陕西省 2013 年的价格指数为 3.751(对环比价格指数进行累积计算)。则水库库容年投入成本为 $2.17\times3.751=8.14$(元/m^3);河道生态基流的价值为 $8.14\times4\times86400\times365=10.27$(亿元/a)。

5.分析综合法

1)避免河道断流价值

渭河宝鸡段自 2007 年已连续十几年没有断流,有效地保护了流域内的稀有物种,维持了河道生态基流的其他功能价值。

2)维持湿地生态系统价值

陕西渭河湿地是从宝鸡市陈仓区凤阁岭沿渭河至渭河与黄河交汇处,包括渭河河道、河滩、洪泛区及河道两岸 1km 范围内的人工湿地。宝鸡境内 100km,投资约 33 亿元,建设期 5 年。将人工湿地的年投资额作为河道生态基

流维持湿地生态系统的价值，即 $V_{湿地}$ 为 66000 万元。

3)水质净化价值

渭河宝鸡段生态基流的水质净化功能主要指水污染降解功能。

根据《宝鸡市 2010 年国民经济和社会发展统计公报》，宝鸡市的 COD 排放量 40500t，氨氮排放量 5344t。渭河是宝鸡地区的主要受纳水体，假设处理后的污水全部排放至渭河，如果河道生态基流得到有效保障，至少可以减少 10%的处理量。

根据相关研究成果，COD 的处理成本 3.50 元/kg，氨氮的处理成本 1.50 元/kg，用式(3-5)计算得 $V_{水质}$ 为 1498 万元。

4)营养物质输移价值

根据《宝鸡市 2010 年环境质量公报》的渭河宝鸡段主要断面的水质监测结果，渭河宝鸡段多个断面的 TN 平均值为 0.743mg/L，TP 平均值为 0.139 mg/L，分别作为 C_N 和 C_P。2010 年关中地区化肥的市场平均价格(P)为 2775 元/t，用式(3-6)计算得 $V_{营养物质}$ 为 19 万元。

5)水文循环价值

$W_{基流}$ 为 $7.58\times10^7 m^3$，2010 年宝鸡市自来水的平均价格($P_{水}$)为 2.04 元/m^3，用式(3-7)计算得 $V_{水文}$ 为 15463 万元。

6)水产品生产价值

根据《陕西统计年鉴(2010)》，宝鸡市的渔业资源产值 $V_{渔业}$ 为 7782 万元。水资源在渔业资源生产中所占比重为 0.6～0.8，本节取 α 为 0.7，渭河流域折算系数 β 为 0.4。用式(3-8)计算得 $V_{水产品}$ 为 2179 万元。

7)休闲娱乐景观价值

2010 年宝鸡旅游综合收入 $V_{旅游}$ 为 100.2 亿元。由于宝鸡的旅游资源比较丰富，所以设以渭河为观光休闲目的的旅游收入比重γ为 0.1。2010 年渭河林家村水文站的年实测径流量为 $7.48\times10^8 m^3/a$，$W_{基流}$ 为 $7.58\times10^7 m^3$，按两者比例计算 2010 年的折算系数 ω 为 0.1。用式(3-9)计算得 $V_{景观}$ 为 10020 万元。

8)提高生活品质价值

渭河宝鸡段经过多年整治，已由原来杂草丛生、垃圾遍地的污水河变为“水清、岸绿、景美的绿色长廊”，既是市民休闲娱乐的好去处，也是宝鸡城市发展的“绿肺”，极大地提升了宝鸡的城市形象，目前宝鸡的城市规划也逐渐形成“向水发展、靠河布局”的新趋势。

9)计算结果

以枯水期河道生态基流功能为基础，根据建立的河道生态基流价值计算方法，假设生态基流的各项功能相互独立，则总价值由各分项价值求和得到。因此，计算渭河宝鸡段的河道生态基流价值如表 3.3 所示。

表 3.3　渭河宝鸡段 2010 年河道生态基流价值　(单位:万元)

类别	河道生态基流功能	计算方法	价值
生态环境功能	避免河道断流	保护河流中的稀有物种	
	维持湿地生态系统	影子工程法	66000
	水质净化	替代成本法	1498
	营养物质输移	替代成本法	19
自然功能	水文循环	市场价值法	15463
社会功能	水产品生产	市场价值法	2179
	休闲娱乐景观	旅行费用法	10020
	提高生活品质	提升宝鸡的城市形象	
合计		分项加和法	95179

2010 年渭河宝鸡段的河道生态基流总价值为 95179 万元，河道生态基流对应的水量为 $7.58\times10^{7}\,m^{3}$，得单位水量价值为 12.56 元/m^{3}，高于 2010 年宝鸡市的平均自来水价格(4.12 元/m^{3})。

（二）当量因子法

1. 河道生态基流对应水面面积

本节分析计算的区域(如研究区域图 3.1 所示)为林家村水文站到魏家堡水文站，根据该段河道的具体情况，将其概化成梯形的河段，其长度为 65km。

徐宗学等采用 R2CROSS 法确定了林家村和魏家堡水文站的河道来水量和水面宽的数据，采用 SPSS 软件对该段河道流量和水面宽的数据进行拟合，相应的拟合关系如式(3-16)和(3-17)所示。

$$W = 29.896\times Q^{0.4572}, R^2 = 0.9986 \tag{3-16}$$

$$W = 40.155\times Q^{0.2881}, R^2 = 0.9585 \tag{3-17}$$

两者的拟合精度比较高，相关系数分别为 0.9986、0.9585，采用式(3-16)和(3-17)计算河道生态基流对应水面宽。该河段的长度为 65km，采用水面宽和河段长度计算该河段河道生态基流对应水面面积，计算结果如表 3.5 所示。

2. 河道生态基流价值系数

考虑到渭河宝鸡段的实情，本节采用修正后的生态服务价值表。根据选定的河道生态基流功能，以及谢高地等给出的水域的当量因子总和，采用式(3-13)和式(3-14)得到渭河宝鸡段单位面积的生态基流服务价值，如表 3.4 所示。

表 3.4　渭河宝鸡段单位面积的生态基流服务价值　[单位:元/(hm²·a)]

项目	气体调节	气候调节	净化环境	水文调节
单位价值	1401.06	4166.79	10098.55	186031.81
项目	土壤保持	维持生物多样性	提供美学景观	科研文化
单位价值	1819.56	4639.88	3438.97	3897.80

3.河道生态基流价值

采用式(3-12)对河道生态基流对应的水面面积进行了计算,如表 3.5 所示;河道生态基流价值系数总和如表 3.5 所示;进而通过河道生态基流对应的水面面积和单位面积的生态基流服务价值的乘积,得到河道生态基流价值,如表 3.5 所示。

表 3.5　河道生态基流价值计算过程

年份	河道生态基流(m^3/s)	河道生态基流对应水资源量(亿 m^3)	河道生态基流对应水面面积(hm^2)	价值系数总和[元/(hm^2·a)]	河道生态基流价值(亿元)
2005	7.12	1.29	468.10	212174308.2	2.32
2006	15.53	2.82	628.09	278572537.0	3.36
2007	1.52	0.28	264.90	132833803.6	1.43
2008	2.26	0.41	306.12	172522187.1	1.80
2009	3.40	0.62	355.68	234130809.8	2.44
2010	0.82	0.15	211.99	127597275.2	1.56
2011	1.08	0.20	234.07	168401859.8	1.91
2012	14.52	2.63	612.27	465083278.2	5.56
2013	5.01	0.91	410.59	380768680.4	4.04
2014	12.66	2.30	581.28	485134148.5	5.68

第三节　河道生态基流保障的农业经济损失量

近年来,随着气候变化和人类活动的影响,尤其是农业灌溉用水,河道生态基流难以保障,随着人们对河道生态基流价值的研究,意识到河道生态基流的重要性,并对河道生态基流保障展开了研究。本节主要对河道生态基流保障的影响因素以及保障措施进行了定性说明，并对减少农业灌溉用水保障河道生态基流而造成的经济损失量进行了定量研究，以为河道生态基流的合理保障提供定量化依据。

一、河道生态基流保障的影响因素及保障措施分析

影响河道生态基流保障的因素较多，可概括为流域水文地理以及水文地质因素、气候因素、人类活动因素等三大方面，而一个区域内水文地理以及水文地质条件基本是不变的，故本节主要考虑气候和人类活动两大因素。其中，人类活动因素主要包括大型水利工程建设、地下水开采以及经济部门大量引水，农业灌溉用水和工业用水等经济用水量较大，尤其是农业灌溉用水部门，而且农业产生的效益和水资源使用效率都偏低。

现阶段河道生态基流保障基本包括优先考虑河道生态基流保障的水资源调控（包括减少农业和水电站用水保障河道生态基流）、农业节水技术提升、地下水合理开采和调蓄、跨流域调水以及河道生态基流保障的补偿机制建立等措施。

二、河道生态基流保障的农业经济损失量

枯水期，河道来水量相对有限，河道生态基流保障必然会引起其他生产用水部门的经济损失，农业用水部门作为流域引水第一大部门，且水资源利用效率相对较低，因此，采用农业灌溉用水保障河道生态基流的研究较多，本节主要介绍河道生态基流保障造成的经济损失量计算方法，并以渭河干流为例分析计算了河道生态基流保障的农业经济损失量。

（一）基于工农业单方用水效益的河道生态基流保障的经济损失量

1. 河道生态基流保障的缺水量

在已确定的河道生态基流保障值以及河道引水后的剩余水量的基础上，采用两者之间的差值计算河道生态基流保障的缺水量，计算公式为

$$W_{EL} = W_{EC} - W_{R} \tag{3-18}$$

式中，W_{EL}是指其他用水部门引水后河道生态基流保障的缺水量（亿 m^3）；W_{EC}是指河道生态基流保障值（亿 m^3）；W_R是指其他引水部门引水后河道剩余水量（亿 m^3）。

此公式计算结果分两种情况：①若两者之间的差值大于0，则该流域断面的河道生态基流不足，是河道生态基流调控值所缺的值，也是灌区所要少引的水

量;②若两者之间的差值小于 0,则说明河道生态基流是满足的,不需要为了保障河道生态基流而减少灌区的引水量。

2.河道生态基流保障的经济损失量

河道生态基流保障的同时必然会限制其他用水部门的引水量。工业和农业作为流域引水的主要用户,因此采用工农业用水保障河道生态基流必定会引起工农业用水部门的经济损失量。本节主要采用工农业单方用水效益和河道生态基流保障所限制两个部门用水量的乘积,计算公式为

$$Y_{EL} = b_{IorA} \times W_{EL} \tag{3-19}$$

式中,Y_{EL}是指河道生态基流保障引起的工农业经济损失量(亿元);b_{IorA}是指单方工业或农业用水效益(元/m^3)。

3.实例研究

1)渭河宝鸡段河道生态基流缺水量计算

杨涛采用流速法、最小月平均流量法和 Tennant 法等三种方法分别计算了渭河宝鸡段河道生态基流,其值分别为 13.99m^3/s、6m^3/s 和 6.97m^3/s,经过合理性分析,确定渭河宝鸡段河道生态基流的结果,即林家村(三)站断面平均流量要达到 6m^3/s;为维持河道的基本功能,寇宗武给出了林家村(三)站断面低限河道生态基流为 8m^3/s;2002 年《陕西省渭河流域综合治理规划》报告研究成果,规定渭河流域林家村(三)站断面非汛期的河道生态基流应不低于 10m^3/s。故本节给出了三种河道生态基流保障值,分别为 6m^3/s、8m^3/s 以及 10m^3/s。

采用式(3-18)、林家村(三)站 2000—2012 年的径流资料及三种河道生态基流保障值,分别计算了 2000—2012 年渭河流域林家村(三)站非汛期的河道生态基流缺水量,如表 3.6 所示。

表 3.6 渭河宝鸡段非汛期河道生态基流缺水量

年份	非汛期河道生态基流缺水量(亿 m^3)		
	6m^3/s	8m^3/s	10m^3/s
2000	0.92	1.28	1.64
2001	0.98	1.35	1.73
2002	0.41	0.63	0.93
2003	1.05	1.42	1.79
2004	0.69	1.01	1.33
2005	0.58	0.84	1.10
2006	0.16	0.38	0.61
2007	0.82	1.19	1.57

续表

年份	非汛期河道生态基流缺水量(亿 m^3)		
	$6m^3/s$	$8m^3/s$	$10m^3/s$
2008	0.76	1.07	1.41
2009	0.58	0.90	1.22
2010	0.94	1.30	1.67
2011	0.92	1.29	1.66
2012	0.34	0.59	0.85
平均值	0.70	1.02	1.35

注:表中 $6m^3/s$、$8m^3/s$、$10m^3/s$ 是指河道生态基流保障值。

2)农业用水部门经济损失量计算

由于渭河宝鸡段引用水范围主要包括咸阳市和宝鸡市,因此,本节确定河道生态基流保障的经济损失量行政范围为咸阳市和宝鸡市。

采用式(3-19)和河道生态基流保障引起的农业灌溉缺水量可以得到农业产值直接经济损失量,如表 3.7 所示。

表 3.7 农业部门的经济损失量

年份	经济损失(亿元)		
	$6m^3/s$	$8m^3/s$	$10m^3/s$
2000	1.98	2.76	3.53
2001	2.26	3.12	4
2002	0.97	1.49	2.2
2003	2.56	3.46	4.36
2004	2.42	3.54	4.66
2005	2.36	3.42	4.48
2006	0.68	1.61	2.58
2007	4.37	6.35	8.38
2008	5.03	7.08	9.33
2009	3.86	5.99	8.13
2010	7.71	10.66	13.69
2011	8.75	12.27	15.79
2012	3.34	5.79	8.34
平均值	3.56	5.2	6.88

（二）基于作物需水系数模型的河道生态基流保障的农业损失量

作物需水系数是指作物全生育期内的蒸发蒸腾水量与收获的干物质量或产量之比，它最初是为了计算作物需水量、水分亏损以及不同供水条件下的作物产量而引入的，本节将作物需水系数作为缺水量和产量损失的桥梁，确定灌区农作物产量损失及产值损失，产值损失量即农业生态补偿量。

该研究方法的计算结果会受到来水量季节变化、农业需水量、河道生态基流调控值、不同引水工程措施、气候条件、生产水平以及市场的影响，且具有一定的地域性和局限性。

1.基于河道生态基流保障的农业经济损失量

1)河道生态基流保障的农业缺水量

河道生态基流保障引起的农业灌溉缺水量计算方法如式(3-18)所示。

2)河道生态基流保障的农业经济损失量

作物需水系数主要存在两种定义：①作物全生育期内的蒸发蒸腾水量与收获的干物质量或产量之比。②该地区作物蒸发蒸腾量与同时期的水面蒸发量的比值。根据①和②中的定义，可以对作物需水系数进行计算，计算公式为

$$K_C = \frac{\mathrm{ET}}{M} \text{或} K_C = \frac{\mathrm{ET}}{E_0} \tag{3-20}$$

式中，K_C是典型作物的作物需水系数(m^3/kg或无量纲)；ET是指某时段内的作物需水量(mm)；M是指典型作物的干物质量或产量(kg)；E_0是指ET同时段的水面蒸发量，一般采用80cm口径蒸发皿的蒸发值(mm)。

利用作物需水系数将农业灌溉用水缺失量和农作物产量损失值联系起来，计算因河道生态基流保障而引起的农作物产量损失，将农作物产量损失值和现行作物价格相乘得到产值损失量，即为农业生态补偿量，如式(3-21)所示；用农业生态补偿量除以面积表示单位面积上的农业生态补偿量，如式(3-22)所示。

$$Q_L = \frac{W_L}{K_C}; Y_{EC} = Q_L \times P_C \tag{3-21}$$

$$y_{EC} = \frac{Y_{EC}}{A} \tag{3-22}$$

式中，Q_L是指农业灌溉缺水引起的产量损失值(kg)；K_C是指作物需水系数，一般由实验获取(m^3/kg)；Y_{EC}是指河道生态基流保障引起的农业生态补偿量(亿元)；P_C是指典型农作物的现行价格(元/kg)；y_{EC}是指研究区域单位面积上的农业生态补偿量(元/hm^2)；A是指研究区域面积(hm^2)。

2.实例分析

对2000—2012年林家村(三)站来水量(10月至次年6月)资料进行频率分析。通过式(3-18)计算了不同等级河道生态基流保障值下($6m^3/s$、$8m^3/s$以及$10m^3/s$),不同典型年宝鸡峡塬上灌区冬小麦全生育期内(10月至次年6月)的农业缺水量,如表3.8所示。

表3.8 宝鸡峡塬上灌区农业缺水量计算结果

典型年	农业缺水量(亿m^3)		
	$6m^3/s$	$8m^3/s$	$10m^3/s$
丰水年	0.16	0.38	0.61
平水年	0.34	0.59	0.85
枯水年	0.58	0.90	1.22
特枯水年	1.05	1.46	1.88
极枯水年	1.20	1.62	2.05

从表3.8可以看出,随着河道生态基流保障值增大,各典型年的缺水量越大。同时,不同典型年下极枯水年的缺水量最大,丰水年的缺水量最小。河道生态基流保障值为$10m^3/s$时,极枯水年的缺水量达到了2.05亿m^3;河道生态基流保障值为$6m^3/s$时,丰水年的缺水量为0.16亿m^3,两者之比为12.8。

典型作物的选择对生态补偿量的确定存在一定的影响,不同农作物的作物需水系数不同,本节主要是计算渭河宝鸡段非汛期河道生态基流保障引起的农业经济损失量。这个时间段内冬小麦为宝鸡峡塬上灌区的优势群体,所以将冬小麦作为典型作物。通过式(3-20)计算得到丰水年、平水年、枯水年、特枯水年及极枯水年的作物需水系数分别为$0.90m^3/kg$、$0.98m^3/kg$、$0.88m^3/kg$、$0.96m^3/kg$以及$0.82m^3/kg$,王道龙根据"彭门修正式"计算出了冬小麦的作物需水系数,值为$0.89m^3/kg$,所以作物需水系数计算结果比较合理。根据陕西省物价局的农作物价格,陕西省宝鸡市冬小麦的价格均值为2.1元/kg。根据式(3-21)计算宝鸡峡塬上灌区不同等级河道生态基流保障值下各典型年的农业经济损失量,计算结果如表3.9所示。

表 3.9　农业经济损失量的计算结果

典型年	产量损失(亿 kg)			经济损失量(亿元)		
	$6m^3/s$	$8m^3/s$	$10m^3/s$	$6m^3/s$	$8m^3/s$	$10m^3/s$
丰水年	0.18	0.42	0.68	0.37	0.89	1.42
平水年	0.35	0.6	0.87	0.73	1.26	1.82
枯水年	0.66	1.02	1.39	1.38	2.15	2.91
特枯水年	1.09	1.52	1.96	2.3	3.19	4.11
极枯水年	1.46	1.98	2.5	3.07	4.15	5.25

从表 3.9 可以看出,随着河道生态基流保障值增大,各典型年的产量损失、农业经济损失量越大。同时,不同典型年下极枯水年的产量损失、农业经济损失量最大,丰水年的产量损失、农业经济损失量最小。

(三)基于水分生产函数模型的河道生态基流保障的农业损失量

1.河道生态基流保障的农业损失量研究方法

针对河道生态基流保障造成的农业灌溉用水短缺问题,采用定量分析的方法分析农业灌溉用水短缺可能产生的影响,并估算造成的农业经济损失。考虑农业灌溉用水不足对农作物产量的影响,Stewart 等人提出了水分生产函数模型,其计算公式为

$$q_{\mathrm{m}}^{j}-q^{j}=k_{\mathrm{y}}q_{\mathrm{m}}^{j}\left(\frac{\mathrm{ET}_{j}-\mathrm{ET}_{a}}{\mathrm{ET}_{j}}\right) \tag{3-23}$$

式中,q_{m}^{j}为无水分胁迫下作物的最大产量($\mathrm{t/hm^2}$),j 为作物种类;q^{j}为作物实际产量($\mathrm{t/hm^2}$);k_{y}为作物产量响应系数;ET_{a}为作物实际蒸发量;ET_{j}为潜在蒸发量。

式(3-23)中,$\mathrm{ET}_{j}-\mathrm{ET}_{a}$为单位面积实际用水短缺量,相对应的农作物产量损失为 $q_{\mathrm{m}}^{j}-q^{j}$。令 W_{s}/S_{j}代表单位面积农业用水短缺量,其中 S_{j}为作物种植面积($\mathrm{hm^2}$),得到单位面积农作物产量损失,其计算公式为

$$q_{\mathrm{s}}^{j}=k_{\mathrm{y}}q_{\mathrm{m}}^{j}\frac{W_{\mathrm{s}}}{\mathrm{ET}_{j}S_{j}} \tag{3-24}$$

作物在不同的生长阶段,灌溉不足产生的农作物产量损失不同。其中,相加模型将作物总产量损失值确立为各阶段作物产量损失之和,在半湿润与半干旱等地区的籽粒产量计算中适用,其计算公式为

$$q_{\mathrm{s}}^{j}=q_{\mathrm{m}}^{j}\sum_{k-1}^{n}\left[k_{k\mathrm{y}}\left(\frac{W_{k\mathrm{s}}}{\mathrm{ET}_{kj}S_{j}}\right)\right] \tag{3-25}$$

式中，n 为作物总生长阶段；k 为作物的某一生长阶段；k_{ky} 为 k 阶段作物产量响应系数；W_{ks} 为 k 阶段控制断面上游农业用水短缺量（亿 m^3）；ET_{kj} 为 k 阶段作物需水量或潜在蒸发量（mm）。

根据灌溉不足造成的作物产量损失，乘以作物的市场价格，得到产值损失为

$$v^j = q_s^j Q^j \tag{3-26}$$

式中，v^j 为作物 j 单位面积产值损失（元/hm^2）；q_s^j 为作物 j 单位面积产量损失（t/hm^2）；Q^j 为作物 j 的市场价格（元/t）。

灌区在河道生态基流保障中受损，为了维护灌区的利益，应对其进行补偿。根据计算得到的作物产值损失，确定对灌区的生态补偿值。

2. 实例研究

1)河道生态基流的灌溉用水短缺量

本节在国家科技重大专项“渭河水污染防治专项技术研究与示范”课题三“渭河关中段生态基础流量保障技术研究”的基础上进行研究。水专项报告中对不同调控方案中各灌区基流保证率的研究，分初始方案和方案 1 两种情形来比较，从而确定河道生态基流保障造成的各用水户的缺水量。其中，初始方案是不考虑河道内生态基流保障条件下的供水状况，方案 1 是考虑了河道生态基流保障条件下的供水状况。此外，作为关键工程的林家村渠首由于大量引渭河水用于宝鸡峡塬上灌区灌溉和魏家堡电站发电，对河道生态基流影响很大，因此，在初始方案的基础上选取林家村渠首引水量减少 50%和减少 75% 进行研究。

沿用水专项报告中采用的初始方案、方案 1、林家村渠首引水量减少 50%和引水量减少 75% 进行研究。不同保障情形下渭河关中段各主要灌区的灌溉用水短缺量（表 3.10）。

表 3.10　不同保障情形下渭河关中段各主要灌区的灌溉用水短缺量

灌区	灌溉用水短缺量（万 m^3）			
	初始方案	方案 1	引水量减少 50%	引水量减少 75%
宝鸡峡塬上	12138	14814	24408	32311
冯家山水库	9834	9834	9834	9834
石头河水库	1253	1253	1253	1253
宝鸡峡塬下	5701	4016	3490	2506
石砭峪水库	1920	1920	1920	1920
交口抽渭	6615	5923	0	0
涧峪水库	1379	1379	1379	1379

注：数据来源于“渭河关中段生态基础流量保障技术研究”专题报告。

由表3.10可知，不同保障情形下，只有宝鸡峡塬上、塬下灌区和交口抽渭灌区的灌溉用水短缺量发生了变化。但不同的是，与初始方案相比，宝鸡峡塬上灌区灌溉用水短缺量增大，因而受损；而宝鸡峡塬下灌区、交口抽渭灌区的灌溉用水短缺量减少，因而受益。其他灌区的缺水量基本不变。因此，主要针对这三个灌区进行经济损失计算。

2)河道生态基流保障的农业经济损失量

综合考虑国家保障粮食安全的目标要求，面积稳定及保障功能显著的粮食作物更适合作为补偿标准计算的依据。关中地区主要农作物冬小麦和夏玉米采用轮作方式，根据作物的生育期，把冬小麦分为播种—越冬期(10—12月)、越冬—返青期(1—2月)、返青—收获期(3—5月)三个阶段，夏玉米为全生育期(6—9月)。由此可知，灌溉用水短缺不会对夏玉米的生长造成影响，因此，只分析对冬小麦的影响。宝鸡峡灌区和交口抽渭灌区冬小麦不同生长阶段的 k_{ky} 及 ET_{kj} 值如表3.11所示。

表3.11 冬小麦不同生长阶段的相关参数

阶段	k_{ky}	ET_{kj} (mm)	
		宝鸡峡灌区	交口抽渭灌区
1—2月	0.6	23.3	21.3
3—5月	0.5	82.95	100.33
6—9月	0	0	0
10—12月	0.2	31.39	32.7

注：k_{ky} 值参照联合国粮食及农业组织(FAO)给出的数值；ET_{kj} 由"保障渭河河道生态基流的关中地区农业节水及调控技术研究"报告中的数据整理得到。

查阅《陕西统计年鉴(2012)》得到宝鸡峡灌区、交口抽渭灌区作物种植面积分别为288.7千 hm^2、69.3千 hm^2，其中宝鸡峡塬上灌区为183.62千 hm^2，塬下灌区为105.08千 hm^2；2012年渭河关中地区冬小麦的平均产量为4244.52kg/hm^2，以此值作为冬小麦的 q_m^j 值；2012年国家冬小麦的最低收购价格为2040元/t，以此值作为冬小麦的市场价格；以冬小麦的生长时间求出平均缺水量，进而求出各阶段的缺水量，作为各阶段的缺水量 W_{ks} 值。根据式(3-25)、(3-26)分别计算不同保障情形下这三个灌区冬小麦的产量及产值损失(表3.12、表3.13、表3.14)，在初始方案的基础上，计算不同保障情形下的产值损失之差，并计算不同保障情形下冬小麦的总产值损失(表3.15)。

表 3.12　宝鸡峡塬上灌区冬小麦相应计算值

不同情形	缺水量(万 m^3)	产量损失(kg/hm^2)	产值损失(元/hm^2)	值损之差(元/hm^2)
初始方案	12138	3110.91	6346.26	—
方案 1	14814	3796.76	7745.39	1399.13
引水量减少 50%	24408	6255.66	12761.54	6415.28
引水量减少 75%	32311	8281.16	16893.57	10547.30

表 3.13　宝鸡峡塬下灌区冬小麦相应计算值

不同情形	缺水量(万 m^3)	产量损失(kg/hm^2)	产值损失(元/hm^2)	值损之差(元/hm^2)
初始方案	5701	2553.24	5208.61	—
方案 1	4016	1798.60	3669.14	−1539.47
引水量减少 50%	3490	1563.03	3188.57	−2020.04
引水量减少 75%	2506	1122.33	2289.56	−2919.05

表 3.14　交口抽渭灌区冬小麦相应计算值

不同情形	缺水量(万 m^3)	产量损失(kg/hm^2)	产值损失(元/hm^2)	值损之差(元/hm^2)
初始方案	6615	4539.67	9260.92	—
方案 1	5923	4064.77	8292.13	−968.79
引水量减少 50%	0	0.00	0.00	−9260.92
引水量减少 75%	0	0.00	0.00	−9260.92

表 3.15　不同保障情形下冬小麦总产值损失

不同情形	宝鸡峡塬上灌区		宝鸡峡塬下灌区		交口抽渭灌区	
	总产值损失(万元)	损失之差(万元)	总产值损失(万元)	损失之差(万元)	总产值损失(万元)	损失之差(万元)
初始方案	116530.08	—	54732.08	—	64178.19	—
方案 1	142220.84	25690.76	38555.35	−16176.73	57464.46	−6713.73
引水量减少 50%	234327.41	117797.33	33505.52	−21226.56	0.00	−64178.19
引水量减少 75%	310199.64	193669.56	24058.69	−30673.39	0.00	−64178.19

由表 3.15 可知，方案 1 下，宝鸡峡塬上灌区冬小麦总产值损失增大，宝鸡峡塬下灌区和交口抽渭灌区冬小麦总产值损失减小，这三个灌区冬小麦总产值损失达到 238240.65 万元，同初始方案总产值损失 235440.35 万元相比，增加

了2800.30万元。

林家村渠首引水量减少，对宝鸡峡塬上、塬下灌区及交口抽渭灌区都有很大影响。其中，同初始方案相比，两种引水情形下，宝鸡峡塬上灌区冬小麦总产值损失分别增加了117797.33万元和193669.56万元；宝鸡峡塬下灌区冬小麦总产值损失分别减少了21226.56万元和30673.39万元；交口抽渭灌区冬小麦总产值损失减少了64178.19万元。因此，林家村渠首限制引水有利于保障河道生态基流和下游灌区的供水效益，但同时也会给林家村渠首带来经济损失，为维护受损者的利益，受益方应补偿受损方。

（四）小结

在分析河道生态基流保障影响因素的基础上，提出了河道生态基流保障的农业经济损失量的计算方法，并以渭河宝鸡段为例，对该区域的河道生态基流保障造成的农业经济损失量进行了研究，主要研究结论如下：

(1)河道生态基流保障的主要影响因素为人类活动，人类活动中经济引水为影响河道生态基流保障的主要原因，尤其是农业灌溉用水量。

(2)本节主要通过单方用水效益法、作物需水系数法以及水分生产函数法对河道生态基流保障引起的农业经济损失量进行了定量化研究。其中，采用单方用水效益法计算河道生态基流保障引起的农业经济损失量由于考虑了其他农业产品，如畜牧业等，其值不太准确，而采用作物需水系数法和水分生产函数法计算河道生态基流保障引起的农业经济损失量相对较为合适。

第四节 河道生态基流的合理保障水平

一、河道生态基流合理保障水平

河道生态基流合理保障水平并无明显的系统界定，仅是根据国家政策以及区域对水域功能的需求，从而确定一个合理的河道生态基流保障值。基于国家政策以及水域不同功能的河道生态基流研究较多，但是以河道生态基流价值确定河道生态基流鲜有报道，因此，本节初步采用河道生态基流价值和河道生态基流保障造成的经济损失量之间的关系，以及河道生态基流产生效益的最大化原则，确定河道生态基流的合理保障水平。

二、基于效益最大化原则的河道生态基流合理保障水平研究

本节主体思路为将河道来水量分为两部分，一部分为河道生态基流用水量，另一部分为经济用水量，并计算河道生态基流价值以及经济用水量产生的经济效益，通过拟合得到两者价值与用水量之间的关系曲线，最后通过效益最大化原则分析计算河道生态基流合理保障水平。具体计算过程如下所示。

（一）河道生态基流价值

河道生态基流价值主要采用第二节中的当量因子法。

（二）农业用水产生的经济效益

农业用水产生的经济效益采用式(3-19)，即由农业用水总量和农业单方用水效益的乘积得到农业生产用水产生的经济效益。

（三）河道生态基流合理保障水平

分别确定河道生态基流对应水资源量和河道生态基流价值的关系曲线，以及农业灌溉用水量和农业经济效益的关系曲线。结合效益最大化原则，在这两条曲线中确定一个效益平衡点，该平衡点为河道生态基流的合理保障值。

分步计算如下所示。

(1)将河道来水量化分为河道生态基流需水量和农业经济用水量，且两者之间不存在相互转化关系。

$$W_{T} = W_{EWU} + W_{AIWU} \tag{3-27}$$

式中，W_T是指河道水资源总量（亿 m^3）；W_{EWU}是指河道生态基流需水量（亿 m^3）；W_{AIWU}是指农业灌溉用水量（亿 m^3）。

(2)一般情况下，河道生态基流对应水资源量越大，河道生态基流价值也越大，两者的拟合曲线为

$$V_{EWU} = f(W_{EWU}) \tag{3-28}$$

式中，V_{EWU}是指河道生态用水产生的生态效益（亿元）；$f(W_{EWU})$是指河道生态基流价值和河道生态基流需水量的拟合曲线。

(3)农业灌溉用水量越大，相应的农业经济效益也越大，两者的拟合曲线为

$$V_{AIWU} = f(W_{AIWU}) \tag{3-29}$$

式中，V_{AIWU}是指农业灌溉用水产生的农业经济效益（亿元）；$f(W_{AIWU})$是指农业灌溉用水量和农业经济效益的拟合曲线。

(4)将农业灌溉用水产生的农业经济效益作为保障河道生态基流的机会成

本。根据效益最大化原则，当效益和用水量以及成本和用水量的导数值相等时，效益最大，即

$$\frac{\partial V_{EWU}}{\partial W_{EWU}}=\frac{\partial V_{AIWU}}{\partial W_{AIWU}} \tag{3-30}$$

则可以得到农业灌溉用水量和河道生态基流对应水资源量之间的关系式为

$$W_{EWU}=f(W_{AIWU}) \tag{3-31}$$

便可以得到相应的河道生态基流合理保障水平值 W_{RP}。

（四）案例分析

1. 河道生态基流对应水资源及其价值的拟合曲线

河道生态基流价值计算采用当量因子法，计算结果如第二节表 3.5 所示，通过对河道生态基流价值和其对应水资源量进行相关分析，可以得到两者的相关关系为

$$V_{EWU}=1.185\times\ln(W_{EWU})+1.367, R^2=0.6590 \tag{3-32}$$

两者之间的相关系数为 0.6590，相关度较高。

2. 农业经济效益及拟合曲线

设定林家村水文站径流量为 $20m^3/s$，那么相应的水资源总量为 3.2 亿 m^3，表 3.5给出了河道生态基流对应水资源量，农业灌溉用水量为水资源总量和河道生态基流对应水资源量的差值，如表 3.16 所示。表 3.16 给出了农业单方用水产生的经济效益，采用式(3-19)便可以得到农业灌溉用水产生的农业经济效益，如表 3.16 所示。

表 3.16　农业灌溉用水量产生的农业经济效益

年份	水资源总量（亿 m^3）	农业灌溉用水量（亿 m^3）	单方农业用水效益（元/kg）	农业经济效益（亿元）
2005	3.27	1.97	0.82	3.19
2006	3.27	0.45	0.99	0.73
2007	3.27	2.99	1.00	5.18
2008	3.27	2.86	1.11	4.40
2009	3.27	2.65	1.23	5.24
2010	3.27	3.12	1.64	5.85
2011	3.27	3.07	2.10	8.35
2012	3.27	0.63	1.26	1.49
2013	3.27	2.36	2.56	7.15
2014	3.27	0.97	2.79	3.07

通过对农业灌溉用水量和农业经济效益的相关分析，可以得到两者的相关关系为

$$V_{AIWU} = 2.3183 \times \ln(W_{AIWU}) + 2.1207, R^2 = 0.6122 \tag{3-33}$$

两者之间的相关系数为0.6122，相关度较高。

3.河道生态基流合理保障水平

分别对河道生态基流价值与河道生态基流对应水资源量和农业经济效益与农业灌溉用水量求导，可得

$$\frac{\partial V_{EWU}}{\partial W_{EWU}} = \frac{1.185}{W_{EWU}}, \frac{\partial V_{AIWU}}{\partial W_{AIWU}} = \frac{2.3183}{W_{AIWU}} \tag{3-34}$$

令两者相等，便可以得到 $W_{EWU} = 33.83\% \times W_T$，即只需已知河道来水量，便可以得到河道生态基流的合理保障水平值：来水量的33.83%便是河道生态基流合理保障水平。

徐宗学等采用不同方法对渭河宝鸡段的河道生态基流进行了计算，认为河道来水量的30%为最佳值，本研究结果和他们的研究结果差异相近，较为合理。

（五）小结

本节首先对河道生态基流合理保障水平进行了论述，并在此基础上，结合河道生态基流价值以及河道生态基流保障引起的经济损失量（将其作为河道生态基流价值的机会成本），采用效益最大化原则确定了优先保障河道生态基流价值的河道生态基流合理保障水平。

本节以渭河宝鸡段为例，采用当量因子法计算了2005—2014年的河道生态基流价值，采用农业单方用水效益法计算了相同时期的农业灌溉用水产生的经济效益（机会成本），通过分析计算，年际来水量的33.83%为河道生态基流合理保障水平。

参考文献

[1]成波，李怀恩.基于河道生态基流保障的农业生态补偿量研究[J].自然资源学报，2017（12）：59-68.

[2]成波.基于河道生态基流保障的经济损失补偿量研究[D].西安：西安理工大学，2017.

[3]高凡，黄强，张洪波.基于河道生态基流保障的渭河宝鸡段水资源调控研究

[J]. 干旱区资源与环境,2012,26(6):149-154.

[4]高志玥. 渭河干流关中段生态基流保障的代价及适宜流量分析[D]. 西安:西安理工大学,2018.

[5]黄文菁. 渭河关中段生态基流价值与补偿研究[D]. 西安:西安理工大学,2013.

[6]寇宗武. 对沿渭(河)地下水开发问题的思考[J]. 地下水,2005,27(3):93-97.

[7]李怀恩,黄文菁,岳思羽. 基于模糊数学模型的河道生态基流价值计算[J]. 生态经济,2016,32(5):186-190.

[8]李怀恩,岳思羽,赵宇. 河道生态基流价值研究进展[J]. 水利经济,2015,33(4):6-9.

[9]李怀恩,岳思羽. 河道生态基流的功能及价值研究:以渭河宝鸡段为例[J]. 水力发电学报,2016,35(11):64-73.

[10]林启才,李怀恩. 宝鸡峡引水对渭河生态基流的影响及其保障研究[J]. 干旱区资源与环境,2010,24(11):114-119.

[11]庞爱萍,孙涛. 基于生态需水保障的农业生态补偿标准[J]. 生态学报,2012,32 (8):2550-2560.

[12]尚小英. 渭河宝鸡市区段生态基流调控研究[D]. 西安:西安理工大学,2010.

[13]王道龙. 农作物需水系数及其影响因子初探[J]. 中国农业大学学报,1986,9(2):211-218.

[14]谢高地,甄霖,鲁春霞,等. 一个基于专家知识的生态系统服务价值化方法[J]. 自然资源学报,2008,23(5):911-919.

[15]徐梅梅,李怀恩,成波. 河道生态基流价值的估算与比较[J]. 西安理工大学学报,2016,32(3):359-363.

[16]徐宗学. 河道生态基流理论基础与计算方法:以渭河关中段为例[M]. 北京:科学出版社,2016.

[17]杨涛. 渭河宝鸡市区段生态基流及调控初步研究[D]. 西安:西安理工大学,2008.

[18]张倩,李怀恩. 渭河关中段生态基流保障对灌区的影响及补偿研究[J]. 水资源与水工程学报,2016,27(6):227-231.

[19]张倩. 渭河干流关中段河道生态基流保障补偿研究[D]. 西安:西安理工大学,2018.

[20]赵宇.渭河干流关中段生态基流价值时空变化研究[D].西安:西安理工大学,2015.

[21]郑爱勤.渭河关中段地下水对河流生态基流的保障研究[D].西安:西安科技大学,2013.

[22]周洋,周孝德,张新华.渭河宝鸡段生态基流保障研究[J].水力发电学报,2012,31 (5):56-62.

[23]朱磊,李怀恩,李家科,等.渭河关中段生态基流保障的水质水量响应关系研究[J].环境科学学报,2013,33(3):885-892.

[24]CHENG B,LI H. Agricultural economic losses caused by protection of the ecological basic flow of rivers[J]. Journal of Hydrology,2018,564:68-75.

[25]COSTANZA R,ARGE R,DE GROOT R,et al. The value of the world's ecosystem services and natural capital [J]. Nature, 1997, 387 (15): 253-260.

[26]LI Y L, CUI Y L, LI Y H. Advancement of research on crop water-nitrogen productio function[J]. Journal of Hydraulic Engineering,2006,37 (6):704-710.

[27] PANG A, SUN T, YANG Z. Economic compensation standard for irrigation processes to safeguard environmental flows in the Yellow River Estuary,China[J]. Journal of Hydrology,2013,482:129-138.

[28]STEWART J L,DANIELSON R E,HANKS R J,et al. Optimizing crop production through control of water and salinity levels in the soil[R]. Logan:Utah Water Lab,1977:191.

[29]ZHANG H J. Field crop water-yield models and their applications[J]. Chinese Journal of Eco-Agriculture,2009,17(5) :997-1005.

第四章 地下水环境安全

第一节 地下水资源与水质现状

一、地下水资源开发利用现状

地下水作为重要的城市生活供水水源，同时也是干旱、半干旱地区赖以生存的淡水来源之一。据统计，全球15亿人口依靠地下水作为主要的饮用水源，其在保障人民正常的生产生活，促进经济发展方面发挥了重要的作用。在人类开采利用地下水之前，地下水环境完全遵循自然气候条件影响下的循环演变过程。近年来，随着我国城市化、工业化进程加快，人类活动在地下水环境演化中的作用日趋增强，并逐渐成为主导地位。在自然因素与人类活动的叠加作用下，部分地区原生的地下水环境演化模式遭到破坏，出现了地下水位下降、地下水水质恶化、土地荒漠化、地面沉降等一系列环境水文地质问题，这些问题目前已成为我国社会经济发展的重要制约因素之一。

我国地下水开发利用大致可分为四个阶段。

(1)20世纪60年代以前。全国机井较少，地下水的开采以人工开挖为主，主要开采潜水部分，多用于人畜饮用，少数用于农田灌溉和工业生产，此时地下水开挖较少。

(2)20世纪60年代中期到20世纪70年代末。截至1979年底，全国地下水年开采量达到了400亿 m^3 左右。此阶段由于地下水的开采缺乏科学的规划与管理，产生了多处大面积的超采区。

(3)20世纪80年代至20世纪末。这一阶段国民经济飞速发展，用水量急剧升高。截至1997年底，全国已有配套机井343万眼，地下水年开采量1000亿 m^3 左右。随着地下水的大规模开采，相应的问题也随之暴露出来，地面沉降、地面塌陷、海水入侵、水质恶化以及土地荒漠化等生态环境地质问题以及地质灾害日趋严重，逐渐引起了社会和政府的关注。

(4)21世纪初。为了有效遏制因超采地下水而引发的环境地质问题，水利部发布了《关于加强地下水超采区水资源管理工作的意见》，对推进地下水超采区的生态治理，加强超采区水资源的统一管理，提出了明确的目标和任务。这也标志着以地下水超采区生态治理为重点的“全国地下水保护行动”正式启动。地下水开采量较大的省(如河北、河南、山东等)以及因地下水超采而导致环境地质问题突出的地区(如江苏省的苏州市、陕西省的西安市)相继制定了地下水资源的限采、禁采规划。

根据水利部《中国水资源公报》的统计成果，近十年全国地下水供水量基本维持在1050亿 m^3 左右。北方地下水开采量占全国地下水总开采量的89.6%，而南方地下水开采量占南方水资源开采量的3.3%。这说明地下水仍是北方水资源的重要组成部分。

二、我国地下水水质现状

2016年，对东北平原、华北平原、江汉平原、山西及西北地区盆地和平原等区域的流域地下水水质进行监测，监测对象以浅层地下水为主，易受地表或土壤水污染下渗影响，水质评价结果总体较差。2104个测站监测的地下水质量综合评价结果显示：水质优良的测站比例为2.9%，良好的测站比例为21.1%，无较好的测站，较差的测站比例为56.2%，极差的测站比例为19.8%。除总硬度、溶解性总固体、锰、铁和氟化物等主要污染指标可能由于水文地质化学背景值偏高外，“三氮”污染情况也较重，部分地区存在一定程度的重金属和有毒有机物污染。我国有近60%的井水属于劣质水，水质状况十分严峻。因此，需要了解造成劣质地下水的主要项目分布情况。

不同的流域水质特点有差异。全国地下水水质项目的超标率见图4.1，各流域有关项目的超标率见表4.1。由图4.1可见，总硬度、氨氮、矿化度、锰、铁、氟化物、亚硝酸盐氮、COD_{Mn} 是导致地下水劣质的8个最主要因子，其中既有天然水化学指标，也有人为污染指标。也就是说，地下水水质受到天然和人为的

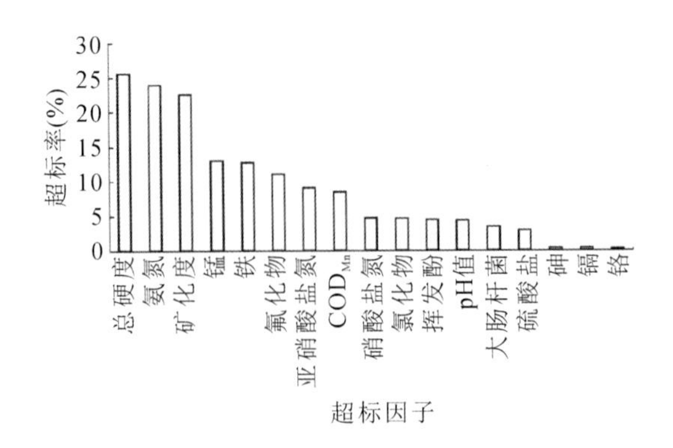

图 4.1　全国地下水水质项目超标率分布图

共同影响。

表 4.1　各流域按井单项超标率

水资源一级区	pH 值	矿化度	总硬度	氨氮	挥发酚	COD_{Mn}	硫酸盐	氯化物	氟化物	硝酸盐氮	亚硝酸盐氮	铁	锰	砷	铬	镉	大肠杆菌
松花江	10.24	11.95	13.66	37.56	1.22	11.46	0.24	0.73	6.34	1.71	2.20	41.95	32.20	0.00	0.37	0.29	0.35
辽河	0.89	16.07	18.75	57.14	5.36	22.32	0.00	1.79	11.61	0.89	1.79	63.39	35.71	0.00	0.00	0.00	0.00
海河浅层	1.31	39.39	44.42	32.82	6.78	12.91	17.72	18.16	14.88	4.60	17.72	12.25	40.04	1.09	0.22	0.00	0.00
海河深层	13.45	10.92	10.08	36.97	0.00	5.88	7.56	11.76	41.18	4.20	7.56	0.00	7.56	0.00	1.68	0.00	0.84
黄河	3.78	39.04	41.31	16.62	3.53	10.83	0.00	9.07	19.90	9.07	7.05	10.58	0.50	1.76	1.76	0.50	6.05
淮河浅层	0.64	26.12	43.90	27.84	6.85	11.56	1.28	2.78	11.99	13.92	21.41	0.00	0.00	0.00	0.00	0.00	0.00
长江	0.94	0.94	7.55	22.64	7.55	7.55	0.00	0.00	0.00	0.94	7.55	17.92	7.55	0.94	0.00	0.00	0.00
太湖	2.50	10.00	22.50	37.50	10.00	10.00	0.00	0.00	0.00	0.00	0.00	0.00	0.00	0.00	0.00	0.00	2.70
珠江	9.16	0.76	0.76	6.11	2.29	2.29	0.00	0.00	0.76	12.21	9.16	2.29	11.45	0.00	0.00	0.00	0.00
东南诸河	9.00	0.00	0.00	15.42	1.54	1.54	0.00	0.00	7.97	3.08	15.17	18.51	14.91	0.00	0.00	0.00	0.26
西北诸河	2.74	34.35	30.00	3.23	3.87	3.87	0.81	1.29	6.94	0.00	0.00	0.97	0.48	0.00	0.00	0.00	3.87

地下水污染一般都是由人类活动引起的，从污染来源，可以分为点源污染和非点源污染（面源污染）两类。不同的污染类型，其污染面积也不同。一般来说，点源污染只局限在局部地区，包括垃圾场附近、污染河流沿岸等，面积不会很大，而面源污染影响面积比较广泛。例如，农业化肥和农药造成的污染，可能会覆盖整个化肥和农药施用区，尽管土壤自净能力不同的耕地有一定差异。因此，地下水污染区划分应严格区分不同类型的污染，结合地面人类活动方面的信息、资料以及水文地质条件，合理地确定污染范围和面积。表 4.2 显示我国主要流域平原区的地下水污染评价结果。从该表数据可以看出，全国 199.6 万 km^2 的平原区内，有 24.84％的面积已经被不同程度地人为污染。黄河等人口密度较小的流域污染相对轻一些，而人口密集的太湖和海河等流域污染已经呈

现大范围蔓延态势。

表 4.2 主要流域平原区的地下水污染评价结果

水资源一级区	评价面积(万 km^2)	污染区面积比例(%)		
		轻污染	重污染	合计
松花江	29.99	2.87	20.64	23.51
辽河	9.77	14.02	29.79	43.81
海河	14.6	23.63	19.11	42.74
黄河	19.62	2.91	3.52	6.43
淮河	17.88	37.14	8.95	46.09
长江	12.97	15.19	10.95	26.14
太湖	2.82	69.86	20.21	90.07
珠江	2.13	1.41	1.41	2.82
东南诸河	0.68	1.47	16.18	17.65
西北诸河	89.15	8.8	9.59	18.39
全国	199.6	12.38	12.45	24.83

地下水污染原因和污染途径不同，根据污染物质及其形成污染的性质，可以从不同的角度进行多种分类分析。表 4.3 显示“三氮”(氨氮 、亚硝酸盐氮、硝酸盐氮)超标十分普遍。这说明我国浅层地下水普遍受到农业面源污染，加上被污染的地表水渗漏和工业生活的局部直接排污，氮污染属于最突出的水质问题。

表 4.3 平原区浅层地下水的主要污染项目超标率及排序

排序	项目	超标率(%)	排序	项目	超标率(%)
1	氨氮	23.94	6	大肠杆菌	3.43
2	亚硝酸盐氮	9.09	7	砷	0.37
3	COD_{Mn}	8.45	8	镉	0.35
4	硝酸盐氮	4.76	9	铬	0.29
5	挥发酚	4.50			

在“三氮”类污染因子中，氨氮属于新进入地下水系统的污染物，尚未转化为亚硝酸盐氮和硝酸盐氮。因此，超标率最大的氨氮排序结果显示目前我国平原区地下水每年还在接纳新的污染物。氮类污染物每年都在不断地补充进入，

并逐渐转化为亚硝酸盐氮和硝酸盐氮。三者的超标率排序显示新污染源的不断输入。氨氮向硝酸盐氮转化的中间产物亚硝酸盐氮处于超标率的第 2 位，显示了地下水系统中“三氮”转化的动态结果。硝酸盐氮排序仅次于 COD_{Mn}，列第 4 位，显示地下水系统中“三氮”转化的平衡关系。

地下水的主要污染原因是人类社会经济活动，特别是城市生活污水、工业“三废”等的排放，农业上大量使用农药、化肥等，导致地下水污染问题日益突出。污染严重区主要分布在大城市、城镇周围区、排污河道两侧、地表污染水体分布区及引污水灌溉农田地区。很多地区的浅层地下水已不能直接饮用。污染组分中“三氮”和 COD_{Mn} 是比较突出的污染因子。

地下水污染不仅检测出组分越来越多、越来越复杂，而且污染程度和深度也在不断增加。有些地区（例如河北廊坊、衡水、沧州等地）深层地下水中已有污染物检出。海河平原、淮河平原和松嫩平原等重要农业开发地区，浅层地下水已出现面状污染态势。地下水污染正由点污染、条带状污染向面上扩散，由浅层向深层渗透，从城市向周围蔓延，这种现象应引起高度重视，及时对其进行治理。地下水运动缓慢，地下水污染面积大小主要决定于污染源分布。地下水系统的污染受面源污染和被污染的地表水的渗漏影响更明显和突出一些，而对于局部的点源污染需要精细的调查评价和长期监测才能予以揭示。

“三氮”污染除生活污染外，化肥的使用是主要原因，而化肥的影响包括施用面积和施用强度两种因素。施用面积一般和耕地面积是一致的。因此，地下水污染在很大程度上受面源污染的影响。人口和农业耕作活动与地下水污染也具有明显的相关关系。人口密度越大的流域和平原区，生活污水和固体废物堆积量必然也越大，从而对地下水水质构成了严重的危害。

地表水和地下水彼此有着不可分割的联系。在大多数情况下，地表水污染往往导致地下水污染。两者在污染源方面基本是相同的，但在污染机理和治理方法上却是截然不同的。治理地下水污染要比治理地表水污染复杂得多。地下水一旦污染，恢复是十分困难的。我国平原区，尤其是我国北方平原区，地下水一般接受地表水的入渗补给。全国平原区地下水资源量（矿化度≤2g/L）的 1725 亿 m^3 中，有 35％左右来自地表水的补给。因此，受到地表水水质的影响会更明显，尤其是地表水补给量较大的流域。地表水污染较严重的流域，地下水水质污染范围也比较大。因此，要防治地下水污染，地表水污染治理是重要的前提条件。

第二节 地下水污染及迁移转化

一、地下水污染现状

由于地下水赋存于地下岩土介质中，地下水中会富集各种物质，形成多种水质类型的地下水。在人类活动的影响下，地下水的循环径流条件会直接或间接地受到不同程度影响而发生改变，打破水-岩相互作用的平衡，导致水质恶化现象的发生。

理论上，在人类活动的作用和影响下，任何一种物质都可能进入到地下水中，引起水质的改变。地下水中的污染物可分为无机污染物、有机污染物、生物污染物、放射性污染物四大类。此外，近年来关注的抗生素抗性基因也逐步被列入到污染物中。

（一）无机污染物

1.溶解盐类污染物

溶解盐类污染物主要是指各种无机盐类组分升高所导致的污染，代表性指标和组分包括溶解性总固体、氯化物、硫酸盐、硝酸盐等。

能够造成溶解盐类污染的情况有多种，其中比较有代表性的就是城镇地区地下水的盐污染。农业区污染水灌溉也是造成盐污染的一种类型。城市污水中普遍含有营养组分COD、N、P、各种溶解盐类、重金属等，可通过渗透作用进入地下水，还可以通过溶滤、离子交换作用等各种复杂反应加速土壤包气带介质中各种矿物组分的溶解淋出，从而造成地下水溶解盐类污染。此外，集中水源地的过量开采也可能引起不同程度的盐污染。

2.营养组分污染物

营养组分污染物主要包括COD、BOD、N、P等，在地下水中最具有代表性的营养组分污染是氮污染。地下水中的溶解氮主要有NO_3^-、NH_4^+、NO_2^-、NH_3、N_2、N_2O和有机氮等。其中NO_3^-、NH_4^+、NO_2^-以离子的形式存在；NH_3、N_2、N_2O以溶解气体的形式存在；有机氮则赋存于水中的有机质里。天然地下水中硝酸盐氮的含量通常小于10mg/L，超过10mg/L的通常被认为是人为污染所致。地下水中氮的人为来源很多，包括化肥、农家肥、城市生活污水及生活垃圾等。

氮在环境中存在极其复杂的转化作用，这往往会影响到其在地下水中的主要存在形式。来自化肥、农家肥、城市生活污水及生活垃圾的氮，其存在形式主要是有机氮和氨氮。有机氮在有氧或无氧的条件下均易产生氨化作用，从而释放出氨氮；而氨氮在好氧条件下可被微生物通过硝化作用转化为硝酸盐氮，硝酸盐氮又可以在缺氧或厌氧条件下，被微生物通过反硝化作用转化为氮气。在与地表大气环境连通比较顺畅的浅水层中，地下水中的氮往往会以硝酸盐氮的形式存在。在一些包气带颗粒较细且富含有机质的条件下，浅水层与地表大气环境连通困难，地下水中的氮往往会以氨氮的形式存在。

由于氮的污染来源非常普遍，地下水中的硝酸盐氮污染已经成为世界上很多国家和地区面临的最严重的地下水水质问题。如何削减氮污染负荷，减缓地下水硝酸盐氮污染的恶化趋势，是今后地下水污染防治的重要内容之一。

3.重金属/半金属污染物

地下水中的重金属/半金属类污染种类比较多，常见的主要包括砷、汞、铬、铅等。地下水中金属污染物和非金属污染物主要来源于金属、非金属矿床的开采、冶炼、加工，以及相关工业生产企业排放废水、废渣所导致。因此，重金属/半金属类污染多发于场地尺度的地下水污染，区域尺度的地下水中比较少见。另外，含有这些污染物的地表水渗漏、污水灌溉也是导致地下水污染的主要原因之一，某些污染严重的地区还是会出现重金属/半金属污染。据中国地质调查局的调查结果，目前国内局部地区出现了多金属污染的集中片区，通常与工业聚集区以及污染水灌溉有关。

（二）有机污染物

环境中有机污染物具有种类多、含量低、危害大的特点。总结国内外地下水污染的调查成果，目前常见的有机污染物包括卤代烃类、单环芳烃类、氯代苯类、多环芳烃类、有机氯农药类、有机磷农药类、多氯联苯、酚类、酯类等。有机物类别复杂，结构千变万化，除了以上有机污染物的种类以外，还有很多种。如硝基芳烃和苯胺是重要的化工原料，主要用于国防、印染、塑料、农药、医药和工业等。它们的大量生产和广泛使用，对环境造成了严重的污染。

药品和个人护理品（PPCP$_S$）是一类极具代表性的新型污染物，包括各种处方药、非处方药（如抗生素、镇静剂及显影剂等）、化妆品等，近年来，先后在污水、地表水、地下水、土壤等环境中检测出，且被证明可能对生态环境和人类健康有一定的风险。国内已有报道显示，我国河流及湖泊等天然水环境中开展的相关调查研究涉及约 115 种 PPCPs，被报道次数最多的前 10 种物质均为抗生素，其中磺胺类抗生素被报道次数最多。从 PPCPs 在所有报道中被检出的频率来看，大部分抗生素类 PPCPs 在中国地表水环境中检出的频率都很高，其中东部地区多于西部地区，南部地区多于北部地区。美国、欧洲等国家和地区先后开展了地下水中 PPCPs 广泛区域的调查。综合比较各地研究情况，地下水中检出率最高的物质有咖啡因、卡马西平等。由于自然衰减和地下水的稀释，大部分地下水中新型污染物的污染水平极低。

全氟化合物(PFCs)是另外一类有代表性的新型污染物，由于其具有优良的稳定性、表面活性、疏水性和疏油性等物理化学性质，而被广泛应用于化工、造纸、纺织、涂料、皮革、合成洗涤剂等工业和民用领域。由于适用范围宽广，在 PFCs 的制备、生产、使用、运输等过程中，PFCs 被直接或间接地排放到环境中。因此，环境中 PFC_S 的残留及危害引起了环境科学工作者和公众的广泛关注。

(三)生物污染物

地下水的生物污染物可分为细菌、病毒及原生动物三类。由于地下水赋存于地下岩土介质中，土壤包气带及含水层的吸附及过滤作用常将尺寸较大的原生动物截留下来，因此，原生动物类生物污染较为少见，细菌和病毒类生物污染比较常见。但是，不排除岩溶地区、地下水补给区存在天坑、落水洞、宽大裂隙等，地表水可直接补给地下水的特殊情况。

污染地下水的病原菌主要包括大肠杆菌、鼠伤寒沙门菌、索氏志贺氏菌、空肠弯曲杆菌等。污染地下水的病毒主要包括肠道病毒、脊髓灰质炎病毒、柯萨奇病毒、甲型肝炎病毒、轮状病毒等。它们主要来自粪便、动物尸体等。因此化粪池、生活污水池、污水排放系统、垃圾填埋场、畜禽养殖基地等都是比较典型的污染源。

(四)放射性污染物

放射性污染物在地下水中比较少见，且种类比较少，如 ^{226}Ra、^{238}U、^{60}Co、^{90}Sr等，这类污染物只在局部地方发现，多与放射性物质生产和使用有关。除人为污染外，天然条件下由地质成因会导致某些地区地下水出现放射性异常。我国《地下水质量标准》中给出了总 α 放射性和总 β 放射性两个指标，用来判断地下水受放射性污染的水质情况。

总 α 放射性是指水样中除 Rn 以外的所有天然和人工放射性核素的 α 辐射体总称。总 α 放射性是常规的检测指标。据国内调查，地下水的总 α 放射水平为 0.04～0.40Bq/L，最高可达 2.2Bq/L。

总 β 放射性是指水样中除 ^{3}H、^{14}C、^{35}S、^{241}Pu 以外的所有天然和人工放射性核素的 β 辐射体总称。总 β 放射性也是常规的检测指标。据国内调查，地下水

的总β放射水平为0.19～1.00Bq/L，最高可达2.9Bq/L。

（五）抗生素抗性基因

近年来，医疗保健品和个人护理品的频繁使用以及养殖业中抗生素的长期滥用，导致大量有耐药性的细菌在环境中发现。因此，抗生素抗性基因作为一种新型的环境污染物引起学界关注。与传统的污染物不同，抗生素抗性基因由于其固有的生物学特性，可在不同细菌间转移和传播，甚至自我扩增，可表现出独特的环境行为，其在环境中的持久性残留、传播、扩散比抗生素本身的危害还要大。已有研究表明，受人类活动影响，很多受污染的河流和河流沉积物已成为抗性基因的存储库，并可能加速了抗性基因的传播。

二、地下水污染特点与途径

（一）地下水污染特点

地下水的污染特点是由地下水的储存特点决定的，地下水储存于地表以下的岩土介质中，并在其中缓缓地移动，上部覆有一定厚度的包气带，使地表污染物或渗滤液在进入地下水之前，必须首先经过包气带岩土层，从而使地下污染具有如下特点。

1.污染过程缓慢——滞后性

地下水的污染主要是由地表水污染、土壤污染、生物污染、垃圾、渗滤液等造成的，这些污染物在下渗的过程中不断被各种阻碍物阻挡、截留，并可能发生吸附、分解、溶解、沉淀效应以及氧化-还原反应，最终进入地下水中，这在一定程度上将延缓污染物对潜水含水层的污染。而对承压含水层而言，因上部有隔水层或弱透水层顶板的存在，污染物移动的速度会更加缓慢，因此，从污染源的出现到地下水受到污染往往需要经历相当长的时间。如电厂粉煤灰露天堆放，而又无任何防渗和治理措施，将在堆放9～12年内由于降水的淋溶而对附近浅层地下水造成污染。另外，污染物到达地下水中后，其转移、扩散亦相当缓慢。

2.污染过程隐蔽——隐蔽性

地下水污染过程发生在地表以下的含水介质中，即使是地下水遭到相当严重的污染，也往往是无色、无味的，不像地表水那样，可从其颜色及气味或生物的死亡、灭绝中鉴别出来。即使人类饮用了受有害或有毒组分污染的地下水，其对人体健康的影响一般也是较隐蔽的，不易察觉。

3.污染难以恢复治理——难以逆转性

地下水一旦遭到污染就难以恢复，由于地下水流速缓慢，天然地下径流将污染物带走需要相当长的时间，且作为含水介质的沙土对很多污染物都具有吸附作用，使污染物的清除更加复杂困难，即使查明了污染原因，并切断了污染源，依靠含水层本身的自净作用，就算经历了相当长的时间，也难以恢复到污染前的状态。

4.造成的后果影响长远——危害长久性

地下水中污染物的含量一般是微量的，通常情况下不会引起人体的急性疾病或者疾病暴发，但会在人体内慢慢积聚造成多系统的损伤，更有许多物质具有生殖毒性和遗传毒性，会影响几代人的健康。

（二）地下水污染途径

地下水污染一方面与污染源类别、污染物性质、污染物排放强度、污染物排放方式等有关，另一方面与水文地质条件有关，而水文地质条件将直接决定着污染物从污染源进入到地下水中所经过的途径，即地下水污染途径。污染途径种类繁多，但除了少部分气体、液体污染物可以直接通过岩土空隙进入地下水外，绝大部分污染物都是随着补给地下水的水源一起进入地下水中的。因此，根据水利学的方法并考虑地下水的补给来源，地下水污染途径可分为以下几种形式：间歇入渗型、连续入渗型、越流型和径流型（表4.4）。

表4.4　地下水污染途径分类

<table>
<tr><th>类型</th><th>污染途径</th><th>污染来源</th><th>被污染的含水层</th></tr>
<tr><td rowspan="3">间歇入渗型</td><td>降雨对固体废物的淋滤</td><td>工业和生活的固体废物</td><td rowspan="3">潜水含水层</td></tr>
<tr><td>矿区疏干地带的淋滤和溶解</td><td>疏干地带的易溶矿物</td></tr>
<tr><td>灌溉水及降雨对农田的淋滤</td><td>农田表层土壤残留的农药、化肥及易溶盐类</td></tr>
<tr><td rowspan="3">连续入渗型</td><td>渠、坑等污水的渗漏</td><td>各种污水和化学液体</td><td rowspan="3">潜水含水层</td></tr>
<tr><td>被污染的地表水的渗漏</td><td>被污染的地表水</td></tr>
<tr><td>地下排污管道的渗漏</td><td>各种污水</td></tr>
<tr><td rowspan="3">越流型</td><td>地下水开采引起的层间越流</td><td rowspan="3">被污染的含水层或天然咸水等</td><td rowspan="3">潜水含水层或承压含水层</td></tr>
<tr><td>水文地质天窗的越流</td></tr>
<tr><td>经管井的越流</td></tr>
<tr><td rowspan="3">径流型</td><td>通过岩溶发育通道的径流</td><td>各种污水或被污染的地表水</td><td>主要是潜水含水层</td></tr>
<tr><td>通过废水处理井的径流</td><td>各种污水</td><td rowspan="2">潜水含水层或承压含水层</td></tr>
<tr><td>盐水入侵</td><td>海水或地下咸水</td></tr>
</table>

三、地下水污染物迁移与转化

污染物在地下水中迁移与转化过程是复杂的物理、化学和生物综合作用的结果。地表的污染物在进入含水层时，一般都要经过表土层和下包气带，而表土层和下包气带对污染物不仅有输送和储存功能，而且还有延续或减弱污染的效应。因此，有人称表土层和下包气带为天然的过滤层。实际上是因为一些污染物经过表土层及下包气带时产生了一系列的物理、化学和生物反应，使一些污染物降解为无毒无害的组分；一些污染物由于过滤、吸附和沉淀而被截留在土壤里；还有一些污染物被植物吸收或合成到微生物里，结果使污染物浓度降低，这些都被称为自净作用。但是，污染物在上述迁移过程中，还可能发生与自净作用相反的现象。即有些作用会增加污染物的迁移性能，使其浓度增加，或从一种污染物转化成另一种污染物，如污水中的氨氮，经过表土层及下包气带，在硝化作用下会变为硝酸盐氮，使得硝酸盐氮浓度增高。

第三节　地下水污染评价

进行地下水污染评价，确定其污染范围与浓度，找出主要污染因子，寻找污染源，查明污染原因，可为制定防治地下水污染规划与提出控制污染的措施提供科学依据。

一、地下水污染评价目的和内容

地下水污染评价是指污染源对地下水产生的实际污染效应的评价，其评价目的是论证地下水污染程度，为污染治理提供依据。地下水污染评价是环境科学研究的重要内容，往往是针对一个特定区域进行，以该区域的地下水环境背景值为评价标准，按照一定的评价方法对地下水污染状况进行说明、评定和预测。受污染的地下水水质不一定恶劣，而水质恶劣的地下水也不一定是污染造成的。

地下水污染评价按时间分为现状评价和预测评价两种类型：现状评价是根据近期环境监测资料，对调查区的地下水污染现状的评价；预测评价则是根据调查区经济发展规划，预测该区地下水污染变化情况，据预测结果进行评价。

地下水污染评价工作实际上是一项复杂的系统工程。

（一）准备工作

包括环境水文地质调查：查明条件、污染源、污染途径、影响因素。还有监测及实验，依据精度布设监测孔，获取各种污染组分的测试数据。

（二）系统分析

系统分析的主要内容包括评价因子的选择、评价标准的确定、地下水污染程度分级、系统调控。

1. 评价因子的选择

污染物种类繁多，无须对所有成分都评价。一般根据污染源评价结果，选择分布范围广、对人体健康影响较大的污染物，或选择地下水中接近或超过《地下水质量标准》的主要有害组分作为评价因子。如从人体健康考虑，常选含氮化合物，氰化物，重金属（铅、铬、镉、汞等），有机污染物（酚类、氯代烃、苯系物等）。

2. 评价标准的确定

一般地下水污染评价采用的标准有研究区地下水环境本底值、《地下水质量标准》等。

地下水环境本底值是指未受人类活动影响（或污染）的地下水中各种物质成分的组成含量。由于人类的长期活动，特别是在当今频繁的社会经济活动的影响下，地下水的原始状况早已不复存在。因此，反映地下水物质组成原始状况参数的本底值的实际含义已经改变，人们一般采用地下水环境背景值来表示。

地下水环境背景值是在一个特定区域（相对清洁区）内监测所得到的，是地下水中各种物质组分含量的质量参数的统计平均值。所谓相对清洁区是指受人类活动干扰较少，仍保持较为原始的地下水物质组成特征的地区。目前确定某个区域地下水环境背景值的方法主要有网格法、环境单元法和无污染区采样法。

3. 地下水污染程度分级

根据地下水中有害物质的检出情况将污染程度分为六个等级，见表 4.5。

表 4.5　地下水污染程度等级

级别	名称	特征	分级依据	适用
Ⅰ	未污染	水质感官性状优良，水体自净能力良好，长期饮用无有害影响	多数项目未检出，个别检出值在标准内，达标倍数＜0.5	各种用途

续表

级别	名称	特征	分级依据	适用
Ⅱ	微污染	感官性状无变化或有轻微变化，水体自净能力尚好，长期饮用无有害影响	检出值均在标准内，个别检出值接近标准，达标倍数＞0.5	各类用水
Ⅲ	轻污染	感官性状有轻微变化，有些物质影响水体自净能力，经处理后可饮用	个别检出值超标，超标倍数＜1.5	渔业工业
Ⅳ	中污染	感官性状有明显变化，污染物质影响水体自净能力，长期饮用会引起慢性中毒	两项检出值超标，超标倍数＜2	灌溉
Ⅴ	重污染	感官性状恶化，水体失去自净能力，不能饮用	相当一部分检出值超标，超标倍数＜3	不适用
Ⅵ	严重污染	较Ⅴ级更差	超标倍数＞3	不适用

4.系统调控

根据区域环境目标，制定地下水保护规划，提出污染治理措施，编写地下水污染评价报告书。

二、地下水污染评价方法

选择合理的评价方法或建立评价的数学模型，通过一定的计算对地下水污染程度进行等级划分，并提出地下水污染评价的结论。评价方法包括综合污染指数法、系统聚类分析法、灰色聚类分析法、模糊数学法、人工神经网络分析法、热力学方法等。

综合污染指数依计算方法的不同有多种类型，常用于地下水污染评价的综合污染指数有以下一些类型。

1.叠加型综合污染指数（反映多种污染物的综合污染程度）

叠加型综合污染指数包括简单叠加型和加权叠加型两类。

简单叠加型综合污染指数（适用危害程度较接近的污染物）的计算公式为

$$P=\sum_{i=1}^{n}P_i=\sum_{i=1}^{n}\frac{C_i}{C_{0i}} \tag{4-1}$$

式中，P 为综合污染指数；n 为参加评价污染物的个数；P_i 为第 i 种污染物在地下水中的实测浓度与评价标准的允许值之比；C_i、C_{0i} 分别为污染物 i 的实测浓度和评价标准。

由于地下水中不同污染物所引起的危害作用不相同，上述简单叠加型综合污染指数表示污染程度很不合理，它掩盖了含量虽少但危害大的物质的作用的实质。为了反映污染物的危害差别，有人提出采用加权的方法来求和，危害小的给予轻权，危害大的给予加重权。加权叠加型综合污染指数的计算公式为

$$P=\sum_{i=1}^{n}W_iP_i=\sum_{i=1}^{n}W_i\frac{C_i}{C_{0i}} \tag{4-2}$$

式中，W_i 为第 i 种污染物的权重。

2.均值型综合污染指数(解决评价因子数不同的问题)

由于所选择的评价因子数的不同，叠加型综合污染指数计算结果差异较大，为避免这个问题，可选用均值型综合污染指数。

(1)均权平均型综合污染指数的计算公式为

$$P=\frac{1}{n}\sum_{i=1}^{n}P_i=\frac{1}{n}\sum_{i=1}^{n}\frac{C_i}{C_{0i}} \tag{4-3}$$

(2)加权平均型综合污染指数的计算公式为

$$P=\frac{1}{n}\sum_{i=1}^{n}W_iP_i=\frac{1}{n}\sum_{i=1}^{n}W_i\frac{C_i}{C_{0i}} \tag{4-4}$$

3.极值型综合污染指数(解决个别污染物超标过高的情况)

在计算综合污染指数时，往往某种污染物超标倍数很高，而其他若干污染物都不超标，平均状况也不超标，但实际上某种污染物超标就会造成对环境的危害。极值型综合污染指数包括内梅罗综合污染指数、几何平均型综合污染指数等，其特点是既考虑了污染物的平均浓度，又兼顾了浓度最大的污染物对地下水污染的影响。

(1)内梅罗综合污染指数的计算公式为

$$P=\sqrt{\frac{[(P_i)_{\max}]^2+\left(\frac{1}{n}\sum_{i=1}^{n}P_i\right)^2}{2}} \tag{4-5}$$

式中，$(P_i)_{\max}$为各项污染指标中污染指数的最大值。

(2)几何平均型综合污染指数的计算公式为

$$P=(P_i)_{\max}\cdot\frac{1}{n}\sum_{i=1}^{n}P_i \tag{4-6}$$

综合污染指数反映地下水的污染程度，综合污染指数越大，说明地下水污染程度越严重。各综合污染指数具体的指标分级界限视研究区地下水中污染物的类型、浓度等确定。

第四节 地下水环境修复技术与水安全保障

一、概述

地下水环境修复技术是近年来环境工程和水文地质学科发展最为迅猛的领域之一。地下水环境修复技术大致可分为两类：一为分离、活化和提取技术；二为生物和化学反应技术。对包气带这种三相介质而言，经常很难区分地下水和土壤污染治理，因此，有些技术如植物修复是针对土壤的，但同时也达到修复包气带水环境的目的，故也一并列入各相关的具体技术的关键内容。

不同的修复技术对于不同介质和污染物适用性是不同的(表 4.6)。在确定采用哪种技术时，要充分考虑介质和污染物的特性。在这些技术中，由于成本和工程影响范围等因素的影响，地下水环境的原位修复是主流技术，异位修复(焚烧、置换、部分热解析技术等)方法主要针对包气带污染治理，很少推广应用。抽出-处理技术是介于原位修复和异位修复之间的方法。本节着重论述抽出-处理技术、反应性渗透墙技术(被动-反应屏障)、原位化学氧化技术等高效、实用技术。

表 4.6 治理不同污染介质的技术类型

范围	分离、活化和提取技术	生物和化学反应技术
包气带	土壤气体抽提 热增强土壤气体抽提 表面活性剂或共溶剂土壤冲洗 (电动力学系统)	生物通气
饱水带	抽出-处理技术 喷射：空气和蒸汽 (电动力学系统) 两相回收 (表面活性剂或共溶剂土壤冲洗)	工程化原位生物修复 内在生物修复 生物喷气 (化学氧化/还原) 被动-反应屏障 利用铁反应 利用有机物或微生物反应 (增强吸附能力、添加营养物质)
饱水带中高浓度污染的补给区	非水相液体回收 两相回收 (表面活性剂或共溶剂土壤冲洗) 喷射：空气和蒸汽	生物通气 生物喷气 (化学氧化/还原) 工程化原位生物修复 内在生物修复

注：括号中的方法是经济上不可行的方法。

地下水环境修复技术与内在生物修复在使用过程中，有一个值得重视的共同点，即必须建立监测系统，以确认修复工程（或内在生物修复系统）的长效运行。此外，许多原位修复技术都需要添加各种反应物。表4.7列举了添加氧化剂或还原剂导致可能的地球化学变化。在任何情况下，为保证修复系统达到设计要求，对含水层的性质、地球化学过程的可逆性（如扩散、pH值变化等）、污染物的分布和流量进行更详细的评价、监测是非常重要的。

表4.7　向被修复含水层中添加氧化剂或还原剂后潜在的地球化学变化

试剂		地球化学变化
氧化剂	(1)空气，O_2	(1)还原态Fe和Mn溶解，pH值变化，金属活化
	(2)ORC	(2)还原态Fe和Mn溶解，pH值变化，金属活化
	(3)H_2O_2	(3)还原态Fe和Mn溶解，微生物死亡，溶解氧增加
	(4)$KMnO_4$	(4)还原态Fe和Mn溶解，微生物死亡，MnO_2、Mn^{4+}、Mn^{2+}的产生，还原态的金属或金属化合物的氧化
还原剂	(1)微生物基质（如醋酸、乳酸、乙醇、乳清、糖蜜、豆油、混合堆肥、木屑等）	(1)溶解性有机物浓度和碱性增加，Fe和Mn的溶解增加，可能产生甲烷，气味/臭味问题，氧化态的金属或金属化合物的还原
	(2)FeO	(2)氧化态的金属[如Cr(Ⅳ)]
	(3)MRC，连二亚硫酸盐	(3)氧化态的金属或金属化合物的还原，SO_4^{2-}浓度增加

注：ORC为释放氧的化合物；MRC为金属还原化合物。

二、抽出-处理技术

抽出-处理技术是最早使用、应用最广的经典方法。该方法基于理论上非常简单的概念：从污染场地抽出被污染的水，并用洁净的水置换；对抽出的水加以处理，污染物最终可以被去除。

图4.2显示出了一个经典的抽出-处理系统：被污染的地下水被一系列抽水井抽到地表，进入水处理厂或排入纳污水体。为了提高处理效果，已经发展了多种注水-抽水联合技术，有时还向地下注入表面活性剂、蒸汽或其他物质。

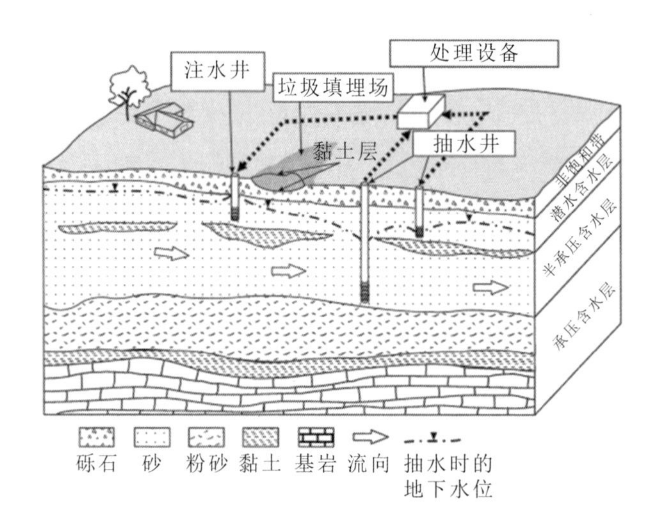

图 4.2　垃圾填埋场附近运行的抽出-处理系统示意图

必须把对抽出-处理系统的监测作为修复措施整体必不可少的组成部分。必须在系统的运营期内，监测系统的运行状态。监测指标包括水力传导系数的变化，污染物的物理化学特性和浓度的变化。对系统的监测有助于判断是否有反应发生，并在系统完全失效之前将系统恢复到初始状态。

目前已有的水处理技术均可应用到受污染地下水的处理当中，只是受污染地下水具有水量大、污染物浓度较低等特点，所以在选用处理方法时应根据受污染地下水的特点进行适当的选取和改进。

处理方法可根据污染物的类型和处理费用来选用，大致可分为三类。

(1)物理法，包括吸附法、重力分离法、过滤法、膜分离法、吹脱法等。

(2)化学法，包括化学氧化法、混凝沉淀法、离子交换法、中和沉淀法等。

(3)生物法，包括生物接触氧化法、生物滤池法等。

处理后地下水的去向有两个，一个是直接使用，另一个则是用于回灌。后者为主要去向，一方面回灌可稀释受污染地下水，冲洗含水层；另一方面还可加速地下水的循环流动，从而缩短地下水的修复时间。

(一)物理法

1. 吸附法

吸附法是指利用物质强大的吸附性能来去除地下水中污染物的技术。活性炭(AC)吸附是目前利用微孔吸附原理，去除有机污染应用最为广泛的方法之一。早在 19 世纪 60 年代，伦敦就开始利用动物炭去除饮用水的色度和气味；20 世纪 20—30 年代，粉末活性炭用于食品和饮料工业生产超纯水。1966

年，美国马萨诸塞州建立了第一座砂滤-粉末活性炭串联过滤设备，将颗粒活性炭运用于饮用水污染处理系统中。

吸附法对进水的预处理要求高，吸附剂的价格昂贵，因此在处理受污染地下水时，吸附法主要用来去除受污染地下水中的微量污染物，达到深度净化的目的，如受污染地下水中少量重金属离子的去除，少量有害生物的去除和难降解有机物的去除、脱色、除臭等。

吸附的操作方式分为间歇式和连续式。

间歇式吸附是将受污染地下水和吸附剂放在吸附池内搅拌 30min 左右，然后静置沉淀，排出澄清液。间歇式吸附主要用于少量受污染地下水的处理和实验研究，在生产上一般要用两个吸附池交替工作。在一般情况下，都采用连续式吸附。

连续式吸附可以采用固定床、移动床和流化床。固定床连续式吸附是受污染地下水处理中最常使用的，吸附剂固定填放在吸附柱（或塔）中，所以叫固定床。移动床连续式吸附是在操作过程中定期地将接近饱和的一部分吸附剂从吸附柱中排出，同时将等量的新鲜吸附剂加入吸附柱中。流化床连续式吸附是指吸附剂在吸附柱内处于膨胀状态，悬浮于由下而上的水流中。由于移动床连续式吸附和流化床连续式吸附的操作较复杂，在受污染地下水处理中较少使用。

2.重力分离法

重力分离法是利用污染颗粒的重力与水的浮力之差来进行分离的技术。当悬浮物的相对密度大于 1 时，则下沉。重力分离法是简单易行、成本低廉的处理受污染地下水的有效方法之一，主要作为预处理手段。

根据水流方向，沉淀池可分为平流式沉淀池、竖流式沉淀池、辐流式沉淀池和斜管（板）式沉淀池四种，见图 4.3。

平流式沉淀池的受污染地下水从池一端流入，按水平方向在池内流动，从另一端溢出，池呈长方形，在进口处的底部设污泥斗。竖流式沉淀池的表面多为圆形，但也有呈方形或多角形的，受污染地下水从池中央下部进入，由下向上流动，澄清液从池面和池边溢出。辐流式沉淀池的表面呈圆形，受污染地下水从池中心进入，澄清液从池周溢出，在池内受污染地下水呈水平方向流动，但流速是变化的。斜管（板）式沉淀池依据“浅层理论”而设计的，在普通沉淀池中加了斜管（或斜板）以后，与原池相比由于湿周增大，水力半径减小，所以雷诺数可以降低到 100 以下，属于比较理想的层流状态，从而为沉淀创造了有利条件，处理效率较普通沉淀池高 2～4 倍。

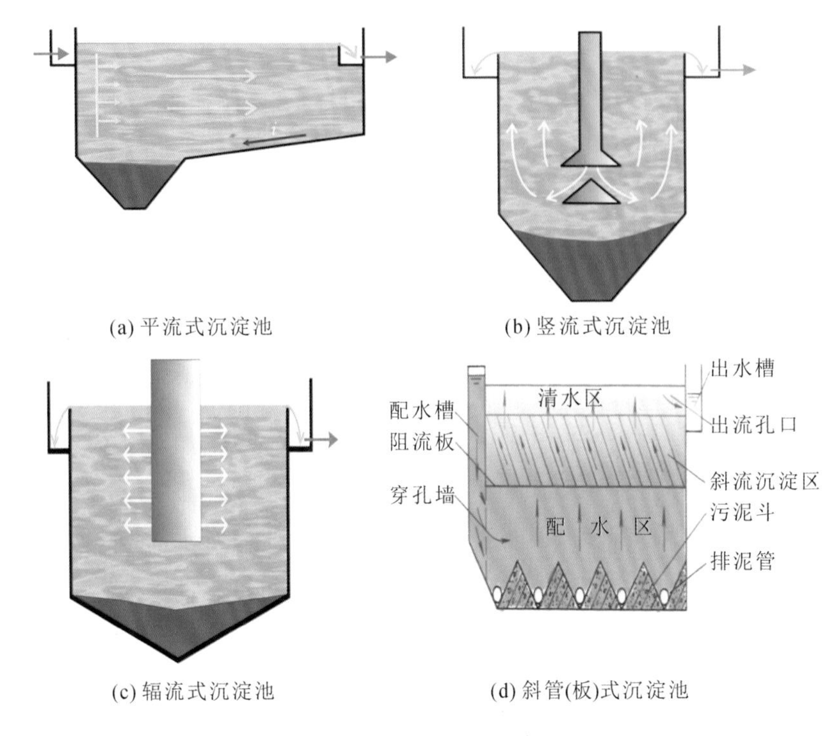

(a) 平流式沉淀池　(b) 竖流式沉淀池

(c) 辐流式沉淀池　(d) 斜管(板)式沉淀池

图 4.3　各种沉淀池示意图

3. 过滤法

过滤法是选择和利用多孔的过滤介质(或称滤料截面)使水中的杂质得以分离的固液分离过程。它通常与混凝、澄清或沉淀技术结合使用,这样不仅能有效地降低水的浊度,而且对去除水中某些细菌、病毒和有机物也有一定的效果,因此在受污染地下水处理中,过滤常常作为预处理过程。

受污染地下水处理过程中,早期的石英砂、无烟煤等天然滤料被广泛选用,但由于其比表面积小、空隙率小,截污能力受到限制。20 世纪 70 年代以来,国内外开始进行新型人工滤料的研究,主要是采用均匀滤料和新型材料,先后出现了陶粒滤料、泡沫塑料滤料和纤维滤料等。

4. 膜分离法

膜分离法是利用特殊的薄膜对液体中的成分进行选择性分离的技术。膜分离法包括扩散渗析、电渗析、反渗透、超滤、液膜渗析、隔膜电解等分离枝术。在受污染地下水处理中主要应用的三种膜分离法是电渗析、反渗透和超滤。电渗析和反渗透现在被大规模地用于水的除盐。电渗析已被证明是微咸水淡化的成熟工艺,也找到了反渗透在微咸水淡化方面的应用。反渗透既能去除离子物质又能去除许多有机化合物。超滤不能去除相对分子质量低的盐类,但能从水中去除大分子物质。

根据膜的种类及其功能和推动力的不同,几种膜分离法的特征及其区别列于表4.8。

表4.8 几种膜分离法的特征及其区别

分离过程	膜名称	膜功能	推动力	适用范围
扩散渗析	渗析膜	离子选择透过	浓度梯度	分离离子态溶质
电渗析	离子交换膜	离子选择透过	电位梯度	分离质量浓度为1000～5000mg/L的小分子态溶质
反渗透	反渗透膜	分子选择透过	压力梯度	分离质量浓度为1000～5000mg/L的小分子态溶质
超滤	超滤膜	分子选择透过	压力梯度	分离相对分子质量大于500的大分子溶质
液膜渗析	液膜	促进迁移	浓度梯度	分离离子态溶质和分子态溶质
隔膜电解	离子交换膜	离子选择透过	电能	分离离子态溶质

膜分离法有许多共同的特点,其中重要的一点是被处理的溶液没有物相的变化,因而能量转化的效率高,大多不消耗化学药剂,可在一般温度下操作,不消耗热能。

膜分离法是新兴的高分离、浓缩、提纯、净化技术,是用天然或人工合成高分子薄膜作介质,以外界能量或化学位差为推动力,对双组分或多组分溶液进行过滤分离、提纯和富集的物理处理方法。

5.吹脱法

吹脱法早期应用于去除水中溶解的CO_2、H_2S、NH_3等气体,同时增加水中的溶解氧来氧化水中的金属。在20世纪70年代中期,这种方法开始用于受低浓度挥发性有机物污染的水处理,但该法把水中的有机物转移到空气中,需要底气处理装置,增加了处理成本,否则又会造成新的污染。利用空气吹脱的方法,能对水中的三氯乙苯、氯苯、1,3-二氯苯有很好的去除效果,去除率为30％～85％,去除效果随着温度的升高越来越好。

吹脱法是利用水中溶解化合物的实际浓度与平衡浓度之间的差异,将挥发性组分不断由液相扩散到气相中,达到去除挥发性有机物的目的。吹脱法具有费用低、操作简单的优点,但对难挥发的有机物去除效果差。对于含有可挥发性化合物的污染地下水,用填料塔进行曝气吹脱是一种行之有效的方法。

（二）化学法

1. 化学氧化法

化学氧化法被广泛地应用于去除地下水污染物，在地下水处理中比其他方法有更大的优点。近年来，化学氧化法的改进使得这种方法在地下水处理中应用得越来越广泛。其中三种化学氧化物质（即 Cl_2、O_3、H_2O_2）在工业和地下水处理方面被广泛地应用，还有氧气用于去除地下水中的铁和锰。氯气氧化虽然成本较低，但是会产生“三致”副产物。其他化学氧化法虽然降解有机污染物的能力较强，但又存在成本过高的问题。光氧化催化是以 n 型半导体为敏化剂的一种光敏化氧化。光敏化氧化的突出特点是氧化能力极强，能将地下水中难降解的有机污染物氧化去除。

2. 混凝沉淀法

水体中存在的各种悬浮杂质和呈溶胶状态的胶体颗粒，由于布朗运动和静电排斥力的作用而呈现相对的沉降稳定性和聚合稳定性，为使胶体脱稳或混凝，一般可通过加热、冷冻、异电荷胶体中和产生共沉淀以及投加电解质四种途径实现。悬浮颗粒物特别是胶体颗粒的存在，对水的环境行为和应用性质产生较大的负面影响，去除水中的悬浮颗粒物就成为水处理的一项最基本的任务。在受污染地下水处理中，为满足用水水质和环境排放的要求，一般在预处理中采用混凝沉淀法，即向水中投加混凝剂或絮凝剂以破坏溶胶的稳定性，使水中的胶体和悬浮颗粒物絮凝成较大的絮凝体，以便从水中分离出来，达到水质净化的目的。混凝处理实际上包括凝聚和絮凝两种胶体颗粒物的聚集过程，是一种较为经典的水处理工艺，应用十分普遍。

3. 离子交换法

离子交换法是利用固相离子交换剂功能基团所带的可交换离子，与接触交换剂的溶液中相同电性的离子进行交换反应，以达到离子的置换、分离、去除、浓缩等目的。按照所交换离子带电的性质，离子交换反应可分为阳离子交换和阴离子交换两种类型。

从 20 世纪 50 年代将离子交换树脂用于处理残留工业污水开始，目前其已被广泛地用于各个领域，如制备纯水，处理受污染地下水，维生素的提取，氨基酸、抗生素的提取与精制，等等。

离子交换通常是在交换柱中进行，其典型的固定床离子交换工艺流程大致可分为四个工序。

交换：受污染地下水自上而下顺流地通过树脂层，处理后的水从柱底部排出。

反洗：当树脂交换容量达到控制终点时，在再生前自下而上逆向进水反洗，去除树脂层中的气泡和杂质，同时疏松树脂，以利再生。

再生：通入再生剂顺向（或逆向）进液，进行树脂的再生处理，使树脂恢复再生能力。

淋洗：通入清水顺向（或逆向）进水，将树脂层内残余再生液洗净。

交换工序即如此反复进行。

4. 中和沉淀法

中和沉淀法是用易溶的化学药剂（可称沉淀剂）使溶液中的某种离子以它的一种难溶盐或难溶氢氧化物形式从溶液中析出。受污染地下水处理中，常用中和沉淀法去除水中的有害离子，阳离子如 Fe^{2+}、Mn^{2+}、Hg^{2+}、Cd^{2+}、Pb^{2+}、Cu^{2+}、Zn^{2+}、Cr^{3+}，阴离子如 $SO_4{}^{2-}$、$PO_4{}^{3-}$。

难溶盐和难溶氢氧化物在溶液中的离子的浓度之积（称为溶度积 K_S）是常数。表 4.9 为溶度积的一个简表，包括了上述各种离子的难溶盐或难溶氢氧化物。当能结合成难溶盐的两种离子的浓度之积超过盐的溶度积时，盐将析出，而这两种离子的浓度将下降，需要去除的离子就与水分离。例如水中的 Zn^{2+} 浓度 $c(Zn^{2+})$ 需要降低，可投加 Na_2S，S^{2-} 的浓度为 $c(S^{2-})$；若 $c(Zn^{2+})\cdot c(S^{2-})$ 数值超过 ZnS 的 $Ks(1.2\times10^{-23})$，则 ZnS 从水中析出，Zn^{2+} 的浓度降低。由此可见，因上述各离子都有难溶盐或难溶氢氧化物，它们都能用中和沉淀法从受污染地下水中去除。

表 4.9　溶度积简表

化合物	溶度积	化合物	溶度积
$Al(OH)_3$	11.1×10^{-15} (18℃)	$BaCO_3$	7×10^{-9} (16℃)
$AlPO_4$	6.3×10^{-19} (18℃)	$BaCrO_4$	1.6×10^{-10} (18℃)
AgBr	4.1×10^{-13} (18℃)	$BaSO_4$	0.87×10^{-10} (18℃)
AgCl	1.56×10^{-10} (25℃)	$CaCO_3$	0.99×10^{-8} (15℃)
Ag_2CO_3	6.15×10^{-12} (25℃)	$CaSO_4$	2.45×10^{-5} (25℃)
Ag_2CrO_4	1.2×10^{-12} (25℃)	CdS	3.6×10^{-29} (18℃)

续表

化合物	溶度积	化合物	溶度积
Ag_2S	1.6×10^{-49} (18℃)	$Cr(OH)_3$	6.3×10^{-31} (18℃)
CuB_r	4.15×10^{-8} (18～20℃)	MgF_2	7.1×10^{-9} (18℃)
$CuCl_2$	1.02×10^{-6} (18～20℃)	$Mg(OH)_2$	1.2×10^{-11} (18℃)
CuS	8.5×10^{-45} (18℃)	$Mn(OH)_2$	4×10^{-14} (18℃)
Cu_2S	2×10^{-47} (16～18℃)	MnS	1.4×10^{-15} (18℃)
$Fe(OH)_2$	1.64×10^{-14} (18℃)	$PbCO_3$	3.3×10^{-14} (18℃)
$Fe(OH)_3$	1.1×10^{-36} (18℃)	$PbCrO_4$	1.77×10^{-14} (18℃)
FeS	3.7×10^{-19} (18℃)	PbF_2	3.2×10^{-8} (18℃)
Hg_2Br_2	1.3×10^{-21} (25℃)	PbI_2	7.47×10^{-9} (15℃)
$HgCl_2$	2×10^{-18} (25℃)	PbS	3.4×10^{-28} (18℃)
Hg_2I_2	1.2×10^{-28} (25℃)	$PbSO_4$	1.06×10^{-5} (18℃)
HgS	4×10^{-53}～2×10^{-49} (18℃)	$Zn(OH)_2$	1.8×10^{-14} (18～20℃)
$MgCO_3$	2.6×10^{-5} (12℃)	ZnS	1.2×10^{-23} (18℃)

（三）生物法

生物法是将受污染地下水从含水层中抽出来，通过微生物的代谢作用，将地下水中有机物的一部分转化为微生物的细胞物质，另一部分转化为比较稳定的化学物质（无机物或简单有机物，如 CO_2、H_2O、CH_4 等）的方法。不论何种生物处理系统，都包括三个基本要素，即作用者、作用对象和环境条件。

生物处理的主要作用者是微生物，特别是其中的细菌。根据生化反应中氧气的需求与否，可把细菌分为好氧菌、兼性厌氧菌和厌氧菌。主要依赖好氧菌和兼性厌氧菌的生化作用来完成处理过程的工艺，称为好氧生物处理法；主要依赖厌氧菌和兼性厌氧菌的生化作用来完成处理过程的工艺，称为厌氧生物处理法。

在绝大多数情况下，生物处理的主要作用对象（即作为微生物营养基质的化学物质）为可发生生化反应的有机物；仅在个别情况下，生物处理的主要作用对象可以是无机物（如好氧条件下进行的硝化处理的对象是氨，厌氧条件下进行的反硝化处理的对象是硝酸盐）。生物法被广泛地应用于饮用水的处理，能去除水中的可生物降解有机物、合成有机物、氨、硝酸盐、铁和锰等污染物。特别是对于地下水中最常见的卤代碳氢化合物，用常规的吹脱法和吸附法，去除效果不太理想，而生物法被认为是一种有效、低价的地下水净化方法。

生物处理需要提供众多的环境条件，但从处理方法的分类角度看，最基本的环境条件当属氧的存在或供应与否。好氧生物处理必须充分供应微生物生化反应所必需的溶解氧；而厌氧生物处理则全程必须隔绝与氧的接触。由于受氧的传递速率的限制，微生物进行好氧生物处理时有机物浓度不能太高。

由于在低营养条件下生存的贫营养微生物通常是以生物膜的形式存在的，所以受污染地下水的生物处理法主要是生物膜法。

生物膜法主要用于从受污染地下水中去除溶解性有机污染物，是一种被广泛采用的生物处理法。生物膜法的主要优点是对水质、水量变化的适应性较强。生物膜法的主要设施是生物接触氧化池、生物滤池、生物转盘和生物流化床等。

目前，研究和应用得最多的是生物接触氧化池和生物滤池。填料是该工艺的核心，主要有蜂窝状填料、软性填料、半软性填料和弹性立体填料。该法处理负荷高，处理效果稳定，易于维护管理，而且处理构筑物结构和形式要求低，附属设施少，土建投资少，运行费用低。

三、反应性渗透墙技术

早在1982年，美国就提出采用可渗透反应墙处理污染水中的污染组分的想法，目前，在欧美等国家和地区，已进行了大量该方法的工程研究及试验研究，并已开始商业应用。

可渗透反应墙是一个被动的反应材料的原位处理区，因此该方法也称为被动处理墙法。首先在污染源的下游开挖沟槽，然后填充反应介质，与流经的污染地下水进行反应，这些反应材料能够降解和滞留流经该墙体地下水的污染组分，从而达到治理污染组分的目的。实际上，污染组分是通过天然或人工的水力梯度被运送到精心放置的处理介质中，经过介质的降解、吸附、淋滤，去除溶解的有机质、金属、放射性以及其他污染物质。墙体可能包含一些反应物用于降解挥发的有机质，螯合剂用于滞留重金属，营养及氧气用于提高微生物的生物降解作用，以及其他组分。

典型的可渗透反应墙系统的剖面图，即反应性渗透墙的横断面示意图如图4.4所示，从污染源释放出来的污染物质在向下游渗流的过程中，溶解于水形成一个地下水污染晕。这种地下水污染晕流经反应墙，通过与墙体中的活性材料发生物理、化学及生物作用而得以去除。

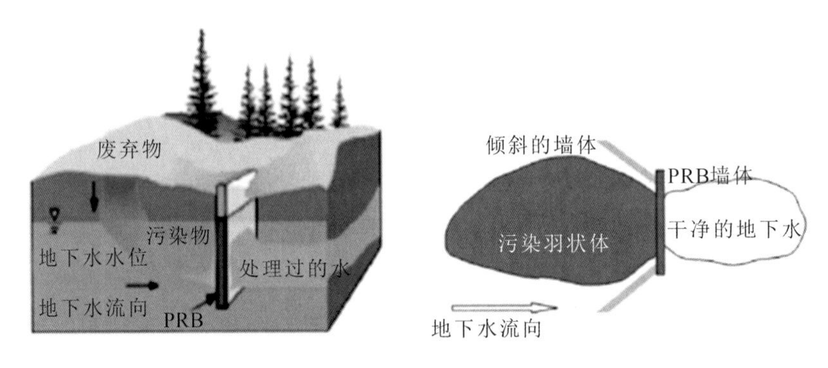

图4.4 反应性渗透墙的横断面示意图

反应性渗透墙技术是一种原位处理技术。含反应物的渗透墙横断于污染物羽状流束的流径上。当被污染的水流经墙体，污染物或被去除，或被降解，污染被清除后的水向下游流动。反应性渗透墙在修复期间运行成本很低，尽管这一方法既简单又有显著的修复效果，但安装方法和如何获得填充墙内的合适的反应物，在技术上仍具挑战性。

原位修复，尤其是反应墙通常需要大量的反应物，因此反应物的成本和耐用性成为主要的制约因素。频繁更换反应物实质上会增加操作和维护成本。经常添加营养物质或试图改变天然地下水地球化学条件也不是理想的选择。原位修复系统的成本一般较高，为了使其更具竞争力，操作和维护成本必须低。因此，这种修复系统应该是被动的。

反应性渗透墙技术需要的前期投资很高，其效益来自长期操作和维护成本大量降低。因此该技术的实施需要顾客坚信反应性渗透墙技术确实会带来效益。遗憾的是，这项技术虽然产生效益的可能性很大，但对其长期性能的预测困难却很大。如何提供对长期性能有说服力的证据可能成为实施上的主要困难。

不管怎样，反应性渗透墙技术与抽出-处理技术相比有很多潜在的优势。特别是它们通常是被动或半被动的，这将极大降低操作和维护成本，而且不需要很多地上的处理工作。与抽出-处理技术相比，通过对墙内材料的适当替换，反应性渗透墙技术对未受污染水体的影响较小。因此，对水资源的保护作用是它的又一优势。

四、原位化学氧化技术

原位化学氧化技术需要引入一种化学氧化剂到地下，将地下水或土壤污染物转化为危害较小的化学物质。原位化学氧化技术所用的氧化剂中，最常用的有 4 种：高锰酸盐，过氧化氢和铁（芬顿法或过氧化氢法），过硫酸盐，臭氧。氧化剂的种类和物理形态表现出了一般材料的处理和注入的要求。

有些氧化剂比其他氧化剂强，常用的计算方法是以氯作为参照计算出所有氧化剂的相对强度。表 4.10 列出了常见氧化剂的相对强度。所列氧化剂有足够的氧化能力修复大多数有机污染物。标准氧化电位是一个非常有用的氧化剂强度的一般性参考指标，但并未显示在实地条件下如何执行。在决定一种氧化剂是否会在实地与特定污染物发生反应时，以下四大因素起重要作用：动力学，热力学，化学计算学，氧化剂的输运。从微观上来看，动力学或反应速率也许最重要。氧化反应速率取决于许多必须同时考虑的变量，包括温度、pH 值、反应物的浓度、催化剂、反应副产物和系统杂质，如天然有机物（NOM）和氧化剂清除剂（ITRC）。

表 4.10　常见氧化剂的相对强度

化学物种类	标准氧化电位（V）	相对强度（氯＝1）
羟基	2.8	2
硫酸根	2.5	1.8
臭氧	2.1	1.5
过硫酸钠	2	1.5
过氧化氢	1.8	1.3
高锰酸盐	1.7	1.2
氯	1.4	1
氧	1.2	0.9
超氧阴离子	－2.4	－1.8

采用原位化学氧化技术进行地下水污染修复需要将氧化剂和潜在改良剂直接注入污染源区及其下游的污染带。化学氧化剂与污染物发生反应，产生无害物质，如二氧化碳、水和无机氯化物等。但是，要产生这些最终产物可能需要许多化学反应步骤，有些反应中间体，如多环芳烃和有机氯农药，此时还不能完全识别。好在大多数情况下如果氧化剂的应用剂量充足，反应就能够进行到底，并很快形成最终产物。需要采用原位化学氧化技术处理的污染物包括苯系物（单环芳烃苯、甲苯、乙苯和二甲苯），甲基叔丁基醚，总石油烃，氯化溶剂（乙烯和乙烷），多环芳烃，多氯联苯，氯化苯，酚类，有机杀虫剂（杀虫剂和除草剂），军火成分（三硝基甲苯等）。

采用原位化学氧化技术较其他常规处理技术有两个主要优点：一是通常不会产生大量的废料；二是可以在较短时间内实施处理。这两个优点往往能够节省材料，减少检测和维护费用。但应该注意的是，化学氧化往往需要多种应用。非水相液体在特殊情况下，水溶液中的氧化剂只能与溶解相中的污染物发生反应，因为二者不相混。此特性限制了二者对氧化剂溶液/非水相液体界面的活性。不过，因为所有氧化剂均为非选择性的，所以也可以氧化土壤中的天然有机物。吸附于土壤基质中天然有机物的有机污染物，可以在天然有机物被注入氧化剂氧化时被释放出来。

原位化学氧化技术也存在局限性。有些情况下应用原位化学氧化技术难以有效降解污染物。也可能由于所需氧化剂的总量较大，难以经济有效地应用于场地的原位化学氧化修复。在评价原位化学氧化技术是否适于作为修复措施时，必须收集和复核场地特定的信息，包括原位化学氧化技术对特定污染物、浓度范围和水文地质条件的适用性。也许原位化学氧化应用中最具挑战的技术是将氧化剂输送到被污染物占据的低渗透性多孔介质中，包括松散沉积岩层的黏性及粉质透镜体和层面，以及固结岩层的岩石基质。为了降解扩散到低渗透多孔介质中的污染物，氧化剂必须具有持久性且有较长的停留时间，否则原位化学氧化在低渗透多孔介质中的应用在多数情况下都不可行。

五、地下水安全与保障

（一）地下水安全的存在问题

水是生命之源、生产之要、生态之基，人多水少、水资源分布不均是我国的基本国情和水情。当前我国水资源面临的形势十分严峻，水资源短缺、水污染严重、水生态环境恶化等问题日益突出，已成为制约经济社会可持续发展的主要瓶颈。

近年来,我国水安全状况得到很大改善,但依然存在下列突出问题。

1.我国即将面临用水紧张的局面,京津冀地区水资源极度短缺,地下水超采严重

根据《世界水资源开发报告》,中国每年可更新的水资源量2.8万亿m^3,人均水资源量2259m^3,在全球182个国家和地区中列第128位。但是,依据2010年的《中国水资源公报》和第6次人口普查数据推算,2010年我国实际人均水资源量只有1736m^3。以国际惯用的Falkenmark水紧缺指标评价,我国人均水资源量已经接近1700m^3,即将步入水紧缺国家行列。特别是受气候干旱、人口增长和水资源分布不均等因素的影响,华北、东北和长江中下游地区几乎所有省份人均水资源量都不足1700m^3,一些省份已不足1000m^3,已经处于水紧缺状态。尤其是华北地区人均水资源量普遍低于500m^3,京津冀地区低于250m^3,处于严重缺水和极度缺水状态。

2.全国地表水质量有所好转,东部人口密集区地下水质量不断恶化,水环境形势严峻

2006—2014年的《中国水资源公报》和《中国国土资源公报》,对比分析了地表水(河水)质量和地下水质量的变化趋势情况(图4.5)。自2006年至2014年,地表水Ⅰ～Ⅲ类水河段长度占评价总河长的比例从58.3%提高到72.8%;地下水Ⅰ～Ⅲ类水点数占评价总点数的比例从47.5%下降到38.5%。可见,地表水质量总体呈稳中向好的趋势,而地下水质量呈不断恶化的趋势。但据新华网《中国水安全形势调查》的报道,达标率67.9%看似挺高,大多分布在西部人迹罕至的地区,而东部人口密集的地方,水污染依然严重。全国废污水排放量居高不下,一些河流的污染物入河量远远超出其纳污能力。

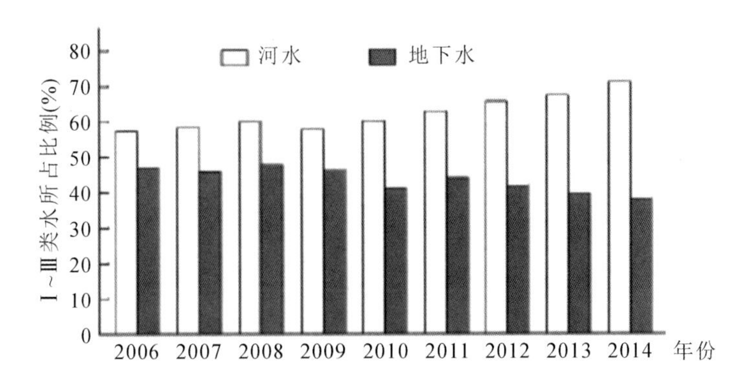

图4.5　河水与地下水水质量变化趋势情况

3.部分城市和地区水源供给结构单一，抵御突发性缺水事件的能力不足

根据《中国城市建设统计年鉴》统计，参与统计的287个城市中，含直辖市、省会城市和部分地级城市，只利用地表水供水的城市有108个，占37.6%；只利用地下水供水的城市有33个，占11.5%；利用地表水地下水联合供水的城市有146个，占50.9%。与欧美等发达国家相比，我国依靠单一地表水源的比例偏高，而单一地表水源，不能有效抵御气候干旱和突发性污染。回顾10多年来我国重要水安全事件，从2005年松花江污染、2007年太湖蓝藻污染、2009—2010年西南地区持续干旱，到2014年4—5月兰州、武汉、靖江三座城市的饮用水源相继出现水质异常，都不同程度地造成停止供水，给当地居民生活造成很大不便。

4.地下水在保障我国供水安全中发挥着重要作用

全国共有各类地下水取水井9749万眼，大中小型地下水水源地1847处，2014年全国地下水供水量1117亿m^3。虽然地下水供水量只占全国总供水量的18.3%，但地下水在保障城乡居民生活用水、支持社会经济发展、维持生态平衡等方面发挥着十分重要的作用。在农业用水中，其中在河北、吉林、内蒙古、甘肃、新疆等省(区)的农业用水中，地下水供水量占70%以上，其中在北京、天津、山西、辽宁、黑龙江、山东、河南等省（市）的农业用水中，地下水供水量占50%以上。在城市用水中，全国有400多座城市开采利用地下水，地下水供水占城市总供水量的30%，华北、西北地区中，地下水供水比例高达72%和66%。在工业用水中，地下水占18.6%，其中江苏、浙江、安徽、湖北、云南、宁夏等省(区)超过30%。

（二）保障水安全的对策与措施

在综合分析国内外有关经验和研究成果的基础上，提出破解我国主要水安全问题，保障国家水安全的战略对策与相关措施。

1.从注重城市生活节水和工业节水向注重全面系统节水转变，以农业节水弥补城镇供水快速增长

如前所述，我国即将面临用水紧张的局面，京津冀地区水资源极度短缺，地下水超采严重。而我国正处在新型城镇化、新型工业化、农业现代化的快速发展时期，仍然处在水资源需求刚性增长期。2014年全国用水总量为6095亿m^3，其中，农业用水占63.5%。全国用水总量控制目标为到2030年控制在7000亿m^3以内。如何解决日益增长的水资源需求与基本固定的水资源供给之间的矛盾？要把节约用水放在首要位置，要强化水资源节约利用、重复利用以

及城市污水、矿坑排水、地下咸水-微咸水等非常规水资源的资源化利用。鉴于农业用水量大，今后要在统筹城市生活节水、工业节水的同时，把农业节水放在更加突出的位置，尤其在北方缺水地区，更要加强农业节水，以农业节水挖潜填补城市供水缺口。农业节水的主要措施包括改大水漫灌为低压管道输水灌溉、喷灌、滴灌、微灌，改传统作物为耐旱作物，减少作物灌溉次数，等等。

2.从注重水资源开发利用向注重水资源涵养保护转变，以水资源涵养保护促进水资源可持续利用

如前所述，全国地表水质量有所好转，东部人口密集区地下水质量不断恶化，水资源形势严峻。如何应对日益严峻的水资源环境形势？必须改变传统的水资源开发利用模式，从注重水资源开发利用向注重水资源涵养保护转变，做到在保护中开发、在开发中保护。不仅要重视已开发利用水资源系统的涵养保护，也要重视未开发水资源系统的统筹规划与涵养保护；不仅要重视已遭受破坏水资源系统的涵养保护，也要重视未遭受破坏水资源系统的涵养保护；不仅要重视地表水资源的涵养保护，也要重视地下水资源的涵养保护。水资源涵养保护的主要措施包括关停污染企业，加强污水处理，削减污染负荷，从源头上切断污染源；实施地表水地下水监测预警，进行污染修复治理；加强植树造林，减少水土流失，涵养地表水源，增加地下水自然补给；实施地下水超采治理，封井减采地下水，人工补给地下水等。

3.从注重地表水供水向注重地下水地表水优化配置转变，以地下水战略储备应对突发性水危机

如前所述，我国部分城市和地区水源供给结构单一，抵御突发性缺水事件的能力不足。这种情况在地表水比较丰沛的南方地区尤为突出，一旦遭遇持续干旱或水污染，必然造成供水危机。如何克服单一地表水供水的不安全因素？必须从注重地表水供水向注重地下水地表水优化配置转变，以地下水战略储备应对突发性水危机。加强地下水战略储备，应以地表水为唯一供水水源的新老城镇和新农村规划建设区为重点，开展地下水后备水源地和应急水源地勘查与建设，形成实实在在的地下水战略储备和应急供水能力，确保在应对突发性缺水事件时能发挥作用。实施水资源优化配置，应充分考虑大气水、地表水、地下水之间的循环转化关系和时空互补关系，注意协调上下游、左右岸、干支流、本地水与跨流域调水，最大限度地发挥地下水、地表水的效用，确保合理开发、持续利用、有效保护。尤其要加强地下水地表水联合调度，雨季多用地表水，旱季合理利用地下水，减少对超采区地下水的开采，使超采区地下水休养生息、恢复

功能。

4. 从注重工程调水向注重虚拟水贸易转变，以虚拟水贸易调节长期水供求关系

除上述措施外，跨流域调水和虚拟水贸易也是解决区域水资源短缺的重要战略措施。跨流域调水工程是缓解水资源短缺、实现水资源合理配置的必要工程，然而，也存在工程投资大，建设工期和回收周期长，大量占用土地和移民搬迁等问题，且往往存在水质恶化和土壤次生盐渍化等潜在风险。虚拟水贸易，即将高耗水农产品和工业产品从水富裕地区（国家）向水短缺地区（国家）流通（进出口），可以克服跨流域调水工程的不足。在国内，可以通过南粮北运等虚拟水贸易，适度减少北方缺水地区小麦、蔬菜等高耗水作物的种植规模，达到减少地下水开采的目的。国际上，我国作为水短缺国家，可以从水富裕国家适度进口高耗水的大米、大豆、小麦、水果等农产品，达到减少我国水资源开发，尤其是减少北方缺水地区地下水开采的目的。最终，通过虚拟水贸易，达到优化工农业布局，调节长期水供求关系。

参考文献

[1]唐克旺，吴玉成，侯杰. 中国地下水资源质量评价（Ⅱ）：地下水水质现状和污染分析[J]. 水资源保护，2006，22(3)：1-8.

[2]王焰心. 地下水污染与防治[M]. 北京：高等教育出版社，2007.

[3]张元禧，束龙仓，陶月赞. 地下水水文学[M]. 北京：中国水利水电出版，2009.

[4]DÖLL P. HOFFMANN-DOBREV H，PORTMANN F T，et al. Impact of water withdrawals from groundwater and surface water on continental water storage variations [J]. Journal of Geodynamics，2012 (59-60)：143-156.

[5]DROST D T，MACADAM J W，DUDLEY L M，et al. Response of bean and broccoli to high-sulfate irrigation water[J]. Horttechnology，1997，7(4)：429-434.

第五章　长三角地区水环境安全

长江三角洲地区简称长三角地区，地处江海交汇之地，长三角地区包括上海、江苏、浙江、安徽三省一市。长三角地区是我国经济最具活力、开放程度最高、创新能力最强、吸纳外来人口最多的区域之一，是“一带一路”与长江经济带的重要交汇地带，在国家现代化建设大局和全方位开放格局中具有举足轻重的地位。

长三角地区属长江中下游平原的一部分，区域内河网纵横，水系密布，主要包括黄浦江、东苕溪、西苕溪、曹娥江、甬江、淮河、大运河、钱塘江以及环太湖水系等流域。长三角地区自然条件优越，区位优势明显；腹地广阔富饶，市场环境良好；交通基础设施及科技、教育都比较发达。截至 2017 年，长江三角洲城市群跻身于六大世界级城市群之一，区域土地总面积21.17万 km^2，约占全国的2.21%；总人口 1.5 亿人，约占全国的 10.98%；GDP 总量约占全国的 20.02%，成了我国经济实力最强劲的区域。

近年来，长三角各地区、各部门认真贯彻党中央、国务院的决策部署，以改善生态环境质量为核心，以加快建设生态文明标志性举措为突破口，全力以赴推进生态环境保护的各项工作，取得积极进展和成效。

改革开放以来，随着社会经济的发展，长三角地区面临着众多的问题。长三角地区面临的问题正是我国经济发展与环境保护相矛盾的体现。国家“一带一路”倡议和长江经济带发展规划的实施，为长三角城市群充分发挥开放优势和区位优势提供了政策保障。生态文明理念和绿色城镇化要求，为推进长三角城市群绿色转型，促进生态环境步入良性循环轨道指明了新路径。

第一节 长三角地区水环境基本情况

长三角地区地处中国东部沿海地区与长江流域的结合部,长三角地区河流水系主要分属淮河、长江、钱塘江三条水系,东南部沿海与舟山群岛为独立入海的甬江水系,总体上具有平原水系与人工河道网络的特征。位于扬州至海安的通扬运河以北属淮河水系,水量丰富,河湖水网密集,从东向西为次一级的高宝湖水系、里下河水系和里下河洼地水系。南京至常熟徐六泾段为长江下游部分,其东为河口段。江北有滁河、通扬运河,以及京杭大运河贯穿南北,江南有秦淮河、锡澄运河、张家港河、望虞河、浏河与黄浦江。钱塘江以桐庐分为中游和下游,中游山区河流建有新安江与富春江水库,下游为感潮河道,有浦阳江与曹娥江。

长三角地区湖泊主要集中于以太湖为中心的水网系统。太湖以西为上游地区,有苕溪等水系,以及洮湖、滆湖、宜兴氿湖;太湖以东为下游地区,有黄浦江水系,以及阳澄湖、澄湖、淀山湖和昆承湖等,可能是太湖退缩过程的残留。此外,尚有南京市的石臼湖、固城湖,扬州市高邮湖、白马湖、邵伯湖,宁波市的东钱湖,以及绍兴市的小湖群。长三角地区河湖水系密布,反映出长三角地区在降水、径流与入海流量间的自然平衡状态。

长三角地区城市群体、工农业与经贸文化水平在全国具有举足轻重的地位。但是,区域的自然环境承载力与经济发展存在着严重的不平衡。人均土地面积约为全国平均水平的1/6,人均耕地面积为全国平均水平的1/2。近年来,长三角地区除长江干流水质略有恶化趋势外,钱塘江流域水质,以及淮河干流和主要支流水质基本保持稳定。东苕溪、西苕溪等山区河流水质状况总体好于黄浦江等集中于平原城市群的河流水体。流经城市地区的河流水质基本维持在Ⅲ～劣Ⅴ类水平,总体劣于山区河流水质一到两个类别水平。总体来看,水质污染多集中于城市地区。局部地区饮用水水质较差,水源地水质安全面临风险。

第二节　长三角地区水环境安全存在的问题

一、人均水资源量少

长三角地区多年平均的当地径流量为 508.4 亿 m^3。其中浙江东北地区约占 70%，江苏部分地区占 26%，上海占 4%左右。地下水也是本区的重要水源，以长江三角洲平原沉积物的孔隙水为主，水质好，含有数层承压含水层。区内多年平均地下水量为 177.71 亿 m^3，其中浙江东北地区为 87.72 亿 m^3，江苏部分地区为 70.66亿 m^3，而上海为 19.33 亿 m^3。长三角地区多年平均的当地水资源量达 573.79亿 m^3，其中上海为 32.07 亿 m^3，江苏部分地区为 76.57 亿 m^3，浙江东北地区为 365.15 亿 m^3。单位面积水资源量丰沛，为 57.6 万 m^3/km^2。

按照 2004 年的人口计算，中国人均水占有量只有 2185m^3，不足世界平均水平的 1/3，是世界上 13 个人均水资源最贫乏的国家之一。长三角地区多年平均的水资源量为 573.79 亿 m^3，人均 425m^3，仅为全国平均水平的 1/5。预计到 2030 年，我国人均水资源量将下降为 1760m^3，接近国际公认的 1700m^3 的严重缺水警戒线。在沿海垦区和岛屿，水资源紧缺矛盾突出。舟山群岛人均水资源量为 582.9m^3，相当于全国平均水平的 1/5。海岛区约有 30 万人的饮水存在不同程度的困难，其中特别困难的有 20 万人，占人口总数的 20.3%。

同时，长三角地区水资源紧缺的形势越来越严峻，主要体现在供需型缺水、利用型缺水和水质型缺水。人口增加，经济发展，生产、生活用水增加，供给不足导致供需型缺水；水资源不合理利用，管理不善，技术落后，利用率低，浪费严重导致利用型缺水；生活、工业、农业废水通过径流造成河流、湖泊、地下水等水体污染导致水质型缺水。随着国家社会经济的发展，缺水矛盾将更加突出，保持水资源的可持续利用是我国社会经济可持续发展必须解决的一个重要战略问题。

随着人口与生产规模的扩大，长三角地区的用水需求不断增大。到 2020 年，长三角地区总用水量比 2010 年增加 15%以上，人口增长对粮食的需求也在不断增加，这意味着占淡水消耗约 70%的农业灌溉用水需求量更多。随着人口城市化进程的不断推进，长三角地区城镇人口数量将迅速增加，据估计，到 2030 年，城镇人口比例将增加约 2/3，从而造成城市用水需求激增。由此可见，将来长三角地区农村和城市用水的供需矛盾将越来越突出。

二、水资源浪费严重

我国是世界上用水最多的国家，同时也是水资源浪费最严重的国家之一。生产同样的粮食，我们比美国多用一倍的水。农业灌溉用水是我国用水的大头，约占总用水量的72%，但真正被有效利用的水只占农业灌溉用水总量的1/3左右，农业灌溉用水有效利用系数低，多半损失在送水过程和漫灌之中。工业上，我国万元产值的耗水量是225m^3，发达国家却仅为100m^3左右。另外，城市生活用水的数量虽远远低于农业用水量和工业用水量，但生活用水中人们对水资源的毫不吝惜和肆无忌惮的浪费却与前二者相差不大。

世界上因管道和渠沟泄漏以及非法连接等，有30%～40%的水被白白地浪费掉。我国仅供水管网泄漏损失就达到20%以上，生活用水浪费现象也十分普遍。而长三角地区人口的剧增大大加快了生活用水的浪费，水资源总量将无法支撑现有用水模式的持续扩张。

三、水污染严重

长三角地区经过40多年的城镇化和工业化，经济和社会取得了长足的发展，但在一定程度上造成了生态系统超负荷运转和环境牺牲。尤其是久居不下的废水排放和源多面广的非点源污染，导致长三角地区河湖水系、近海水域普遍受到污染，水环境不断恶化，水生态严重退化。

长三角地区湖泊水库富营养化特征明显，湖库均存在不同程度的富营养化，营养状态为轻度富营养到中度富营养之间。由于区内湖泊所接纳的废水、污水量逐年增加，营养盐含量也逐渐上升，浮游植物的生物量有了较大幅度的提高。其发生时间主要集中在4—10月，局部水域2—3月就出现。春季和夏季以蓝藻、硅藻占优势，秋季则以蓝藻占绝对优势。

大量的工业废水和生活污水，以及含有化肥等的农业灌溉排水，通过各种途径注入海洋，使得浅海营养盐不断增加，造成一些海域富营养化，赤潮频频发生。据2017年的《中国生态环境状况公报》，长江口、杭州湾和珠江口水质极差。数据显示，浙江省近岸海域水体总体呈中度富营养化状态。近岸海域中，Ⅰ、Ⅱ类海水占32.1%，与上年同比下降5.6个百分点；Ⅲ类海水占16.8%，同比上升5.6个百分点；Ⅳ类和劣Ⅳ类海水占51.1%，比例持平。近年来，长江口海域海水水质主要超标物均为无机氮和活性磷酸盐。

四、地下水污染严重

长三角地区的地下水污染已经影响了生活用水的水源地，危害人们健康，导致水质型缺水。长三角地区地下水开发历史悠久，大部分地区浅层地下水(主要指潜水)普遍遭受不同程度的污染。其中经济发达、工业密集的城市及乡镇受污染最为严重，远离城市工厂、径流条件好的地区水质相对较好，污染程度较轻。

江苏省地下水主要有盐污染(总硬度、氯化物和溶解性总固体的污染)和氮污染(硝酸盐氮、亚硝酸盐氮、氨氮的污染)。盐污染的污染源是城市生活废水和垃圾，主要分布在苏州、无锡、吴江、南通等城市，表现在总硬度、氯化物、溶解性总固体等的含量逐年增加，超标现象严重。氮污染在全省广泛分布，以苏锡常地区、南通市区、姜堰市区最为严重。污染来源于化肥、农家肥、生活污水和土壤中的有机氮。“三氮”污染超标强度逐年增加，在太湖、里下河地区以及沿海等已受污染的地表水附近，排污严重的城镇，以及地势低洼的地带尤为严重。

浙江省平原区孔隙承压水总硬度、氯化物、COD等组分基本稳定，但杭嘉湖平原Ⅱ、Ⅲ组孔隙承压水总硬度年均分别增高6.4mg/L、4.5mg/L，氯化物年均增高0.3mg/L。杭州市郊部分乡村孔隙潜水中的“三氮”等有机污染严重，属中、重度污染。

上海地区地表水的污染对潜水影响较大。城市污水的不合理灌溉和农药化肥的过量使用，致使灌区和农田区地下水中的硝酸盐氮含量超其背景值和生活饮用水卫生标准，为轻度污染。该区承压水虽经几十年的大量开采，但水质一直比较稳定，基本未受污染。除溶解性总固体大于3g/L，氯化物、总硬度、钠等含量较高的咸水(原生)不宜饮用外，水质良好，均在其背景值范围内。深层承压水虽有较好的封闭条件，但由于深井开凿时不规范施工，止水不严格，以及地下水的大幅度下降，已受上覆污水不同程度的污染，受污面积累计不到20km^2。多年水质监测资料表明，局部地区地下咸水的分布范围有所扩大。

安徽省部分地区浅层孔隙水已受到一定污染，主要表现为总硬度、溶解性总固体、铁、锰和硝酸盐氮、亚硝酸盐氮、氨氮等地下水中常规组分超标或超过地下水背景值，其中重污染区主要分布于淮北平原区的亳州、濉溪、奎河沿河地区、蚌埠、淮南、阜南南部地区和沿江丘陵平原区的天长等地，面积11242km^2，约占全省总面积的8.0%，地下水中度和轻度污染区分别占全省总面积的4.7%和23.9%。

五、水灾害频发

长三角地区在气候上属于亚热带季风气候，春季和夏季雨水较多，雨季从4月开始持续到9月，多年平均降水量1100mm以上，降水变率较大，且地势低洼，以太湖平原为中心呈“浅碟形”，海拔多在5m以下，水网稠密，湖荡众多，江河湖海相互连通，如此气候-地貌特征组合，加之潮水顶托作用，常遭受梅雨、台风暴雨、风暴潮以及长江中下游地区洪水的袭击，容易出现外洪、内涝或外洪内涝同时并发的水灾。

人类发展过程中忽视对环境的保护，使调节干流的湖泊遭到污染或被开垦，河流的调节能力减弱，加大了水灾害发生的概率。也正是因为城市的发展，破坏了自然水系的结构，改变了水域环境，加上城市大多排水系统建设不够好，在发生水灾害以后容易出现城市积水、下水道管涌，进而出现交通堵塞等情况，加重了灾害的影响。受到自然地理条件及人类活动的双重影响，长三角地区发生水灾害较频繁。

自20世纪80年代以来，长三角地区的快速发展使得不同类型降雨的雨量、次数都有增加，且以暴雨发生次数的增加最为显著，同时城市化发展使得径流深度和径流系数都有显著增加，使得河网密度和水面率下降，滞蓄涝水能力明显下降，洪涝灾害加剧。长三角地区经历过1954年、1962年、1991年、1998年、1999年大水，尤以1991年的洪水灾害最为严重，洪灾使太湖平原与里下河平原损失达200亿元。2011年南京特大暴雨、2015年上海大暴雨等夏季水灾害不断发生，“城市看海”现象非常严重，城市化和气候变化引起的暴雨天气还导致了长三角部分山区泥石流的频发，水灾害严重威胁着区域的安全性。长三角地区的干旱灾害发生于伏秋两季。伏旱影响水稻、棉花与果木生长，秋旱影响三麦发育。长三角地区每年受三四次寒潮，于48h内降温10℃以上，并伴以大风。太湖平原1955年和1997年受寒潮影响，低温为－15℃～－10℃，湖水冻结，油茶、三麦、柑橘大面积冻坏。阴湿害在长三角地区一年四季均可发生，日照少、气温低、湿度大、地下水位高等原因，造成了作物的霉烂与病害。

六、水生态系统恶化

20世纪90年代以来，长三角地区作为中国城镇分布密度最高、经济发展最具活力的地区之一，在成为中国区域经济一体化发展典范的同时，水环境质量堪忧，整体生态环境恶化等问题日益严重。区域性的生态失衡，致使生态危机频发。诸如，城市都市圈的酸雨区规模扩大、无锡与太湖的蓝藻大爆发、苏浙沪地区水质型缺水以及长三角流域跨界水体污染等问题大量出现。毋庸置疑，粗放的生产方式与资源能源的过度消费方式，导致了长三角地区自然力（生物与非生物资源）的衰竭。

水环境是一个与水、水生生物和污染等有关的综合体，是一个以水为核心的动态空间系统，是水量、水质及生态的统一体。长三角地区水体水质总体上呈恶化趋势，水环境持续被污染，有超过一半的水质低于Ⅲ类标准。区域水资源量严重不足，生态需水无法保证，城市化的快速进程使得生态保护用地不断被占用。沿江重大环境风险源点多复杂，沿江大量化工园区、危险货物码头以及流动风险源，都是重大环境风险源，严重威胁着长江的水安全。水生态健康状态堪忧，生态服务功能逐年下降；水源涵养林原生植被极少；湖荡湿地面积锐减，水生植物衰退，污染物拦截与净化能力下降；河湖水系连通受阻，河滨带生态环境被破坏，水生植被结构失衡；蓄水位以上岸滩生态系统几乎均被破坏，湖滨带生态环境结构破坏严重。水源水质污染持续，复合污染问题更为突出，造成区域饮用水安全问题。

人类干扰活动是影响水生态系统平衡、演替、稳定的一大因素，也是水生态系统经营的关键因素。长三角地区由于人口的增长和全球市场经济的快速发展，对区域水生态系统的干扰达到了空前的地步。这样的干扰极大地改变了水生态系统的组成、结构、功能、分布范围和空间格局，对区域可持续发展产生了恶劣影响，使区域出现了不健康的症状，如水生态结构趋于单一、生态环境更加脆弱、生物多样性锐减、环境污染趋于严重；造成地面下沉、海水入侵、水资源平衡破坏、干旱、洪涝、水质污染、湿地和湖泊萎缩、河流断流等现象，使水环境恶化、水资源匮乏、水灾害加剧。人类干扰活动不仅使水生态系统位移至一个早期或更为初级的演替阶段，生态演替在人类干扰活动下也可能加速、延缓、改变方向以至向相反方向进行，不同的人类干扰活动程度对水生态系统群落的更新、结构组成、物种分布状态等方面产生影响。

第三节　长三角地区水环境安全问题产生的原因

一、城市化的影响

（一）人口增加

长三角地区人口规模约1.5亿。作为我国人口最为密集的地区之一，2000

年以来，长三角地区的人口继续呈强劲增长态势，集聚效应非常明显。由于长三角各市人口自然增长率普遍保持在很低的水平，因此长三角地区人口数量增加的主要部分是机械增长的人口，即从国内其他省市的迁移人口，显示了长三角地区强劲的经济增长导致的对人口的拉力。

上海、杭州、南京、江苏等一二线城市在经济、交通、医疗、教育、文化等方面的稳步发展吸引了大量年轻人，促进了长三角地区人口的增长。而人口的增长则增加了区域内资源分配的负担，其中最重要的就是水资源。同时城市化的迅猛发展也正在前所未有地推动着人类对水资源的需求，包括生活用水的需求以及工业用水的需求。这两个增长系数的叠加在很大程度上加剧了长三角地区的水资源危机。另外，人口的增长也导致了更多的人类社会经济活动，引起更多水污染事件以及浪费水资源现象。

（二）部分城市规划不合理

长三角地区的一些“水乡”降水丰沛、水系发达，但快速发展的城市化引起的城市水循环系统规划不合理导致这部分水资源不仅未被充分利用，而且在一定程度上造成了水资源、水环境、水生态三者的发展不平衡、不协调、不可持续，以至于城市自身调配水资源、应对洪涝和干旱等突发性水事件的能力不足。

湿地破坏严重，外来有害生物威胁加剧，太湖、巢湖等主要湖泊富营养化问题严峻，内陆河湖水质恶化，约半数河流监测断面水质低于Ⅲ类标准，近岸海域水质呈下降趋势，海域水体呈中度富营养化状态。长三角地区的大部分城市规划在面对人口压力与发展需求的过程中，将很多绿化区块甚至是河流水系利用于建设工业区、商业区和住宅区，削弱了城市的蓄洪能力，而可渗透面积比例的减少则大大降低了城市应对突发性水事件的弹复性，即城市系统在被破坏或失效后能够自行恢复至正常水平的能力。长三角城市群在规划给排水工程以及雨水收集与排放系统时，大都建设了中小尺度的措施，但都缺乏地下大蓄排系统的核心规划与设施建设，而城市化的快速发展也加大了这一方案的实施难度，给城市洪涝灾害留下了隐患。

（三）热岛效应增强

随着城市社会经济的发展，城市化的进程加快，城市中心会形成高温区域，产生城市热岛效应。随着长三角地区城市化的快速推进，城市人口聚集、建筑物增多、下垫面改变、交通压力增加、生产规模不断扩大以及人为热等影响日益加剧，引起了城区气象要素的变化，导致了明显的城市气候效应：热岛效应、雨岛效应、污染效应、阳伞效应、减风效应等。其中，城市热岛效应是人类活动对气候系统产生的最显著的城市气候效应,城市地表土地覆盖类型的改变使得城市局部大气和地表温度比周围的郊区温度要高。一般来说,城市热岛效应强度与城市的大小存在正相关的关系。热岛效应会使降水增多,尤其是城市的下风方向。这是由热岛效应导致的城市空气层结不稳定,热力对流加强,有利于对流性降水的形成。同时城市化导致城市下垫面粗糙度增大,其阻障效应使降水的天气系统在经过大城市时,移速变缓,雨时延长,威胁城市的水环境承载力。

(四)过度开发

长三角地区城市建设无序蔓延,空间利用效率不高。2013 年长三角城市群建设用地总规模达到 36153km^2,土地开发强度达到 17.1%,高于日本太平洋沿岸城市群 15%的水平,后续建设空间潜力不足。上海开发强度高达 36%,远超过法国巴黎地区的 21%、英国伦敦地区的 24%。粗放式、无节制的过度开发,新城新区、开发区和工业园区占地过大,导致基本农田和绿色生态空间减少过快、过多,严重影响到区域土地空间的整体结构和利用效率。

一方面,长三角地区虽水系发达且靠近海域,但城市化发展对水资源需求量的增大导致了部分河流达到过度开发的预警线(国际公认的对一条河流开发利用的合理限度为不能超过其水资源量的 40%),河流自我净化等功能弱化,其流域水环境危机爆发可能性增大,围垦填湖等工程则直接减少了水域面积,破坏了水生态系统;另一方面,城市规划与工业布局未能充分考虑水资源条件,造成长三角局部地区地下水超量开采,水源枯竭,水环境危机指数上升,部分地区也因此出现地面不可逆转的沉降,引起相应地质灾害,含水层空间减小,地下水位下降,造成局部地区水资源衰减并伴随地下水污染,形成大面积地下水漏斗,致使大量污水渗入地下,造成地下水污染,在沿海地区,则造成海水入侵、地下淡水盐碱化,形成水环境系统恶性循环。

二、经济与水环境不协调发展的影响

长三角地区作为我国经济最具活力的区域之一,大力发展重工业、制造业、创新产业等以追赶其他世界城市群,其中生物医药、集成电路、高端装备等先进制造业已经在国内处于领先地位。长三角地区整车产能占全国比重达到 21%,零部件企业数量和产量占全国比重均超过 40%,新能源汽车市场份额占比将近 30%;生物医药产值接近全国的 30%,位列中国医药百强企业达到 29 家;集成电路产业规模占全国比重达到 45%,集聚了中芯、华虹等一批龙头企业,形成了“设计—制造—封测”完整的产业链。

这些制造业经济的集中发展大大增加了对长三角地区水资源时间和空间上的需求量，同时也在生产过程中大量排放污废水，导致河网中部分区域氨氮、溶解氧、COD和石油类等污染物不断积累，超出水体的自净能力，从而导致河网水质不断恶化，城市水环境系统进入水质型缺水恶性循环。受河网水质现状的影响，河网水环境容量严重不足，经济发展的快速性和高效性促使入河污染量倍数甚至是指数增长，水环境系统与经济发展节奏的不协调性使得入河污染量超过水环境容量，造成长三角地区地表水及地下水生态系统大面积失衡。

三、气候变化的影响

长三角地区是对气候变化响应比较敏感而强烈的地区。气候变化引起该区域的气温升高而后又对水文水资源变化造成了深刻的影响。首先，表现在对降水的影响上，气温升高使水循环加快，从而有助于降水量增多；其次，是对洪涝灾害的影响，联合国政府间气候变化专门委员会指出，全球变暖导致极端降水事件的发生比降水量的增加更为显著，增加了长三角地区发生大洪涝的可能性；再次，气温升高还会影响区域水资源的变化，水资源的变化受到降水和温度变化的共同影响，据对长江三角洲的研究发现，温度升高1℃引起的当地水资源减少量，相当于降水量减少3.3%引起的水资源减少量。

由于气候变暖，长三角地区的城市极端天气现象也日益加重，不但会经常出现异常持续的高温时期，产生破纪录的高温值，而且也会出现低温、冻雨和冰雪天气。另外，由于气候变化造成的夏季长时间无降雨现象也会更严重地波及供水需求量大的城市，加剧了已经严重存在的缺水现象。极端气候事件的频率和严重程度都在不断升级，气候变化和气象灾害之间存在联系，而后者给人类带来了严重的经济损失和生态损失。

面对水安全问题，过去研究和应用中对气候变化影响的后果与适应性对策不太重视。据联合国政府间气候变化专门委员会最新的研究，自从工业革命以来，大气中不断增加的温室气体引起了以全球变暖为主要特征的气候变化。观测资料表明，全球平均气温在20世纪约升高0.6℃，预计未来气温将进一步升高。全球气温变暖将通过影响降雨、蒸发、径流、土壤湿度等改变全球水文循环的现状，引起水资源在时间和空间上的重新分配，加剧某些地区的洪涝和干旱灾害，引起可利用水资源的改变，进一步影响地球的生态环境和人类社会的经济发展。

四、法律法规与监管调控的影响

在《环境保护法》和《水污染防治法》的推行下，长三角地区水污染治理在一定程度上得到了有效的成果，但水安全则是包含了水污染管理的另一个更高要求、更大范围的社会发展需求。水安全是在一个特定区域内，能够为人类等生命、生态和经济主体提供可接受质量和数量的水的可靠性，涉水灾害在人类、环境和经济的可承受范围之内，保障城市社会经济、生态环境等的可持续发展。目前长三角地区还未出台水安全相关法律法规以保障区域内水安全。政府的不合理的水资源管理与决策、突发性水污染事件的应对机制失误也导致了部分水安全问题。

五、水安全研究进展的影响

水安全研究主要包括水安全基本理论研究和水安全策略及其应用研究两大类。水安全基本理论研究主要是明确水安全定义、水安全的内涵和外延、水安全属性，以及对水安全的研究方法等进行研究探讨；水安全策略及其应用研究主要是对水资源安全、水生态环境安全、水质安全、水量安全和水灾害安全防范措施及其风险评价等进行研究，建立和运用水安全预警、调控与评价系统，或提出解决水安全问题的新思路与新方法。

目前，对水安全的研究还主要是从水资源安全的角度来进行，且大多数停留在定性的探讨。有部分学者对水资源安全进行了定量研究，如对于区域水安全的评价，韩宇平等构建了一个既有定量目标又有定性目标的多层次多指标评价体系，采用半结构性决策方法进行整体评价；李如忠采用物元分析法，结合模糊集理论和欧氏贴近度概念，建立了区域水安全评价的模糊物元模型；陈绍金运用层次分析法和距离指数综合分析法建立了水安全评价系统；魏一鸣等、刘国香应用层次分析法建立安全评价指标体系，分别对洪水灾害和区域水安全进行评价；张翔等将水资源系统风险分析中的可靠性指标、恢复性指标和易损性指标应用于区域干旱风险分析，对海河流域水安全风险进行评价。2003 年国际地圈生物圈计划（IGBP）的核心项目“水文循环的生物圈方面（BAHC）”针对全球变化和水资源问题，开始进行国际联合研究项目——全球水系统计划（GWSP）与联合水研究计划（JWP），重点研究全球日益显著变化的水循环与环境和资源问题。从国际水科学的研究发展趋势看，变化环境的水循环和水安全研究是当今国际水科学前沿问题，是人类社会经济发展活动对水资源需求所面临新的应用基础科学问题。水安全问题研究已产生了很多纲领性的文件和重要的研究成果，但研究的焦点多集中于定性描述和保障策略上，而定量分析目前还处于初步的研究探索阶段，具体实施应用还有待进一步的研究和验证。长三角地区水安全的研究需要从思辨阶段尽快地跨入到量化与实施阶段。

第四节　长三角地区水环境安全的策略

一、建立水安全信息的管理与评价系统

实现长三角地区的水安全和水资源可持续利用，首先是要建立水安全信息的管理与评价系统，对水安全实施动态监控和预警，实行人、水、社会和经济多位一体的有效管理模式，以实现人与自然的协调发展、人与水的和谐共处。长三角各区域间需搭建水安全信息共享平台，以及水污染或水灾害事件应急预案，以实现水安全问题异地同管。水安全评价系统的建立应遵循科学性、系统性、可操作性以及动态与静态相结合的原则。经济合作与发展组织（OECD）1990 年提出的 PSR 理论，即"压力-状态-响应"模式（PSR）。人类工业、农业等其他活动对环境施加压力，环境状态随之发生变化，从而社会对环境又做出相应的响应，以防止环境状态变差，这是基本的 PSR 理论框架，各种因素因果关系明显，在长三角地区水安全体系中则可构建 PSR 可持续发展框架(图 5.1)。

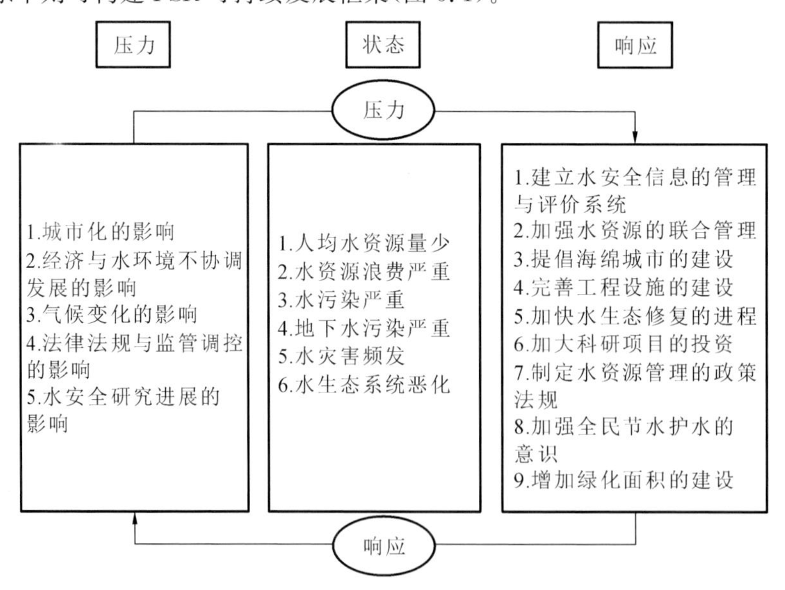

图 5.1　长三角地区水环境安全 PSR 框架

其中压力指标是长三角地区水环境安全问题产生的原因，状态指标是长三角地区水环境安全存在的问题，响应指标是为避免或减少长三角地区的水安全问题而响应的策略。

基于 PSR 框架，综合考虑评价系统建立的原则，可以将长三角地区水环境安全评价指标分为三大类（表 5.1）。

表 5.1　水环境安全评价三大类指标

水量安全指标	水质安全指标	生态安全指标
年平均降雨量	工业废水达标排放率	生态用水比重
人均水资源量	城镇生活污水处理率	森林覆盖率
亩均用水量	工业固体废弃物处置率	人均公共绿地面积
万元 GDP 用水量	生活垃圾无害化处理率	水旱灾害受灾面积率
地下水开发利用程度	径污比	湿地面积比重
水资源开发利用程度		生态修复投资占 GDP 比重
城市用水重复利用率		

各城市或区域可根据实际情况选取或调整指标，并采用美国运筹学家萨得在 20 世纪 70 年代初提出，20 世纪 80 年代初开始引入我国的层次分析法对水安全现状做出评价。该方法包括指标数据处理和赋权等步骤。在选取评价指标后，首先进行原始数据整理，将评价指标的实际值与指标值做对比，并进行标准化处理；然后对评价指标进行分层次逐级赋权；最后将各指标参数的无量纲化指数和相应权重进行联合计算，得到各级评价指数，如此逐层进行，最终得到综合评价指数 E，再将综合评价指数 E 按一定标准划分为几个等级（表 5.2）。

表 5.2　水环境安全评价分级标准

综合评价指数 E	$0<E\leqslant0.3$	$0.3<E\leqslant0.6$	$0.6<E\leqslant0.8$	$0.8<E\leqslant1.0$
安全等级	不安全	一般	较安全	安全

该方法能够使评价过程数字化，为决策者提供依据，以科学的方法评价水环境，促进水污染的合理整治、水灾害的及时处置和水资源的可持续利用。

二、加强水资源的联合管理

目前长三角地区已经拥有水污染防治专项协作平台和区域一体化合作平台，但部门间及区域间有效沟通的效率仍然较低。在充分利用水安全信息管理和评价系统的基础上，成立该区域水资源综合管理的权威部门，并赋予相应的权利和职责，用共商、共治、共享的要求促进各成员单位密切协作，实行水资源的一体化管理、优化配置、联动治理和高效可持续利用。同时应建立由环保部门牵头，水利部、流域各省政府参加的流域水环境保护领导小组，并完善日常联防联控机制、超前预警紧急排污信息通报机制。

以改善水质、保护水系为目标，建立水污染防治倒逼机制。在江河源头、饮用水水源保护区及其上游严禁发展高风险、高污染产业。加大农业面源污染治理力度，实施化肥、农药零增长行动，进一步优化畜禽养殖布局和合理控制养殖规模，大力推进畜禽养殖污染治理和资源化利用工程建设。对造纸、印刷、农副产品加工等重点行业实施清洁化改造，加强长江、钱塘江、京杭大运河、太湖、巢湖等的水环境综合治理，完善区域水污染防治联动协作机制。实施跨界河流断面达标生态补偿制度。整治长江口、杭州湾污染，全面清理非法和设置不合理的入海排污口，入海河流基本消除劣Ⅴ类水体，沿海地级及以上城市实施TN、TP、重金属污染物排放总量控制，强化陆源污染和船舶污染防治。实施秦淮河、苕溪、滁河等山区小流域以及杭嘉湖、里下河等平原河网水环境综合整治工程。实施跨界水体联保行动。

三、提倡海绵城市的建设

"海绵城市"是从根本上解决长三角地区城市水资源短缺、水灾害频发、水生态恶化等一系列水安全问题的"一贴良方"。长江三角洲多数城市基础设施的建设速度跟不上城市化的发展步伐，频发的城市内涝更加突出了水生态系统以及城市生态基础设施的重要性，传统单一的"快速排放"理念的灰色雨水基础设施与管理模式，已难以应对城市化发展过程中出现的雨水困境。要在区域、流域尺度上，系统疏通自然水系的经络，建立生态基础设施，才能让一些城市告别"一下雨就看海"的尴尬境地。

2014年底发布的《海绵城市建设技术指南》中提出，海绵城市是指城市能够像海绵一样，在适应环境变化和应对自然灾害等方面具有良好的"弹性"，下雨时吸水、蓄水、渗水、净水，需要时将蓄存的水"释放"并加以利用。由此可见，海绵城市建设基于多技术、跨尺度的水生态基础设施建设与规划，是对城市排水思路由传统的"快速排放"模式向雨水资源化利用的转变，是城市建设在价值观上对雨水资源、生态环境、旱涝灾害等问题的弹性适应与灵活应对。从哲学角度上体现了消纳（就地化解水旱矛盾而不转嫁给异地）、减速（减缓径流速度以提高雨水下渗速率)以及适应(顺应河流洪水发生的情况,弹性设立防洪抗洪设施)的策略,其本质是协调城市化与资源环境之间的矛盾,核心是兼顾广义与狭义的低影响开发理论,通过对原有生态系统的保护、修复、低影响开发等途径,以及机制建设、规划调控、设计落实、建设运行管理等过程,实现雨水的"渗、滞、蓄、净、用、排"。然而就中国第一批和第二批海绵城市试点中,长三角地区城市有镇江、嘉兴、池州、上海、宁波,从建设情况来看,仍然存在着工程性设施效果有限、维护成本高、与现有城市设施衔接不紧密、宏观规划无经验等问题,甚至由于很多试点并没有经受住暴雨的考验,社会上出现了很多质疑海绵城市建设的观点,实际上"海绵"的概念远远比"低影响开发"所涵盖的范围要大,要真正解决城市内涝问题,必须采取基于系统思维的海绵城市构建模式。根据"问题—诊断—建设—平衡"的系统思路,对长三角地区大中城市水安全问题进行诊断和识别,采取防涝体系建设、控污体系建设和雨水利用体系建设三项基本途径,以实现涝水平衡、污水平衡、用水平衡三项耦合平衡。其中海绵城市建设三项基本途径对应的具体措施及其关键要点或技术如表 5.3 所示。

表 5.3 海绵城市建设三项基本途径

途径	措施	关键要点或技术
防涝体系建设	源头控制	绿色屋顶、透水铺装、雨水花园、下沉式绿地等
	过程调节	灰色设施调节、绿色设施调节、防洪排涝调度、城市降雨实时预报和城市防洪排涝实时优化调度等
	末端排放	旧城区对排水管网进行清淤改造、提高泵站设施建设,新建城区提高排水设施设计标准以及深隧排水设施建设等
控污体系建设	源头减排	关停并转高污染分散型小企业、改进生产工艺、调整经济结构等
	过程阻断	通过对污水进行集中收集、集中截污,切断污水向自然水体排放的通路,保证污水得到集中处理
	末端治理	采用污水处理技术对排入自然水体的污水进行处理,包括采用人工集中污水处理设施以及各种形式的绿色基础设施等
雨水利用体系建设	政策法规	制定一系列促进雨水资源收集的政策、法规、标准、体制及宣传措施等
	工程设施	采用一系列城市雨水资源收集装置或工程设施,主要包括家庭雨水收集装置、市政雨水利用设施和城市雨水调蓄工程等
	运维管理	包括雨水水量水质在线监测系统、多源用水调控方法、雨水资源水价调节机制,以及一支高效的雨水供用管理队伍

同时，海绵城市的发展还可结合景观设计、智慧化城市等跨界模式促进城市水安全的良性循环。

四、完善工程设施的建设

在经济张力有限或已有海绵城市基础(硬化面积小的城市在自然条件下已具备一定的“海绵潜力”)的长三角中小型城市，完善污水处理、水利和生态环境垃圾渗滤液处置、给排水管网、节水系统等工程设施的建设与管理是保障水安全的重要举措。

污水处理系统的完善主要分为企业内部工业污水的处理以及生活污水的处理，优化污水污泥管理结构，推动长三角地区因地制宜的农村污水处理模式实现全覆盖；加强对水利和生态环境等工程的投资建设，可有效提高水资源的开发利用、确保水安全实现；对垃圾渗滤液进行预处理或单独建立处理系统，采用物化法(预处理)＋ 生化法(包括厌氧和好氧)＋ 物化法(深度处理)的组合工艺实现垃圾渗滤液的达标排放，保障地下水安全；给排水管网的完整性与稳定性是长江三角洲城市群适应暴雨天气的重要保障，应在投资建设工程性设施的基础上，促进管网的综合运行与应急能力提升；依靠先进的科学技术，建立高新技术节水系统，把传统农业转变为节水高效的现代化农业，实行节流优先的城市水资源可持续利用战略。

五、加快水生态修复的进程

深化水污染防治和积极修复水生态系统是通过减排和增容保障长三角地区水环境安全的两把手术刀。要实现没有水分的水生态环境质量改善目标，就要遵循生态系统保护与修复原则制订并实施区域水生态系统修复计划。水生态系统修复是指通过一系列保护措施，最大限度地减缓水生态系统的退化，将已经退化的水生态系统恢复或修复到可以接受的、能长期自我维持的、稳定的状态水平。修复的基本原则：一是需要按自然规律办事，少干扰，不进一步破坏也许是最佳的修复计划；二是水质良好是人类和生物都需要的，是生态修复的基本内容；三是保护生态系统比保护旗舰物种更重要；四是生态系统结构和完整性的保护比物种数量或者生物量的保护更重要；五是修复生态系统的功能比修复景观更重要。

水生态系统修复主要分为六大步骤：开展水生态系统现状调查和评估，逐步建立起水生态系统监测网络及站点，进行长期监测和定期评价制度；开展生态修复专项规划，制定水环境、水生态功能的保护和修复区划，根据区划制定各级各类水域保护和修复目标、方法及实施计划，设立更多更大范围的保护区；从源头抓起，开展水生态保护监督检查，减少污染物质向水域的排放；顺应自然规律，以自然修复和生态工程相结合进行修复，保护水生态系统的生物多样性；采取适应性的修复和管理方式以适应水生态系统及修复效果评价的复杂性；实施严格的管理，同时鼓励公众参与。

长三角地区水生态系统修复计划的制订，首先要开展长江三角洲各流域生态隐患和环境风险调查评估，可根据水生态系统的生物多样性、结构完整性、外来物种比例、水质状况、弹复力等指标进行评估，划定高风险区域，从严实施生态环境风险防控措施。对于已经退化的水生态系统可通过重建干扰前的物理环境条件、调节水和土壤环境的化学条件、减轻生态系统的环境压力、采取生物修复或生物调控原位处理等措施尽可能地还原水生态系统的自我调节能力。水生态系统的修复不仅在于水体，更重要的是修复水陆过渡带，控制点源和非点源污染。水生态系统恢复的三大任务是水质和自然水文过程的改善，水域形态及地貌特征的改善，生物物种的恢复。修复的方法包括物理、化学、生物等方法，其中物理方法包括重建或者调度比较自然的水文和水动力过程、恢复弯曲型河道和分汊型河道、增加水面生态斑点和生态走廊，化学方法包括曝气复氧、添加活性炭等，生物方法包括重建岸边植被和水草、生物操作、增殖放流等。

六、加大科研项目的投资

加大对水安全研究的科研投入，可为长三角地区水安全提供有力的技术支持，主要强调在水质安全与水量安全两方面的研究。科技的创新可运用在水安全策略的每一个阶段，从长三角地区水安全信息的存储、共享以及数据的监测和评估，到水污染联防联控机制的建立与水资源利用率的监控，运用新技术及管理手段可解除水污染危机，利用各种先进的节水技术、污水处理设备等，可节约水资源和提高水资源的利用率，同时应建立区域水污染防治科研协作机制，启动水环境共性问题的联合攻关研究。科研项目与研究进度的发展，能够提高各环节的效率，实现水安全管理系统的高效性。

七、制定水资源管理的政策法规

要实现长三角地区水环境安全系统的可持续稳定发展，需要加强法制建设，制定和完善相应的法律、法规，补充上下游之间重要环境信息沟通、纠纷处理、损失赔付、责任追究等内容，依法保护和实现水环境安全。完善信息共享机制，促进流域上下游之间及环保、水利、渔业等部门之间的有效沟通，建立区域水源地互督互学机制，推进区域水污染防治法规的对接以及环保标准的统一，落实长三角地区环境保护领域信用联合奖惩机制，完善处理设施运维的服务体系、标准体系、保障体系和监管体系，建立责任清单细化工作考核，推进海绵城市的规划政策，在长三角地区高新区率先开展零排放试点示范。

对于水污染纠纷事件，应由国务院出台跨行政区水环境污染纠纷处理条例，完善跨行政区水环境污染纠纷处理机制，明确把排污企业和地方政府共同作为责任主体，规定除企业应对自身污染行为负责并承担相应法律和经济责任外，造成水污染超标的所在地方政府也应承担相应法律责任，并提供经济补偿。

八、加强全民节水护水的意识

树立全民节水护水的社会意识能够使长三角地区的水安全管理得到有效的支撑，在农业、工业、服务业等各领域，城镇、乡村、社区、家庭等各层面，生产、生活、消费等各环节，通过加强顶层设计，创新体制机制，凝聚社会共识，动员全社会深入、持久、自觉地行动。

政府层面，首先应优化高耗水行业空间布局，严格落实主体功能区规划，依据水资源条件，确定产业发展重点与布局。制定国家关于工业用水技术、工艺、产品和设备的鼓励和淘汰目录。推动企业通过整体设计、过程控制和深化管理，挖掘节水潜力，提升用水效率。推行城市供水管网漏损改造。科学制订和实施供水管网改造技术方案，完善供水管网检漏制度，加强公共供水系统运行的监督管理。实施建筑节水，大力推广绿色建筑。开展园林绿化节水，城市园林绿化要选用节水耐旱型树木、花草，采用喷灌、微灌等节水灌溉方式，加强公园绿地雨水、再生水等非常规水源利用设施建设，严格控制灌溉和景观用水。广泛开展节水宣传，充分利用各类媒体，结合“世界水日”“中国水周”“全国城市节约用水宣传周”开展深度采访、典型报道，并组织相关活动，提高民众节水忧患意识。加强节水教育培训，在学校和社区推进节水教育社会实践基地建设工作，推广普及节水科普知识和产品，鼓励家庭实现一水多用。

企业层面，提高工业用水效率，加强工业节水管理，积极采用节水设备，推动节水产品的开发与生产，完善企业节水管理制度，建立科学合理的节水管理岗位责任制，健全企业节水管理机构和人员，实施企业内部节水评价，加强节水目标责任管理和考核，鼓励重点监控用水效率，用水企业建立用水量在线采集、实时监测的管控系统，建设污水处理系统，保证污水达标排放。

个人层面，从小事做起，减少生活用水的浪费，将洗衣、洗浴和生活杂用等污染较轻的灰水收集并经适当处理后用于冲厕，选择使用节水产品，不污染河道湖泊等，积极参与政府或非政府组织的节水、护水志愿服务活动与行动，有利于形成良好水环境保护的社会风气，有效促进水环境安全的良性循环。

九、增加绿化面积的建设

长三角地区城市化引起的城市下垫面植被稀疏、粗糙度增加、硬化面积大幅增加是造成气候变化、水土流失、热岛现象的重要原因，增加城市的绿化面积能够缓解这些现象对水环境安全造成的威胁。严格按照城市“三区四线”规划管理，合理安排城市生态用地，适度扩大城市生态空间，修复城市河网水系，保护江南水乡特色，让人们看得到风景、记得住乡愁。利用绿廊、绿楔、绿道等，将公园、街头绿地、庭园、苗圃、自然保护地、农地、河流、滨水绿带和郊野等纳入绿色网络，构成一个自然、多样、高效、有一定自我维持能力的动态绿色网络体系，增加城市可渗透面积，促进城市与自然协调。推广屋顶花园、空中绿地、园箱式种植、立交桥和人行天桥绿化等，使绿化生态效应进一步扩大化，丰富城市再生空间的多层次、多形式，扩大城市植被覆盖率。

同时，政府应投资或鼓励学校、社区、公园和一些单位院落建立自然植被绿化区，而社区应鼓励和引导居民或家庭开展自助绿化。从整体结构方面来规划城郊、市域、城市、中心城区的绿地系统，使其系统性的生态效应发挥与区域生态保持整体的关联性，形成城乡绿地的一体化。将城市放在长三角城市群中考虑，形成一个系统性的整体，结合周边城市的绿化布局特色，以连通的河流和干道绿化形成廊道相连，联结成大都市地区的生态网络。

参考文献

[1]陈绍金. 水安全系统评价、预警与调控研究[D]. 南京：河海大学，2005.

[2]陈文瑞，长江三角洲水资源可持续利用对策[J]. 中国给水排水，2001，17(3)：25-28.

[3]陈祖军，章文晟，沈洪. 海平面上升对城市水安全影响研究及展望[J]. 中国防汛抗旱，2015，25(6)：43-47.

[4]邓先瑞.城市气候刍议[J].华中师范大学学报(自然科学版),1988,22(4):493-498.

[5]顾阿明,陆徐荣,陶芸,等.江苏省地下水资源评价[R].南京:江苏省地质调查研究院,2002.

[6]韩宇平,阮本清,解建仓.多层次多目标模糊优选模型在水安全评价中的应用[J].资源科学,2003,25(4):37-42.

[7]李兰,李峰."海绵城市"建设的关键科学问题与思考[J].生态学报,2018,38(7):2599-2606.

[8]李如忠.模糊物元模型在区域水安全评价中的应用[J].水土保持研究,2005,12(5):221-223.

[9]刘国香.山东省水安全评价体系初步研究[J].山东水利,2005,(10):53-55.

[10]刘艳清.安徽省地下水污染调查评价与防治研究[D].合肥:合肥工业大学,2009.

[11]刘兆德,虞孝感,王志宪.太湖流域水环境污染现状与治理的新建议[J].自然资源学报,2003(2):467-474.

[12]秦伯强,高光,胡维平,等.浅水湖泊生态系统恢复的理论与实践思考[J].湖泊科学,2005,17(1):9-16.

[13]宋建波,武春友.城市化与生态环境协调发展评价研究:以长江三角洲城市群为例[J].中国软科学,2010(2):78-87.

[14]王桂新,魏星,刘建波,等.中国长江三角洲地区城市化与城市群发展特征研究[J].中国人口科学,2005(2):42-50.

[15]王浩,梅超,刘家宏.海绵城市系统构建模式[J].水利学报,2017,48(9):1009-1014,1022.

[16]王兴超.基于生态水利的海绵城市设计原则[J].水土保持报,2017,37(5):250-254,289.

[17]王颖,王腊春,王栋,等.长江三角洲水资源水环境承载力、发展变化与永续利用之对策[J].水资源保护,2006(6):34-40.

[18]魏一鸣,金菊良,周成虎,等.洪水灾害评估体系研究[J].灾害学,1997,12(3):1-5.

[19]夏军,刘孟雨,贾绍风,等.华北地区水资源及水安全问题的思考与研究[J].自然资源学报,2004,19 (5):550-560.

[20]徐洪文,卢妍.水生植物在水生态修复中的研究进展[J].中国农学通报,

2011,27(3):413-416.
[21]杨光明,孙长林.中国水安全问题及其策略研究[J].灾害学,2008(2):101-105.
[22]杨萍,刘伟东.城市热岛效应的研究进展[J].气象科技进展,2012(1):25-30.
[23]姚晶莹,孟戈.城市水安全及其研究框架[J].水电与新能源,2017(6):26-30.
[24]俞俊英,沈新国,李勤奋,等.上海市地下水资源评价[R].上海:上海市环境地质站,2002.
[25]张慧,高吉喜,宫继萍,等.长三角地区生态环境保护形势、问题与建议[J].中国发展,2017(4):3-8.
[26]张翔,夏军,贾绍凤.干旱期水安全及其风险评价研究[J].水利学报,2005,36(9):1138-1142.
[27]张翔,夏军.基于压力—状态—响应概念框架的可持续水资源管理指标体系研究[J].城市环境与城市生态,1999,12(5):23-25.
[28]朱诚,郑平建,史威.长江三角洲及其附近地区两千年来水灾的研究[J].自然灾害学报,2001(4):8-14.

第六章　湖泊水环境安全——鄱阳湖、洞庭湖水环境安全

第一节　概　　述

一、中国湖泊水环境安全现状

我国湖泊数量众多、类型多样、资源丰富。湖泊是我国重要的生态资源，是水生生态系统的重要组成部分，具有调节河川径流、提供水源、防洪灌溉、养殖水产、提供生物栖息地、维护生物多样性、净化水质等重要功能。仅就供水一项看，全国湖泊供水量约占总供水量的17.6%，全国城镇饮用水水源的50%源自湖泊。保障湖泊水安全对维护国家生态安全，支撑经济社会可持续发展具有重要意义。

湖泊保护是我国水污染防治的重中之重，是保障饮用水水源地安全的重中之重，也是给后代留下有价值的生态系统的重中之重。但伴随着经济社会的高速发展，入湖废污水量也持续增长。自1980年以来，我国富营养化湖泊面积增加了60倍，湖泊水环境安全面临严重威胁。面对严峻的湖泊水安全问题，国家、地方人民政府及有关部门相继采取了一系列治理措施。近些年，生态文明被提升到新高度，国家对湖泊水安全的重视程度更是极大提高。在习近平总书记社会主义生态文明思想指导下，秉承“绿水青山就是金山银山”的理念，《水质较好湖泊生态环境保护总体规划(2013—2020年)》《水污染防治行动计划》《重点流域水污染防治规划(2016—2020年)》相继印发实施，环境保护督查频繁亮剑，湖泊水环境治理力度空前。目前，中国湖泊水质急剧恶化的趋势已经得到初步遏制，部分湖泊水质有所改善，但根据《2017中国生态环境状况公报》，112

个重要湖泊(水库)中,水质劣于Ⅲ类的有42个,占总数的37.5%;109个监测营养状态的湖泊(水库)中,轻度富营养的有29个,中度富营养的有4个。从总体上看,中国湖泊水环境安全状况仍不容乐观。2017年我国重要湖泊(水库)水质状况见表6.1,营养状态见图6.1和图6.2。

表6.1　2017年重要湖泊(水库)水质状况

水质类别	三湖	重要湖泊	重要水库
Ⅰ类、Ⅱ类	—	红枫湖、高唐湖、邛海、花亭湖、抚仙湖、赛里木湖、班公错、泸沽湖	董铺水库、大伙房水库、山美水库、怀柔水库、白莲河水库、双塔水库、党河水库、解放村水库、大隆水库、龙岩滩水库、里石门水库、鲇鱼山水库、长潭水库、丹江口水库、高州水库、铜山源水库、太平湖、隔河岩水库、龙羊峡水库、千岛湖、松涛水库、漳河水库、湖南镇水库、新丰江水库、大广坝水库
Ⅲ类	—	焦岗湖、南漪湖、西湖、升金湖、瓦埠湖、菜子湖、东钱湖、骆马湖、百花湖、衡水湖、梁子湖、武昌湖、香山湖、阳宗海、万峰湖、洱海、柘林湖	崂山水库、云蒙湖、红崖山水库、三门峡水库、鹤地水库、鸭子荡水库、尔王庄水库、石门水库、瀛湖、昭平台水库、小浪底水库、磨盘山水库、王瑶水库、白龟山水库、密云水库、南湾水库、富水水库、黄龙滩水库、水丰湖、东江水库
Ⅳ类	太湖	高邮湖、阳澄湖、龙感湖、白马湖、小兴凯湖、东平湖、黄大湖、斧头湖、南四湖、鄱阳湖、兴凯湖、洞庭湖、洪湖、镜泊湖、博斯腾湖	于桥水库、玉滩水库、松花湖、峡山水库、察尔森水库、鲁班水库
Ⅴ类	巢湖	杞麓湖、淀山湖、白洋淀、沙湖、洪泽湖、仙女湖	莲花水库
劣Ⅴ类	滇池	异龙湖、星云湖、呼伦湖、乌梁素海、大通湖	—

二、湖泊水环境安全研究进展

目前,关于水环境安全的研究较多。有学者认为,水环境安全问题就是水污染问题;也有学者从水资源的角度阐述水环境安全的概念;还有不少学者将

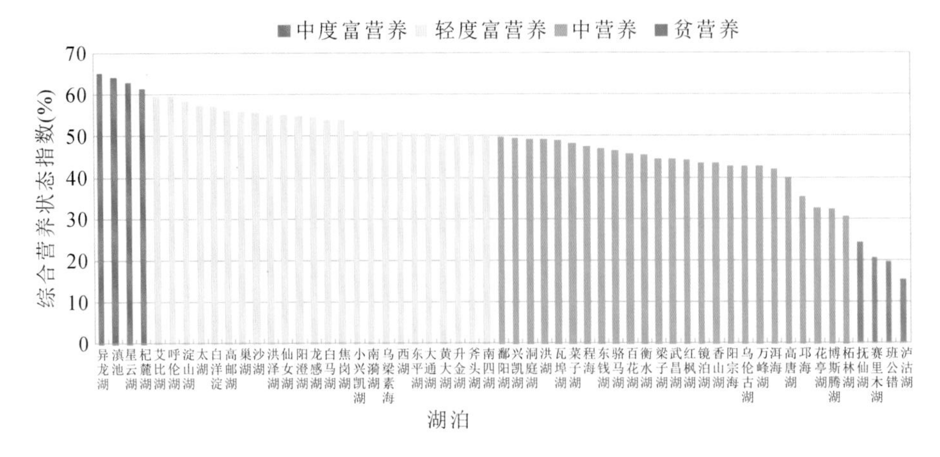

图 6.1　2017 年重要湖泊营养状态比较

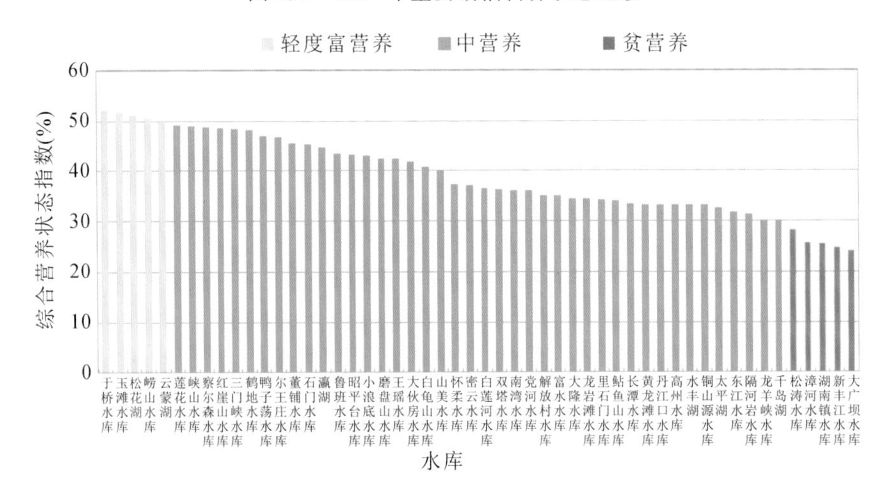

图 6.2　2017 年重要水库营养状态比较

水量与水质统筹考虑，作为水环境安全的评价指标。虽然不同的研究对水环境安全的认识不尽相同，但均认为水质是水环境安全的核心。

湖泊水环境安全常常作为湖泊生态安全的一部分进行研究。2007 年无锡太湖蓝藻事件后，为摸清我国重点湖泊生态安全状况，国家环境保护总局牵头，启动了全国重点湖泊水库生态安全调查及评估项目，对中国六大湖泊（太湖、滇池、巢湖、洞庭湖、鄱阳湖、洪泽湖）和三大水库（三峡水库、丹江口水库和小浪底水库）开展了生态安全调查评估，水环境安全为调查评估的重要内容之一。2014 年，环境保护部印发《湖泊生态安全调查与评估技术指南（试行）》，水质调查被列为湖泊流域生态系统状态调查内容的第一项。近年来，在该指南的指导下，云南蒙自湖、江苏骆马湖、湖北澴东湖、江西洪门水库等地开展了一批湖库生态安全调查评估项目，上述项目均将水质达标情况作为调查评估报告的重要内容。自 2010 年开始，水利部开始推进全国河湖健康评估试点项目，长江水利委员会负责组织、实施并编制完成了《鄱阳湖健康评估报告》和《洞庭湖健康评估报告》，评估报告对两湖水环境安全问题给予了重点关注。

三、鄱阳湖、洞庭湖基本情况

鄱阳湖、洞庭湖地处长江中游地区，均为调蓄洪水的吞吐型湖泊。洞庭湖跨湖南、湖北两省，汇集湘、资、沅、澧四水来水，承接长江荆江河段松滋、太平、藕池、调弦（1958 年冬封堵）四口分流，经调蓄后在城陵矶汇入长江。鄱阳湖位于江西省北部，承纳赣、抚、信、饶、修五河来水，经调蓄后由湖口注入长江，长江高水位时倒灌入湖。洞庭湖在城陵矶站水位 34.40m（吴淞高程，下同）时，湖泊面积 2625km^2，容积 167 亿 m^3。鄱阳湖在湖口站水位 22.59m 时，湖泊面积 3708km^2，容积 303 亿 m^3。水系分布见图 6.3。

图 6.3　鄱阳湖、洞庭湖水系分布影像图

两湖供水和生态功能的发挥与湖区水质有密切关系。本章以鄱阳湖和洞庭湖为代表，开展湖泊水环境安全分析。

第二节　鄱阳湖水环境安全分析

一、鄱阳湖流域概况

鄱阳湖入湖总径流包括“五河七口”赣江、抚河、信江、饶河、修河的入湖水量和湖区未控区间的产流量之和。其中,外洲、李家渡、梅港、虎山、渡峰坑、虬津和万家埠七个水文控制站的集水面积之和占鄱阳湖流域总面积16.22万km^2的84.5%。鄱阳湖流域地理位置见图6.4。鄱阳湖入湖控制站分布见图6.5,各入湖控制站多年平均流量见表6.2。

表6.2 鄱阳湖主要入湖控制站多年平均径流量表

河 名	站 名	集水面积(km^2)	年径流量(亿m^3)	年径流量占湖口比重(%)	年平均流量(m^3/s)
赣江	外洲	80948	678.02	45.60	2150
抚河	李家渡	15811	157	10.56	497
信江	梅港	15535	180	12.11	570
饶河乐安河	虎山	6374	70.8	4.76	224
饶河昌江	渡峰坑	5013	46.2	3.11	146
修水	虬津	9914	88.4	5.95	280
修水潦河	万家埠	3548	35.2	2.37	112
湖区区间		25082	231.3	15.56	733
鄱阳湖	湖口站	162225	1486.92		4712

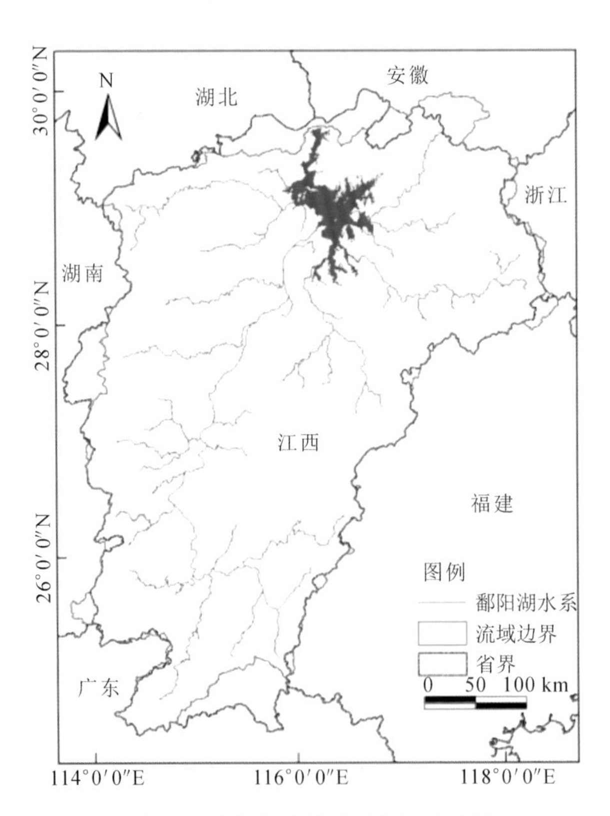

图6.4 鄱阳湖流域地理位置示意图

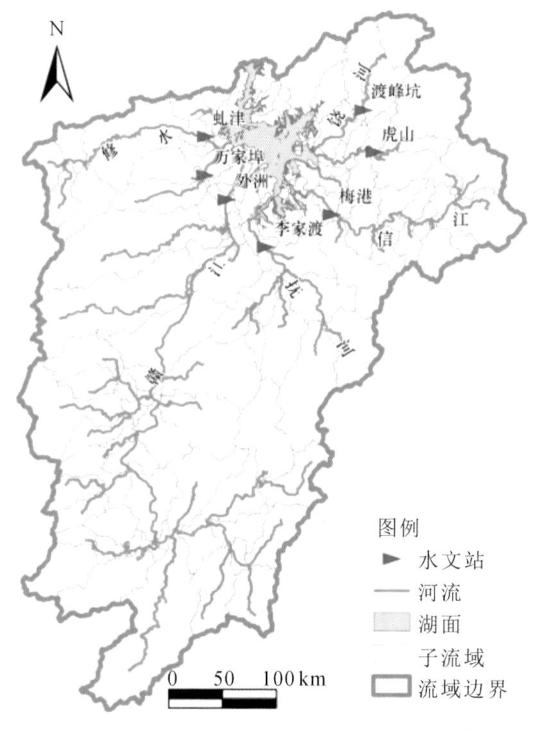

图 6.5 鄱阳湖主要入湖控制站分布示意图

鄱阳湖区范围为湖口水文站防洪控制水位 22.5m 所影响的环鄱阳湖区，包括南昌、新建、永修、德安、星子、湖口、都昌、鄱阳、余干、万年、乐平、进贤、丰城等 13 个县(市)和南昌、九江两市，总面积为 26284km²，占鄱阳湖流域面积的 16.2%。鄱阳湖区范围见图 6.6。

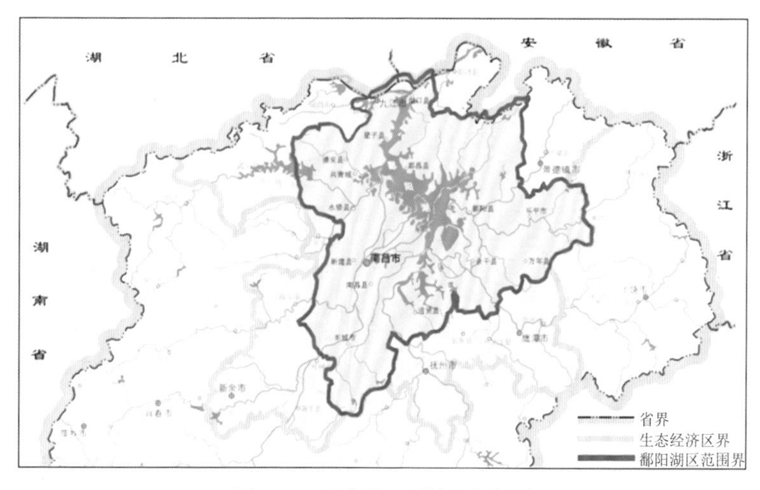

图 6.6 鄱阳湖区范围示意图

二、鄱阳湖流域水环境现状

(一)湖区水环境现状

按照《全国重要江河湖泊水功能区划(2011—2030年)》和《江西省地表水(环境)功能区划》,鄱阳湖区共划分为13个水功能区。根据江西省水环境监测中心2013年对上述13个水功能区的监测成果,全年水质达到或优于Ⅲ类的功能区有4个,占参评功能区总数的30.77%;全年水质为Ⅳ类的功能区有8个,占参评功能区总数的61.54%;全年水质为Ⅴ类的功能区有1个,占参评功能区总数的7.69%。对照水功能区管理目标,采用全指标进行评价,13个水功能区无一达标,主要超标项目为TP。各水功能区水质现状详见表6.3。

表6.3 鄱阳湖区水功能区水质现状评价表

序号	水功能区		水质目标	功能区代表断面	水质现状			达标评价	
	一级	二级			汛期水质	非汛期水质	全年水质	达标评价	超标项目及超标倍数
1	鄱阳湖国家级自然保护区		Ⅱ	蚌湖	Ⅲ	Ⅲ	Ⅲ	不达标	TP(0.9)
2	鄱阳湖南矶湿地国家级自然保护区		Ⅱ	东湖	Ⅲ	Ⅳ	Ⅲ	不达标	TP(0.8) TN(0.3)
3	鄱阳湖都昌候鸟自然保护区		Ⅱ	牛山	Ⅳ	Ⅳ	Ⅳ	不达标	TP(1.3) TN(1.0)
4	鄱阳湖长江江豚保护区		Ⅱ	蛇山	Ⅳ	Ⅴ	Ⅳ	不达标	TP(0.5)
5	鄱阳湖银鱼自然保护区		Ⅱ	雪湖	Ⅳ	Ⅳ	Ⅳ	不达标	氨氮(0.9) TP(0.2) TN(0.2)
6	鄱阳湖鲤鲫鱼产卵场自然保护区		Ⅱ	松门山南	Ⅲ	Ⅴ	Ⅳ	不达标	TP(0.2) TN(0.2)
7	鄱阳湖河蚌自然保护区		Ⅱ	蚌湖内	Ⅲ	Ⅲ	Ⅲ	不达标	TP(0.7)
8	鄱阳湖湖区保留区		Ⅱ	康山	Ⅱ	Ⅲ	Ⅲ	不达标	TP(0.6)
9	鄱阳湖都昌开发利用区	鄱阳湖都昌饮用水源区	Ⅱ~Ⅲ	都昌	Ⅳ	Ⅳ	Ⅳ	不达标	TP(0.9)
10	鄱阳湖星子开发利用区	鄱阳湖星子饮用水源区	Ⅱ~Ⅲ	星子	Ⅳ	Ⅳ	Ⅳ	不达标	TP(0.4)

续表

序号	水功能区		水质目标	功能区代表断面	水质现状			达标评价	
	一级	二级			汛期水质	非汛期水质	全年水质	达标评价	超标项目及超标倍数
11	鄱阳湖湖口开发利用区	鄱阳湖湖口饮用水源区	Ⅱ～Ⅲ	湖口	Ⅳ	Ⅳ	Ⅳ	不达标	TP(0.5)
12	鄱阳湖九江开发利用区	鄱阳湖九江工业用水区	Ⅳ	蛤蟆石	Ⅴ	Ⅴ	Ⅴ	不达标	TP(1.1)
13	鄱阳湖环湖开发利用区	鄱阳湖环湖渔业用水区	Ⅲ	新妙湖	Ⅳ	Ⅳ	Ⅳ	不达标	TP(0.5)

(二)主要入湖支流水质现状

1.赣江水质现状

赣江干流全长823km,流域总面积8.28万km^2,是鄱阳湖水系第一大河流,入湖水量占鄱阳湖总入湖水量的45.6%,亦为长江八大支流之一。

按照《全国重要江河湖泊水功能区划(2011—2030年)》和《江西省地表水(环境)功能区划》,赣江流域共划分为189个水功能区。2013年,江西省水环境监测中心对其中的123个水功能区进行了水质监测和达标评价,结果表明:达标的水功能区有118个,占水功能区参评总数的95.9%;水功能区参评河长2738.1km,达标河长2661.5km,占参评河长的97.2%。

从全年情况来看,污染河段主要分布于赣江赣州市储潭段,濂水安远县羊信江段、安远县西霞山桥段,桃江龙南县峡江口段;汛期污染河段主要分布于桃江龙南县峡江口段;非汛期污染河段主要分布于赣江赣州市储潭段,濂水安远县羊信江段、安远县西霞山桥段,桃江龙南县峡江口段。主要污染物为氨氮和TP。

上述河段水质超标主要是受上游县城生活污水和工业废水排放的影响。赣江赣州市储潭段位于贡水赣州工业用水区,处于赣县县城和赣州市城区下游;濂水安远县羊信江段和安远县西霞山桥段分别位于濂水安远至会昌保留区和濂水小河安远工业用水区,均处于安远县城下游;桃江龙南县峡江口段位于桃江龙南工业用水区,处于龙南县城下游。

2.抚河水质现状

抚河干流李家渡以上段全长344km,流域面积1.58万km^2,是鄱阳湖水系五大支流之一,入湖水量占鄱阳湖总入湖水量的10.56%。

按照《全国重要江河湖泊水功能区划(2011—2030年)》和《江西省地表水(环境)功能区划》,抚河流域共划分为37个水功能区。2013年,江西省水环境监测中心对上述37个水功能区全部开展了水质监测和达标评价，结果表明：达标的水功能区有36个，占水功能区参评总数的97.3%；水功能区参评河长856km，达标河长849.5km，占参评河长的99.24%。

不达标功能区为东乡水的东乡工业用水区，该功能区水质受东乡生活污水、工业废水和流域内养殖废水排放的共同影响，主要超标项目为氨氮。

3.信江水质现状

信江梅港以上干流全长328km，流域面积1.55万km^2，是鄱阳湖水系五大支流之一，入湖水量占鄱阳湖总入湖水量的12.11%。

按照《全国重要江河湖泊水功能区划(2011—2030年)》和《江西省地表水(环境)功能区划》，信江流域共划分为48个水功能区。2013年，江西省水环境监测中心对上述48个水功能区全部开展了水质监测和达标评价，结果表明：达标的水功能区有46个，占水功能区参评总数的95.83%；水功能区参评河长690.1km，达标河长663.9km，占参评河长的96.2%。

不达标水功能区为信江玉山工业用水区和白塔河余江下保留区，超标项目均为氨氮。信江玉山工业用水区水质不达标主要是受玉山县城生活污水和工业废水排放影响；余江下保留区水质不达标主要是受鹰潭市余江区生猪养殖的影响。

三、鄱阳湖流域水环境回顾性评价

(一)湖区水质变化分析

1.总体变化趋势

鄱阳湖水质年际变化情况见图6.7。1985—1998年，鄱阳湖所有水域均可满足Ⅲ类水质标准限值要求，且以Ⅰ、Ⅱ类为主，略呈下降；2003—2007年，不能满足Ⅲ类水质标准限值要求的水域面积持续增加，自2007年已无Ⅰ、Ⅱ类水；2008年后，水质状况有所好转，但亦无Ⅰ、Ⅱ类水。从总体上看，鄱阳湖水质自20世纪80年代中期至今，呈现出下降的趋势。

对不同阶段湖区水质变化原因进行分析，20世纪80年代，鄱阳湖流域以农业生产为主体，工业废污水量较少，鄱阳湖水质以Ⅰ、Ⅱ类为主，平均占85%，Ⅲ类水占15%；90年代鄱阳湖流域降雨偏丰，工业发展初具规模，废污水量相对增加，水质仍以Ⅰ、Ⅱ类水为主，平均占70%，Ⅲ类水占30%；进入21世纪后，特别是2003—2007年，长江上游来水减少，省内降雨也偏少，湖区低水位下降，加之期间鄱阳湖流域经济发展加速，工业化加快，废污水排放量增加，鄱阳湖水

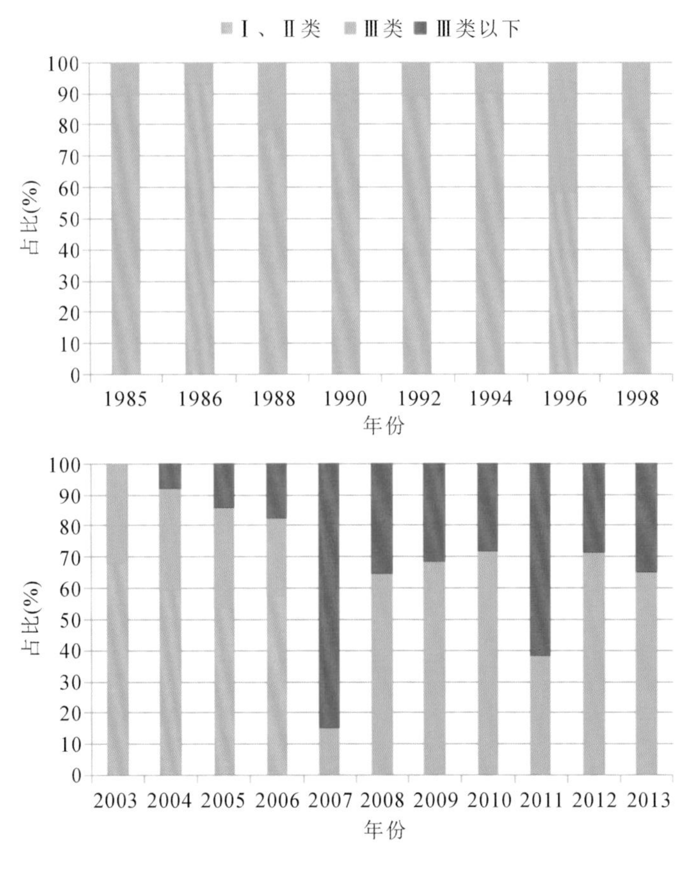

图 6.7　鄱阳湖水质年际变化情况

质加剧恶化，Ⅰ、Ⅱ类水仅占 47.3%，Ⅲ类水占 27.3%，劣Ⅲ类水占 25.4%；2008 年后，长江来水增多，流域类降雨量增大，湖区水位有所回升，且对污染源的治理力度加大，湖区水质状况有所好转。

2.重要断面水质变化

对湖口、都昌、星子、蛤蟆石等 4 个监测点位近年来水质达标情况进行评价，评价标准按照生态环境部与江西省人民政府签订的《水污染防治责任书》中对鄱阳湖水污染防治的考核要求（TP≤0.1mg/L，其他指标按Ⅲ类标准值）。

(1)湖口。湖口监测点位于鄱阳湖入江水道，该断面未监测 TN。湖口断面水质评价结果见图 6.8 至图 6.10。2003 年 6 月—2016 年 12 月，COD_{Mn}各月监测结果均满足Ⅲ类水质标准限值要求；氨氮有 7 个月不满足Ⅲ类水质标准限值要求，占总测次的 4.29%；TP 监测结果有 25 个月不满足 TP≤0.1mg/L 的考核要求，占总测次的 15.34%。

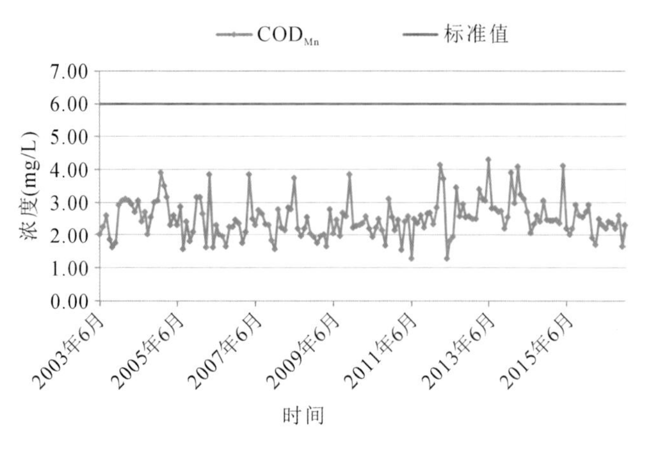

图 6.8　湖口断面 COD_{Mn} 浓度变化情况

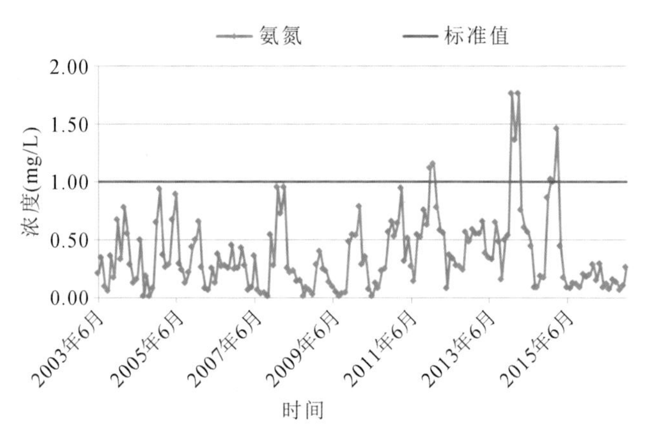

图 6.9　湖口断面氨氮浓度变化情况

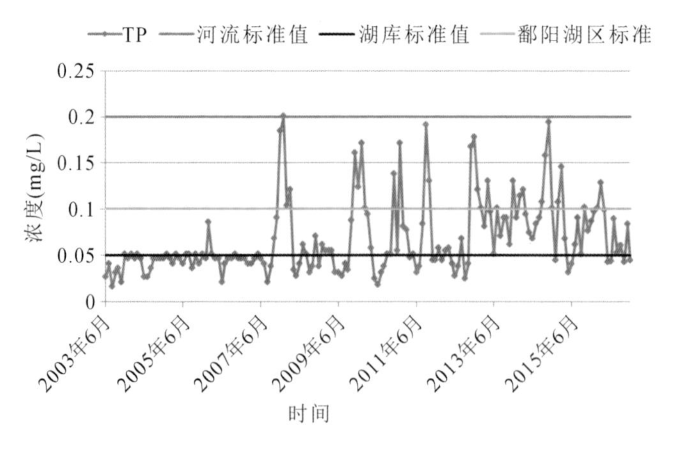

图 6.10　湖口断面 TP 浓度变化情况

(2)都昌。都昌断面水质评价结果见图 6.11 至图 6.14。2015 年 1 月—2016 年 12 月,都昌断面 COD_{Mn} 各月监测结果均满足Ⅲ类水质标准限值要求;氨氮有 2 个月不满足Ⅲ类水质标准限值要求,占总测次的 8.33%;TN 监测结果有 22 个月不满足Ⅲ类水质标准限值要求,占总测次的 91.67%;TP 监测结果有 4 个月不满足 TP≤0.1mg/L 的考核要求,占总测次的 16.67%。

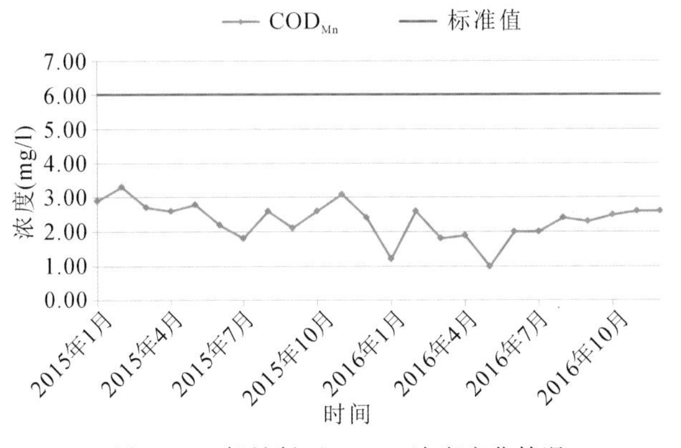

图 6.11　都昌断面 COD_{Mn} 浓度变化情况

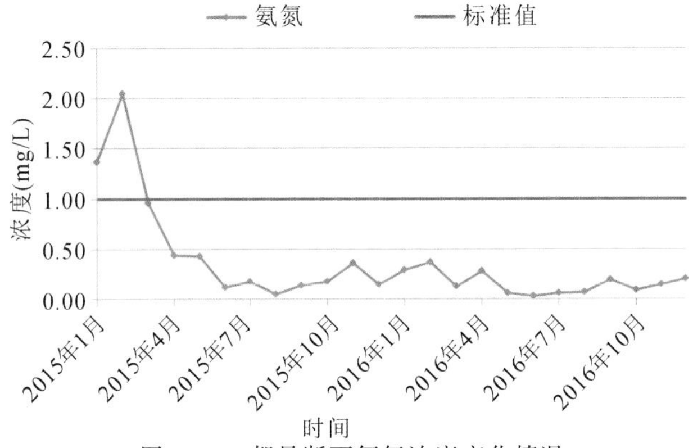

图 6.12　都昌断面氨氮浓度变化情况

(3)星子。星子断面水质评价结果见图 6.15 至图 6.18。2015 年 1 月—2016 年 12 月,星子断面 COD_{Mn} 各月监测结果均满足Ⅲ类水质标准限值要求;氨氮有 1 个月不满足Ⅲ类水质标准限值要求,占总测次的 4.17%;TN 监测结果有 23 个月不满足Ⅲ类水质标准限值要求,占总测次的 95.83%;TP 监测结果有 2 个月不满足 TP≤0.1mg/L 的考核要求,占总测次的 8.33%。

(4)蛤蟆石。蛤蟆石断面水质评价结果见图 6.19 至图 6.22。2015 年 1 月—2016 年 12 月,蛤蟆石断面 COD_{Mn} 各月监测结果均满足Ⅲ类水质标准限值要求;氨氮有 2 个月不满足Ⅲ类水质标准限值要求,占总测次的 8.33%;TN

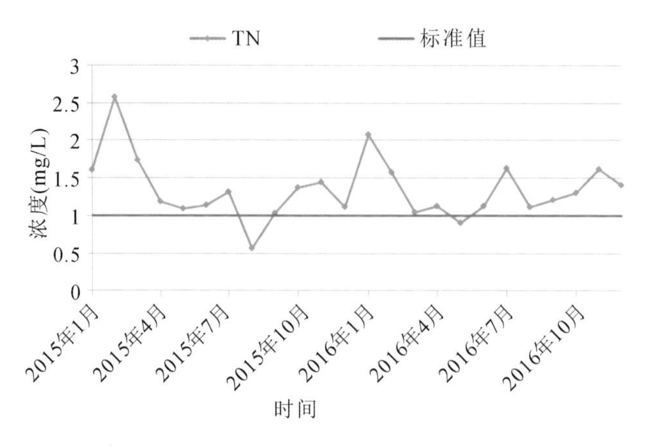

图 6.13　都昌断面 TN 浓度变化情况

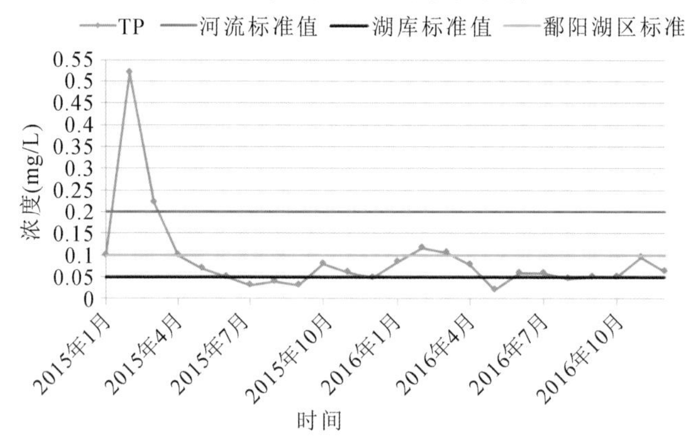

图 6.14　都昌断面 TP 浓度变化情况

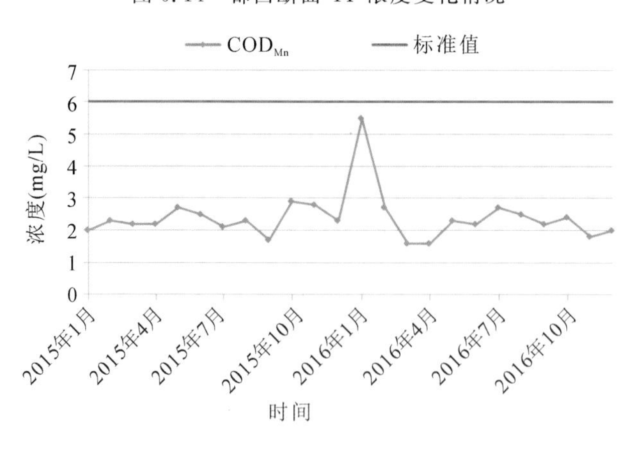

图 6.15　星子断面 COD$_{Mn}$ 浓度变化情况

监测结果有 23 个月不满足Ⅲ类水质标准限值要求，占总测次的 95.83%；TP 监测结果有 6 个月不满足 TP≤0.1mg/L 的考核标准，占总测次的 25%。

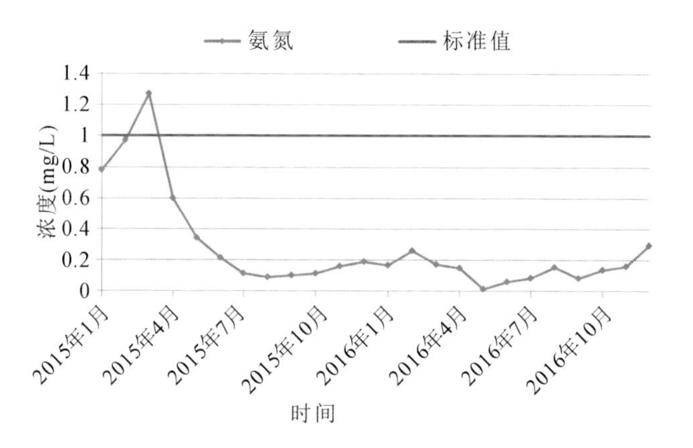

图 6.16 星子断面氨氮浓度变化情况

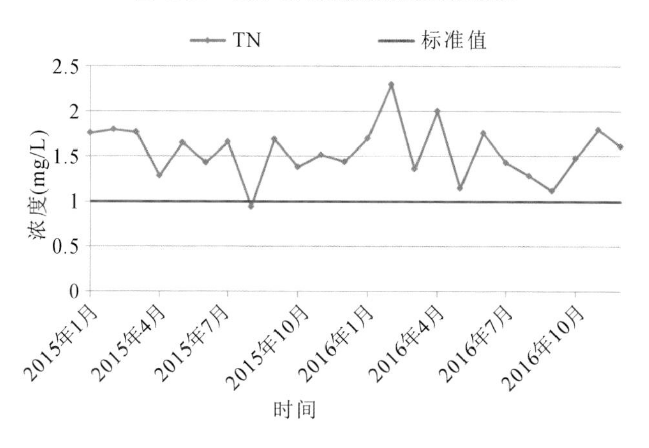

图 6.17 星子断面 TN 浓度变化情况

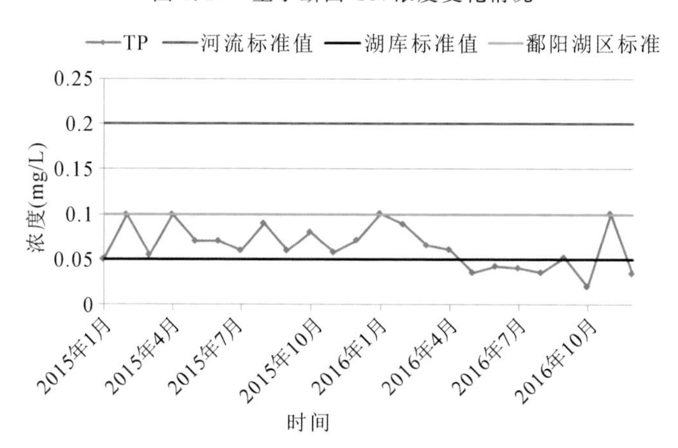

图 6.18 星子断面 TP 浓度变化情况

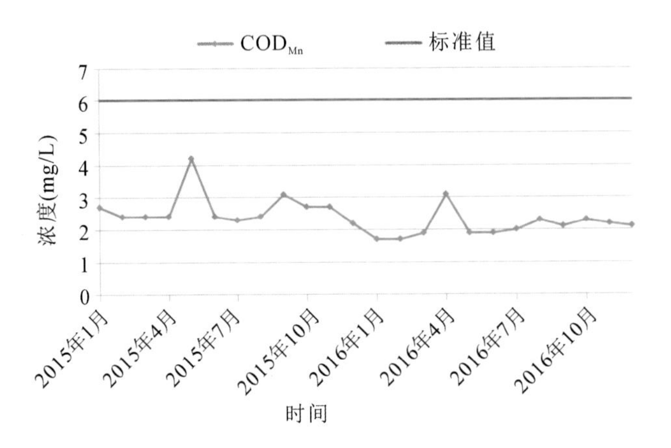

图 6.19 蛤蟆石断面 COD_{Mn} 浓度变化情况

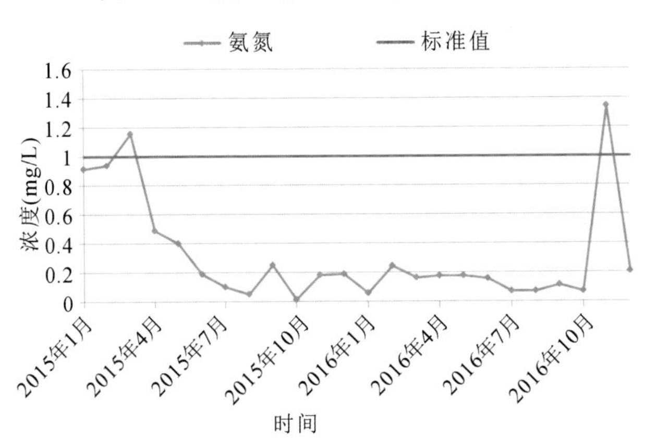

图 6.20 蛤蟆石断面氨氮浓度变化情况

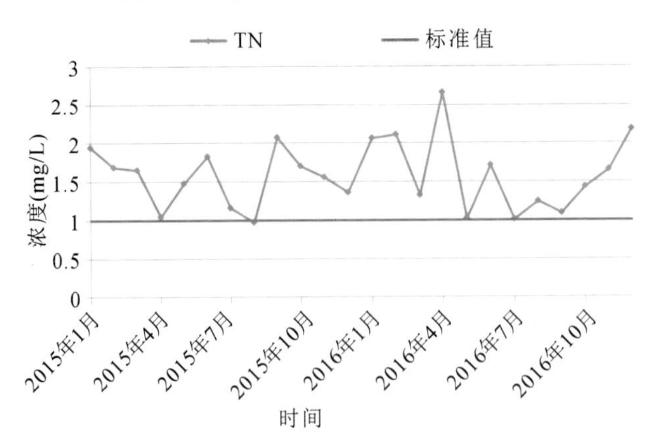

图 6.21 蛤蟆石断面 TN 浓度变化情况

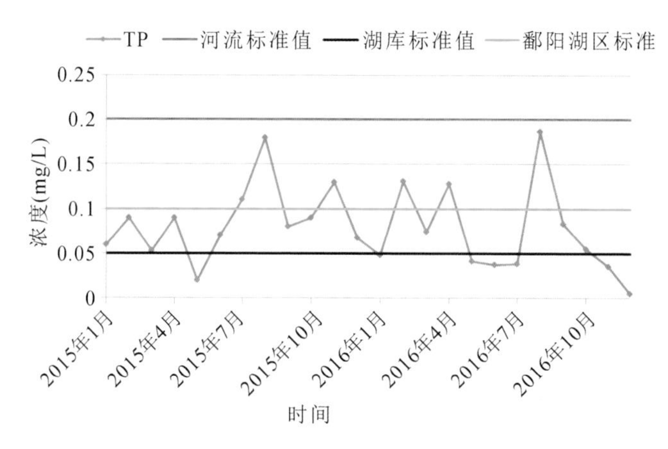

图 6.22 蛤蟆石断面 TP 浓度变化情况

从近年来湖区水质评价结果可以看出，目前湖区主要污染物为 TN 和 TP。

(二)主要入湖支流水质变化分析

1. 赣江

(1)流域总体水质变化情况。2003—2015 年《江西省环境状况公报》显示，2003—2006 年，赣江流域满足Ⅰ～Ⅲ类水质标准的监测断面数量占监测断面总数的 70%左右，流域总体水质为轻度污染；2008—2015 年，赣江流域满足Ⅰ～Ⅲ类水质标准的断面比例基本维持在 80%左右，总体水质维持在良好状态。赣江流域总体水质变化情况见图 6.23。

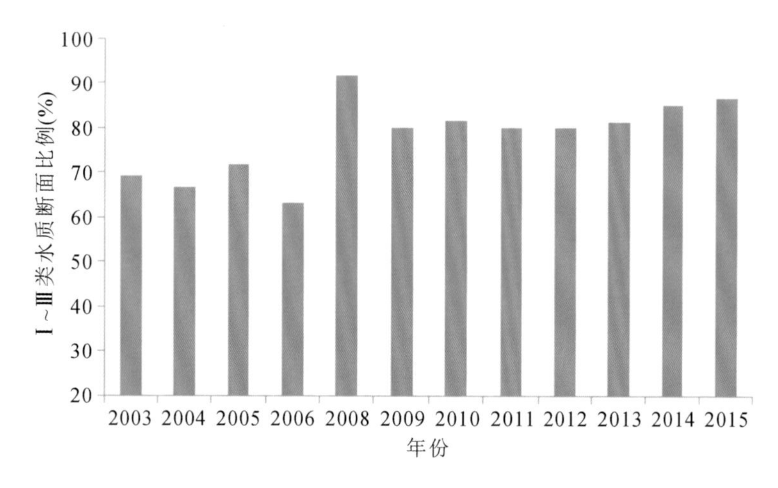

图 6.23 赣江流域满足Ⅰ～Ⅲ类水质标准断面数量占比

(2)入湖控制断面水质情况。外洲断面为赣江入湖水质控制断面，水质管理目标为Ⅲ类。该断面 2015 年 1 月—2016 年 12 月 COD_{Mn}、氨氮、TP 浓度变化情况见图 6.24 至图 6.26。

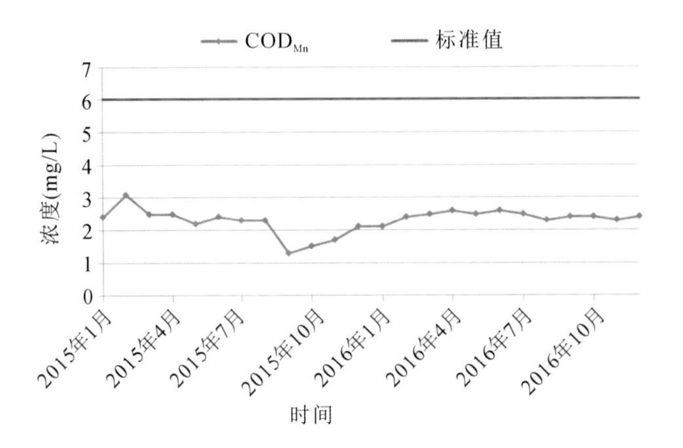

图 6.24　外洲断面 COD_{Mn} 浓度变化情况

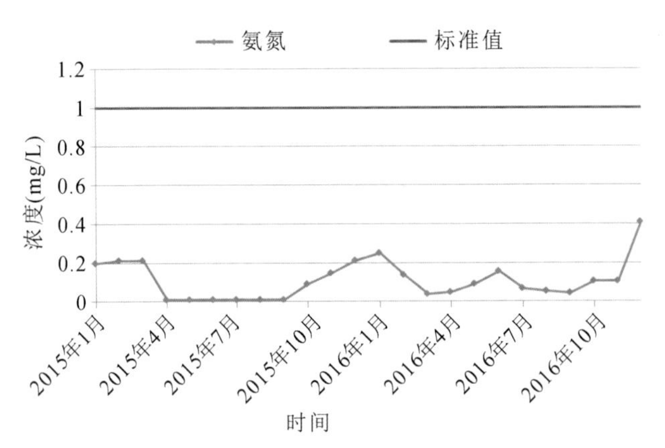

图 6.25　外洲断面氨氮浓度变化情况

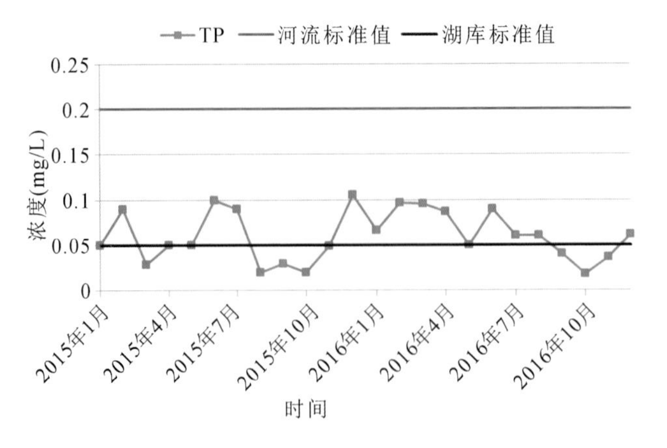

图 6.26　外洲断面 TP 浓度变化情况

2015 年 1 月—2016 年 12 月，外洲断面 COD_{Mn}、氨氮和 TP 各月监测结果均满足Ⅲ类水质标准限值要求。由于河流水质标准和湖泊水质标准在 TP 标准限值上存在较大的差异，若采用湖泊Ⅲ类标准进行评价，外洲断面 TP 达标率为 70.83%；若参考国家对江西省地表水污染防治考核要求的鄱阳湖湖区 TP≤0.1mg/L进行评价，外洲断面 TP 达标率为 95.83%。

2. 抚河

(1)流域总体水质变化情况。2002—2015 年《江西省环境状况公报》显示，2004 年之前，抚河流域满足Ⅰ～Ⅲ类水质标准的监测断面数量占监测断面总数的 62%以下，流域总体水质为轻度污染；2004—2007 年，抚河流域满足Ⅰ～Ⅲ类水质标准的断面比例逐年增加，流域总体水质由轻度污染逐步好转为优；2007 年和 2008 年，抚河流域所用水质监测断面均满足Ⅰ～Ⅲ类水质标准；2008 年后，抚河流域满足Ⅰ～Ⅲ类水质标准的断面比例有所降低，但基本维持在 80%左右，总体水质维持在良好状态，流域水质状况趋于稳定。抚河流域总体水质变化情况见图 6.27。

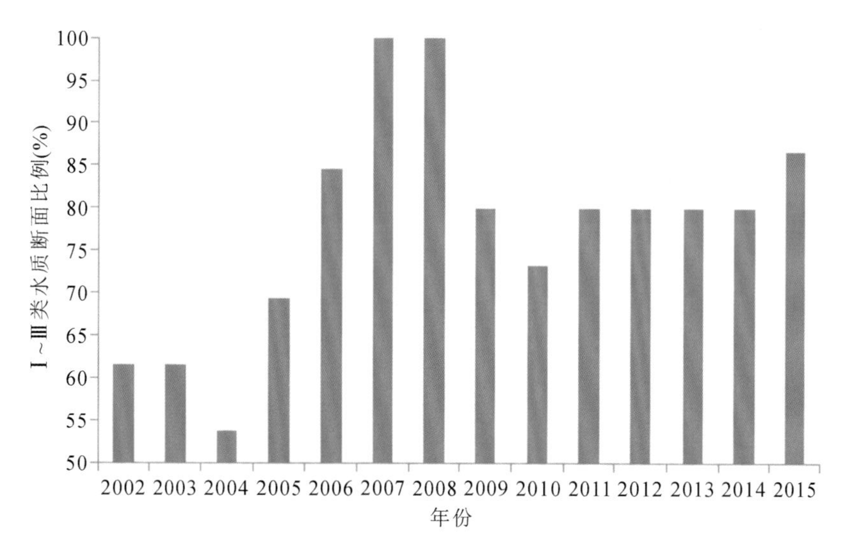

图 6.27 抚河流域满足Ⅰ～Ⅲ类水质标准断面数量占比

(2)入湖控制断面水质情况。李家渡断面为抚河入湖水质控制断面，水质管理目标为Ⅲ类。该断面 2003 年 6 月—2017 年 1 月 COD_{Mn}、氨氮、TP 浓度变化情况见图 6.28 至图 6.30。

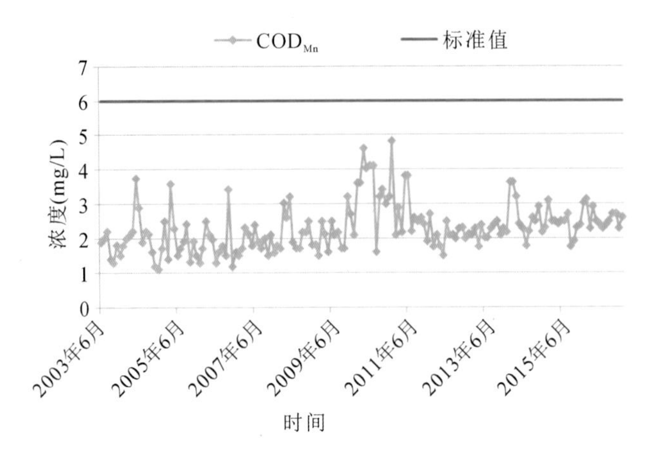

图 6.28　李家渡断面 COD_{Mn} 浓度变化情况

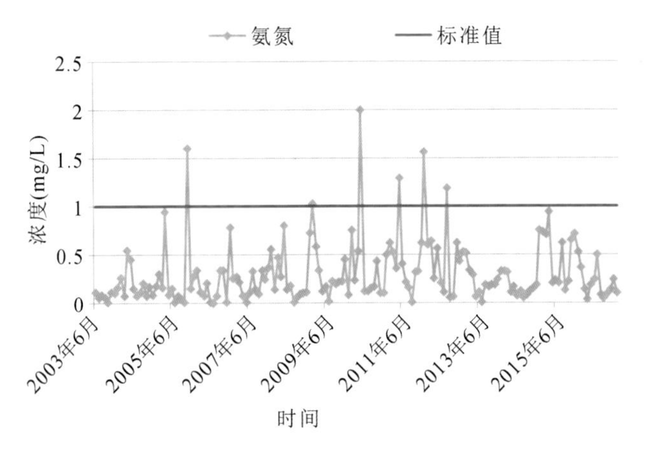

图 6.29　李家渡断面氨氮浓度变化情况

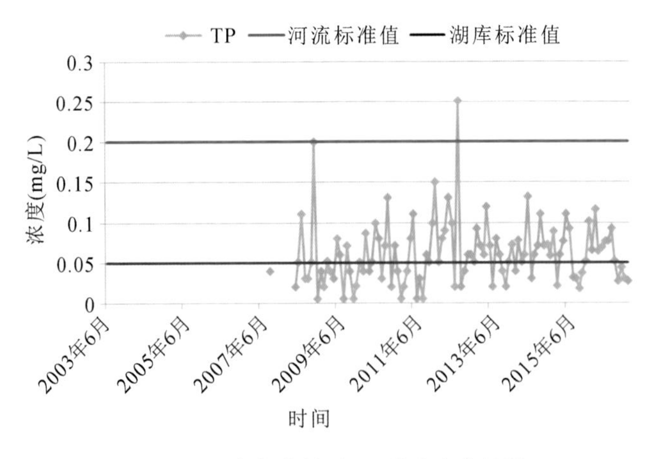

图 6.30　李家渡断面 TP 浓度变化情况

2003 年 6 月—2017 年 1 月，李家渡断面 COD_{Mn} 各月监测结果均满足Ⅲ类水质标准限值要求；氨氮监测结果有 6 个月不满足Ⅲ类水质标准限值要求，占总测次的 3.66%；TP 监测结果有 1 个月不满足Ⅲ类水质标准限值要求，占总测次的 0.94%。总体上看，李家渡断面水质基本能够稳定满足地表水Ⅲ类水质标准限值要求。若考虑河流水质标准和湖泊水质标准在 TP 标准限值上存在的差异，采用湖泊Ⅲ类标准进行评价，李家渡断面 TP 达标率为38.68%，满足国家对鄱阳湖湖区水污染防治考核要求 TP≤0.1mg/L 的达标率为 87.74%。

3.信江

(1)流域总体水质变化情况。根据 2002—2015 年《江西省环境状况公报》，2002—2007 年，信江流域监测断面均满足Ⅰ～Ⅲ类水质标准，2009—2015 年水质达标率有所降低，但基本稳定在 80%以上，总体水质维持在良好状态。信江流域总体水质变化情况见图 6.31。

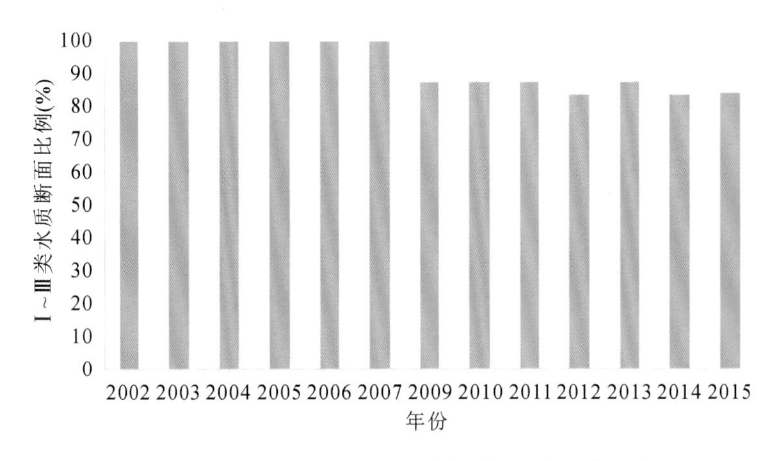

图 6.31　信江流域满足Ⅰ～Ⅲ类水质标准断面数量占比

(2)入湖控制断面水质情况。梅港断面为信江入湖水质控制断面，水质管理目标为Ⅲ类。该断面 2008 年 1 月—2016 年 12 月逐月 COD_{Mn}、氨氮、TP 浓度变化情况见图 6.32 至图 6.34。

2008 年 1 月—2016 年 12 月，梅港断面 COD_{Mn} 和氨氮各月监测结果均满足Ⅲ类水质标准限值要求；TP 监测结果有 8 个月不满足Ⅲ类水质标准限值要求，占总测次的 7.41%。总体上看，梅港断面水质基本能够稳定满足地表水Ⅲ类水质标准限值要求。但如果考虑河流水质标准和湖泊水质标准在 TP 标准限值上存在的差异，若采用湖泊Ⅲ类标准进行评价，梅港断面 TP 达标率仅为 16.70%。

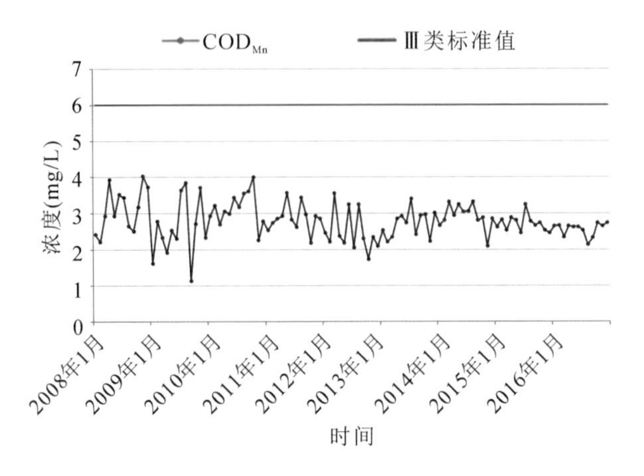

图 6.32　梅港断面 COD_{Mn}浓度变化情况

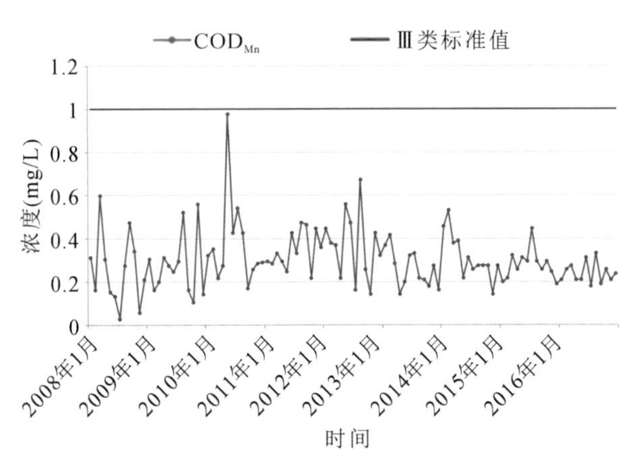

图 6.33　梅港断面氨氮浓度变化情况

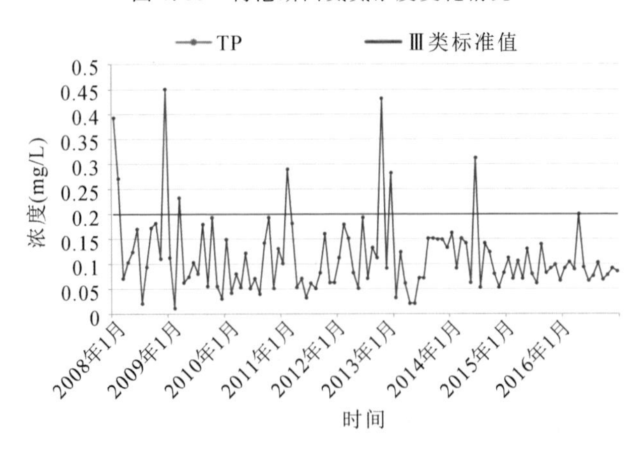

图 6.34　梅港断面 TP 浓度变化情况

四、鄱阳湖流域面临的主要水环境问题

鄱阳湖水质自20世纪80年代中期至今，总体呈现出下降的趋势，主要污染物为TP。近年来，江西省采取了一系列措施力保“一湖清水”，随着流域工业转型升级的加快，治污力度加大，鄱阳湖水质得到很大改善。目前湖区水功能区水质总体能够满足Ⅳ类水质要求，水环境质量在全国大型湖泊中处于较高水平，但与水功能区水质管理目标仍有一定差距，且近年鄱阳湖低枯水位更是使得枯水期水环境容量减少，水体自净能力下降，加剧了枯水期的水环境问题。

赣江、抚河、信江等主要入湖河流现状水功能区水质达标率均为95%以上，但若考虑河流水质标准和湖泊水质标准在TP标准限值上存在的差异，采用湖泊标准和国家对鄱阳湖湖区的水质考核要求，对入湖控制断面水质进行评价，入湖河流TP浓度达标率仍然偏低。而入湖河流TP浓度偏高是影响鄱阳湖水环境安全的重要因素之一。

第三节　洞庭湖水环境安全分析

一、洞庭湖流域概况

洞庭湖位于荆江河段南岸、湖南省北部，汇集湘、资、沅、澧四水及直接入湖的湖周中小河流，承接经松滋、太平、藕池、三口分流（调弦口于1958年冬封堵），在城陵矶附近汇入长江。洞庭湖水面面积约2625km^2，为我国第二大淡水湖，流域面积26.28万km^2，占长江流域总面积的14.6%。其中：在湖南省境内的有20.48万km^2，占78%；在贵州省境内的有3.04万km^2，占11.6%；其余10.4%属桂、川、鄂、赣、粤诸省（区）。洞庭湖水系概况见图6.35，出、入湖主要水文站分布见图6.36。

对各入湖控制站1956—2013年水文资料进行统计，四水多年平均入湖总径流量占四水三口入湖总径流量的66.58%，其中湘江流域多年平均入湖径流量占四水三口入湖总径流量的26.27%，统计结果详见表6.4。

图 6.35 洞庭湖水系示意图

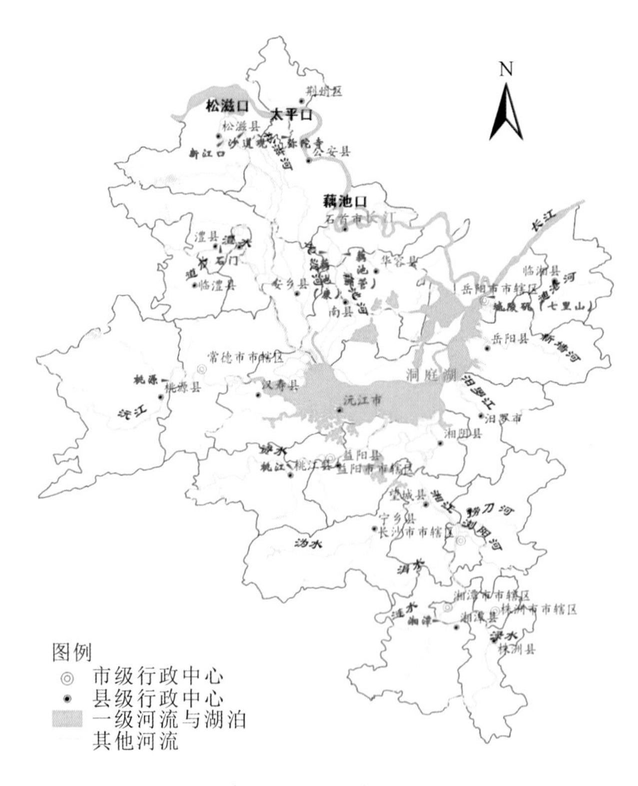

图 6.36 洞庭湖主要出、入湖控制站分布示意图

表 6.4　洞庭湖水系四水三口入湖径流量情况

河名		站名	年径流量(亿 m^3)	年径流量占四水三口总入湖量比重(%)
四水	湘江	湘潭	649.1	26.27
	资水	桃江	223	9.02
	沅江	桃源	628.4	25.43
	澧水	石门	144.8	5.86
小计			1645.3	66.58
三口	松滋口	新江口	294.4	11.91
		沙道观	98.1	3.97
	太平口	弥陀寺	148.9	6.03
	藕池口	康家岗	17.6	0.71
		管家铺	266.9	10.80
小计			825.9	33.42
合计			2471.2	100

二、洞庭湖流域水环境现状

(一)湖区水环境现状

按照《全国重要江河湖泊水功能区划(2011—2030 年)》《湖北省水功能区划》《湖南省水功能区划》,洞庭湖区共划分为 38 个水功能区,其中湖泊水功能区 3 个,分别为东洞庭湖自然保护区、南洞庭湖湿地生态保护区和目平湖湿地保护区,其余为四水尾闾和三口水系。依据长江流域水环境监测中心和湖南、湖北两省水环境监测中心 2015 年对上述 38 个水功能区的监测成果,全年水质达到或优于Ⅲ类的功能区有 31 个,占参评功能区总数的 81.58%;全年水质为Ⅳ类的功能区有 5 个,占参评功能区总数的 13.16%;全年水质为Ⅴ类的功能区有 2 个,占参评功能区总数的 5.26%。对照水功能区管理目标,采用全指标进行评价,达标的水功能区 31 个,占功能区总数的 81.58%,但有 3 个湖泊水功能区全年水质为Ⅳ~Ⅴ类,无一达标,主要超标项目为 TP。各水功能区水质现状详见表 6.5。

表 6.5　洞庭湖区水功能区水质现状评价表

序号	水功能区		水质目标	水质现状			达标评价	
	一级	二级		汛期水质	非汛期水质	全年水质	达标评价	超标项目
1	东洞庭湖自然保护区		Ⅲ	Ⅳ	Ⅳ	Ⅳ	不达标	TP
2	南洞庭湖湿地生态保护区		Ⅲ	Ⅳ	Ⅳ	Ⅳ	不达标	TP

续表

序号	水功能区		水质目标	水质现状			达标评价	
	一级	二级		汛期水质	非汛期水质	全年水质	达标评价	超标项目
3	目平湖湿地保护区		Ⅲ	Ⅴ	Ⅲ	Ⅴ	不达标	TP
4	松滋东河保留区		Ⅲ	Ⅳ	Ⅳ	Ⅳ	不达标	COD_{Mn}、五日生化需氧量、氨氮
5	沅江常德、汉寿保留区		Ⅲ	Ⅱ	Ⅱ	Ⅱ	达标	
6	汨罗江东源修水、平江源头水保护区		Ⅱ	Ⅱ	Ⅱ	Ⅱ	达标	
7	汨罗江平江保留区		Ⅲ	Ⅱ	Ⅲ	Ⅲ	达标	
8	汨罗江汨罗开发利用区	汨罗江汨罗市饮用水源区	Ⅲ	Ⅱ	Ⅲ	Ⅲ	达标	
9	汨罗江汨罗保留区		Ⅲ	Ⅲ	Ⅲ	Ⅲ	达标	
10	湘江洪道东支保留区		Ⅲ	Ⅲ	Ⅲ	Ⅲ	达标	
11	湘江洪道西支保留区		Ⅲ	Ⅲ	Ⅲ	Ⅲ	达标	
12	资水洪道沙杨保留区		Ⅲ	Ⅲ	Ⅲ	Ⅲ	达标	
13	资水洪道甘溪港保留区		Ⅲ	Ⅲ	Ⅲ	Ⅲ	达标	
14	资水洪道毛角口保留区		Ⅲ	Ⅲ	Ⅲ	Ⅲ	达标	
15	澧水洪道保留区		Ⅲ	Ⅲ	Ⅲ	Ⅲ	达标	
16	松滋东河（东支）鄂湘缓冲区		Ⅲ	Ⅲ	Ⅱ	Ⅲ	达标	
17	松滋河（东支）安乡保留区		Ⅲ	Ⅲ	Ⅱ	Ⅲ	达标	
18	松滋西河保留区		Ⅲ	Ⅲ	Ⅲ	Ⅲ	达标	
19	松滋西河鄂湘缓冲区		Ⅲ	Ⅲ	Ⅱ	Ⅱ	达标	
20	松滋西河（中支）安乡保留区		Ⅲ	Ⅲ	Ⅱ	Ⅲ	达标	

续表

序号	水功能区		水质目标	水质现状			达标评价	
	一级	二级		汛期水质	非汛期水质	全年水质	达标评价	超标项目
21	松滋西河(西支)安乡保留区		Ⅲ	Ⅲ	Ⅲ	Ⅲ	达标	
22	虎渡河保留区		Ⅲ	Ⅲ	Ⅲ	Ⅲ	达标	
23	虎渡河鄂湘缓冲区		Ⅲ	Ⅲ	Ⅱ	Ⅱ	达标	
24	虎渡河安乡保留区		Ⅲ	Ⅳ	Ⅴ	Ⅴ	不达标	COD_{Mn}、氨氮
25	藕池河(东支)保留区		Ⅲ	Ⅳ	Ⅴ	Ⅳ	不达标	五日生化需氧量
26	藕池河(东支)鄂湘缓冲区		Ⅲ	Ⅳ	Ⅳ	Ⅳ	不达标	COD_{Mn}、五日生化需氧量、TP、氨氮
27	藕池河(东支)华容保留区		Ⅲ	Ⅲ	Ⅲ	Ⅲ	达标	
28	鲇鱼须河湘鄂缓冲区		Ⅲ	Ⅱ	Ⅱ	Ⅱ	达标	
29	鲇鱼须河华容保留区		Ⅲ	Ⅲ	Ⅲ	Ⅲ	达标	
30	藕池河(中支)鄂湘缓冲区		Ⅲ	Ⅱ	Ⅱ	Ⅱ	达标	
31	藕池河(中支)南县保留区		Ⅲ	Ⅲ	Ⅲ	Ⅲ	达标	
32	藕池河(西支)鄂湘缓冲区		Ⅲ	Ⅲ	Ⅲ	Ⅲ	达标	
33	藕池河(西支)安乡、南县保留区		Ⅲ	Ⅲ	Ⅲ	Ⅲ	达标	
34	淹水松滋保留区		Ⅱ	Ⅱ	Ⅱ	Ⅱ	达标	
35	新墙河铁山水库源头水保护区		II	Ⅱ	Ⅱ	Ⅱ	达标	
36	新墙河岳阳保留区		Ⅲ	Ⅲ	Ⅲ	Ⅲ	达标	
37	沱江南县保留区		Ⅲ	Ⅲ	Ⅲ	Ⅲ	达标	
38	汨罗江修水县源头水保护区		Ⅱ	Ⅱ	Ⅱ	Ⅱ	达标	

（二）主要入湖支流水质现状

1. 湘江水质现状

湘江干流全长856km，流域总面积9.46万km^2，是洞庭湖水系中流域面积最大的河流，入湖水量占“四水三口”总入湖水量的26.27％。流域涉及湖南、广西、江西、广东四省（自治区），各省（自治区）面积分别占流域面积的90.03％、7.43％、2.44％、0.10％。

根据国务院批复的《全国重要江河湖泊水功能区划（2011—2030年）》，湘江流域共划分为71个水功能区。2013年，长江流域水环境监测中心对其中的61个水功能区进行了水质监测和达标评价，结果表明：达标的水功能区有51个，占参评水功能区总数的83.61％；水功能区参评河长2803.5km，达标河长2543.6km，占参评河长的90.73％。

未达标水功能区主要分布在湘江流域下游干支流的城市河段，包括湘江湘潭城区饮用工业用水区、湘江湘潭昭山暮云过渡区、渌水萍乡工业用水区、渌水醴陵株洲保留区、涟水涟源工业用水区、涟水娄底涟钢饮用水源区、涟水娄底娄星工业用水区、涟水湘乡城区工业用水区、涟水湘乡湘潭保留区、济阳河济阳长沙保留区，超标因子包括氨氮、石油类、挥发酚、氟化物，主要是受工业废水排放影响。

2. 资水水质现状

资水发源于湖南省城步县黄马界，河流长653km，流域面积2.81万km^2，是洞庭湖水系的第三大支流，入湖水量占“四水三口”总入湖水量的9.02％。资水流域面积的95.3％位于湖南省境内，其余位于广西壮族自治区境内。

按照《全国重要江河湖泊水功能区划（2011—2030年）》，资水流域共划分为21个水功能区。2013年，长江流域水环境监测中心对上述21个水功能区开展了水质监测和达标评价，结果表明：达标的水功能区有17个，占参评水功能区总数的80.95％；水功能区参评河长895km，达标河长740.5km，占参评河长的82.74％。

未达标功能区中，资水（夫夷水）源头水保护区和赧水城步、武岗源头水保护区主要为农业面源污染导致TP超标；资水邵阳、冷水江保留区和资水益阳西流湾饮用水源区主要因新邵、桃江和益阳等区域的工矿业含汞废水排放导致其水体内汞超标。

3. 沅江水质现状

沅江发源于贵州省东南部，自西南流向东北，于湖南常德德山注入洞庭湖，干流全长 1028km，流域总面积8.98 万 km^2，为洞庭湖湘、资、沅、澧四水中的第二大水系，入湖水量占“四水三口”总入湖水量的 25.43%。流域涉及湖南、贵州、重庆、湖北、广西 5 省（自治区、直辖市）的 64 个县（市、区），5 省（自治区、直辖市）占流域面积分别为 58.17%、33.67%、5.16%、2.98%、0.02%。

按照《全国重要江河湖泊水功能区划（2011—2030 年）》，长江流域共划分为 58 个水功能区。2013 年，长江流域水环境监测中心对其中 51 个水功能区开展了水质监测和达标评价，结果表明：达标的水功能区有 43 个，占水功能区参评总数的84.3%；水功能区参评河长 2204.6km，达标河长 2045.8km，占参评河长的 92.8%。

未达标功能区为沅江（清水江）都匀小围寨下游过渡区、沅江（清水江）黔湘缓冲区、辰水江口铜仁保留区、辰水铜仁开发利用区、花垣河（松桃河）松桃开发利用区以及花垣河花垣、保靖保留区，超标项目主要为氨氮、TP。

三、洞庭湖流域水环境回顾性评价

（一）湖区水质变化分析

1.总体变化趋势

根据长江流域水环境监测中心监测数据，2003—2010 年间，洞庭湖区水质较差，除 2006 和 2007 年等部分年的部分站点水质优于Ⅲ类外，均为Ⅳ～Ⅴ类水体；从总体上看，2010 年后，随着湖区治污力度的加大，湖区水质总体呈改善趋势，Ⅰ～Ⅲ类水体出现的比例开始增加（图 6.37），但达到或优于Ⅲ类水质的水体增加主要是在湖区的四水尾闾河道，洞庭湖湖体水质仍呈现恶化趋势，目前湖体已无Ⅰ～Ⅲ类水体。

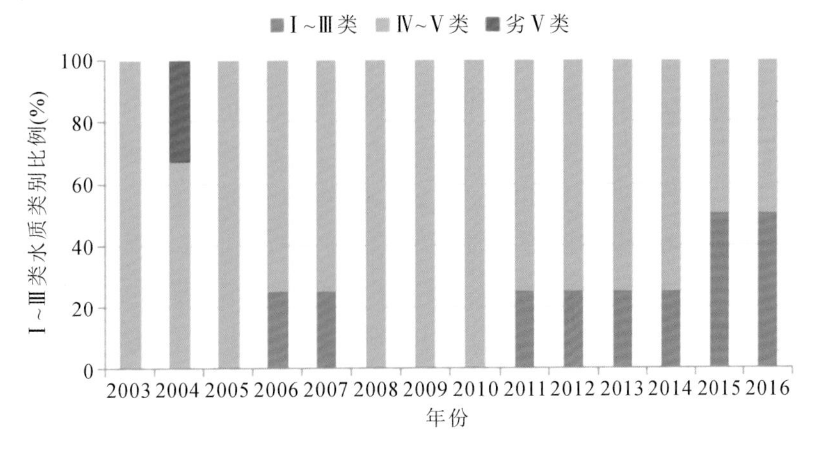

图 6.37　洞庭湖区总体水质情况

依据湖区水质现状分析成果，TP是洞庭湖主要的污染因子，主要来源为四水三口河流沿岸及洞庭湖周边的农业面源污染和城镇生活污水排放。

2.湖区断面营养状态变化

采用洞庭湖湖内城陵矶（七里山）、小河咀、南嘴三个监测断面2003—2014年的水质监测数据，根据《地表水资源质量评价技术规程》推荐的评价方法，分析评价营养化状态变化情况（图6.38至图6.40）。

（1）城陵矶（七里山）。城陵矶（七里山）断面主要反应东洞庭湖水质状况。从整体上分析，2005—2009年城陵矶断面营养化状态指数呈逐渐降低的态势，2010—2014年营养化状态指数呈上升的趋势。非汛期，城陵矶（七里山）断面营养化水平常年高于汛期，说明东洞庭湖水质主要受周边点源入河污染物的影响，在汛期湖区水量增大的情况下，入河污染物被稀释，七里山断面营养化水平有所降低。

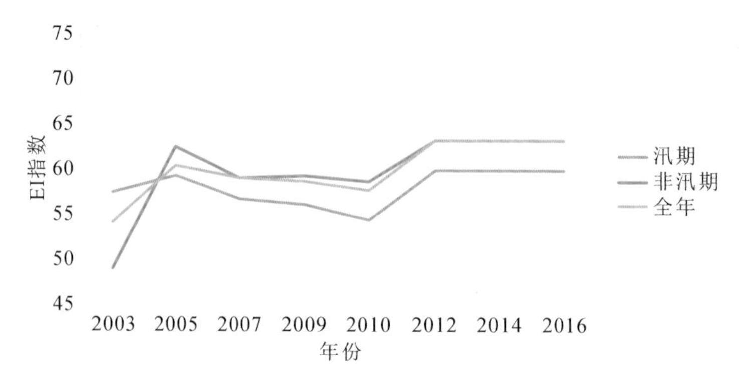

图6.38　城陵矶（七里山）断面营养化状态变化图

（2）小河咀。小河咀断面主要反应南洞庭湖水质状况。从整体上分析，2005—2009年小河咀断面营养化状态指数呈逐渐降低的态势，2010—2014年营养化状态指数呈上升趋势。非汛期，小河咀断面营养化水平高于汛期，说明南洞庭湖水质主要受周边点源入河污染物的影响，在汛期湖区水量增大的情况下，入河污染物被稀释，小河咀断面营养化水平有所降低。

（3）南嘴。南嘴断面主要反映目平湖区水质的状态。从整体上分析，2003—2009年南嘴断面营养化状态指数呈逐渐降低的态势，2010—2014年营养化状态指数呈上升趋势。总体上看，汛期营养化水平高于非汛期和全年，主要是由于“三口”河口逐渐淤积后，非汛期河道内污染物难以全部进入洞庭湖，而在汛期，随着长江干流洪水通过“三口”进入洞庭湖，也将“三口”内滞留的污染物冲进洞庭湖，造成入洞庭湖口的营养水平升高。

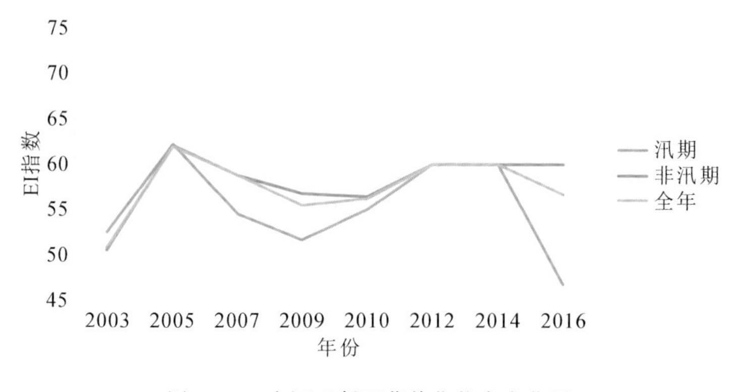

图 6.39　小河咀断面营养化状态变化图

图 6.40　南嘴断面营养化状态变化图

(二)主要入湖支流水质变化分析

1. 湘江

(1)流域总体水质变化情况。2005—2016 年的水质监测统计结果(图6.41)显示:湘江流域满足Ⅰ～Ⅲ类水质标准断面数量占比总体呈上升趋势,流域水质总体趋好。2005 年流域满足Ⅰ～Ⅲ类水质标准断面数量占比为 50%,水质状况为轻度污染;2006—2016 年流域满足Ⅰ～Ⅲ类水质标准断面数量占比均保持在 75%以上,流域水质状况为优质或良好。

(2)入湖控制断面水质情况。湘潭断面为湘江入湖水质控制断面,水质管理目标为Ⅲ类。该断面 2007 年 1 月—2016 年 12 月 COD_{Mn}、氨氮、TP 浓度变化情况见图 6.42 至图 6.44。

2007 年 1 月—2016 年 12 月,湘潭断面 COD_{Mn}各月监测结果均满足Ⅲ类水质标准限值要求;氨氮有 15 个月不满足Ⅲ类水质标准限值要求,占总测次的 12.5%;TP 监测结果有 2 个月不满足河流Ⅲ类水质标准限值要求,占总测次的 1.67%。总体上看,湘潭断面水质基本能够稳定满足Ⅲ类水质标准限值要求。

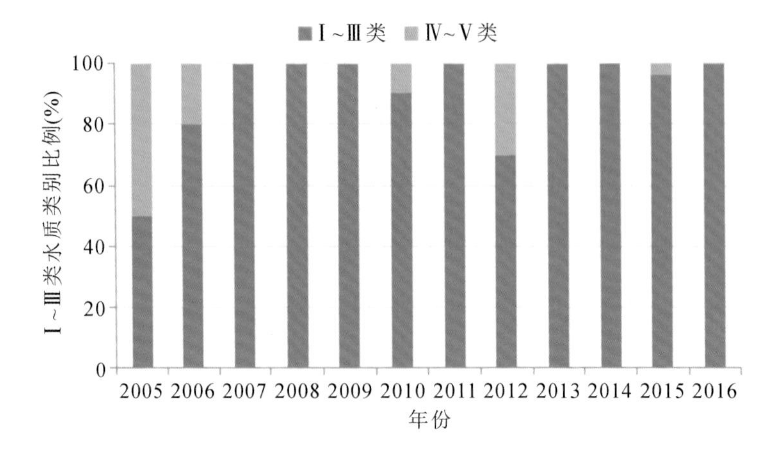

图 6.41　2005—2016 年湘江流域总体水质情况

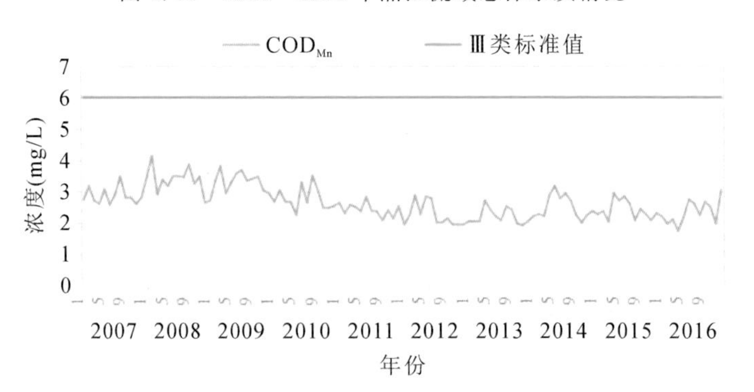

图 6.42　湘潭断面 COD_{Mn} 浓度变化情况

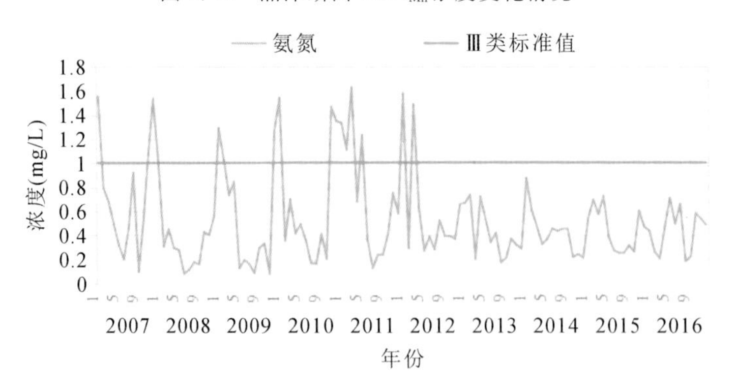

图 6.43　湘潭断面氨氮浓度变化情况

2.资水

(1)流域总体水质变化情况。根据资水流域 2003—2016 年水质监测结果，流域水质总体较好，在 2003—2016 年的 14 年间，除 2006—2008 年部分断面出现Ⅳ或Ⅴ类水质外，其余年份水质均为Ⅰ～Ⅲ类，见图 6.45。

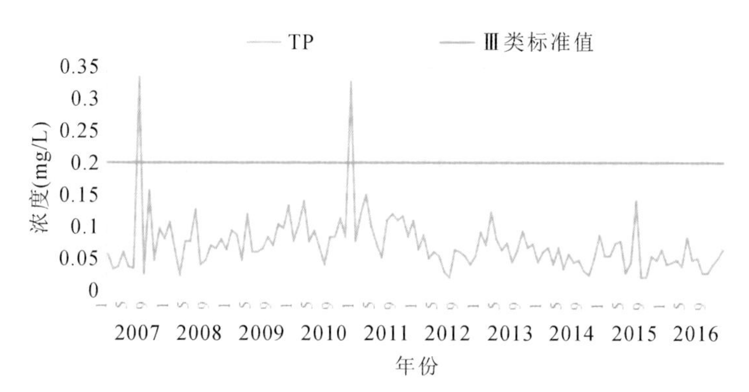

图 6.44 湘潭断面 TP 浓度变化情况

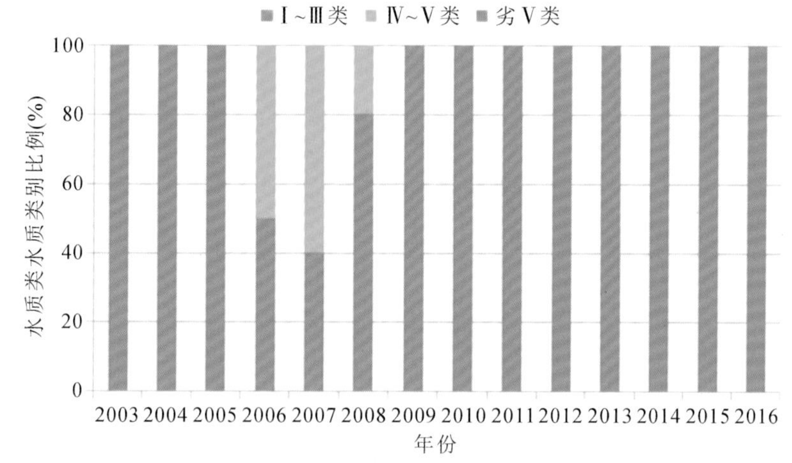

图 6.45 资水流域总体水质状况

(2)入湖控制断面水质情况。万家嘴断面为资水入湖控制断面,水质目标Ⅲ类。该断面 2012 年 1 月—2013 年 12 月 COD_{Mn}、氨氮、TP 浓度变化情况见图 6.46 至图6.48。

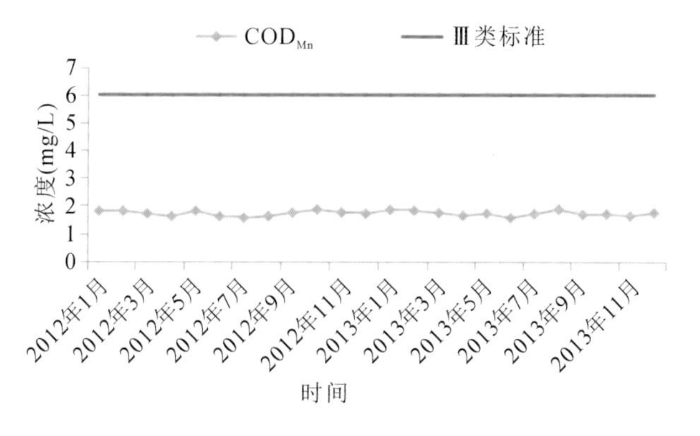

图 6.46 万家嘴断面 COD_{Mn} 浓度变化情况

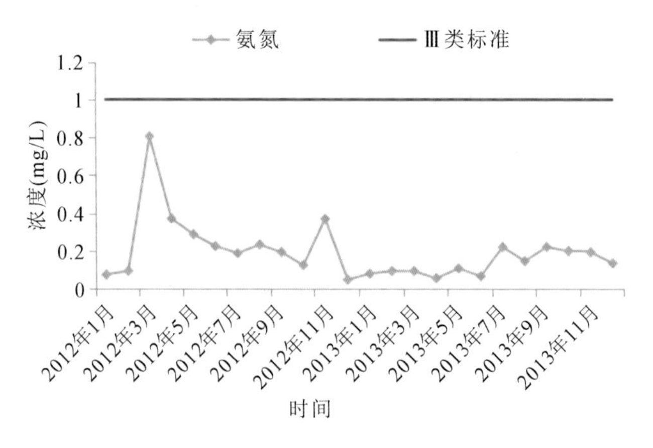

图 6.47　万家嘴断面氨氮浓度变化情况

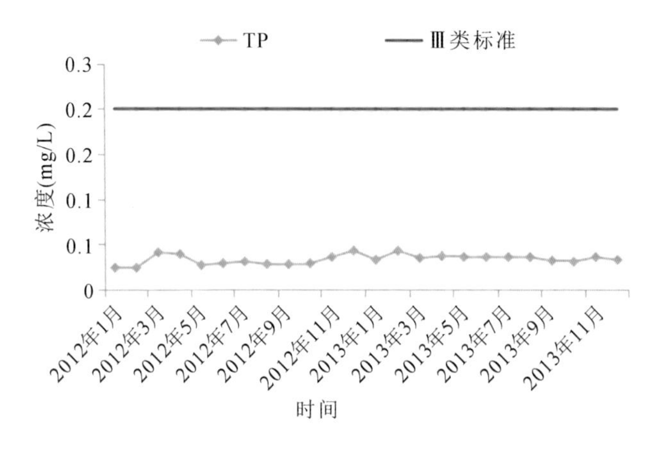

图 6.48　万家嘴断面 TP 浓度变化情况

2012 年 1 月—2013 年 12 月，资水入湖口万家嘴断面 COD_{Mn}、氨氮和 TP 各月监测结果均满足Ⅲ类水质标准限值要求，断面水质能够稳定达到地表水Ⅲ类标准。

3.沅江

(1)流域总体水质变化情况。根据沅江流域 2003—2016 年水质监测结果，2003—2004 年，沅江流域所有监测断面的水质类别为Ⅳ～Ⅴ类，流域总体水质较差；2005—2006 年沅江流域所有水质监测断面均满足Ⅰ～Ⅲ类水质标准，流域水质状况较好；2007—2008 年沅江流域满足Ⅰ～Ⅲ类水质标准的断面比例逐渐降低，流域总体水质为轻度污染；2009 年以后，沅江流域满足Ⅰ～Ⅲ类水质标准的断面比例基本维持在 78%以上，总体水质维持在良好状态，流域水质状况趋于稳定。沅江流域总体水质变化情况见图 6.49。

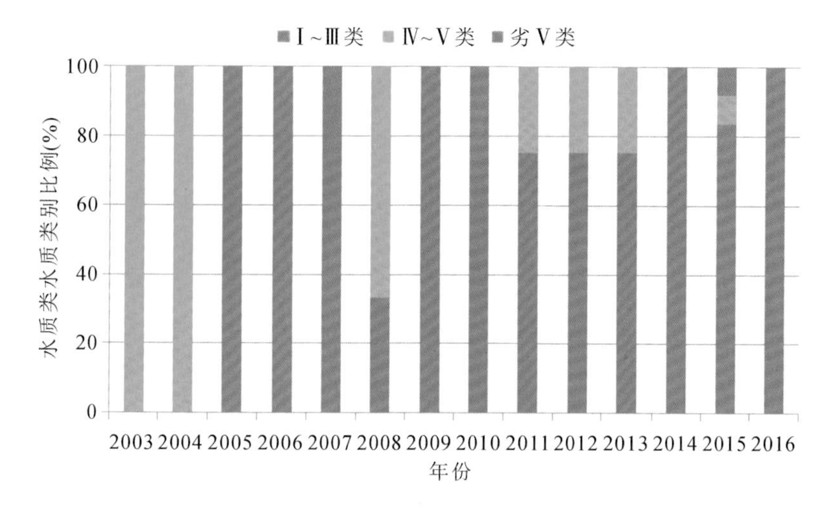

图 6.49　沅江流域总体水质状况

(2)入湖控制断面水质情况。桃源断面为沅江入湖水质控制断面,水质管理目标为Ⅲ类。该断面 2007 年 1 月—2016 年 12 月 COD_{Mn}、氨氮、TP 浓度变化情况见图 6.50 至图 6.52。

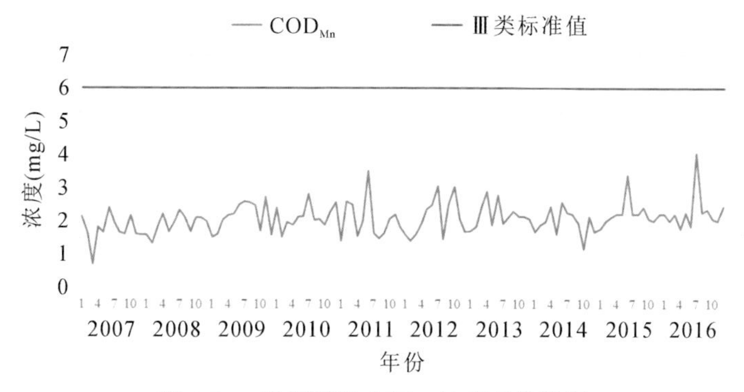

图 6-50　桃源断面 COD_{Mn} 浓度变化情况

图 6.51　桃源断面氨氮浓度变化情况

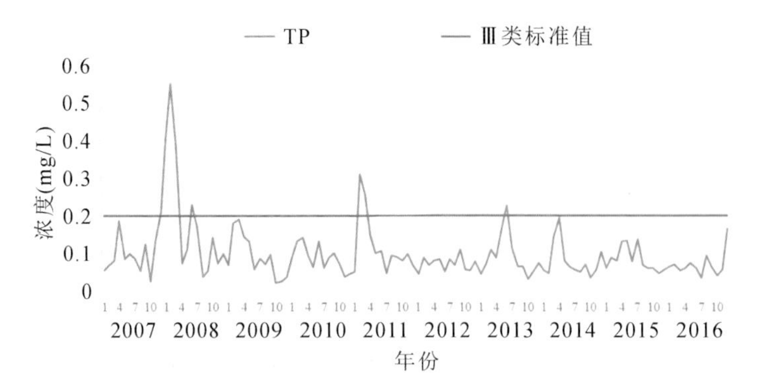

图 6.52　桃源断面 TP 浓度变化情况

2007 年 1 月—2016 年 12 月，桃源断面 COD_{Mn}、氨氮各月监测结果均满足Ⅲ类水质标准限值要求。TP 有 8 测次不满足Ⅲ类水质标准限值要求，TP 达标率为 93.3%。总体上看，桃源断面水质基本能够稳定满足地表水Ⅲ类水质标准限值要求。

四、洞庭湖流域面临的主要水环境问题

近年来，洞庭湖水质总体呈现恶化趋势，目前湖体基本未达到Ⅱ～Ⅲ类水质，以Ⅳ～Ⅴ类为主，部分时段甚至出现劣Ⅴ类水质，省控监测断面超标率100%。2000 年以来，洞庭湖湖体 TP、TN 持续超标，长期维持在中营养水平，且整体呈逐年上升趋势。由于地表水污染严重，造成部分地下水也受到污染，地下水型饮用水源地抽样达标率仅为 6.67%，主要表现为粪大肠菌群、氨氮、铁、锰等超标。在南县三仙湖等地，深层地下水氨氮超标 100 多倍，致使出现“守着水窝子没水喝”的窘境。在受污染的诸多原因中，农业面源污染问题最为突出。种植业化肥施用量超过 $400kg/hm^2$，高出国际标准 1 倍，农药施用量高出全国平均水平的 20%。由于产污高、治污低，大量农业面源污染通过地表径流汇入洞庭湖，对洞庭湖 TP、TN 的贡献率已超过 70%。入河排污口缺乏监管，违规排污现象普遍存在，湖区三市排污口共计 1512 处，其中规模以上排污口有 414 处，经登记批准的有 76 处，仅为总量的 5%。

湘江、资水、沅江等主要入湖河流现状水功能区水质达标率均低于 85%，未达到《实行最严格水资源管理制度考核办法》(国办发〔2013〕2 号)提出的湖南省重要江河湖泊水功能区水质达标率控制目标。入湖河流水质达标率偏低是影响洞庭湖水环境安全的重要因素之一。

第四节　鄱阳湖、洞庭湖水环境安全保障措施

中央和地方各级政府历来高度重视鄱阳湖和洞庭湖的治理与保护。在国家层面，2012 年水利部批准实施《鄱阳湖区综合治理规划》；2016 年，环境保护部分别与江西、湖南两省人民政府签订水污染防治责任书，要求着力推进鄱阳湖和洞庭湖环境综合整治并实施考核；2017 年，环境保护部、发展和改革委员会、水利部联合印发的《长江经济带生态环境保护规划》将鄱阳湖、洞庭湖列入水质较好湖泊，要求全面推进生态环境保护工作；目前，按照国务院主要领导批示要求，水利部正会同国家发改委、生态环境部等相关部门和湖南、湖北、江西三省，编制《洞庭湖鄱阳湖综合治理与保护措施方案》。在地方层面，江西省制定并实施了《鄱阳湖流域水环境综合治理规划》等一系列规划、措施；湖南、湖北两省人民政府联合组织编制了《洞庭湖生态经济区水环境综合治理实施方案》；2018 年，江西、湖南两省人民政府办公厅又分别印发了《鄱阳湖生态环境综合整治三年行动计划（2018—2020 年）》和《洞庭湖生态环境专项综合整治三年行动计划（2018—2020 年）》。

当前，两湖环湖地区各级人民政府及相关部门正以习近平总书记在深入推动长江经济带发展座谈会上的讲话精神为指导，按照上述规划、计划和考核要求，针对两湖治理与保护面临的新情况新问题，稳步推进两湖地区水环境治理与保护工作，提出了一系列措施。

一、严守流域水功能区限制纳污红线

加强水功能区限制纳污红线管控，从严核定纳污能力，分阶段实施两湖水功能区排污总量控制。到 2025 年，洞庭湖区入湖主要支流松滋河、虎渡河、藕池河、湘江、资水、沅江、澧水入湖断面水质全部满足Ⅲ类水质目标，湖区入湖污染物 COD、氨氮、TP、TN 限制排污总量分别控制在 9.27万t/a、1.26万t/a、2284t/a、1.67万t/a 以内；鄱阳湖区入湖主要支流赣江、抚河、信江、饶河、修水入湖断面水质全部满足Ⅲ类水质目标，湖区入湖污染物 COD、氨氮、TP、TN 限制排污总量分别控制在 1.23万t/a、994t/a、198t/a、1749t/a 以内。到 2035 年，洞庭湖区入湖污染物 COD、氨氮、TP、TN 限制排污总量分别控制在 9.27万t/a、1.26万t/a、2061t/a、1.51万t/a 以内；鄱阳湖区入湖污染物 COD、氨氮、TP、TN

限制排污总量分别控制在 1.21万t/a、983t/a、178t/a、1574t/a 以内。

二、强化湖区饮用水水源地保护

主要措施包括完善饮用水水源地保护区的划分，设立界桩和警示牌；强化水源地隔离防护，建设环湖、沿河生态隔离带；加强污染综合整治和饮用水水源保护宣传工作。在加强污染综合治理方面，应全面取缔饮用水水源保护区内的非法排污口，加快清理与整治各类污染源。

三、加强点源系统治理

加快流域产业结构调整升级。加快推进两湖生态经济区建设，建立水功能区限制纳污红线与区域产业准入负面清单管理联动机制。结合水功能区污染物限排要求，制订并实施分年度的落后产能淘汰方案，严格限制新上高耗水、高排放项目。对有色金属、造纸、印染、原料药制造、化工等污染较重的企业，实施搬迁改造或依法搬离划定的保护红线范围。制订高污染工业项目退出时间表。对畜禽养殖开展集约化、规模化整治，实现排污集中、可控。根据地方经济布局要求及产业发展优势，鼓励发展高新、绿色技术产业，积极推行清洁生产和循环利用。

健全生活污水处理和回用体系。已建和新(改、扩)建污水处理厂一律配套脱氮除磷工艺设备并达到一级 A 排放标准。鼓励配置人工湿地净化尾水，进一步削减氮、磷等污染物，并提高中水回用水平。加快实施雨污分流改造。创新城镇污水处理厂运行管理模式，加强污水处理厂运行监测。

加强工业园区集中式污水垃圾处理。引导湖区周边产业向已建园区聚集，提高工业废水和固体废弃物收集处理能力。新建、升级工业集聚区应同步规划和建设污水、垃圾集中处理设施，已有工业集聚区应强化污水集中处理设施运行管控。

四、开展面源综合治理

开展农田氮磷流失生态拦截。大力推广生态农业和高新农业建设，全面推广测土施肥技术、生物防虫技术，有效减少农药、化肥的施用量和流失量。对农田退水污染严重的灌区，建设生态沟渠、雨水集蓄利用工程，实行灌排分离，加强农田退水氮磷养分的拦截，削减污染物入河量。湖南、湖北、江西实施湖区农业面源污染治理面积分别为 7.6 万 hm^2、4.13 万 hm^2、5.8 万 hm^2。

实施畜禽养殖污染治理。大力推广垫料养殖、水泡粪+固液分离、三级沉淀、干湿分离、有机肥加工等控污模式，规范养殖场废水、粪便处理。提高农村污水的收集处理率。

五、强化内源治理

实施生态清淤。采取生态友好工艺开展底泥疏浚，减少底泥内源负荷和污染风险，增强底泥对水体的净化能力。

严控水产养殖污染。划定水产养殖禁养区，实行退养机制，坚决取缔禁养区的水产养殖，加快滨湖鱼塘退养。全面规范河流、湖泊、水库、公共水域围网养殖，并禁止投肥养殖，推行人放天养模式。构建内湖养殖湿地生态处理系统，实现水产养殖废水净化处理和循环利用。有序压减、清退湖区珍珠养殖。

六、加强湖区综合管理

1.建立健全水法规体系

完善法律法规。尽快出台《中华人民共和国长江保护法》《洞庭湖保护条例》《江西省湖泊保护条例》等法律法规，研究制订水资源配置、节约保护、入河排污口等管理制度，逐步完善流域综合管理法律法规体系。

2.全面落实河长制

深入贯彻落实《关于全面推行河长制的意见》《关于在湖泊实施湖长制的指导意见》，建立健全洞庭湖、鄱阳湖湖长体系，以党政领导负责制为核心，落实属地管理责任。实行网格化管理，确保湖区所有水域都有明确的责任主体。明确界定湖长职责，统筹协调好湖泊与入湖河流的管理保护工作。全面落实湖长制主要任务，严格湖泊水域空间管控、强化湖泊岸线管理保护、加强湖泊水资源保护和水污染防治、加大湖泊水环境整治力度、开展湖泊生态治理与修复、健全湖泊执法监管机制。完善湖长制工作制度，落实湖泊管理单位，强化部门联动，严格考核问责，加强监测监控，确保湖泊保护取得实效。充分发挥流域机构“协调、指导、监督、监测”等作用，建立水陆共治、部门联治、全民群治的河湖保护管理长效机制。

3.建立控制性水库联合调度机制

长江及两湖干支流控制性水库联合调度有利于减轻两湖地区洪水灾害，改善水资源利用条件，保护水生态环境。通过完善法律法规、健全管理体制、建立补偿机制、强化技术支撑、加强监督管理等措施，能逐步建立利益相关方广泛参与的控制性水库联合调度协商机制和管理制度。完善应急调度预案,做好特枯水期、水污染、水上安全事故、工程事故等突发事件的应对工作。

参考文献

[1]NI ZK,WANG SR. Economic development influences on sediment-bound nitrogenand phosphorus accumulation of lakes in China[J]. Environmental Science and Pollution Research,2015(22):18561-18573.

[2]洞庭湖流域相关规划实施对鄱阳湖生态环境影响分析[R]. 武汉:长江水资源保护科学研究所,2017.

[3]洞庭湖鄱阳湖综合治理与保护措施方案[R]. 武汉:长江水利委员会,2017.

[4]洞庭湖四口水系综合整治工程方案论证报告[R]. 武汉:长江水利委员会,2016.

[5]抚河流域综合规划环境影响报告书[R]. 武汉:长江水资源保护科学研究所,2017.

[6]赣江流域综合规划环境影响报告书[R]. 武汉:长江水资源保护科学研究所,2017.

[7]林靖华,杨大伟,孙亚男. 由盐城水污染论城市水环境安全管理[J]. 城市建设理论,2012,(5):13-15.

[8]刘发根,李梅,郭玉银. 鄱阳湖水质时空变化及受水位影响的定量分析[J]. 水文,2014,34(4):37-43.

[9]刘宏. 镇江市水环境安全评价及风险控制研究[D]. 镇江:江苏大学,2010.

[10]鄱阳湖流域相关规划实施对鄱阳湖生态环境影响分析[R]. 武汉:长江水资源保护科学研究所,2017.

[11]鄱阳湖区综合治理规划环境影响报告书[R]. 武汉:长江水资源保护科学研究所,2012.

[12]王建平,廖四辉,李发鹏. 培育湖泊治理和生态保护市场主体的对策研究[J]. 中国水利,2017,(10):1-5.

[13]王圣瑞,倪兆奎,席海燕. 我国湖泊富营养化治理历程及策略[J]. 环境保护,2016,44(18):15-19.

[14]夏军,朱一冰. 水资源安全的度量:水资源承载力的研究与挑战[J]. 自然资

源学报,2002,12(3):262-269.

[15]湘江流域综合规划环境影响报告书[R].武汉:长江水资源保护科学研究所,2017.

[16]信江流域综合规划环境影响报告书[R].武汉:长江水资源保护科学研究所,2017.

[17]熊正为.水资源污染与水安全问题探讨[J].中国安全科学学报,2000,10(5):39-43.

[18]沅江流域综合规划环境影响报告书[R].武汉:长江水资源保护科学研究所,2017.

[19]张小斌,李新.我国水环境安全研究进展[J].安全与环境工程,2013,20(1):122-137.

[20]资水流域综合规划环境影响报告书[R].武汉:长江水资源保护科学研究所,2017.

第七章　城市饮用水水源水库水质安全保障

第一节　概　　述

随着城市化进程的加快和城市人口的快速增加，地下水过量开采引发了一系列环境和地质问题，许多城市的地下水资源开发利用受到限制，因此水库作为地表水的重要形式已成为许多城市的主要供水水源。与河流相比，水库具有较大的容积和水面面积，水流缓慢，水体滞留时间长，水质污染问题更为突出。近年来，许多城市的水源水库相继发生严重的水质污染事件，主要污染物包括藻类、有机物、嗅味物质、氨氮、铁锰、硫化物等。对于目前大多数以常规处理工艺为主体的水厂而言，很难有效削减和去除这些污染物，饮用水的安全性难以保证。即使对于建有深度处理工艺或应急处理工艺的部分水厂，也难以满足同时去除多种污染物的要求。且对于有些污染物，水处理过程中只是将其形态转化，并未完全去除，甚至有的毒性还会增强，例如有机污染物经消毒处理后可能转化为有毒有害的副产物，水质风险反而增大。此外，水厂要去除上述污染物，无论是应急处理还是深度处理，都会使制水成本明显升高。因此，水源水库的水质污染会引起水厂处理难度加大、饮用水水质超标和制水成本大幅提高，严重威胁到城市的饮用水安全。在源头削减污染负荷，控制和改善水源水库水质，是保证水厂稳定运行、保障饮用水水质安全、降低水厂运行成本最为有效的途径。

本章在分析水源水库的水质污染特征和污染原因的基础上，针对饮用水水源水库的水质安全保障问题，介绍了水源水库水质污染控制与安全保障技术及其适用条件，重点介绍了基于混合充氧原理的扬水曝气水源水库水质安全保障技术的主要功能、技术原理，及其与贫营养好氧反硝化原位脱氮技术相结合的研究和应用进展。

第二节　水源水库水质污染特征

水库是由人工在河床上修建水坝、拦截径流、抬高水位而形成的，其水面狭长，水深较大，且随洪水的调蓄水位变化较大。水库改变了天然河道的水力条件，河流的输水功能为主转变为以水库的蓄水和调节功能为主，使得水深增加、流速降低、水力停留时间延长，促使水体由急流生态环境向静水环境演变，其水质特征与河流有明显区别。

一、水库水质特征

水库有着面积广、容量大、流速低、换水周期长的特点，带来了水库特有的水质特征，这些特征主要表现为泥沙淤积、水体富营养化和水质时空差异。

（一）泥沙淤积

水流的输沙能力取决于流速、流量和泥沙颗粒的大小，水库是在原有河道上建坝修成的，水库改变了河道原有的水流特征，减小了水流的输沙能力，因而水库易发生泥沙淤积。淤积的形式有两种：壅水淤积和异重流淤积。壅水淤积是指当河道汇入水库时发生壅水现象，流速突然降低，水流携沙能力减小，水中悬浮颗粒在河口沉积，形成了三角洲淤积区，即水库的“翘尾巴”现象。异重流淤积是指高含沙量的河流来水密度高于水库水密度，含沙水流不与水库水混合，直接潜入库底，在库底潜流沉积，可以将泥沙输送到更远的距离。对比较宽浅的水库，淤积多发生在河口地区，形成三角洲淤积；而当水库较小，河床底部较陡时，水深沿水流方向逐渐加大，流速逐步变低，在大坝前达到最大水深和最低流速，因此泥沙主要沉积在坝前，越往上游，淤积厚度越薄。

泥沙的淤积除引起库容减小、威胁大坝安全等问题外，对于水库水质也有很大影响。悬浮颗粒的沉降使水体浊度降低、透明度提高，为藻类生长提供了日照条件；同时颗粒态的营养盐、重金属和有机物等也随之沉降至库底，在底泥中不断蓄积，成为内源污染物，在一定条件下释放后引发水质恶化，为藻类生长提供了营养条件。

（二）水体富营养化

温度、日照和营养盐是浮游植物进行光合作用的最主要条件，水库的浊度低，水体透明度高，日照条件好，混合作用弱，营养物质不断积累，给浮游生物繁殖创造了良好的生长条件。根据对全国 39 个大、中、小型水库的调查结果，处于富营养状态的水库个数和库容占调查水库的 30.8%和 11.2%，处于中营养状态的水库个数和库容占所调查水库的 43.6%和 83.1%。

对于饮用水水源水库，富营养化严重影响了自来水厂的正常运行。高藻期原水有机物含量较高，悬浮胶体稳定性增强，难于脱稳凝聚，造成混凝剂投量增大，且形成的絮凝体密度低，降低了沉淀分离效果。混凝沉淀未去除的藻类将在滤池中被进一步截留，造成滤层堵塞、板结、短流，缩短滤池过滤周期，致使反冲洗频率提高，反冲洗水量增加，过滤效果降低。同时，藻类大量繁殖还会引起水中嗅味、藻毒素、消毒副产物前体物等含量升高，严重威胁供水安全。不断加剧的富营养化问题会严重威胁城市的供水安全。

（三）水质时空差异

由于水库面积大，水质存在平面上的不均匀分布。在富营养水库中，越靠近污染源、河口和岸边，水的富营养程度越高；离岸越近，受地表径流的污染越严重，水质越差。在风向的下游，漂浮物、浮游植物较多，浊度较高。

在深水水库中，上下层水质往往存在差异，当出现水体分层时，这种差异更明显。温度分层时，从上至下分为变温层、斜温层和等温层。夏季正向分层时水温上高下低，冬季逆向分层时水温上低下高。溶解氧表层高，下层低，夏季分层时，下层溶解氧会因为强烈的耗氧作用而降为零，表层由于风浪、光合作用等原因，保持较高的溶解氧。下层由于厌氧作用使 pH 值降低，上层由于光合作用使 pH 值升高。因浮游植物吸收、沉降等原因，上层氮、磷和有机质等营养盐浓度低；由于沉降和底泥释放，下层营养盐浓度高。铁、锰和硫化物底层高，表层低。浮游植物大部分分布在水深 20m 以内的水中，蓝、绿藻分布在上层，硅藻分布在下层。中下层浊度高于上层。

在时间上，夏秋季节浮游植物、高等水生植物大量繁殖，表层溶解氧高，水温较高时呼吸作用加强，底层易出现厌氧现象，引起底泥中污染物的释放。当径流量大，水质更新快时，能起到稀释和冲刷作用。

二、水库水体分层与水质污染特征

为满足调蓄功能，水源水库的水深一般较大，通常在10～20m以上。由于日照强度和热量传递的差异，不同深度的水体因温度不同形成密度差，当底层水体密度大于表层水体时，会形成稳定热分层。表层水体受太阳辐射和风浪等因素的影响，形成层内的自我循环，温度也随着气温的变化而变化，因此该层称为变温层(epilimnion)。下层水体相对静止，温度稳定，称为等温层(hypolimnion)。上下两层水体间是一层温度梯度最大的过渡层，称为斜温层(thermocline)。

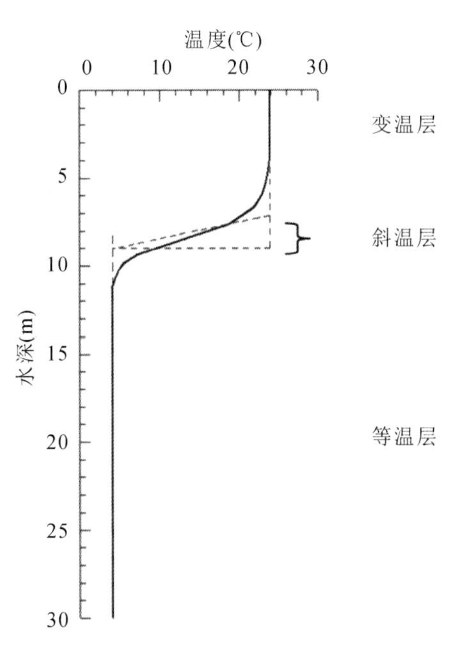

图7.1　水源水库水体正向分层期典型水温垂向剖面

水体分层分为正向分层和逆向分层两种。正向分层是指表层水体温度高于下层水体温度的分层，而逆向分层则相反。正向分层是在每年的春末夏初形成的，由于强烈的太阳辐射作用，表层水体迅速升温，密度减小，而下层水体的温度相对稳定，保持在较低的水平，因而密度较大。在密度差作用下，低密度水体悬浮于表层，高密度水体沉于水底，阻碍了上下层水体间的循环交换，形成了稳定的分层现象。水源水库水体正向分层期典型水温结构如图7.1所示。逆向分层是在寒冷地区的冬季形成的，在寒流作用下，水体温度不断降低，当水温下降到4℃时达到最大密度，之后，随着温度的降低密度也随之降低。低温(低于4℃)低密度的水体停留在表层，下层水体温度接近4℃，稳定停留在底层，上下层水体间缺乏交换，形成了逆向分层。随着季节的变化，表层水体的温度逐步降低或升高。在每年的秋末，当正向分层的表层水温降低到等于甚至小于下层水温，密度等于甚至超过了下层水体时，即发生上下层水体的混合，称为“翻库”。同样，逆向分层也会引发春季翻库。

水体热分层引起的溶解氧分层和底部水体缺氧在水源水库水质污染中起着关键作用。由于上下层水体间缺乏交换，得不到表层复氧的补充，在还原物质氧化、微生物和水生动物的呼吸作用下，下层水体的溶解氧逐步降低，最终出现溶解氧接近零的厌氧状态，而表层水体在大气复氧作用下，溶解氧含量较高，当藻类含量较高时溶解氧甚至处于过饱和状态，从而出现溶解氧分层现象，典型的水库水温和溶解氧的动态分层变化见图 7.2。水体热分层导致的底部水体厌氧环境使水生生态系统遭到破坏，水体丧失生物和化学自净能力，同时底泥中的有机质、氮、磷、铁和锰等污染物向水体释放，当水库翻转混合时，将造成整个水层的水质污染。

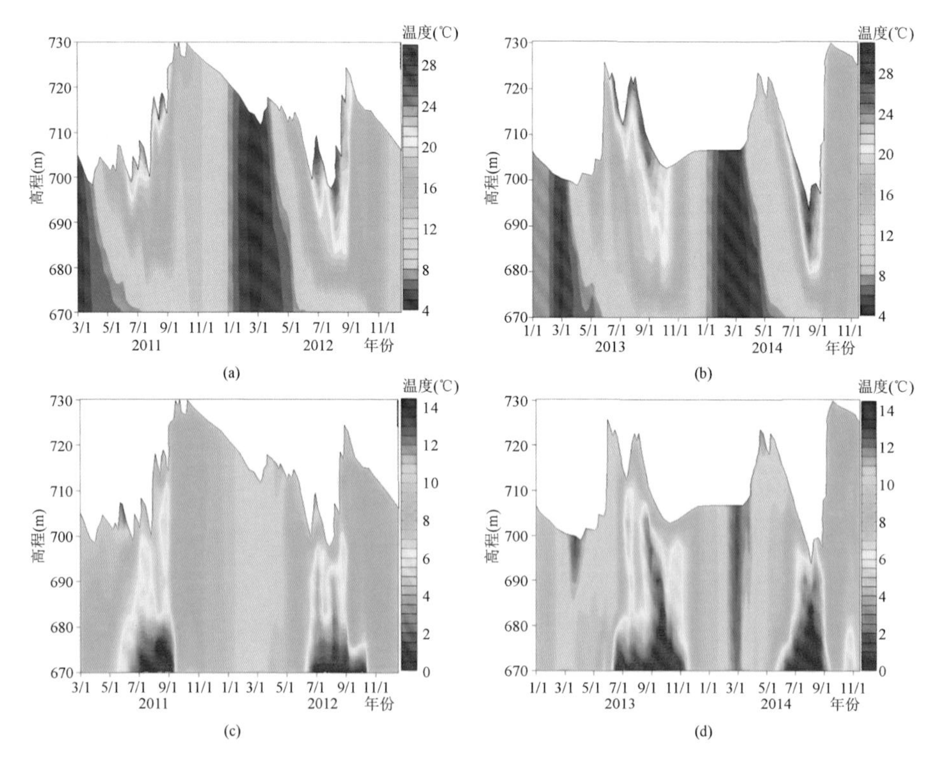

图 7.2　2011—2014 年石砭峪水库水温(a、b)与溶解氧(c、d)垂向分布等值线图

因此，水源水库水质污染的主要特征可概括为如下几点。

(1)水库热分层期底部水体厌氧环境促进了沉积物中无机物的还原和有机物的厌氧分解，引发氨氮、铁、锰、有机物、硫化物、嗅味物质等污染物大量释放，水库翻转混合时将导致整个水库水质污染。

(2)水库水动力条件的改变大大削弱了水流的紊动强度，水体更新速度慢，滞留时间长，加之充足的氮、磷等营养盐的输入和日照，水库表层藻类的暴发就难以避免。藻类光合作用过程是水中无机的碳/氮/磷有机化的过程，因此藻类的大量繁殖是水库有机污染的重要来源，而且该过程会不断重复，形成恶性循环。

(3)水库流域上,无论是农田、牧场、草地,还是森林,降雨径流尤其是汛期的暴雨径流均会冲刷携带流域表层富含铁/锰/磷等无机物和富含碳/氮/磷等有机物输入水库,造成水库水质的污染,且大部分污染物会以沉积态形式蓄积库底,成为潜在的污染源。

(4)厌氧条件下底泥沉积物的大量释放主要发生在水体稳定分层期,并在水库翻转混合时(非冰封水库,每年发生1次,时间一般在秋末冬初;冰封水库,每年发生2次,时间一般在春季冰融和秋末冬初)导致水库全层污染。藻类的爆发主要集中在夏秋季,而暴雨径流大量输入污染物主要发生在汛期,因此水库水质污染具有明显的周期性和季节性。

(5)与水库建设前的河流水质相比,水库建成后水质污染会加剧,且呈现出逐年恶化趋势。水库底层污染沉积物的蓄积和表层藻类的繁殖是一个持续不断的自然过程,对大部分水库而言,这一过程成为污染物不断积累的过程,除非水库的径流污染完全消除(基本不可能),水动力条件得以改变,否则水库水质污染逐年加剧的趋势就不可避免。因水库所处地域、流域条件、径流过程及水库运行调度等因素不同,水质演变速度和恶化程度会有所差异。

此外,时有发生的突发性水库水质污染事件对城市供水系统的安全构成了严重威胁,对城市的影响往往是灾难性的。因为河流水源可以弃水,但年调节水源水库若要弃水,城市供水系统由于无水可供,可能就会长时间处于瘫痪状态。

第三节　水源水库水质污染成因分析

按照来源,造成水源水库水质污染的原因分为外源污染和内源污染。外源污染是从水体外部输入的污染物,它来源于流域内工农业生产及自然污染过程,主要随径流进入水源水库,并在水库内大量蓄积;内源污染是指水体本身的污染物。对于饮用水水源水库,由于基本不存在水产养殖、旅游、船舶等污染,内源污染主要是水库表层藻类繁殖引起的污染和水库底部沉积物释放造成的污染。

一、外源污染物的输入与蓄积

随着水源地保护工作的加强，城市生活污水和工业废水排放等点源污染已得到有效控制，但流域内非点源污染仍不可避免。地表径流特别是汛期的暴雨径流会冲刷携带流域表层的营养盐、腐殖质、矿物质等进入水库，同时大气污染物也会通过降水和径流进入水库。这些外源污染物是水库污染物的主要来源。随径流进入水库后，由于流速减缓，绝大部分颗粒态污染物会在水库内沉降蓄积，成为潜在的污染源。

水库流域特征是影响外源污染物输入的重要因素。水库所属流域内不同的地貌/坡度、土壤结构、植被及不同土地利用功能（如林地、草地、牧场、农田等），使得流域产流、汇流及土壤中污染物种类、含量与迁移能力有很大不同，这将显著影响流域径流强度及入库径流的污染程度。例如，有研究表明，在以森林为主的流域，分子量较大的含氧不饱和有机物更易迁移，而在草原这种比例较大的流域，地表径流中含硫和含氮有机物所占比例较高。

降雨径流是外源污染物输入的驱动力和载体，尤其是汛期的暴雨径流对污染物输入作用很大。汛期暴雨径流对地表强烈的冲刷作用使其携带了大量的有机物、无机物以及泥沙等进入水库，除了输入大量悬浮物、有机物、氮、磷、铁、锰等污染物外，暴雨径流携带的大量悬浮物使其密度远高于一般径流，会以等密度潜流的形式进入库区，从而对库区的水体分层和水质演变产生重要影响。

暴雨径流对水库热分层结构的影响取决于入流水体进入水库后的水力过程，上游来水密度和水库垂向水体密度（温度分层引起）的差异决定了上游来水进入水库后的水力过程。上游来水的密度主要由入流含沙量和入流水温决定，一般径流条件下，水库入流含沙量较小，入流水体密度主要取决于入流水温。由于夏季热分层期间水库上游来水温度低于水库表层水温但高于水库底部水温。因此一般径流条件下上游来水以层间流的形式进入中部密度相同水层，对热分层结构影响较小。但当暴雨过后，暴雨径流携带的悬浮物增加，入流水体密度远高于水库底层水体密度，上游来水潜入水库底部，并沿水库底部流动，形成底部潜流，同时由于上游入流水温高于水库底部水温，因此随着浑水异重流的潜入，水库底部水温得以提高，进而削弱了水体热分层结构稳定性，有时甚至诱发水库水体提前混合。暴雨径流入流水体溶解氧浓度高，暴雨径流进入水库以后会提升水体溶解氧含量，抑制内源污染物的释放。然而，暴雨径流携带的易降解有机物会导致水体耗氧速率增加，当底部等温层溶解氧被消耗形成缺氧状态时会加剧底泥中污染物质的释放、恶化水质、增加水处理成本。合理排放高浊水体,选择合适的取水位置是解决汛期高浊问题的有效措施。

下面以西安黑河金盆水库 2012 年 9 月初暴雨径流过程为例,阐述暴雨径流对水源水库水质的影响。

2012 年 8 月 31 日至 9 月 2 日,黑河流域普降大到暴雨,累计降雨量达 219mm,来水总量为 1.15 亿m^3,拦蓄洪水总量 8902 万m^3,最大入库洪峰流量 1750m^3/s,为 2005 年以来该地发生的最大洪峰。暴雨前后主库区浊度、水温、溶解氧变化如图 7.3 所示。

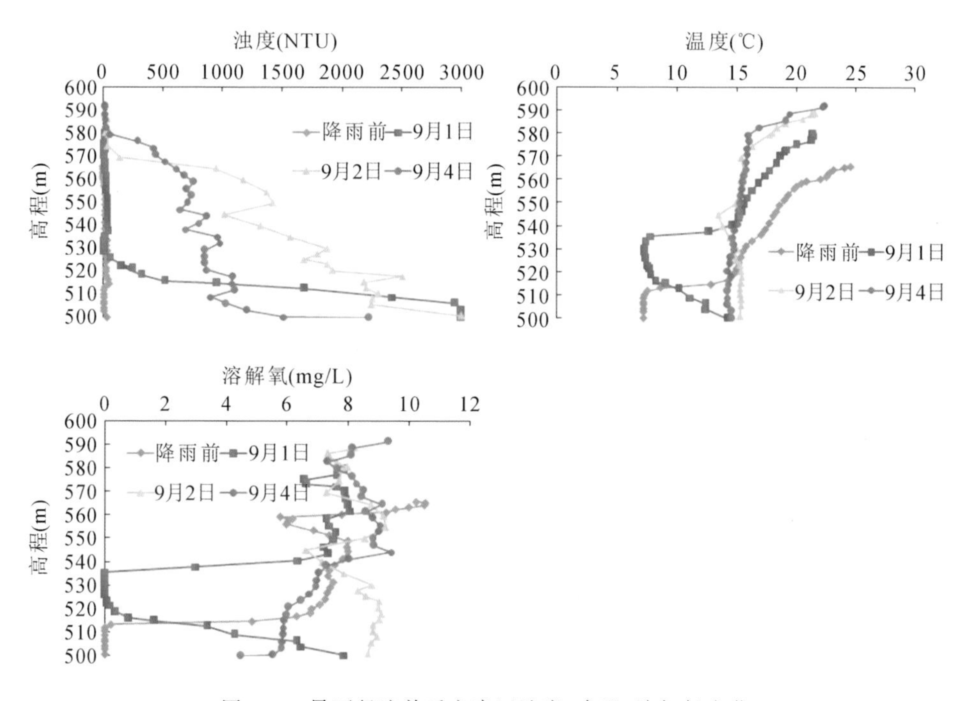

图 7.3 暴雨径流前后主库区浊度、水温、溶解氧变化

上图可以看出,温度和溶解氧含量相对较高的径流潜流到达主库区后改变了潜流区域的水体分层结构,造成底部水体浊度迅速升高至 3000NTU 以上。该结果表明:在 1750m^3/s 洪峰流量条件下,虽水温较高,但由于径流携带的大量泥沙使其密度大幅度提高,超过底部低温水密度,形成泥沙异重流,导致洪峰流量全部潜入水库最底层,使库区底部浊度达到 3000NTU 以上。水库第二次潜流主要发生在 9 月 2 日 4 时前,径流量 840～1050m^3/s,浊度仍然很高(1800～2500 NTU),加之底部水温的提升,第二次潜流出现在高程 530m 以下的底部水层。水库第三次潜流主要发生在 9 月 2 日 8 时后,径流

量显著降低(<409m³/s),潜流高程在553~580m。水库下约10m水深范围内(高程580~590m)浊度很低,表明该水层不受径流影响,只是顶托作用使水位上升。

由于洪峰库底的潜流作用,库底低温水层发生了整体顶托的现象。洪峰径流造成的第一次库底潜流使得低温水层顶托上移的厚度超过10m,但这种水温逆向分层结构(顶托层水温7℃,低于下层15℃)极不稳定,随着底层水中泥沙的快速沉积,其密度急剧降低,两层水体混合很快发生,逆温结构破坏。随后发生的主库区第二次潜流加快了上述底部逆温结构的破坏,中下层水体进一步混合,水温提升至15℃左右,水深20m以下水层的温度基本趋于一致。随着入库径流量的降低,主库区的第三次潜流使水层上移,潜流层水温仍然为15℃左右。表层水深10m范围内不受径流影响,温度基本稳定在15~22℃。

暴雨径流后底层水体溶解氧提升至8mg/L左右,但同时由于洪峰库底的潜流作用,使库底低温无氧(溶解氧接近0)水层整体顶托上移。洪峰过后,虽然径流量和含沙量均有所降低,但溶解氧仍能维持很高的浓度。水库第二次潜流发生在高程530m以下的底层,该水层溶解氧提升至9mg/L左右即是很好的佐证(中间水层溶解氧显著降低)。随后入库流量和含沙量(浊度)降低,第三次潜流水层上移至高程553~580m,溶解氧维持在8~9mg/L。值得注意的是,虽然库底潜流大幅度提高了水库底层水体的溶解氧浓度,但底层水体的溶解氧降低非常快。9月2日和9月4日的监测结果可见,在高程530m以下水深30m范围内,仅仅经过2天时间,溶解氧就由9mg/L左右降至6mg/L以下,库底甚至降至4mg/L。原因是库底潜流携带的大量悬浮物大大提高了水体的耗氧速率,结果是底层水体溶解氧很快就会消耗殆尽,重新造成底部水体的缺氧/厌氧环境。

2012年9月1日暴雨径流后黑河金盆水库垂向浊度、温度分布见图7.4。暴雨径流发生后,随着水中悬浮颗粒的沉降,水体浊度逐渐降低。暴雨径流发生一周后,水体浊度峰值由3000NTU降低至1000NTU以下。至10月30日,底层水体的浊度仍维持在170NTU且高浊水层厚度高达50m(高程550m以下区域)。暴雨径流发生以后,底层水温由7.3℃升高至15.2℃,暴雨径流潜流造成高程580m以下区域水温提升至15℃左右。随着气温的降低,中上层水体水温逐渐降低,中下层水温也缓慢降低,垂向温差逐渐缩小,至10月30日垂向温差已经降低至2℃以内。至11月8日,表层水温降低至14.7℃,底层水温为13.8℃,垂向温差小于1℃。由于底层水温相对较高,造成水库水体提前混合。

随着气温的降低，表层水温降低、表层水体密度增加，当表层水体密度大于中下层水体密度时，表层水体潜入中下层，造成持续的混合过程。水体提前混合初期，将底部高浊、污染水层携带至中上部，造成全层水质污染。由于水体的混合作用，至11月8日，中上层浊度由13NTU增加至60～100NTU，中下层水体浊度由140～170NTU降低至30～60NTU。至11月14日，垂向浊度降低至40NTU以下。

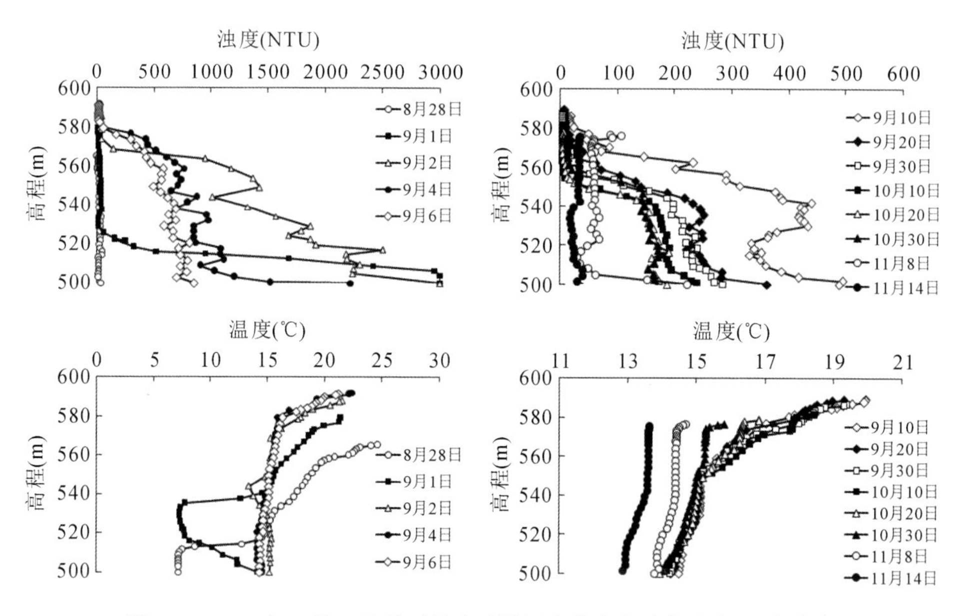

图7.4　2012年9月1日暴雨径流后黑河金盆水库垂向浊度、温度分布

2012年9月1日暴雨径流后黑河金盆水库垂向溶解氧、TP、铁、锰含量变化见图7.5。可以看出，8月26日，底部厌氧层厚度达到13m。长时间的底部缺氧或厌氧状态引发底泥中污染物向水体释放，8月26日底层水体TP、铁、锰含量分别达到0.067mg/L、0.54mg/L和0.26mg/L。暴雨径流使底部水体溶解氧含量暂时升高至8mg/L以上，底部溶解氧的提升有效抑制了内源污染的进一步释放，然而底部水体TP含量由于暴雨径流的汇入升高至0.242mg/L，径流发生后，颗粒态的磷随着颗粒的沉降而储存于库底，造成了水库内源污染负荷的增加。同时，暴雨径流携带的大量耗氧有机物在降解过程中造成水体的耗氧速率进一步加快。由图7.5可知，径流发生20d以后水库底层水体溶解氧含量降低至0，底层水体再次进入厌氧状态加剧了内源污染物的释放。10月17日，底层水体TP、铁、锰含量分别达到0.102mg/L、1.78mg/L和0.41mg/L。

由于9月初暴雨径流潜流造成底部水温增加，水库水体在11月初提前实现水体的自然混合。水体自然混合一方面将中上层水体携带至下层，造成下层水体溶解氧含量升高；另一方面自然混合过程中将底部高污染负荷携带至中上部水体，造成全层水质恶化。11月8日，提前混合初期上部水体污染负荷显著上升，由图7.5可以看出：TP含量由0.029mg/L升高至0.042mg/L，铁含量由0.015mg/L升高至0.043mg/L，锰含量也由0.012mg/L升高至0.068mg/L，水体自然混合初期引发了全层水质恶化。尤其要注意的是，底层高浊水的污染负荷高、耗氧速率快，底部水体溶解氧在20d左右时间即由富氧状态转为缺氧或厌氧状态，导致水库在11月初翻库时全层污染物浓度大幅度超标。

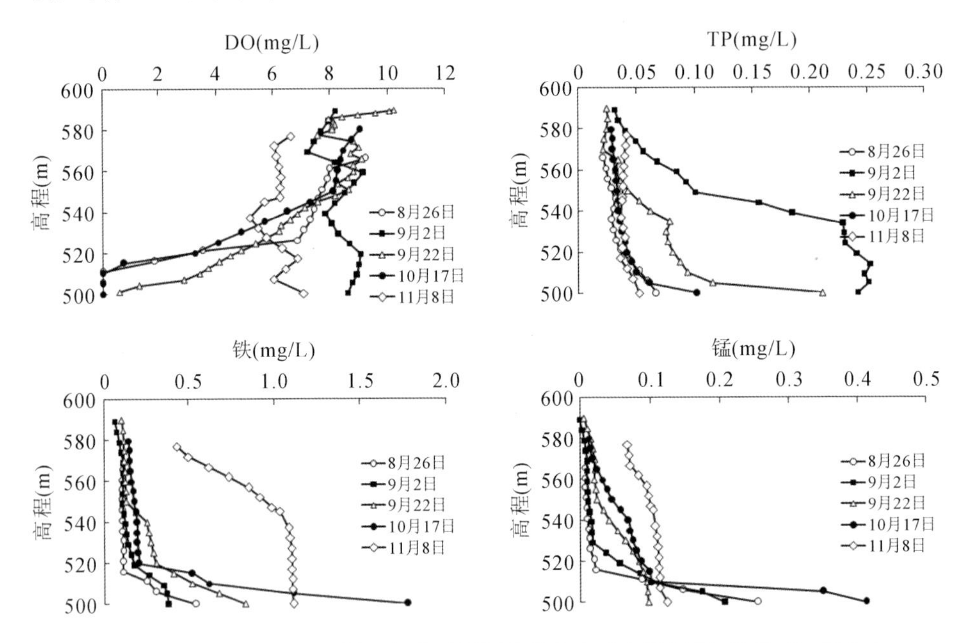

图7.5　2012年9月1日暴雨径流后黑河金盆水库垂向溶解氧、总磷、铁、锰分布

除流域下垫面表层物质外，大气污染物对于水库污染物输入也有一定的影响。多项研究表明，大气降水中含有较高浓度的污染物，例如深圳大气降水中总有机碳平均浓度高达5.82mg/L，氨氮和硝酸盐氮平均浓度分别为0.86mg/L和4.02mg/L，雨前大气环境质量对干湿沉降组分浓度有显著影响。对浙江省92个降水水质监测点采集的118种降水水样水质分析表明，大气降水中TN、氨氮、TP的平均浓度分别达到1.54mg/L、0.83mg/L和0.035mg/L，大气降水对地表水水质的影响不容忽视。此外，大气污染物经干湿沉降到达地表后会进一步经历复杂的迁移转化过程。土壤类型、降雨强度与径流类型等对于大气降

水中的污染物与土壤的相互作用有显著影响。例如在西安市石砭峪水库和黑河金盆水库流域内的监测表明，大气降水中 TN 含量为 1.82～3.78mg/L，其中氨氮含量明显高于硝酸盐氮，但地表径流中氨氮浓度很低，而硝酸盐氮浓度明显较高，进一步进行的土壤淋溶实验表明，大气降水通过土壤形成地表径流过程中，氨氮被土壤吸附，而土壤中的硝酸盐氮会溶出，相同降水水质条件下，不同土壤硝酸盐氮溶出量差异较大。

二、水体富营养化与藻类污染

水源水库水体滞留时间长，流动性差，使藻类能稳定停留在表层水中接受充足的日照，因此在氮、磷等营养盐充足的条件下极易出现藻类暴发。藻类暴发会带来一系列藻源污染物，包括嗅味物质、藻类有机物、藻毒素等，从而严重威胁饮用水源水质安全。藻源有机物作为消毒副产物（DBPs）前体物，对饮用水安全的影响也是近年的研究热点。在含碳消毒副产物（C-DBPs）生成势方面，藻源有机物的卤乙酸（HAAs）生成势通常高于三卤甲烷（THMs）生成势，而溴离子的存在会促进 THMs 的生成而使两者相当。总体而言，藻源有机物的总体 C-DBPs 生成势低于外源有机物。例如 Fang 等发现反应时间在 3d 条件下，典型外源有机物的 THMs 生成势为 72 μg/mg C，是蓝藻有机物的 4 倍。但在对水质安全威胁更大的含氮消毒副产物（N-DBPs）生成势方面，藻源有机物的影响高于外源有机物，这与藻源有机物中较高浓度的溶解性有机氮有关。

目前我国部分水库富营养化问题突出，且随着水库使用时间的增加，沉积物中蓄积的营养盐会不断增加，并在水体热分层作用下发生周期性释放，为藻类暴发提供了营养条件。不同藻类的生理、生化特性使其对日照、水温、营养盐等的需求有一定差异，因此，藻类群落结构会随季节更替而变化。蓝藻对饮用水安全威胁较大，其对强光和高温较强的耐受能力、自身的悬浮调节机制以及分泌的藻毒素等，使其经常在夏秋季成为优势藻种，而水体分层能够促进蓝藻的竞争优势，加剧蓝藻暴发的风险。藻类繁殖过程是将水中氮、磷、二氧化碳等无机物经光合作用转化为有机污染物的自然过程，可定义为水库上层水体的内源污染过程。受地域、富营养化程度、气象条件变化等因素的影响，水库上层水体藻类高发导致的该种内源污染，在污染程度上会呈现出年际变化的差异性。

西安李家河水库于 2015 年开始蓄水，2016 年 8 月出现了严重的藻类暴发事件，导致有机物综合、pH 值等多项指标超标。2016 年 8 月 24 日对李家河水库取水口及水库上游水源保护区的水质进行了监测，共布设监测点6个，其中1#点为水库取水口，2#和3#点分别为西侧支流（西采峪）和东侧支流（东采峪）一级保护区与二级保护区过渡断面，3#点为一级保护区和二级保护区过渡断面，4#和5#点分别为西采峪和东采峪二级保护区与准保护区过渡断面，6#点为东采峪葛牌镇下游断面，各点均采集表层水样，主要超标项目见表7.1，浮游植物监测结果见表7.2。

表7.1　2016年8月李家河水库主库区及上游水质污染状况〔单位：mg/L（除pH外）〕

	1#	2#	3#	4#	5#	6#	Ⅲ类标准
pH	9.82	8.93	8.68	8.77	8.72	8.77	6～9
COD_{Mn}	12.3	2.87	2.64	3.02	2.88	2.83	6
化学需氧量	175	24.9	8.84	6.83	16.1	8.64	20
生化需氧量	88	12.4	4.42	3.4	8.06	4.18	4
TN	1.77	1.97	3.98	2.23	2.96	4.03	1
TP	0.023	0.023	0.048	3.33	0.037	0.054	0.05
叶绿素a	0.072	0.001	0.001	0.001	0.001	0.001	—

表7.2　2016年8月李家河水库主库区及上游浮游植物监测结果

采样断面	单位	浮游植物总量	各门浮游植物总量				
			硅藻门	绿藻门	裸藻门	蓝藻门	隐藻门
1#	密度（$\times10^4$ cells/L）	36541.3	10.8	155.8	0.1	36373.8	0.8
	生物量（mg/L）	19.8142	0.334	1.1837	0.025	18.2555	0.016
2#	密度（$\times10^4$ cells/L）	74.05	55.4	15.7	0.25	0.5	2.20
	生物量（mg/L）	1.8691	1.6742	0.1306	0.02	0.0003	0.044
3#	密度（$\times10^4$ cells/L）	115.7	85.05	15.3	0	12.05	3.3
	生物量（mg/L）	2.344	2.2346	0.0337	0	0.0097	0.066
4#	密度（$\times10^4$ cells/L）	85.8	66.9	12.8	0	5.6	0.5
	生物量（mg/L）	2.2158	2.1308	0.0722	0	0.0028	0.01
5#	密度（$\times10^4$ cells/L）	120.35	96.1	12.3	0.1	8.95	2.9
	生物量（mg/L）	2.5231	2.4076	0.0248	0.008	0.0247	0.058
6#	密度（$\times10^4$ cells/L）	85.05	49.4	16.45	0	14.8	4.4
	生物量（mg/L）	2.0412	1.8308	0.0235	0	0.0989	0.088

可以看出，2016 年 8 月李家河水库藻类暴发严重，藻细胞密度超过 3.6 亿个/L，且以严重威胁饮用水安全的蓝藻为主。主库区及水库上游 1～6＃监测点 pH 和有机物污染情况如图 7.6 所示，可以看出水库上游 2～6＃监测点的 pH 均未超出地表水Ⅲ类标准，但主库区取水口处(1＃点)pH 达到了 9.82，显著高于地表水Ⅲ类标准的要求。水库上游监测点 pH 均在正常范围内，说明外源输入污染不是造成1＃点 pH 超标的原因，结合浮游植物监测结果(表 7.2)，可以判断 1＃点 pH 超标是藻类大量繁殖引起的。藻类的光合作用需要消耗 CO_2，藻类过量繁殖会破坏水中碳酸盐的电离平衡，从而导致水体 pH 升高。

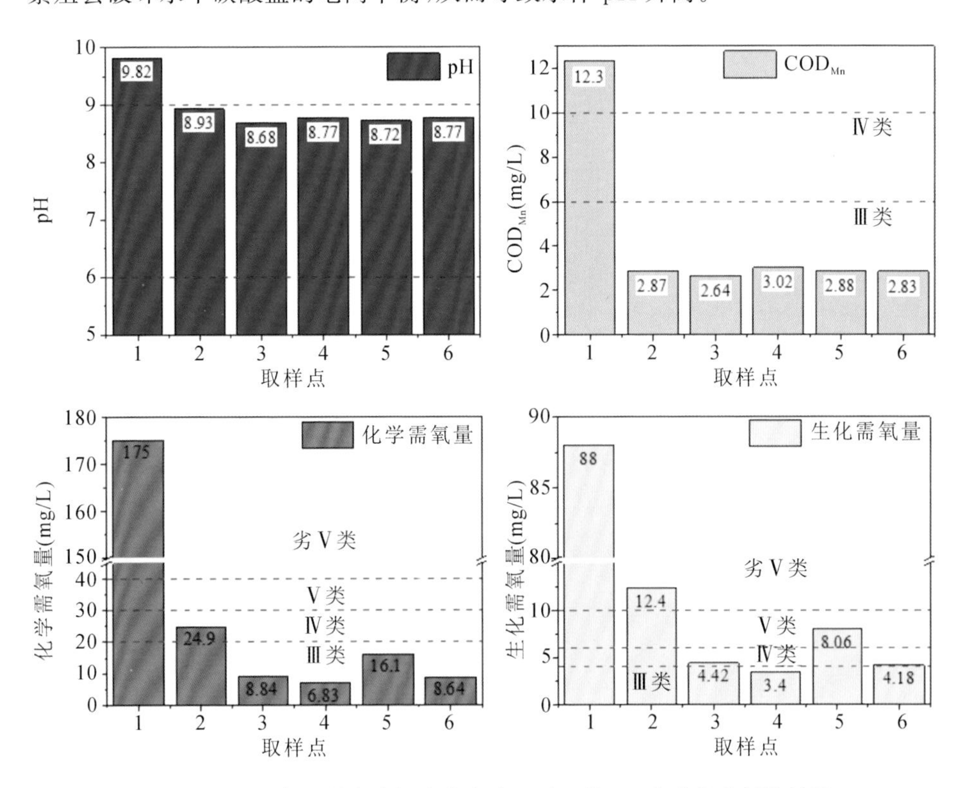

图 7.6　2016 年 8 月李家河水库主库区及上游 pH 与有机物污染情况

COD_{Mn}、化学需氧量和生化需氧量均属于有机污染综合指标，3 个指标均以氧的 mg/L 来表示，但氧化剂强弱和测试条件不同，可以从不同角度反映水体受到有机物污染的程度。图可以看出，主库区的各项有机污染指标均严重超标，COD_{Mn}超标 1 倍，已达到Ⅴ类地表水范围；化学需氧量超标 7 倍以上，已属于劣Ⅴ类地表水范围；生化需氧量超标 21 倍，也属于劣Ⅴ类地表水范围。相比而言，水库上游的 2～6＃监测点有机污染明显较低：COD_{Mn}方面，2～6＃监测点均未出现超标现象；化学需氧量方面，2＃监测点略高于标准值，3～6＃点的化学需氧量未超标；生化需氧量方面，2、3、5、6＃监测点有1～3倍的超标，4＃监测点不超标。综合1～6＃监测点的有机污染综合指标可以看出，造成主库区严重有机污染的主要原因不是水库入流汇入的有机物，而是主库区藻类大量繁殖。藻类通过光合作用固定大气中的二氧化碳并快速繁殖，形成大量藻细胞并向水体分泌有机物，从而造成主库区有机污染严重。尽管外源汇入不是主库区有机污染的主要原因，但水库上游各监测点生化需氧量普遍超标问题仍需要重视，因为生化需氧量超标表明水库上游河流受到了生活污水等污染，虽然这一途径输入的有机物在藻类暴发期对主库区贡献不大，但长期的外源输入会造成有机物和氮磷等营养元素在水库中的积累，造成水库长期运行时内源污染和富营养化加剧。

主库区及水库上游1～6＃监测点氮、磷污染情况如图7.7所示，可以看出，1～6＃监测点TN全部超标，其中1、2、4、5＃监测点超标1倍左右，3＃和6＃监测点超标3倍左右，1＃监测点TN低于上游各点，这说明水库上游来水是库区TN的主要来源，其中3＃和6＃监测点所在的东采峪TN污染更严重，1＃监测点TN低于上游各点应该是由于取样时期藻类大量繁殖，将水中的部分氮转化为了藻细胞的一部分。TP方面，4＃监测点超标15倍，其他各监测点并未超标，其中1＃和2＃监测点TP浓度仅0.023mg/L，3、5、6＃监测点略高，但都未超过0.2mg/L，这说明4＃监测点所在的西采峪可能存在间歇性排放的磷污染源，且排放强度较高，是库区TP的主要来源。与TN类似，1＃监测点TP较低应该也是由于取样时期藻类大量繁殖，将水中的磷转化为了藻细胞的一部分。

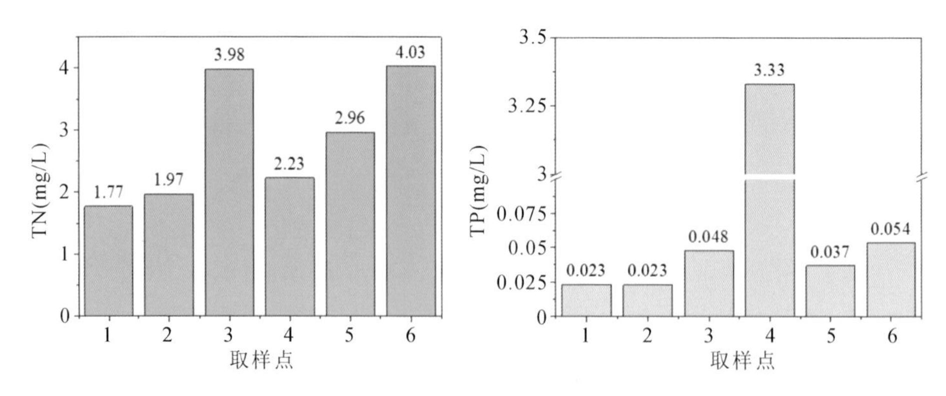

图7.7　2016年8月李家河水库主库区及上游总氮、总磷污染情况

上述分析表明，李家河水库上游来水TN和TP严重超标，主库区藻类污染严重，藻细胞密度达到3.6亿个/L以上，藻类繁殖导致水体pH高达9.82，化学需氧量和生化需氧量分别超标7倍和21倍，同时水体嗅味明显。

三、沉积物中污染物释放

水源水库水深通常较大，水体季节性分层明显，阻碍了氧的传质。在底部水体和沉积物耗氧的双重作用下，稳定分层期水库底层呈厌氧状态，促进了沉积物中无机物的还原和有机物的厌氧分解，导致氮、磷、铁、锰、硫化物、有机物等污染物大量释放，并在底部水体不断蓄积。当水体自然混合时，底部高浓度受污染水体与上部水体混合，造成整个水库水质恶化。水库底部厌氧条件下沉积物中污染物释放导致的周期性高污染负荷是水源水库水质污染的重要原因。

利用原位多相界面反应器分别于春季（2014 年 10—11 月）和秋季（2015 年 3—6 月）对周村水库水体分层末期和水体分层初期沉积物中污染物释放特性进行了研究。

（一）原位反应器中氧化还原电位（ORP）、pH 值和 TOC 的变化

由图 7.8 可以看出，原位反应器中的 OPR 随着反应器内部进入逐渐厌氧状态而降低，标志着水体从氧化状态进入还原状态。氧化还原电位在水体中溶解氧下降为 0 之后具有更重要的意义。硝酸盐、锰和铁的还原反应在 200～500mV、200～400mV 和 100～300mV 的条件下就可以发生，而硫酸盐的还原反应则需要 0～150mV 的强还原性条件。在两次原位实验中，氨氮、铁、锰、硫化物在水体中的积累遵循了这一规律。

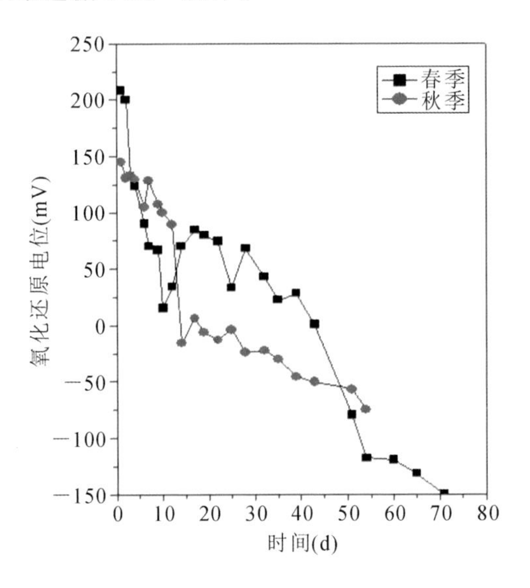

图 7.8　原位反应器中 ORP 的变化

pH 值的降低为某些还原性污染物在水体中的积累提供了有利的条件，如

铁、锰离子在水体中存在的浓度取决于 pH 值，pH 值越高，水体中铁、锰离子含量越低。而对于磷酸盐而言，pH 值从偏碱性降低至中性范围，其释放速率将受到一定程度的抑制。pH 呈中性时，磷的释放量最小，无论 pH 值升高还是下降，磷的释放量都会成倍增加，磷的释放量与 pH 值呈 U 形相关。

两次实验中反应器内部 pH 值表现可分为 2 个阶段：从实验开始至反应器内部溶解氧消耗殆尽进入厌氧状态阶段，春季 pH 值分别从 8.20 下降到 7.26，秋季从 7.96 下降到 7.41(表 7.3)，下降趋势明显。pH 值的下降说明反应器中产生了多余的酸性物质，与此同时水体 TOC 浓度明显降低。在氧作为电子受体的情况下，水体和沉积物中有机物发生好氧氧化分解产生的腐殖酸或者氢离子、还原性金属离子如二价铁也不能稳定存在。

当反应器内部进入厌氧状态之后，pH 值上下浮动，变化范围较小，至实验结束时只有轻微的降低。水中的 TOC 浓度在厌氧阶段上升幅度较大，厌氧细菌的大量繁殖，将沉积物中的不溶性有机物降解为可溶性的小分子有机物，并向上覆水中迁移释放。

表 7.3　反应器内不同阶段 pH 值及水体 TOC 的变化

参数		反应时间		
		初始状态	进入厌氧状态(DO=0)之前	实验结束
pH	A	8.20	7.26	7.14
	B	7.96	7.41	7.36
TOC(mg/L)	A	2.70	2.16	3.58
	B	3.16	2.10	2.66

(二)沉积物中氮的释放规律

原位反应器中氨氮和硝态氮的释放特征如图 7.9 所示。可以看出，2015 年春季的实验中，氨氮在好氧阶段从 0.09mg/L 上升到 0.29mg/L，增加量仅有 0.2mg/L。进入厌氧阶段后，氨氮浓度没有立即出现升高现象，10d 以后，氨氮浓度快速升高。硝态氮在好氧阶段有小幅度的下降，降幅 0.2mg/L，而在厌氧阶段的初期，10d 内硝态氮上升 0.4mg/L，上升幅度 50%。与氨氮浓度上升相应的，在进入厌氧阶段的第 10 天，硝态氮浓度快速下降，此阶段的主要反应包括硝氮的反硝化过程和有机氮的氨化过程。秋季的实验结果与春季相比有些不一样。比如：氨氮浓度在好氧阶段就有较大程度的上升，从0.19mg/L 上升到 0.82mg/L，升高了 4 倍。在好氧条件下这种情况是比较特别的，通常认为沉积物释放氨氮的过程是发生在厌氧条件下。好氧条件下氨氮升高的一方面原因是沉积物间隙水中存在的氨氮，在浓度梯度作用下扩散。对水库相同水深处沉积物中间隙水氨氮的测定结果显示：秋季沉积物表层 0～2cm 内间隙水氨氮浓度为 16～20mg/L，是同期水体中氨氮浓度的近百倍，而春季的表层沉积物间隙水氨氮浓度仅为 1～2mg/L，浓度梯度较小，不足以引起氨氮浓度的大幅上升。秋季沉积物间隙水氨氮浓度高于春季，是由于水体分层造成的夏季同温层水体缺氧，使氨氮大量积累。另一个解释氨氮升高的原因是，氨氮属于易氧化性物质，在好氧水体中极易发生氧化反应，而有学者研究发现，在没有混合与扰动的水体—沉积物界面，可以形成一层阻碍溶解氧向沉积物内部扩散的扩散边界层。正是由于原位反应器内相对静止的条件，导致水体—沉积物界面厌氧区域的形成，为氨氮的释放提供了有利条件。在进入厌氧阶段之后，氨氮浓度持续升高，平均上升速率为 1.88～2.22mg/(m^2·h)。

硝态氮在两次原位实验中的表现有较大的差异，主要表现为：秋季实验中，硝态氮在有氧状态下发生反硝化作用，至厌氧阶段反应器内部的硝态氮已经消耗殆尽，硝氮的下降速率是 0.33mg/(m^2·h)；而在春季实验中，好氧阶段的硝氮下降幅度较小，并且在好氧阶段末期有较大幅度的上升，其从 0.8mg/L 上升至 1.2mg/L，增多了 50%。其主要原因是氨氮的氧化速率超过了硝氮的反硝化速率。春季实验中，硝氮的反硝化过程主要发生在厌氧阶段，下降速率是 0.65mg/(m^2·h)。

从两次原位实验的结果可以明显看出，在原位反应器内存在好氧反硝化作用，并且秋季水体的好氧反硝化作用强于春季水体。好氧反硝化细菌的存在已经被大量研究证明，而对于好氧反硝化细菌的生态习性尚未形成成熟的理论。通过本次原位实验的结果，我们可以得到一个有效的信息是，水库翻库初期水体中好氧反硝化作用强于水库水体混合末期。两个不同时期的特点分别是：水库翻库的初期，水库沉积物经历了半年时间的厌氧状态；水体混合末期，底部沉积物经历了半年时间的好氧状态。根据这两种特点，不难发现好氧反硝化细菌与常规反硝化细菌存在着必然的联系。好氧反硝化细菌大量存在于水体从厌氧状态向好氧状态转变的时期，可能的原因是好氧反硝化细菌是由常规反硝化细菌适应环境的改变而出现。但与此相关的内容还需要进一步的实验研究加以证明。

在沉积物静态释放实验中，当上覆水体 DO<2mg/L，水体中氨氮浓度呈快速增长趋势，受水体温度的影响，$T=4$℃反应器所含微生物的活性低于 $T=$

10℃反应器所含微生物的活性，致使 $T=4$℃与 $T=10$℃两种相应条件下氨氮释放速率分别为 0.78mg/(m^2 · h)和 0.83mg/(m^2 · h)。两种温度下，上覆水氨氮浓度分别达到 6.09mg/L 与 6.89mg/L。

对比原位实验与静态释放实验可以看出：静态释放实验中，沉积物所处的环境和生态被破坏，无法完整体现沉积物释放氨氮的过程，对于解释氨氮的释放过程比较局限。另一方面，由于沉积物受到的扰动，静态实验中氨氮的释放量大大增强，使计算得出的氨氮释放速率偏高。

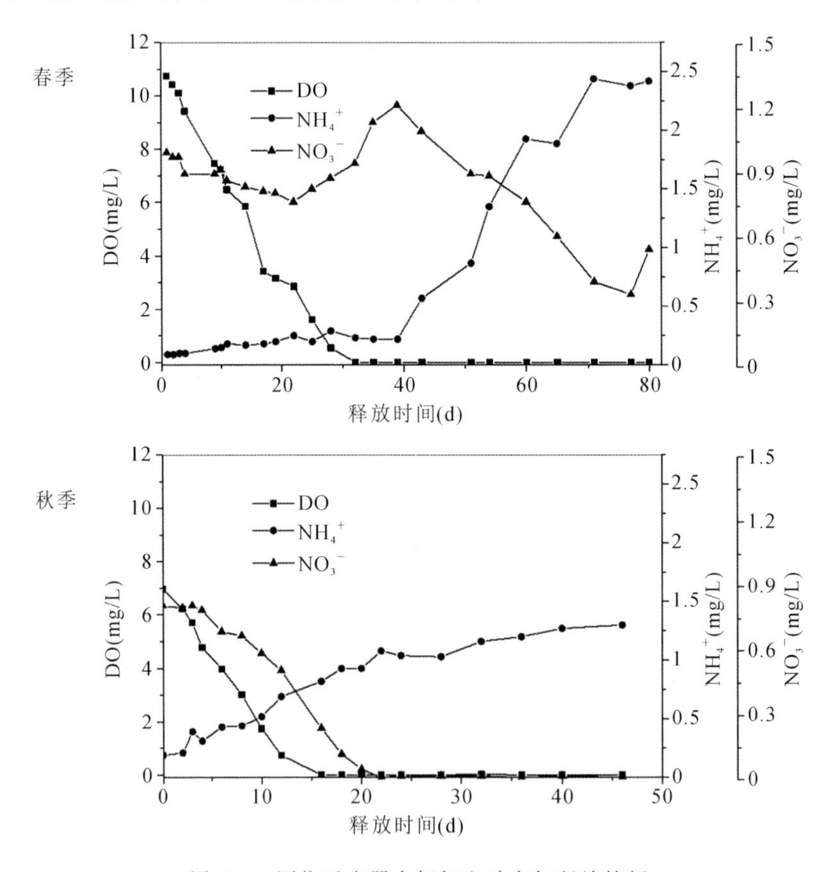

图 7.9　原位反应器中氨氮和硝态氮释放特征

综上所述，在 DO<2mg/L 的厌氧条件下，沉积物中的含氮有机物发生氨化反应所产生的氨氮进入沉积物间隙水中，造成间隙水与上覆水之间的氨氮浓度梯度，在浓度梯度的作用下，间隙水中的氨氮扩散至上覆水体，造成水库等温层氨氮浓度的升高。氨氮的原位释放实验结果同时表明：水库经过分层期之后，由于沉积物间隙水在厌氧条件下积累了高浓度的氨氮，在沉积物—水界面环境条件改变后，继续在浓度梯度的作用下向上覆水中扩散，造成短时间的氨

氮浓度上升。在反应器进入厌氧阶段后，氨氮浓度达到 2.42mg/L，氨氮释放的平衡时间是 20d 左右，这与水库水质监测结果相符。

（三）沉积物中磷的释放规律

磷被称为生物生命活动的限制性元素，而沉积物被称为水体中磷的源和汇。这是由于在大多数湖库中发生着磷的沉降，此时沉积物成为磷的汇，在某些情况下，沉积物释放的磷含量大于磷沉降的量，此时沉积物便成为磷的源。因此沉积物中磷的变化规律在研究水体营养物浓度的变化方面，受到长期、广泛的关注。

一般情况下，当沉积物上覆水体中以 PO_4^{3-} 形式存在的磷浓度达到 1～2mg/L 时，无论厌氧环境或者好氧环境，沉积物均是磷的汇；而当沉积物上覆水体中的 PO_4^{3-} 浓度小于 1mg/L 时，沉积物在厌氧情况下成为磷的源，而在好氧情况下成为磷的汇。沉积物释放的磷首先进入沉积物间隙水中，然后在浓度梯度造成的扩散作用、微生物和底栖息生物的扰动及风浪所引发的沉积物再悬浮并进入上覆水体。

从图 7.10 可以看出，两次原位实验得到的磷释放曲线基本一致。周村水库磷释放过程发生在厌氧阶段，当 DO＜1mg/L 时，磷开始大量释放。两次原位实验由于实验时间不同，TP 浓度分别增加至 0.15mg/L 和 0.55mg/L。厌氧阶段的释放速度分别为 0.37mg/(m^2·h)和 0.46mg/(m^2·h)。

（四）沉积物中铁、锰的释放规律

湖库中铁、锰在水—沉积物界面形成的循环，以有机质降解为主要驱动力，由还原、扩散、氧化、沉积四个部分组成。在水体—沉积物界面下一定深度，有机质降解的过程中，铁、锰充当氧化剂而被还原生成溶解态的铁、锰并进入孔隙水。孔隙水中的溶解态铁、锰又通过以浓度梯度为动力的扩散作用向上覆水体扩散迁移，在沉积物表面重新被氧化成铁、锰氧化物而沉积在界面上，形成微粒态铁、锰氧化物的富集。然而水库/湖泊中的铁、锰循环不仅仅受水体—沉积物界面制约，还受到氧化还原边界层的影响。在非缺氧季节里，氧化还原边界层位于沉积物—水界面附近，铁、锰界面循环的结果导致沉积物表层铁、锰的富集；当水库/湖泊季节性缺氧时，氧化还原边界层由沉积物向上覆水体季节性迁移，铁、锰界面循环也向上覆水体扩展，结果导致沉积物表层铁、锰的季节性释放和水体缺氧后铁、锰的富集。

从图 7.10 可以看出，在原位实验中，铁在好氧阶段变化不大，当溶解氧下降到 1mg/L，氧化还原电位小于 100mV 之后，铁的释放速率快速增大。两次实

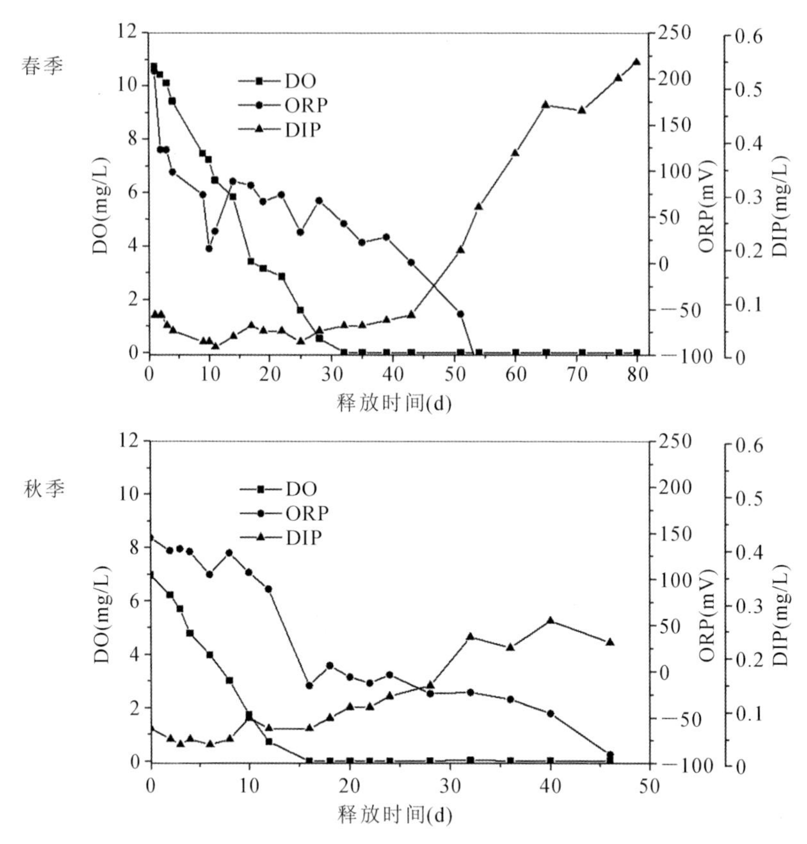

图 7.10　反应器中 DIP 随溶解氧和氧化还原电位的变化

验中铁离子浓度分别增加至 1.55mg/L 和 2.58mg/L。锰离子浓度在秋季实验中，从实验开始阶段即快速上升，反应器内锰浓度线性上升，实验结束时上升速率具有升高趋势。实验期间反应器内锰浓度上升速率为 0.0212mg/(L·d)。沉积物释放锰的速率为 0.87mg/(m^2·h)。在春季实验中，好氧阶段锰离子浓度变化不大，至溶解氧消耗殆尽，氧化还原电位降低至－50mV 时才开始大量释放。解释这一现象的原因是：在秋季实验期间，水库底部沉积物经历了半年时间的厌氧状态，在沉积物间隙水中具有较高的锰离子浓度，在浓度梯度的作用下，锰离子从间隙水向上覆水体中迁移，从而造成了锰离子浓度的升高。在自然水体中，随着锰离子的向上迁移，在溶解氧存在的情况下，锰离子重新被氧化形成沉淀。缺氧是锰离子能否释放的一个充分条件，但这并不意味着缺氧是锰离子释放的必要条件。

(五)沉积物中硫化物的释放规律

在水—沉积物界面的硫循环过程中，硫酸盐还原对有机碳的氧化并产生硫化物可视为硫循环的开始。硫酸盐还原所产生的硫化氢可向上扩散到水柱或沉积物的氧化带内,然后被氧化,生成硫酸盐以及中间价态的硫类,如有机硫化合物,也可以与碎屑矿物或矿物表层化学还原生成的二价铁反应,以单硫化铁(FeS)的形式沉淀,或进一步反应完成二硫化铁(FeS_2)形成的过程,见图7.11。

硫化物的来源相对单一、稳定,硫酸根的还原作用是水体系统中硫循环的重要的一步,根据微生物对其利用途径可分为同化还原作用和异化还原作用。对于缺氧环境,微生物在利用硫酸根作为电子受体时,异化还原作用是最主要的生化反应。沉积物中酸可挥发性硫化物(AVS)含量是硫化物生成及通过氧化、扩散而消除的共同作用的结果,有机物的供给、硫酸盐的还原及沉积物的氧化还原状况都能影响到AVS含量。

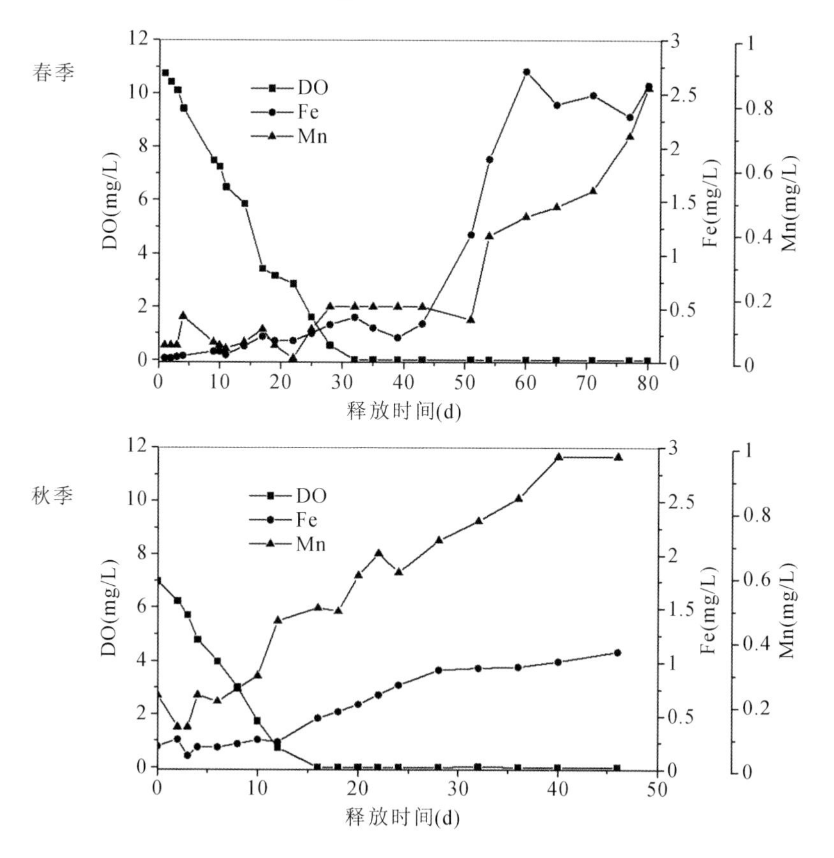

图7.11 反应器中铁、锰随溶解氧的变化

原位反应器内发生硫化物的释放时间较晚,这是因为硫化物对氧化还原电位敏感,要求较高,从图7.12可以看出,在氧化还原电位低于0时,上覆水体中才能检测到硫化物的存在。周村水库由于常年的网箱养鱼,大量鱼类饵料和粪

便积累在库底，因此沉积物释放硫化物的强度较大，两次实验中，硫化物的浓度分别上升至 0.75mg/L 和 1.08mg/L，春季和秋季硫化物的释放速率分别为 0.92mg/(m^2·h)和 1.34mg/(m^2·h)。硫化物的大量释放直接导致鱼类等水生生物的大量死亡，破坏水生生态系统，严重影响了水库的供水功能。

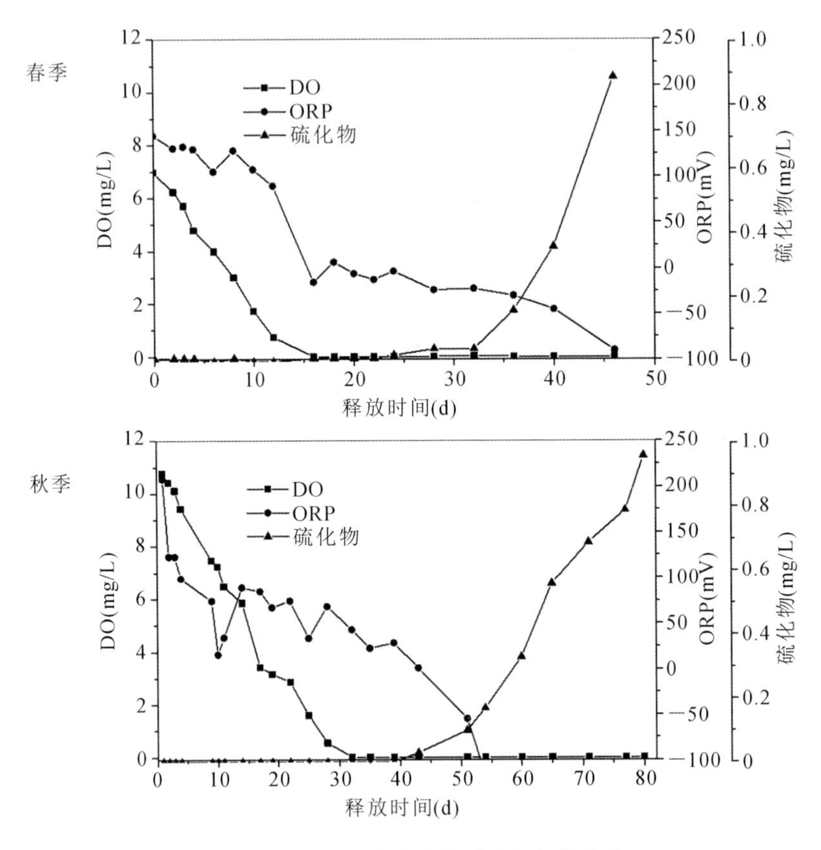

图 7.12　反应器中硫化物随溶解氧的变化

第四节　水源水库水质污染控制与水质改善技术

饮用水水源水库的水质污染控制与水质改善主要包括两个方面：一是水流入库前上游流域及河流的水污染控制问题，即水库的外源污染控制；二是由水库条件和特征所决定的库区内水体水质二次污染控制问题，即水库的内源污染控制。

一、外源污染控制技术

如前所述，外源污染包括点源污染和非点源污染。对于水源水库，随着国家环境保护工作力度的加大，流域内城市生活污水、工业废水等的收集处理已较完善，点源污染问题基本解决，水源水库的外源污染主要来自流域内的非点源污染。

非点源污染产生于流域面上的农业活动、农村生活、石油开采、自然污染物、大气沉降等，晴天时污染物在流域面上累积，雨天时由降雨径流洗刷、汇流入水体。同时，流域上泥沙流失也是主要的非点源源污染，它不仅造成水源水质污染，而且造成湖库淤积，降低水体储蓄和行洪能力，影响水体使用功能。

近年来，随着点源污染控制的逐渐完善，人们越来越认识到非点源污染对水体污染的影响，也越来越认识到非点源污染控制对水源水质保护的重要性。关于我国众多湖泊的调查结果表明，除城市湖泊外，非点源污染占湖泊负荷总量比例一般在50%左右，非点源已成为湖泊、水库污染物的主要来源。但非点源污染的分布面广，量大，不易控制，因此，水源水库的外源污染控制可从减少径流过程中污染物产生、削减汇入水库的污染负荷以及水库优化调度减小外源污染影响三方面着手。

（一）减少径流过程中污染物产生

地表径流中的污染物是降雨冲刷流域面产生的，通过调控流域内的植被条件、土地利用类型等能够改变流域产流、产污特性，减少径流过程中污染物的产生。可采取的具体措施包括如下几种。

(1)种植水源涵养林，实施水土保持工程，防止水土流失等造成泥沙在河流、水库、湖泊的淤积，并减少氮、磷等流入量。

(2)加强水源所在城镇、乡村的生态环境的综合整治规划，合理利用自然资源，持续稳定地发展工农业生产，以维护生态环境和水资源的良性循环。

(3)严格控制化肥、农药施用量及其污染。应发展生态治理工程，利用生态方法防治虫害，削减农药施用量；采用高效长效低毒新型农药；改进耕作制度，科学施用化肥及农药。

(4)严格控制石油、煤炭等矿产资源开发区域的污染物排放，对已污染环境，及时采取有效措施加以修复和促进恢复。

(5)完善农家化粪池，加强人畜粪便无害化、资源化处理与处置，有条件的地方应逐步完善、兴建下水道系统及污水处理工程或设施。

(二)削减汇入水库的污染负荷

在水库入口采取一定的工程措施,如修建前置库、旁通渠等,能够削减汇入水库的污染物,从而降低外源污染的影响。

1.前置库技术

前置库是指在大型水库或湖泊入口处设置的规模相对较小的子库。河道来水首先进入前置库,随着水流速度降低,径流携带的泥沙沉淀下来,同时颗粒态的污染物也随之沉淀。此外,前置库内设置的生态净化系统也能够去除部分污染物,经过一定沉降和净化的水再进入主库区,减少了汇入主库区的污染物。一般的前置库包括沉降区、强化净化区和导流系统。沉降区是通过降低水流速度使泥沙及颗粒态污染物自然沉淀;强化净化区主要利用植物、微生物等的净化功能进一步削减氮、磷等营养盐;导流系统是使超过前置库处理能力的径流流出,避免影响前置库的净化处理效果。前置库技术能在一定程度上削减进入主库区的污染负荷,且投资小,运行费用低,但须定期清理库内的功能植被,防止二次污染,同时须及时清淤。

2.旁通渠技术

采用旁通渠技术可以减少汛期暴雨径流条件下高浊、高污染负荷来水对水库的影响。在水库上游(河流区)至水库下游建立旁通渠,一般径流条件下,旁通渠停止不用;暴雨径流期间,当上游来水浊度较高时,直接利用旁通渠将上游浑水引入下游排放,减少外源污染物的汇入。当上游来水浊度降低后,关闭旁通渠,水库开始蓄水。此外,当水库出现水质问题时,可以利用旁通渠将上游清水引入下游供水,以保障供水水质。当然,使用旁通渠技术的前提是水库有充足的来水。

(三)水库优化调度降低外源污染影响

汛期暴雨径流一般以潜流的形式进入水库,潜流位置和影响范围与径流量、含沙量、水库水温分层结构等有关,针对特定水库可通过现场实测与理论计算相结合的方法建立不同季节、不同入库流量下的水库潜流模型。在掌握暴雨径流入库潜流位置和影响范围的条件下,优化水库运行调度,通过分层取水、排浊蓄清等措施降低外源污染的影响。

1.西安黑河金盆水库优化引水方案

黑河金盆水库引水塔位于大坝左岸,根据城市引水水质的要求,设上、中、下三个分层取水口,高程分别为571.0m,554.0m和514.3m,洞身为直径3.5m的压力圆洞。出口弧门孔口尺寸2m×2m,弧门前布置有电站引水岔管,弧门后为洞内消力池，消力池末端与电站尾水相接，分别为城市和农灌供水，建筑全长764.17m。引水塔设计引水流量30.3m^3/s，加大引水流量可达34.1m^3/s。

降雨径流季节，入库水质对水库供水的水厂净化系统带来一定程度的冲击，尤其是主汛期携带大量泥沙和腐殖质的入库水直接影响到水厂的达标运行，出厂水水质的超标风险大大提高。不同环境条件下主汛期大洪水的入库潜流水层不同，会形成不同水层的高浊水，且持续时间长达2～3个月，过高的原水浊度对水厂的运行水厂造成极大冲击。

对黑河金盆水库不同入库流量下潜流位置的研究表明，5月份在入库流量小于500m^3/s时，入流水温较低，潜流位置在高程520m附近，接近底层取水孔高程。同时，5月份水体分层逐渐形成，在此期间垂向溶解氧传质受阻，在库底沉积物及水体的双重耗氧作用下，底层水体逐渐进入缺氧或厌氧状态，内源污染开始释放，底孔附近水质恶化。而此时若藻类数量也不多，建议启用中孔或上孔取水；7—9月份潜流水体潜入位置逐渐下移。7月份当入库流量小于等于1000m^3/s，潜流位置在高程545m左右，接近中孔，根据表层藻类数量和底层水质情况灵活选用表层或底层取水孔。7月入库流量为1500m^3/s，8、9月份潜流位置接近底孔，根据实时水位和表层藻类生长情况选用中孔或上孔。

2.西安黑河金盆汛期排浊蓄清方案

黑河金盆水库泄洪洞位于大坝左岸，采用塔式深孔进水口，进口底板高程545.0m，工作弧门孔口尺寸为10m×10m，洞身段为“龙抬头”式明流洞，断面为10m×13m直墙式圆拱，出口底板高程为493.2m，桃流鼻坎为非对称扩散型，建筑物全长643.4m。泄洪洞设计洪水位下泄流量2421m^3/s，校核洪水位下泄流量2450m^3/s。溢洪洞布置在右岸，进口堰顶高程578.0m，堰宽12m，堰后为跌落段、下接平流段，洞身为圆拱直墙式明流洞，断面尺寸为12m×14m～10m×11m，出口为舌型扩散挑流鼻坎，建筑物总长471.2m。溢洪洞设计水位下泄洪量537m^3/s，校核水位时下泄流量为2000m^3/s。

初期径流水体及洪峰水体携带的悬浮物及耗氧有机物较多，会造成水库淤积及水库水质恶化等问题，因此在此展开黑河水库排浊蓄清机制的探讨，但是须借助精确的降雨量、入库水量预报，确保将初期高浊水排出后，后续入流水体仍能达到水库的蓄水要求，在满足水库蓄水量的前提下尽量提高蓄水水质。

基于黑河金盆水库的功能及入流水体含沙量相对较低、水库无底部排沙孔等情况，实现水库的排浊蓄清只能依靠泄洪塔进行调节。

对黑河金盆水库不同入库流量下潜流位置的研究表明，进入汛期以后，潜流水体潜入位置逐渐下移。7月份入库流量小于等于 $1000m^3/s$ 时，潜流位置在高程545m左右，8月潜流位置在高程520m左右，9月潜流位置在高程510m左右。7月为汛期初期，初期入流水体水质相对较差且潜入位置在泄洪洞进口底板位置（泄洪洞进口底板高程545m），在7月份入库流量小于等于 $1000m^3/s$ 时，可以利用此条件将初期高浊水体排出水库，实现水库的排浊蓄清。随着入库流量的增加，入库含沙量及控制断面含沙量逐渐增加，潜流高程逐渐降低。7月入库流量为 $1500m^3/s$ 时，入流水体潜流位置降至高程518m左右，在此时要实现泄洪塔排浊，高浊浑水面至泄洪洞进口底板须小于异重流极限吸出高度。

暴雨径流潜流到达坝前，由于坝体的阻挡而壅高，此外因泄洪洞泄洪集流形成低压区，对浑水产生吸引作用而局部升高。异重流与清水的交界面和泄洪洞中心线相对位置不同，可能出现不同情况（图7.13）。

当交界面位置低于异重流极限吸出高度的交界面（即异重流吸出下限交界面）时，异重流壅高仍达不到孔口下缘，泄洪洞只能排出清水；随着交界面的逐渐升高，排出浑水所占比重逐渐增大，当交界面与孔口中心线齐平时，孔口出流清浑水各占一半；当交界面位于清水吸出极限高度的交界面（即异重流吸出上限交界面）之上时，泄洪洞被异重流淹没，只能排出异重流，理论分析及实验成果表明，上下限交界面至孔口中心线的距离接近相等。

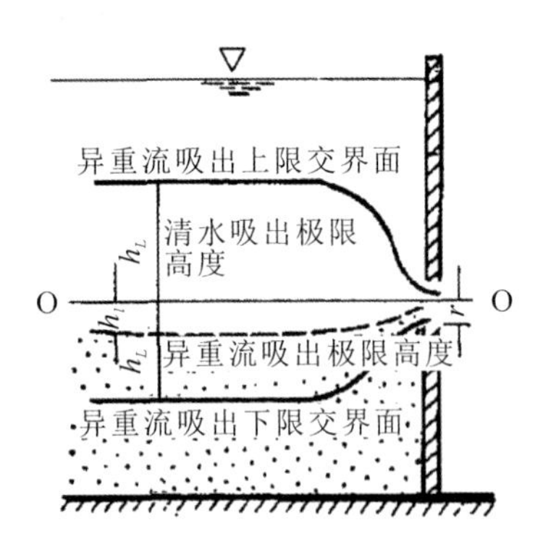

图7.13　潜入位置与泄洪排浊条件

根据现有异重流孔口出流的理论研究和实验成果，在已知坝前潜入水体的运动情况和泄洪条件的前提下，可以计算出泄洪洞在交界面以上高度的极限值，以确定泄洪能否将高浊水体排出。

对于二维孔口出流，异重流极限吸出高度的表达式为

$$h_L = \varphi\left(\frac{q^2}{\frac{\Delta\rho}{\rho}g}\right)^{\frac{1}{3}}$$

式中，φ 是系数，通过实验得出，在异重流吸出下限高度极限时 $\varphi=0.74-0.89$，在异重流吸出上限高度极限时 $\varphi=0.58-0.74$。由于潜入点位置(高程 520m)低于泄洪洞洞口位置，取吸出下限 $\varphi=0.74$。由此计算出黑河金盆水库在不同泄洪流量条件下的极限吸出高度，如表 7.4 所示。

表 7.4 不同泄洪流量条件下吸出下限交界面高程

泄洪流量(m^3/s)	220	506	838	1033
泄洪洞开启高度	1	2.5	4	5
泄洪口中心线高程(m)	545.5	546.3	547.0	547.5
极限吸出高度(m)	12.5	21.8	30.5	35.1
吸出下限交界面高程(m)	533.0	524.4	516.5	512.4

7 月入库流量达到 1500m^3/s 以上，8 月入库流量在 250～800m^3/s 时，潜流位置在高程 520m 左右，要实现在此条件下将初期高浊水排出，泄洪流量须控制在 838m^3/s 以上。9 月份潜入位置在高程 510m 左右，要实现在此条件下将初期高浊水排出，泄洪流量控制在 1033m^3/s 以上。以上对于泄洪流量的界定仅适用于径流初期，洪峰刚刚到达主库区的情况。洪峰达到主库区以后，潜流层厚度增大，异重流上边界向上部水体扩展，吸出下限交界面高程降低，此时也可实现将浊水排出。值得注意的是，表 7.5 给出的仅是吸出下限交界面高程，即使潜流位置满足吸出下限交界面高程，但由于泄洪口中心线高程相对较高(大于高程 545m)，在对应泄洪流量条件下排出的水中浊水所占的比例较低，难以实现高效排浊。而且要注意的是，由于自然情况的复杂性，前述异重流孔口出流试验导出的公式，其结构形式与现实情况是基本相似的，但仍存在较大误差。

在发生底层潜流时(如 2012 年 9 月 1 日，入库流量 1750m^3/s)，潜流水体沿着主河槽底部进入主库区，潜流水体的浊度大于 3000NTU，潜流水体携带大量悬浮物和耗氧有机物，潜流水体水质较差。要实现排浊蓄清，需将此阶段初期入流高浊水体排出水库，但此时潜流水体高程为 500m。由表 7.5 可以看出，此时开启泄洪洞不会将高浊水体排出，无法实现排浊蓄清。可实现排浊蓄清的技术措施是在泄洪塔之前设置抬升堰，将底层潜流高程提升至泄洪口附近实现排浊蓄清。

二、内源污染控制技术

水源水库的内源污染主要包括两方面：一是底泥中氮、磷、铁、锰、硫化物、有机物等污染物释放造成的水体污染；二是水库表层藻类暴发导致的有机物、嗅味物质、藻毒素等的污染。因此，内源污染控制技术的主要目的是削减和控制底泥污染以及控制藻类繁殖。内源污染控制技术按照原理可分为物理方法、化学方法和生物/生态方法。

（一）物理方法

物理方法主要包括稀释、冲刷、底泥疏浚、底泥覆盖、混合充氧等。

1.稀释与冲刷

稀释和冲刷通过向污染水体输入相对洁净的水流，利用物理稀释降低污染物的浓度，有效地减少污染物的浓度和负荷，减少水体中藻类及其分泌物的浓度，促进水的混合。另一方面，水体稀释或者置换还能够影响到污染物质向底泥沉积的速率，在高速稀释或者冲刷过程中，污染物质向底泥沉积的比例会减小，但是，如果稀释速率不适当，污染物浓度可能反而增加。

稀释和冲刷不能削减或消除污染物总量，且该技术需要充足的优质水源，但大部分的水源水库并不具备这样的条件。

2.底泥疏浚

底泥疏浚是削减底泥内源污染的有效技术。底泥中长期蓄积着自然沉降积累的大量污染物，包括营养盐、腐殖质、难降解的有毒有害有机物、金属离子等，是上覆水体中污染物的重要来源。在一定条件下，这些污染物会释放进入上覆水体，对水库水质造成很大影响。在浅水水库中，底泥中的富营养元素很容易受风浪扰动释放而进入表层水体，引起藻类繁殖，水体水质急剧恶化。对于深水水库，热分层期底部水体的厌氧环境会促进底泥污染物的释放。

通过底泥疏浚清除污染的底泥是一种从根本上控制内源污染的手段，但对于水域面积广、沉积历史长、沉积厚度大的底泥，底泥疏浚的工程量很大，特别是对于深水水库，底泥疏浚的实施难度很高，且疏浚过程中很难避免对上覆水体造成污染。此外，疏浚底泥中含有大量高浓度的污染物，需要设置专门区域和采用处理工艺进行处置。

3.底泥覆盖

底泥覆盖是在水库底泥表面敷设覆盖层，阻止底泥中污染物向水体释放。

底泥的释放包括两个过程：首先是污染物从底泥颗粒表面向孔隙水溶出过程；其次是孔隙水中高浓度的污染物向水体扩散迁移过程。在某些情况下，扩散迁移过程制约着底泥释放的速度，而底栖动物和鱼类的活动、风浪和水流引起的水体扰动等会加速孔隙污染物向水体的扩散迁移。在底泥表面增加覆盖层能有效地阻碍底栖动物的活动，防止水体扰动水泥水界面的冲刷，大大减弱扩散迁移作用，从而阻止底泥污染物的释放。

对于底泥污染严重且淤积速度极为缓慢或基本不淤积的水库，采用底泥覆盖技术可以在一定程度上控制底泥的污染，在短期内有较好的控制效果。但对于持续淤积的水库，这种方法不能从根本上解决问题。此外，在水库正常运行的情况下，底泥覆盖技术很难实施，特别是深水水库底泥覆盖的实施难度较高。

4.混合充氧

混合充氧技术是在水库取水口附近一定范围内，通过混合上下水层，破坏藻类的悬浮状态，使之向下层迁移，从而抑制其生长；通过水库上下水层的交换或直接向水库底层充氧，提高水库底层水体的溶解氧，消除厌氧状态，抑制沉积物中污染物向水体的释放。目前国内外研究开发的混合充氧技术主要包括表面曝气、深水曝气、空气混合充氧、扬水筒技术、扬水曝气技术等。混合充氧技术通过物理方法破坏藻类生长和底泥污染物释放条件的实施难度较小，不存在二次污染问题，是一种能有效控制水源水库内源污染的技术方法。

（二）化学方法

化学方法包括化学沉淀与钝化、底泥氧化等。

1.化学沉淀与钝化

在磷含量高或底泥释放量高的水体中可采用化学沉淀与钝化技术。化学沉淀是向水体中投加易水解无机盐，与水中的磷及重金属污染物结合，通过絮凝和沉淀作用去除水体中的磷和重金属。

钝化是向水体中投加过量的易水解无机盐，其水解产物在底泥表面形成薄薄的覆盖层，拦截吸附从底泥中释放出来的磷。

目前采用的沉淀和钝化药剂主要是硫酸铝，之所以选择铝盐，是由于铝的络合物或聚合物在厌氧等还原条件下仍然很稳定，不会被还原溶出。另外，铝的络合物能够高效捕捉颗粒状和无机性的磷，而且在一般的用量范围内对水体中的生命没有毒性威胁。

沉淀技术发挥作用比较快，但是难以发挥长效作用，因此一般建议作为临时措施使用。如果将大量氢氧化铝投加覆盖在底泥表面，就可以随时吸附任何从底泥中释放的磷或者形成铝酸盐，因此起着钝化的作用。通过这种途径，内源性的磷可以在比较长的时期内（例如几年）得到抑制，从而控制湖泊的富营养化。达到钝化所需要的投药量比较难以确定，其与磷的含量、地下水入流量和底泥化学物等有关。

2.底泥氧化

底泥氧化是向底泥中注入氧化剂，以达到氧化有机物、脱氮、将亚铁转化成与磷结合紧密的三价铁等目的，使污染物失去活性，不向水体释放。氧化深度10～20cm，可达到控制内源污染的目的。

底泥氧化也可以视为一种代替铝盐的钝化处理技术。因为铝盐仅仅是被投加在底泥的表面，而底泥氧化药剂是注入底泥内部，不容易影响水体生物，而且氧化技术的效果更加长久。但是，底泥氧化只能控制厌氧还原引起的内源性磷释放，不能控制高 pH 值和温度引起的内源性磷释放。

事实上，由于水源水库对水质要求较高，而化学方法的条件难以控制，为避免二次污染，很少采用化学方法控制内源污染。

（三）生物/生态方法

生物/生态方法包括微生物法、植物法、生态法。微生物法是培养并向水体投加高效菌剂，降解水体和底泥中有机物，吸收水体营养盐，吸收转化有毒物质；植物法是栽种水生植物，吸收降解有机物、营养盐和有毒物质；生态法是在水体内投放鱼类等水生动物，形成良性循环的生物链和生态环境，有效削减水中污染物，净化水质。

植物修复方法主要适用于浅层水体的水质修复，难以用于水深较大的水源水库。放养鱼类的生态修复方法是水库自身具有的修复条件，只能作为一种辅助的水库水质改善方法。微生物法具有效率高、成本低的优点，而高效菌剂的开发、实际水体中微生物活性的保持和环境适应性是微生物法亟待解决的难题。

三、混合充氧技术的分类与适用条件

根据前述分析，要解决水源水库水质污染对饮用水带来的水质风险问题，最有效的途径是在源头消除或削减污染。如前所述，既然水库水质污染的根本原因和条件是由于水库水流紊动强度的削弱、水体的分层和底层厌氧的季节性变化所致，那么只要能够增大水流紊动强度、削弱或破坏水体分层、提高底层溶氧浓度，就可以实现水库水质污染的有效控制，而混合充氧技术则能满足这些条件和要求，从根本上解决污染问题。

该技术对水库水体的混合作用能破坏水体分层，并将藻类输送到下层，破坏藻类的光合作用条件，抑制藻类繁殖，促使藻类消亡；而充氧作用可去除水中的挥发性污染物，如嗅味物质、VOCs、硫化物等，增强水库中生物的水质净化能力，抑制底层的内源污染。因此，混合充氧技术是一种节能、清洁，无副作用，有效改善水库水质的技术方法。

目前，混合充氧技术主要包括深层曝气技术、空气管混合技术、机械混合技术、扬水筒混合技术和扬水曝气技术等。

（一）深层曝气技术

温差引起的水体密度分层会使下层出现缺氧，因此带来一系列问题，包括水生条件恶化，鱼虾无法生存，底泥污染物（氮、磷、铁、锰、有机物）释放，pH 值降低，色度提高，产生嗅味等。要解决这些问题必须增加下层水体的溶解氧浓度，但同时又不能破坏水体的分层，否则可能会将下层富营养水体带到上层，给藻类提供营养，加剧水体富营养化。

深层曝气又称为等温层曝气，是向底层水体充氧，而不搅动水体、不破坏水体分层的一种曝气方式。深水曝气装置为空气提升型，它分为完全提升型和部分提升型两种。图 7.14 深层曝气器由同轴的内外筒组成，压缩空气是从内筒的底部以小气泡的形式向内筒释放，气泡在内筒上升的过程中与水体接触，将氧气溶解于水中，气泡到达内筒顶端后溢出到大气中。气泡在内筒上升的同时，带动水体上升，被充氧的水流上升并绕过内筒顶端，沿着内外筒的间隙下降到下层水体中，补充下层水体溶解氧。

深层曝气技术在德国、美国、日本等国家均有应用。德国 Wahnbach 水库采用深层曝气法，将夏季水库底层水的溶解氧维持在 3mg/L 的水平，PO_4^{3-} 离子质量浓度由 0.08mg/L 降到 0.02mg/L，锰离子质量浓度由 3mg/L 降到 0.2mg/L。柏林 Tegel 湖面积 $4km^2$，容积 0.25 亿 m^3，平均水深 6m，最大水深 16m，在水深 12～16m 的区域布置了 15 个部分提升型深层曝气器，总供气 $63m^3/min$，同温层充氧量 4.5t/d，取得了良好的水质改善效果。

深层曝气法的主要优点是底层充氧效率高，不破坏水体分层，不会将下层

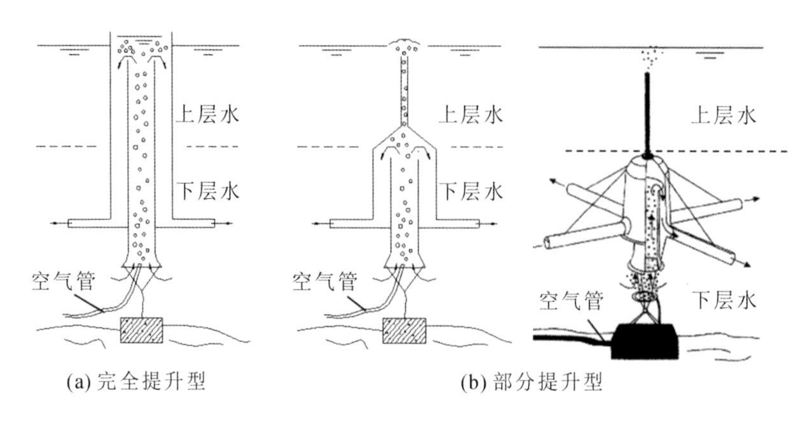

图 7.14　空气提升型深水曝气装置示意图

水质污染较重的水体带到上层。但该技术对水库表层藻类繁殖控制效果较差,水体循环混合作用范围小,不利于充氧水体向四周扩散。因此深层曝气法主要适用于水深较厚、水体分层稳定、等温层严重厌氧、表层藻类繁殖不严重的水库。

(二)空气管混合技术

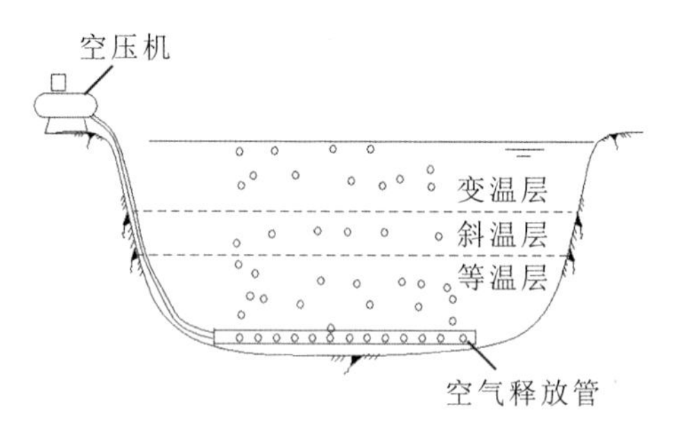

图 7.15　空气管混合系统示意图

空气管混合是在水底安装空气释放器,压缩空气以小气泡的形式经释放器释放到水中,气泡上升时夹带下层密度较大的水体到表层,气泡逃逸到大气中后,被夹带的高密度水体向四周扩散,与表层密度较低的水体混合,在上升气泡羽的外侧下沉,到达某一中间水深处,该处水的密度与下降的混合水密度相当;随着气泡羽的不断流动,中间水层的厚度不断扩大,而上层低密度水层和下层高密度水层持续混合,水体分层被破坏;同时,气泡运动过程中向水体传递氧气,增加了水体的溶解氧浓度。因此空气管混合技术在给水体充氧的同时能够混合上下水层,破坏水体分层。空气管混合系统如图 7.15 所示。

空气管混合除了能破坏水体分层,增加下层水体的溶解氧,抑制厌氧导致的污染物释放,还能控制藻类繁殖。藻类本身存在着浮游机制保证其上浮,较多的藻类聚集到表层光亮带,水库水体的流动性小,使藻类能稳定地停留在表层水中,接受充足的日照而大量繁殖,引发了水体富营养化问题。空气混合能将藻类迁移到没有日照的下层水体,抑制其生长甚至使其消亡。要达到这一目的必须具备两个条件：一是混合强度足够大，能抵抗藻类的上浮速度；二是水深足够大，藻类在深水区有足够的停留时间。否则未失活的藻类又会很快循环到表层，不但不能控制藻类，还会将下层营养带到表层，促进藻类繁殖。

空气管混合系统构造简单，具有破坏水体分层和向下层水体充氧的双重功能，既可抑制水库表层藻类的繁殖，亦可提高水库底层溶解氧浓度，抑制底泥中污染物的释放。但空气管混合产生气泡羽的混合范围有限，因此要求空气释放管的间距较小，数量较多。同时，为使气泡均匀释放，对空气管安装的水平度要求很高，水下安装难度大。因此该系统适用于库底相对平坦、水面面积不大、底层厌氧、表层藻类大量繁殖的水库。

（三）机械混合技术

机械混合方式主要包括表面螺旋桨混合、轴流泵混合、射流混合等，其中以轴流泵混合方式在美国和加拿大应用相对较多。轴流泵循环混合技术是利用轴流叶轮运动将湖库底层水体引流到表层（上向流式），或将表层水体引流到底层（下向流式），而使上下水体形成竖向循环混合，达到破坏水体分层的目的。其充氧功能是通过促进上下层水体循环交换，间接提高水库底部水体的溶解氧浓度实现的。

机械混合具有较高的混合效率，装置结构相对简单，运行成本也相对较低，但机械混合不具备直接向水体充氧的功能，底层溶解氧浓度提高缓慢，抑制底泥中污染物释放的效果相对较差，对嗅味和 VOC 的去除率很低，且动力设备固定在水库中的混合装置上，运行安全性较低。因此，机械混合技术适用于水深较浅、嗅味不严重、底层厌氧、表层藻类大量繁殖的水库。

（四）扬水筒混合技术

扬水筒是一种混合上下水层、促进水体循环的装置，其结构如图 7.16 所示。扬水筒由直筒、气室、浮子、锚固墩组成，垂直安装于水中，其关键部件是气室，位于直筒中下部的外围，由倒 U 字形水封装置组成。空压机经气管连续地向气室通入压缩空气，当气室中的空气积蓄到水封室下沿并破坏水封后，空气瞬时向筒内喷出，并结合成大型气弹，在圆筒内加速上升，形成活塞流动，推动直筒中的水流上升。直筒从下端不断吸入水体输送到表层。被提升的底层水与表层水混合后，水温升高，密度减小，不

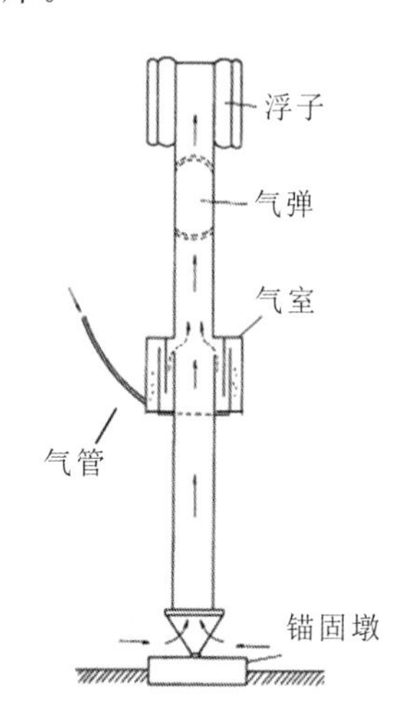

图 7.16　扬水筒结构示意图

直接下沉，而沿水平方向向四周扩散。圆筒周围的底层水从四周向筒底补充，远至 1～2km 的水也能被吸入筒底而提升至水面。

扬水混合是通过间歇性发射大型气弹来推动水体上升的，其提水混合的效率要比以小气泡自由上升的提水混合效率高。但要合理设计并布置扬水筒，如果扬水筒的间距太远，远离扬水筒位置处的混合效果会较差。扬水筒中的气弹个体大，与水体的总接触面积小，因此，扬水筒本身基本不具备直接充氧功能，其充氧功能是通过促进上下层水体循环实现的。

扬水筒能破坏水体分层，提水混合效率高，对水库表层藻类繁殖的控制效果好，混合效率高于深层曝气和空气管混合技术；但扬水筒中生成的气弹个体大，本身基本不具备直接向底层水体充氧的功能，对水库底部厌氧水层的溶解氧浓度提高速度慢，对底泥中污染物释放的抑制效率相对较低。扬水筒循环混合效果及影响范围与水深有很大关系，水深越厚，混合效果越好，适用于水深厚于 10m 的水库。

（五）扬水曝气技术

扬水曝气技术是将水库深层曝气的底层高效充氧功能和扬水筒的水体混合与破坏水体分层功能相结合，而研发的一种高效混合充氧技术。该技术兼备了水库底层高效充氧控制内源污染、上层混合抑制藻类繁殖、全层去除挥发性有机物、破坏水体分层和提高生物净化效能等多种原位改善水质的功能。

扬水曝气器结构主要包括空气释放器、曝气室、回流室、气室、上升筒、水密舱、锚固墩等。扬水曝气器竖直安装于水库底部，压缩空气管通入空气释放器，将空气向曝气室释放。在曝气室中，气泡将氧气传输到水中，曝气室不断从下部吸入厌氧水流，充氧后的水流从回流室返回底层水体，在水库厌氧的底层形成局部循环，提高底部水层的溶解氧浓度。曝气室中溢出的大量尾气集聚到气室中，当气室充满空气后，瞬间将空气释放到上升筒中，并形成大的气弹，带动下层水体向上流动，形成自下向上的脉动流，从而达到混合上下层水体、破坏分层以向水体充氧的目的。

上述混合充氧技术的功能特点和适用条件的比较见表 7.5。根据表中几种混合充氧技术的特点和适用条件可以看出，与深层曝气技术、空气管混合技术、机械混合技术、扬水筒混合技术相比，扬水曝气技术兼备了上述多种技术的功能和优势，进一步加强了其对水库水质污染控制与水质改善的效能，在混合、充氧、抑制藻类、去除水中挥发性污染物、运行管理等多个方面具有明显优势。我国拥有该技术的自主知识产权，有系统的理论研究、技术研发、产品研制和成功的工程应用经验。该技术是一种适宜于分层型水源水库水质污染原位控制与改善的有效技术。

表 7.5 水库内源污染控制的混合充氧技术比较与适用条件

技术方法	功能特点		
	优点	缺点	适用条件
深层曝气技术	底层充氧效率高，不会将下层污染较重的水体带到上层	对水库表层藻类繁殖控制效果较差，水体循环混合作用范围小，不利于充氧水体向四周扩散	水库深度较大，水体分层稳定，底层（等温层）严重厌氧，表层藻类繁殖不严重
空气管混合技术	系统构造简单，具有破坏水体分层和向下层水体充氧的双重功能，既可抑制水库表层藻类的繁殖，亦可提高水库底层溶解氧浓度，抑制底泥中污染物的释放	产生的气泡羽混合范围有限，因此要求空气释放管的间距较小，数量较多。同时，为使气泡均匀释放，对空气管安装的水平度要求很高，水下安装难度大	水库水面面积相对较小，库底相对平坦，底层厌氧，表层藻类大量繁殖
机械混合技术	具有较高的混合效率，装置结构相对简单，运行成本也相对较低	无直接充氧功能，不能有效抑制内源污染，对VOC/嗅味去除率很低。动力设备固定于水中混合装置上，运行安全性较低	水库体积较小、水深较浅的水库，嗅味不严重，底层厌氧，表层藻类大量繁殖
扬水筒混合技术	能破坏水体分层，提水混合效率高，对水库表层藻类繁殖控制效果好，混合效率高于深层曝气和空气管混合技术	本身基本不具备直接向底层水体充氧的功能，对水库底部厌氧水层的溶解氧提高速度慢，对底泥中污染物释放的抑制效率相对较低	循环混合效果及影响范围与水深有很大关系，水深越大，混合效果越好，一般要求水库水深大于10m
扬水曝气技术	扬水曝气技术集成了深层曝气和扬水筒混合等技术之优点，同时兼备了水库底层高效充氧控制内源污染、上层混合抑制藻类繁殖、全层去除挥发性有机物、破坏水体分层和提高生物净化效能等多种原位改善水质的功能	设备构造相对复杂	水库水深＞8m，水库底层厌氧，沉积物中铁/锰/氮/磷/有机物等污染负荷较高，富营养化和藻类繁殖严重，水中嗅味及挥发性有机物污染较重的水库水质原位改善

第五节 基于混合充氧的水源水库水质安全保障技术

一、扬水曝气技术的主要功能与水质改善原理

扬水曝气技术是西安建筑科技大学研发的一种基于混合充氧原理的水源水库水质原位改善技术，经过十余年不断的研发和改进，其理论研究、技术研发、产品研制方面取得了一系列原创性成果，并在多个大型水源水库得到成功应用。

扬水曝气技术的核心设备是扬水曝气器，其直接功能主要是充氧和水体混合。扬水曝气器在最下部设置气体释放器、曝气室和回流室，将压缩空气以微小气泡的形式向水体释放，微气泡在曝气室中有充分的时间向水中传递氧气，充氧后的水体通过回流室返回到水库下层，在缺氧区形成了局部循环。下部水体溶解氧浓度低，压缩空气压力高、氧分压大，氧传质效率高。

从气室向上升筒中释放的气弹造成了脉冲的上升流动，将下层水体输送到表层，必将在曝气器外围形成向下的流动，从而形成曝气器内自下向上、曝气器外自上向下的循环流动。对分层型湖泊水库，下层水体的密度高于上层，扬水曝气器将下层高密度水体输送到表层，与表层水体混合后密度仍大于原先表层水体密度，必然下沉，这将促进上层水体向下流动。另外，扬水曝气器内上升水流经蘑菇形出口引向水平方向，出水的动能推动外围水体产生竖向转动，进一步促进了上下层水体的循环流动；并且，水平向的出口能将出水喷射到更远的范围，扩大水体混合的范围。小流量的气流连续供应，经气室收集后以高强度瞬间释放，在短时间内产生高速的脉冲流动，在扬水曝气器进口产生强烈的抽吸作用，能波及较远范围的水体。

扬水曝气器通过直接给下层水体充氧，或通过循环混合作用将表层高溶解氧水体输送到下层，增加了下层水体溶解氧，改善下层水体的厌氧状态，从而抑制了沉积物中磷、铁、锰在厌氧条件下的溶解释放；促进了沉积物中有机物氧化降解成简单无机物，防止在厌氧条件下降解成溶解性有机物和有机气体；促进沉积物中有机氮氧化降解成硝态氮和氮气，避免在厌氧条件下转化成氨氮。

扬水曝气器造成的上下水体间的循环流动能控制藻类的生长。大部分藻类的生长繁殖主要发生在光线充足的表层水体中，藻类繁殖后下沉很缓慢，而微囊藻还有浮力调节机制，能一直悬浮于表层水体中，获得更多的生长繁殖机

会,因而表层水体中藻类含量远多于下层。扬水曝气器造成的循环流动从三个方面控制藻类的生长:一是扬水曝气器外围向下流动的水体将藻类输送到下层,藻类到达下层黑暗区后不能进行光合作用,将逐渐衰亡。表层水体被置换成下层无藻水,由于表层水体不断更新,更新的速度快于藻类的繁殖周期,藻类无法繁殖;二是扬水曝气器的混合引起水层温度的变化抑制了藻类的生长,分层水体的下层水温较低,下层低温水输送到表层后,降低了表层水的温度,抑制了藻类生长。同时,表层藻类输送到下层后,也不能适应下层低温环境,加速了藻类的衰亡;三是扬水曝气器出口向四周喷射的渗气水流产生的紊动影响了光线的穿透,抑制了藻类的生长。

扬水曝气器将气体释放器、曝气室、回流室、气室组合在一起,既实现了充氧功能,又实现了混合功能,既能抑制沉积物中污染物的释放,又能有效抑制藻类的生长。

扬水曝气技术水质改善原理及功效可概括为如下几点。

(1)造成水体垂向循环,将下层水体提升到表层,而表层水体循环到下层,使藻类到达下层无光区,无法进行光合作用而死亡。

(2)将下层低温水提升到表层,降低表层水的温度,使藻类生长受到抑制。

(3)直接向下层水体充氧,并通过水体循环将表层高溶解氧水体输送到下层,增加下层水体的溶解氧,抑制底泥氨氮、磷、硫化物、铁、锰、有机物等污染物的释放,控制内源污染。

(4)提高水中微生物的代谢活性,强化水体的生物自净功能;有效去除水中嗅味、VOCs、硫化物等挥发性污染物;氧化去除水中铁、锰等还原性污染物。

(5)增加下层水体溶解氧,改善水生生态环境,实现水体环境质量的全面提高和水质的综合改善。

二、贫营养好氧反硝化原位脱氮技术

氮是微污染水体富营养化的重要元素,,水体中的氮包括有机氮和无机氮两种形态。水体中的氮存在着复杂的氮循环,有机氮在氨化细菌作用下降解为氨氮,氨氮在硝化菌和反硝化菌作用下转化为硝酸盐和氮气。而植物和浮游植物又会吸收利用无机氮,将其合成为有机氮。因此,去除水中氮是控制水体富营养化的重要手段,曝气充氧虽然能够控制氨氮污染,但并不能减少 TN,无法降低水体的营养水平。如何在好氧条件下将硝酸盐氮进一步脱除,成为水源水库污染原位控制技术中亟待解决的问题。

生物脱氮被认为是去除水体中氮素最经济、有效的方法，去除硝酸盐氮的生物方法主要是借助反硝化细菌。传统理论认为，反硝化作用是一个严格的厌氧过程，因为在氧气存在时，反硝化菌作为兼性厌氧菌优先使用溶解氧呼吸，阻止了使用硝酸盐和亚硝酸盐作为最终电子受体。然而，近年来研究不断发现好氧条件下会发生 TN 损失。因此，对好氧反硝化的研究逐渐引起研究者的重视。

从国内外的研究可见，具有好氧反硝化能力的细菌是常规存在而不是偶然的，不同菌属都有可能存在好氧反硝化菌。自然界蕴藏着丰富的好氧反硝化细菌，只要方法得当，可从不同的环境包括灌渠、池塘、土壤以及水体中分离。好氧反硝化菌的出现是传统生物脱氮理论的新突破，是对传统生物脱氮理论有力的补充，为生物脱氮提供了一条全新的途径。关于好氧反硝化菌在污废水生物处理中的应用已有大量的研究，相比而言，微污染水源水中氮和有机物含量都较低，筛分、驯化出在贫营养条件下具有高效好氧反硝化脱氮能力的菌株对于水源水库富营养化控制具有重要意义。

西安建筑科技大学黄廷林教授的课题组率先开展了水源水库贫营养好氧反硝化原位脱氮方面的研究，从西安黑河金盆水库、枣庄周村水库等多个水源水库中筛分、驯化出了一系列具有良好脱氮性能的贫营养高效好氧反硝化细菌，并在菌株脱氮特性和脱氮机制研究、功能菌群构建与菌剂制备、菌剂生物安全性评价、菌剂活性保持与功能强化等方面开展了大量的工作，形成了贫营养好氧反硝化水质原位改善技术。

（一）贫营养好氧反硝化菌的分离鉴定

通过对枣庄周村水库底泥中微生物的富集驯化，并对单菌落进行多次划线分离纯化得到 196 株贫营养好氧反硝化菌株。通过初筛后得到 14 株高效好氧反硝化菌株，命名为 ZHF2、ZHF3、ZHF5、ZHF6、ZHF8、ZMF2、ZMF5、ZMF6、N299、G107、81Y、SF9、SF18 和 SXF14。这些菌株的菌落及生理生化特征见表 7.6，部分好氧反硝化菌的形貌见图 7.17。

表 7.6　贫营养好氧反硝化菌的菌落及生理生化特征

菌株	菌落颜色	菌落形态	芽孢	鞭毛	氧化酶	接触酶	吲哚测定	V－P 测定	硝酸盐还原	H_2S	革兰氏染色
ZHF2	黄色	光滑	无	有	—	—	—	—	阳性	—	阴性
ZHF3	白色	光滑	无	无	阴性	阳性	阴性	阴性	阳性	阴性	阴性
ZHF5	黄色	粗糙	无	无	阴性	阳性	阴性	阴性	阳性	阴性	阴性
ZHF6	白色	光滑	无	无	阴性	阳性	阴性	阴性	阳性	阴性	阴性

续表

菌株	菌落颜色	菌落形态	芽孢	鞭毛	氧化酶	接触酶	吲哚测定	V－P测定	硝酸盐还原	H_2S	革兰氏染色
ZHF8	黄色	光滑	无	有	—	—	—	—	阳性	—	阴性
ZMF2	白色	粗糙	无	无	阴性	阳性	阴性	阴性	阳性	阴性	阴性
ZMF5	白色	粗糙	—	—	—	—	—	—	—	—	阴性
ZMF6	黄色	光滑	无	有	—	—	—	—	阳性	—	阴性
N299	白色	光滑	无	无	阴性	阳性	阴性	阴性	阳性	阴性	阴性
G107	白色	光滑	无	无	阴性	阳性	阴性	阴性	阳性	阴性	阴性
81Y	黄色	粗糙	无	无	阴性	阳性	阴性	阴性	阳性	阴性	阴性
SF9	黄色	光滑	无	有	阳性	阳性	阴性	阴性	阳性	—	阴性
SF18	黄色	粗糙	无	无	阴性	阳性	阴性	阴性	阳性	阴性	阴性
SXF14	白色	光滑	无	无	阴性	阳性	阴性	阴性	阳性	阴性	阴性

注："—"表示为未检测。

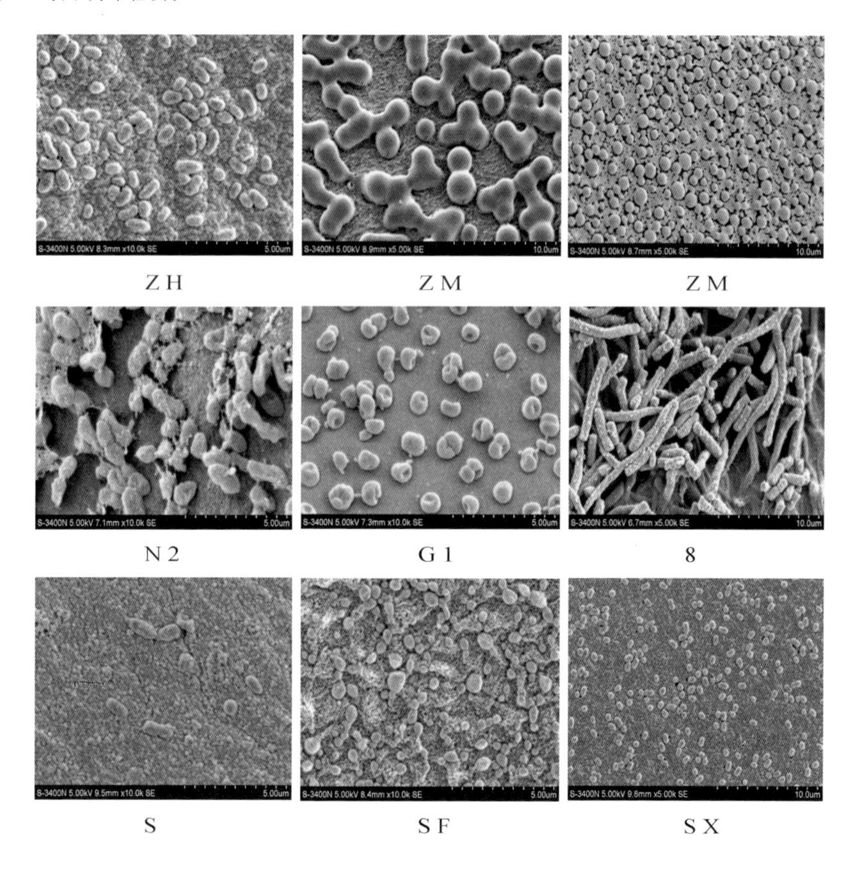

图 7.17　部分好氧反硝化菌的形貌

对贫营养好氧反硝化菌进行扩增后测序，对16S rRNA基因序列与相应种属的模式菌株的同源性进行了比较(表7.7)，所分离高效菌株的进化关系见图7.18。

表7.7 贫营养好氧反硝化菌的测序结果

菌株	GenBank	序列长度	标准菌株	相似性(%)
ZHF2	KP717095	1394	*Novosphingobium aromaticivorans* DSM 12444(T)	98.06
ZHF3	KP717089	1379	*Acinetobacter junii* CIP 64.5(T)	99.64
ZHF5	KP717094	1447	*Acinetobacter junii* CIP 64.5(T)	97.64
ZHF6	KP717088	1393	*Acinetobacter brisouii* CIP 110357(T)	96.34
ZHF8	KP717087	1399	*Novosphingobium aromaticivorans* DSM 12444(T)	97.28
ZMF2	KP717086	1380	*Acinetobacter junii* CIP 64.5(T)	99.64
ZMF5	KP717085	1434	*Aquabacterium citratiphilum* B4(T)	98.01
ZMF6	KP717084	1400	*Sphingomonas koreensis* JSS26(T)	96.99
N299	KP717093	1361	*Zoogloea caeni* EMB43(T)	97.85
G107	KP717096	1392	*Acinetobacter pittii* CIP 70.29(T)	99.57
81Y	KP717097	1315	*Acinetobacter pittii* CIP 70.29(T)	99.92
SF9	KP717092	1396	*Delftia lacustris* DSM 21246(T)	100
SF18	KP717091	1227	*Acinetobacter oryzae* B23(T)	98.45
SXF14	KP717090	1362	*Acinetobacter johnsonii* CIP 64.5(T)	99.71

ZHF3、ZHF5、ZHF6、ZMF2、G107、81Y、SF18和SXF14与不动杆菌(*Acinetobacter* sp.)接近，ZHF2和ZHF8与新鞘脂菌属(*Novosphingobium* sp.)最为接近，ZMF5与水杆菌属(*Aquabacterium* sp.)最为接近，ZMF6与鞘脂单胞菌属(*Sphingomonas* sp.)最为接近，N299与动胶杆菌属(*Zoogloea* sp.)最为接近，SF9与代尔夫特菌属(*Delftia* sp.)最为接近。结合菌株的形态学特征、生理生化鉴定及16S rDNA序列分析结果，可初步确定贫营养菌株ZHF3、ZHF5、ZHF6、ZMF2、G107、81Y、SF18和SXF14为不动杆菌(*Acinetobacter* sp.)，ZHF2和ZHF8为新鞘脂菌属(*Novosphingobium* sp.)，ZMF5为水杆菌属(*Aquabacterium* sp.)，ZMF6为鞘脂单胞菌属(*Sphingomonas* sp.)，N299为动胶杆菌属(*Zoogloea* sp.)，SF9为代尔夫特菌属(*Delftia* sp.)。

(二)贫营养好氧反硝化菌在水源水中的脱氮特性

通过静态实验研究好氧反硝化菌株在水源水中的脱氮特性。实验装置为20L的玻璃瓶，外壁附有黑色塑料袋来模拟水库的黑暗环境。2013年8月，取

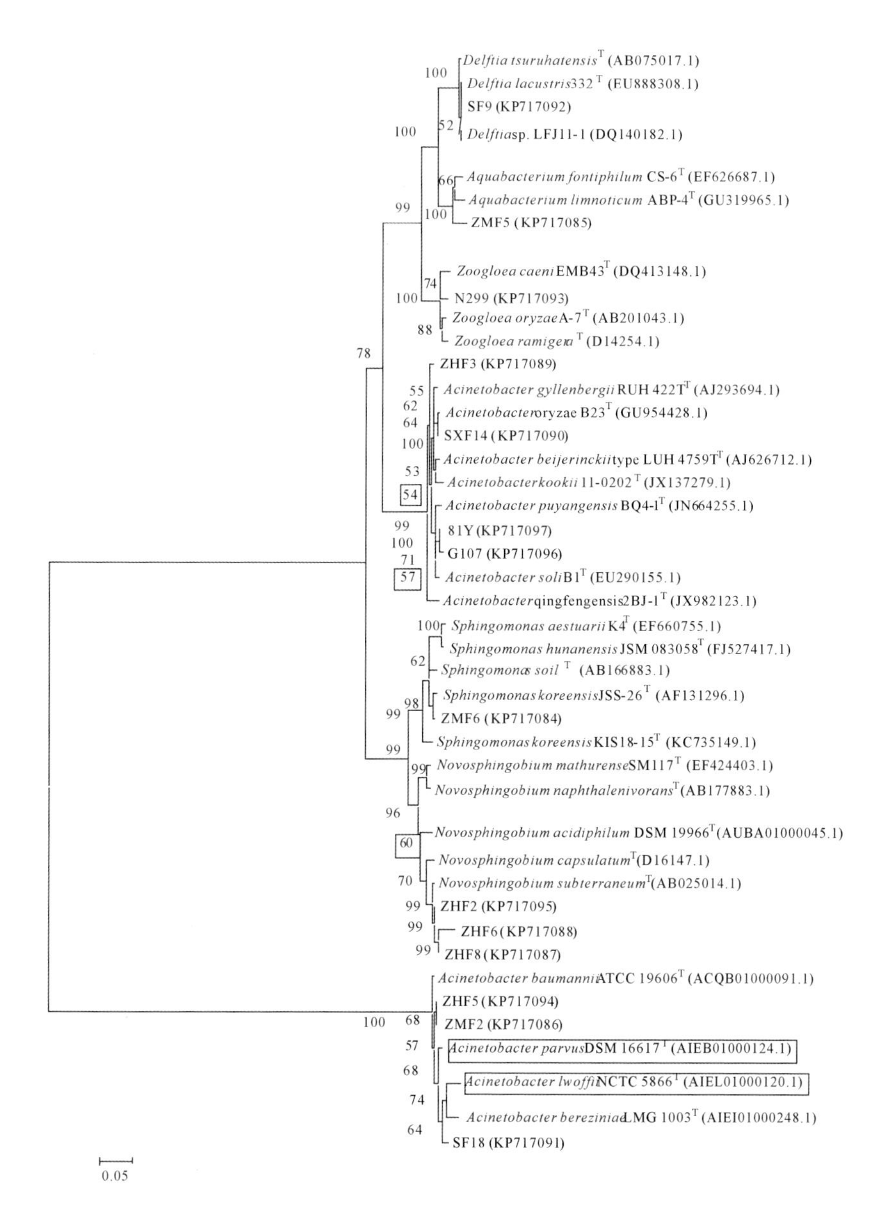

图 7.18　基于 16S rRNA 序列建立的贫营养好氧反硝化菌和其他菌株的系统发育结构

山东周村水库原水并通过充氧泵的间歇曝气来控制反应器的溶解氧；实验温度为室温，将驯化好的三株贫营养好氧反硝化菌 *ZOOGLOEA* sp. N299 (GenBank 登录号，KP717093)，*ACINETOBACTER* sp. G107 (GenBank 登录号，KP717096)和 *ACINETOBACTER* sp. 81Y (GenBank 登录号，KP717097)加入反应器中，活化后菌液的好氧反硝化菌的菌密度为 10^6 cfu/mL；实验过程

中检测反应器水样中 NO^{3-} —N、NO^{2-} —N、TN、COD 和好氧反硝化菌菌落数，并应用 Miseq 高通量测序技术对投菌系统和对照系统的水样进行分析，来考察投菌系统在原水脱氮过程中的微生物群落演变过程以及环境因子对群落变化的影响。

如图 7.19 所示，在温度为 20～27℃，DO3～7mg/L 条件下，通过 60d 的源水实验，投菌系统的 NO^{3-} —N 从初始的(1.57±0.02)mg/L 下降到(0.42±0.01)mg/L，对照系统的 NO^{3-} —N 由(1.63±0.02)mg/L 下降到(1.30±0.01)mg/L；两系统都没有 NO^{2-} —N 的积累；投菌系统的 TN 从初始的(2.31±0.12)mg/L 下降到(1.09±0.01)mg/L，对照系统的 TN 从(2.51±0.13)mg/L 下降到(1.72±0.06)mg/L，说明投菌明显提高了脱氮效果。投菌系统的好氧反硝化菌菌落数从初始的 2.8×10^4 上升到 2×10^7 cfu/mL，对照系统从 7.75×10^3 上升 到 5.5×10^5 cfu/mL。投菌系统的菌落数数量级明显高于空白系统，也间接表明所投加的生物菌群一直存在，在系统中占据着一定的比例，能很好地存活和表达反硝化脱氮能力。由于原水中存在一定的好氧反硝化菌，在人为控制温度以及溶解氧条件促进了水体中反硝化菌的增殖的情况下，投加高效菌剂后效果更明显。

在原水实验 60d 结束时，一方面为了考察此时投加菌剂是否会进一步净化水质，设计了补充投菌实验；另一方面为了考察此时两个系统补充碳源所带来的影响，设计了补充碳源实验。投菌实验操作如下：实验装置为 5L 的玻璃瓶附有黑色塑料袋以避光，分别从两个系统中取 5L 水样，从之前投菌的水样中按照同样的投菌比例投加已驯化好的好氧反硝化菌株；补充碳源实验操作如下：装置为原来的两个系统，放空水样至 5L 时，补加新鲜原水至 20L 即可。

1.补充投菌实验氮素变化情况

硝氮的浓度维持在 0.5mg/L 左右，亚硝氮基本为 0，TN 在 1mg/L 浮动(表 7.8)。将实验装置置于 30℃ 恒温培养箱中，两个系统的温度基本一直在 26～28℃。而空白系统中的硝氮在 1.5mg/L 左右，去除率在 20%以下与原水实验最后保持一致，也未检测出亚硝氮。因此，投菌对进一步去除污染物效果不大。

2.补充碳源实验氮素变化情况

本实验模拟了水库进水时生物菌剂的生物修复效果(图 7.20)。补充碳源实验过程中温度为 22～11℃，DO 为 3.8～7.3mg/L。从图中可以看出第 60 天，补充新鲜源水后，在后续 35d 的实验过程中，投菌系统中硝氮从初始的

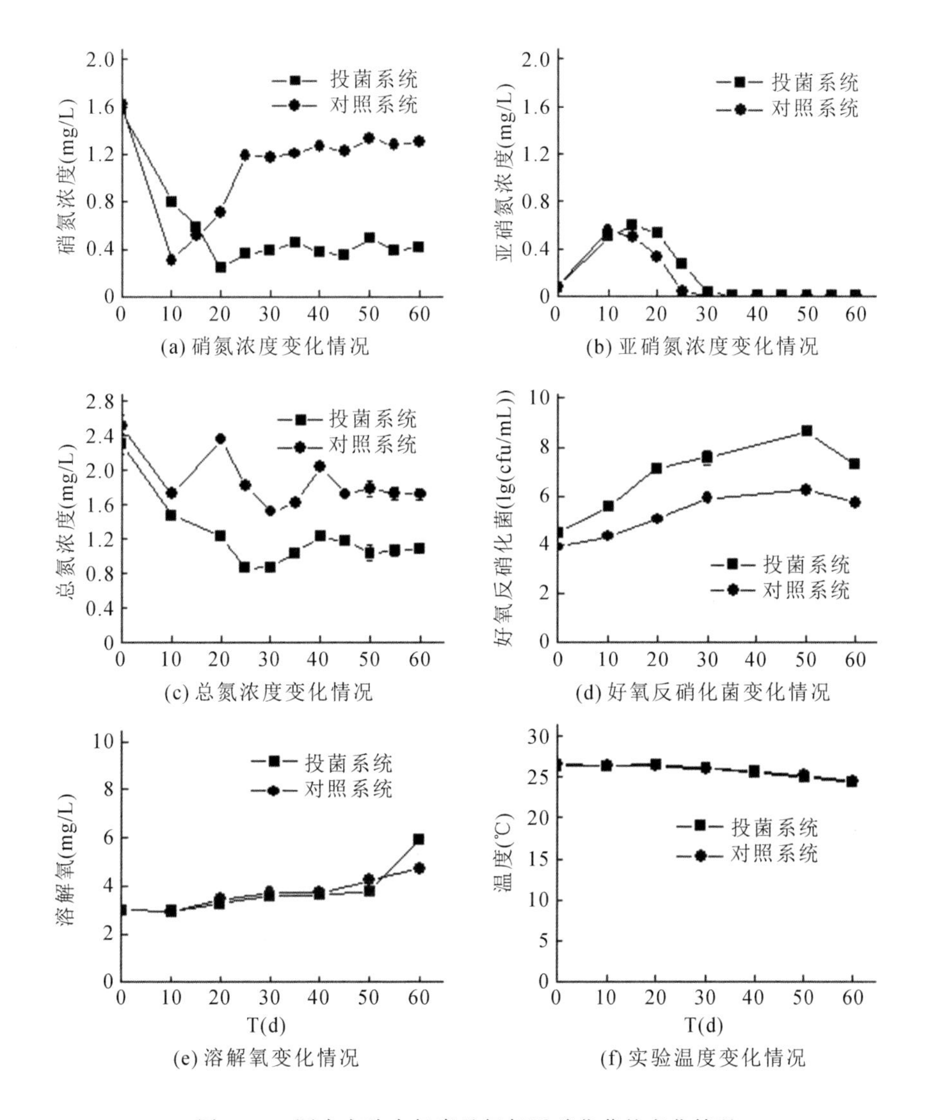

图 7.19　源水实验中氮素及好氧反硝化菌的变化情况

1.42mg/L降到 1.18mg/L，有明显的下降趋势；而空白对照系统保持在1.60mg/L左右，基本不变。从硝氮去除率看，加入新鲜源水补充碳源后，投菌系统硝氮去除率在第 35 天时达到 16.97%，而空白对照系统仅为 3.01%，差距明显。由于本实验过程中未控制温度，随着实验的进行，室温和水温越来越低，从开始的21.9℃降到 11.4℃。由于温度是影响好氧反硝化菌活性的重要因素，所以后续实验中硝氮的下降不是很显著，但是可以看出复合菌群仍然保有脱氮活性。

表 7.8　补充投菌实验氮素及其环境因子的变化情况

时间	硝氮(mg/L)	硝氮去除率(%)	亚硝氮(mg/L)	TN(mg/L)	TN 去除率(%)	COD	DO(mg/L)	T(°C)
补充投菌系统								
0	0.61	61.15	0	1.04	48.26	3.65	7.23	27.2
10	0.48	69.43	0	1.51	24.88	3.13	5.94	28.4
20	0.63	60.18	0.02	1.53	23.72	3.03	5.46	25.5
30	0.51	67.57	0.01	1.02	49.46	2.95	6.82	28.3
35	0.46	70.42	0	—	—	2.92	7.03	26
补充空白系统								
0	1.41	13.5	0.001	1.61	35.86	3.83	6.50	26.2
10	1.28	21.47	0	2.56	−1.99	2.47	6.9	27.9
20	1.72	−5.76	0.01	2.31	7.99	2	8.18	27.5
30	1.4	13.97	0.04	1.85	26.31	2.25	7.27	27.7
35	1.72	−5.76	0	—	—	2.32	7.67	27.4

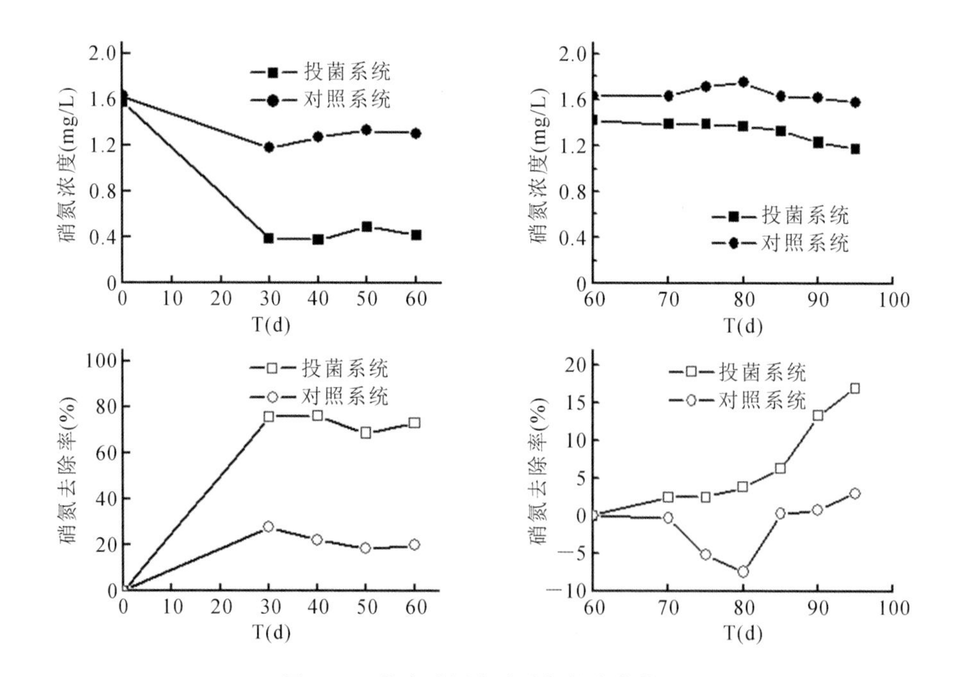

图 7.20　补充碳源实验硝氮的变化情况

将原水实验的投菌系统和对照系统共 6 个点的样本，对 116572 个 OTU 进行注释，然后统计在属类别上的构成形成柱状图（图 7.21），同时分析在各个水平上的菌群结构（表 7.9）。

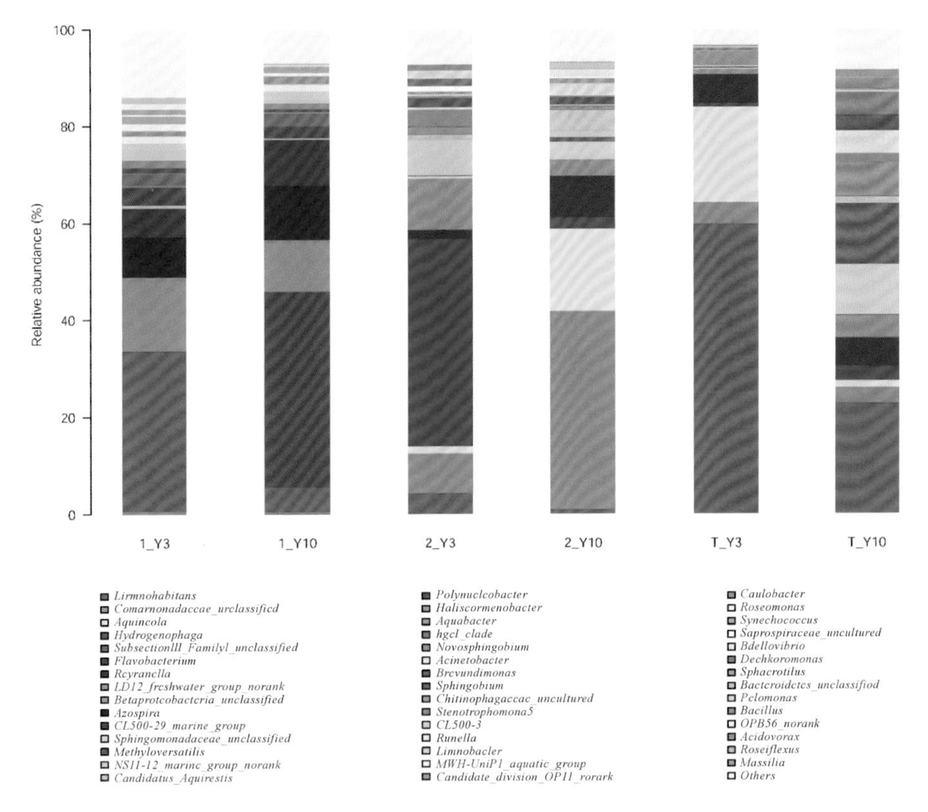

1_Y3，投菌系统开始阶段；1_Y10，对照系统开始阶段；
2_Y3，投菌系统过渡阶段；2_Y10，对照系统过渡阶段；
T_Y3，投菌系统结束阶段；T_Y10，对照系统结束阶段

图 7.21　原水实验的细菌群落结构组分图

表 7.9　原水实验中细菌菌落结构变化情况

分类	原水实验阶段					
	开始（%）		中间（%）		结束（%）	
	对照	投菌	对照	投菌	对照	投菌
变形菌门	32.83	39.02	87.55	86.24	93.05	94.97
拟杆菌门	43.28	6.67	11.03	11.94	2.19	3.52
放线菌门	13.53	9.55	0.22	0.46	1.32	0.16
蓝藻门	6.15	36.68	0.05	0.01	0.08	0.06
酸杆菌门	0.08	0.48	0.34	0.96	0.13	0.36

续表

分类	原水实验阶段					
	开始(%)		中间(%)		结束(%)	
	对照	投菌	对照	投菌	对照	投菌
装甲菌门	0.05	0.18	0.07	0.01	0.04	0.03
其他	4.08	7.42	0.74	0.39	3.2	0.91
变形菌门(%)						
α—变形菌	12.48	19.12	18.27	11.16	31.05	7.56
β—变形菌	19.2	18.53	66.26	72.83	49.8	86.39
δ—变形菌	0.05	0.16	1.94	0.78	0.04	0.33
γ—变形菌	0.98	0.93	0.98	1.46	12.16	0.68
其他	0.13	0.27	0.1	0.02	0	0

两系统的 OUT 主要属于 7 个门类，分别是变形菌门(Protebacterice)、拟杆菌门(Bacteroidetes)、放线菌门(Actinobacteria)、蓝藻门(Cyanobacteria)、酸杆菌门(Acidobacteria)、装甲菌门(Armatimonadetes)和其他少数细菌门类，其中主要的细菌门类为变形菌门。对照系统和投菌系统的变形菌门从开始的32.83%和39.02%上升到实验中间阶段的 87.55%和 86.24%，到实验结束时变为 93.05%和 94.97%。结果显示，在原水脱氮过程中，对照和投菌两系统的细菌菌落在门的类别上变化相差不大。在变形菌门类中对照和投菌两系统的α—变形菌和 β—变形菌变化较大。其中，对照系统中 α—变形菌呈现上升趋势，从开始阶段的 12.48%升到中间阶段的 18.27%，最后到 31.05%；投菌系统中 α—变形菌呈现下降趋势，从开始阶段的 19.12%降到中间阶段的 11.16%，最后到7.56%。而两系统中 β—变形菌都是上升趋势，对照和投菌系统从开始的19.20%和 18.53%上升到实验中间阶段的 49.80%和 86.39%。其他类的变形菌变化不大。

结果显示，与氮循环相关的 β-变形菌(*Betaproteobacteria*，如 *Limnohabitans* 和 *Acidovorax*)投菌系统从开始阶段的 0.02%，上升到中间阶段的 4.32%，到最后结束阶段的60.19%；与此同时，对照系统的 *Limnohabitans* 从开始阶段的0.05%，上升到中间阶段的 0.84%，到最后阶段的 23.53%。投菌系统的 *Acidovorax* 从开始的 0.11%上升到实验结束的 0.22%；对照系统基本不存在。另一种菌为代尔夫特菌(*Delftia*)，与课题组之前从原水中分离的一株贫营养好氧反硝化菌 SF9 属于同一种属。投菌系统从开始阶段的0.65%，上升到中间阶段的 8.50%，最后到结束阶段的 4.53%；对照系统从开始的 0.38%，上升到中间阶段的 42.02%，最后到结束阶段的 3.46%。另外一β变形菌（*Aquincola*）：投菌系统中从开始阶段的 0.01%，上升到中间阶段的 1.55%，到最后结束阶段的 19.97%；与此同时，对照系统从开始阶段的 0，上升到中间阶段的 17.53%，到最后阶段的 1.34%。具有反硝化功能的氢噬胞菌（*Hydrogenophaga*）在投菌系统中从开始阶段的 0.02%，上升到中间阶段的 43.94%，到最后结束阶段的 0.73%；与此同时，对照系统从开始阶段的0.01%，上升到中间阶段的 2.03%，到最后阶段的 2.86%。不动杆菌（*Acinetobacter*）与原水投加的 81Y 和 G107 所属种类一致：在投菌系统中从开始阶段的 0.1%，上升到中间阶段 0.59%，到最后结束阶段的 0；与此同时，对照系统从开始阶段的 0.01%，上升到中间阶段的 0.15%，到最后阶段的 4.91%。

本实验中对照和投菌两系统的变形菌是重要变化的细菌门类，并且变化趋势一致。与此同时，投菌系统水体中的反硝化菌菌落数目增加。具有反硝化功能的β变形菌（*Limnohabitans*，*Aquincola* 和 *Acidovorax*）、代尔夫特菌（*Delftia*）、氢噬胞菌（*Hydrogenophaga*）以及不动杆菌（*Acinetobacter*）的丰度随实验的进行而提高。

三、扬水曝气强化生物水质改善技术

以生物接触氧化为主的生物处理技术在微污染水源水预处理中的应用日益增多，但该工艺须设置专门的生物反应池，并且要向生物反应池曝气，以满足微生物所需的氧气条件、水力紊动条件、营养基质输送条件，并促进填料表面老化生物膜的脱落和生物膜的更新，保持生物膜的活性。在扬水曝气器上部设置原位生物接触反应单元，通过扬水曝气器的提水混合作用不断将微污染水向该单元输送，同时利用扬水曝气器气弹尾气对生物填料区进行曝气，就可以省去生物反应池和曝气系统，以较低的投资和运行成本同时实现混合充氧和生物修复的水质改善功能。基于这一思路，西安建筑科技大学研发了兼具混合充氧与生物净化功能的第四代扬水曝气器——扬水曝气强化生物水质改善设备。

扬水曝气强化生物水质改善设备由底部的扬水曝气器、中部的上升筒和顶部的生物接触反应单元构成，结构如图 7.22 所示。生物接触反应单元为两端开放的倒锥台状舱体，舱体内设置有吊装中心筒，吊装中心筒的顶端与舱体的顶端通过气泡切割格栅盖板安装在一起，吊装中心筒的底端与舱体的底端通过气泡切割布水格栅安装在一起，舱体、吊装中心筒和上升筒单元同轴设置，舱体和吊装中心筒之间的腔体为填料装填室；填料装填室内沿着轴向设置有多个双层冲孔板，双层冲孔板将填料装填室分区，每个双层冲孔板的双层之间设置有降阻狭缝；填料装填室内装填直径 8～10cm 的聚丙烯材质网孔球壳，网孔球壳内装填聚氨酯生物填料，网状球壳起固定和保护填料作用，使生物填料只能在网状球壳内活动。

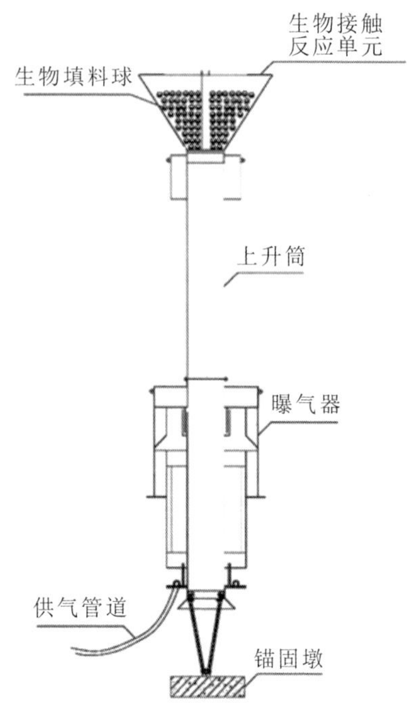

图 7.22 第四代扬水曝气器—扬水曝气强化生物水质改善设备示意图

该设备将曝气充氧和生物反应两部分有机组合，既优化了原有曝气器的结构，又实现了生物修复功能。生物接触反应单元对曝气器产生的气弹具有切割作用，使气体和水流充分混合，能够增强充氧效果，提高挥发性污染物以及嗅味物质的去除效率；曝气器内上升水流和气弹通过生物反应装置时既能促进填料中微生物与水的充分接触，又能够提供氧气，促进微生物的生长繁殖以及生物膜的更新，降解水中的污染物质，改善水质。

生物填料球的结构形式不但能保证上升水流和气弹作用下填料的充分流化和与水的充分接触，还便于在填料上接种不同的微生物。对富集筛选的高效微生物菌种进行扩大培养，得到微生物密度较高的菌液，将生物填料球浸没在菌液中一定时间，即可使微生物在填料表面大量附着，附着在生物填料球上的微生物对环境适应性更强，能够在天然水体中保持更高的活性。通过在生物填料球上接种不同的微生物，能够实现水中多种污染物的高效去除，例如将富集筛分的贫营养高效好氧反硝化菌接种到生物填料上，能够实现水中 TN 的高效原位去除。

扬水曝气强化生物水质改善技术将曝气、混合和生物修复结合在一起，发挥了各自的作用和优点，充分利用了能源。将该组合装置布置在水源取水口附近水域，能够增加水体溶解氧，控制沉积物释放；混合水层，抑制藻类生长；削减 TN，降解有机物，达到改善水质、控制富营养的目的，是一种低能耗、清洁卫生的原位水质改善方法。

四、扬水曝气及强化生物技术在水源水库水污染控制工程中的应用

(一)西安黑河金盆水库扬水曝气水质改善工程

西安黑河金盆水库总库容为2.0亿m^3,有效库容为1.77亿m^3,每年向西安市年供水3.05亿m^3,日平均供水量76.0万m^3。黑河金盆水库主库区水深达80~90m以上,属于典型的稳定分层型水库,水体分层形成后,下层水体在水体耗氧和底泥耗氧双重作用下,溶解氧逐步降低,加之水深厚,表层溶解氧传递困难,底层水体很快处于厌氧或无氧状态(最底层DO在0.1~0.2mg/L),这就使得底泥中的氮、磷、铁和锰、有机质等污染物就会向水体释放,水库"翻库"后造成水库水质的全层污染,使水库的富营养化程度不断加剧,最终导致水库中藻类繁殖逐年加重。

因此,2010年在黑河金盆水库实施了扬水曝气水质原位改善工程,安装了8台直径800mm的扬水曝气器,并建设了相应的压缩空气制备与输送系统,工程投入运行后在抑制底泥污染物释放和控制表层藻类繁殖方面取得了显著效果。但由于水库运行调度、暴雨径流、上游水质等条件的变化,在运行中发现了一些问题和不足。因此,该技术在2013年进行了改进,主要是针对气弹上升过程中混合充氧作用没有充分发挥的问题,对原有扬水曝气设备结构设计和安装深度做了进一步改进与优化。采用水下淹没式安装方式,并在扬水曝气器顶端出口加设气弹切割装置,使释放的气弹在上升过程中能与水体充分接触,一方面使气弹所携带的能量全部作用于水体,增强混合效果,另一方面,切割后的大量气泡与水体充分接触后,将水中易挥发污染物(VOC、嗅味、硫化物等)从水中分离出去。为提高等温层曝气充氧的效率,即在提高氧的传质速率的同时,提高充氧水体的循环效率,在扬水曝气器布水方式上进行了改进,进一步提高水库底层水体溶解氧的传质效率和循环充氧效率,强化等温层循环曝气充氧作用。

下面以该设备2013年9月13日至10月22日的运行情况,说明扬水曝气系统全层混合充氧过程中对水库水体水质的改善。

1.水体混合效果

运行期间S1监测点温度随时间变化如图7.23所示,表层、底层及垂向温度变化如表7.10所示。

由图7.23可知,改进后的扬水曝气系统在运行之前,黑河金盆水库表层水温23.59℃,底层水温11.67℃,水体存在着明显的温度分层,垂向温差高达11.92℃。运行至9月24日,表层水温降低了4℃,底层温度升高了1.59℃,垂

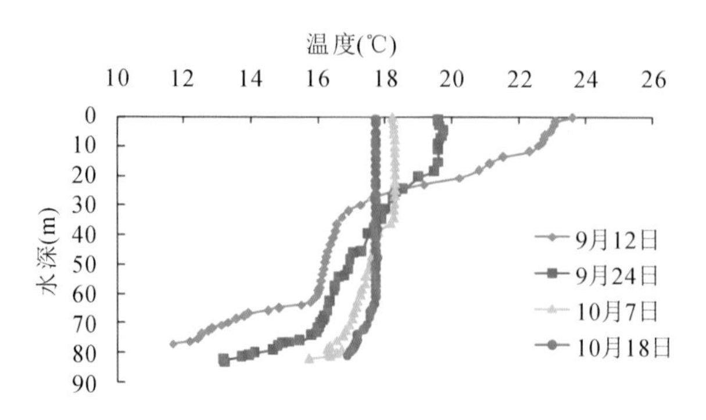

图 7.23　系统运行期间黑河金盆水库 S1 监测点温度变化

向温差降低了 5.59℃。扬水曝气系统运行初期即显示出良好的混合效果，有效地降低了垂向水体的温差。

扬水曝气系统运行至 10 月 7 日，表层水温降至 18.22℃，底层温度上升至 15.75℃，垂向温差缩小至 2.47℃。随着扬水曝气系统的运行，扬水曝气系统的提水混合功能使上下水层产生强烈的垂向混合交换，使得表层水温进一步降低，中下层水体水温进一步升高，垂向温差也进一步缩小。运行至 10 月 18 日，水库表层水温为 17.75℃，底层水温为 16.87℃，垂向温差缩小至 0.88℃，水库基本上处于完全混合状态。运行至 10 月 22 日，水体进一步混合，上下温差降至 0.46℃，水库达到完全混合。

表 7.10　曝气器运行期间表层、底层及垂向温度变化

项目 日期	表层		底层		垂向	
	水温(℃)	温降(℃)	水温(℃)	温升(℃)	温差(℃)	温降(℃)
9 月 12 日	23.59	—	11.67	—	11.92	—
9 月 24 日	19.59	↓4.00	13.26	↑1.59	6.33	↓5.59
10 月 7 日	18.22	↓1.37	15.75	↑2.49	2.47	↓3.86
10 月 18 日	17.75	↓0.47	16.87	↑1.12	0.88	↓1.59
10 月 22 日	17.52	↓0.23	17.06	↑0.19	0.46	↓0.42

2. 充氧效果分析

扬水曝气系统一方面通过底部微孔曝气盘直接向底层水体曝气充氧，另一方面通过提水混合作用使上下水层间接充氧(底层缺氧水携带到上层，上层富氧水下潜至底层)。运行期间金盆水库水体溶解氧变化如图 7.24 所示。扬水曝气系统正式运行期间降雨径流强度较小，对溶解氧的提升作用很小。

由图 7.24 可知，扬水曝气系统运行之前，黑河金盆水库底部水体刚进入厌氧

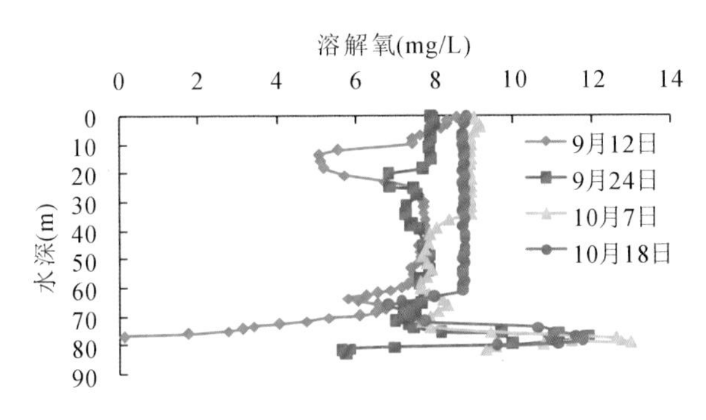

图 7.24　系统运行期间黑河金盆水库溶解氧含量变化

状态，水库最深处水层的溶解氧含量接近 0。随着扬水曝气系统的运行，底部水体溶解氧含量逐渐提升。运行 12d 后，至 9 月 24 日，水库底部水体溶解氧含量已经上升至 5.75mg/L，中上层水体溶解氧含量也进一步提高。扬水曝气系统运行至 10 月 7 日(运行 25d)，伴随着水库温度分层的破坏，水库底部水体溶解氧含量已经提升至 9.28mg/L，中上部水体(水深 10～30m)的溶解氧含量也提高了 2mg/L 左右。扬水曝气系统运行末期，底部水体溶解氧浓度一直维持在 9mg/L 以上，中上部水体(水深向下扩展至 60m 区域)的溶解氧含量也得到了提升。

改进后的扬水曝气系统有效地改善了底层水体的厌氧环境，运行 25d 后，在库底至底层以上 10m 区域内出现了溶解氧含量过饱和(DO＞10mg/L，溶解氧饱和率＞110％)水层，这说明改进后的扬水曝气设备的底层局部循环增氧作用非常显著。

3.抑制底泥污染物释放效果

缺氧/厌氧环境会导致沉积物中氮、磷、铁、锰、硫化物等污染物的大量释放，并向上覆水体中扩散，导致水库水质季节性超标。厌氧/缺氧环境是造成水库内源污染的关键因素，在底部水体溶解氧含量较低时提高溶解氧含量能有效控制水库底泥中污染物的释放。

改进后的扬水曝气系统运行前和运行过程中黑河金盆水库垂向水体 TP 含量变化如图 7.25 所示。扬水曝气系统运行前(9 月 12 日)，各监测点底部水体 TP 含量达到 0.049～0.054mg/L，接近或超过《地表水环境质量标准》中Ⅲ类水体(总磷含量 0.05mg/L)的要求；中下部水体 TP 含量也处于较高水平，垂向水体 TP 平均浓度为 0.026mg/L。

随着扬水曝气系统的运行，底部溶解氧含量逐渐升高，显著抑制了磷的释放。9 月 24 日(运行 11d)，底部水体 TP 含量降至 0.033mg/L，比运行前下降了

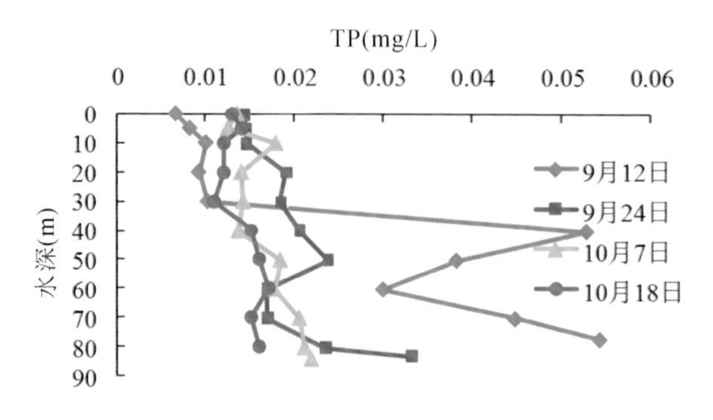

图 7.25　运行期间黑河金盆水库垂向水体 TP 含量变化

0.021mg/L,垂向水体 TP 平均浓度也下降至 0.019mg/L,分别削减了 39%和 27%。10 月 7 日(运行 25d),底部水体 TP 降至 0.022mg/L,垂向水体 TP 平均浓度也降至 0.017mg/L,分别削减了 59%和 35%。10 月 18 日(运行 35d),随着扬水曝气系统的运行,混合充氧进一步提升,垂向水体 TP 含量进一步降低。运行 35d 后,水库已接近完全混合状态,底部和垂向 TP 含量趋于一致(垂向差别缩小至 0.006mg/L),维持在 0.014mg/L 左右;较系统运行前的底部 TP 含量削减了 74%。

扬水曝气系统运行之前,黑河金盆水库中下层水体铁含量较高,最高达到 0.666mg/L,超过《地表水环境质量标准》(铁含量 0.3mg/L)1 倍以上。在扬水曝气系统运行过程中,中下部水体的铁含量逐渐降低(图 7.26)。运行 11d(9 月 24 日),垂向水体铁含量最高值降低至0.411mg/L。运行 25 天(10 月 7 日),水库底层水体铁含量降至 0.289mg/L。运行 35 天(10 月 18 日),垂向水体铁含量降至 0.096～0.155mg/L,且上下水层铁含量趋于均一。可见,扬水曝气系统对水库铁的抑制效果显著,垂向平均削减率在 80%以上。

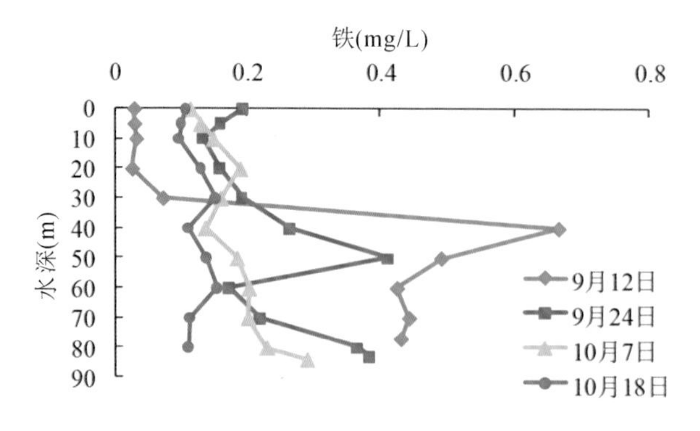

图 7.26　运行期间黑河金盆水库垂向水体铁含量变化

4.藻类控制效果

藻类的大量繁殖会对水质产生极大的危害。藻类,尤其是危害较大的蓝藻,主要是在上层水体进行光合作用,中下层水体由于日照强度的急剧衰减,藻类无法进行光合作用,进入呼吸衰亡期。扬水曝气系统的运行,不断循环混合上下水层,将表层藻类迁移到下层无光区域,藻类由于缺少日照而死亡,从而起到抑制藻类生长繁殖的作用。

7—9 月为黑河金盆水库藻类生长高峰期,优势藻种为蓝绿藻。表 7.11给出了 2008—2012 年 7—9 月黑河金盆水库表层最高藻类数量,以便对扬水曝气系统运行的控藻效果进行分析比较。

表 7.11　2008—2013 年黑河金盆水库表层藻类数量(万个/L)

年份 \ 月份	7 月	8 月	9 月	10 月	备注
2008	3090	1001	630	420	自然状态
2009	1352	2270	1382	352	自然状态
2010	330	235	124	201	系统运行
2011	1590	1200	560	320	自然状态
2012	1150	980	580	240	自然状态
2013	350	680	617	88	系统运行

由表 7.11 可知,在自然状态下,每年的 7—9 月为黑河金盆水库藻类的高发期。2008 年 7 月表层藻类数量高达 3090 万个/L,2009 年 8 月表层藻类数量也达到 2270 万个/L。2010 年扬水曝气系统的运行有效地控制了藻类的繁殖,高峰期藻类数量降低至 330 万个/L,且在扬水曝气系统运行过程中,藻类数量一直维持在相对较低水平。2011 年 7 月表层藻类数量峰值达到 1590 万个/L。2013 年 7 月初,改进后的扬水曝气系统试运行期间藻类数量维持在相对较低水平(<200 万个/L),停止运行后藻类数量升高至350 万个/L。9 月正式运行前,表层藻类数量达到 617 万个/L,扬水曝气系统运行至 9 月底藻类数量,下降至118 万个/L。此后至系统运行结束,藻类一直维持在较低水平(88 万个/L),藻类较运行前削减 85%。

叶绿素是浮游植物光合作用的重要光合色素,在大部分绿色植物中都含有叶绿素—a,通过测定浮游植物叶绿素—a 的含量可以反映水体初级生产力的情况。叶绿素沿水深的变化能较好地表征水中藻类的垂向分布情况。黑河金盆水库叶绿素—a 变化如图 7.27 所示。

扬水曝气系统运行前,表层以下 10m 范围内,叶绿素—a 含量在 4.40～

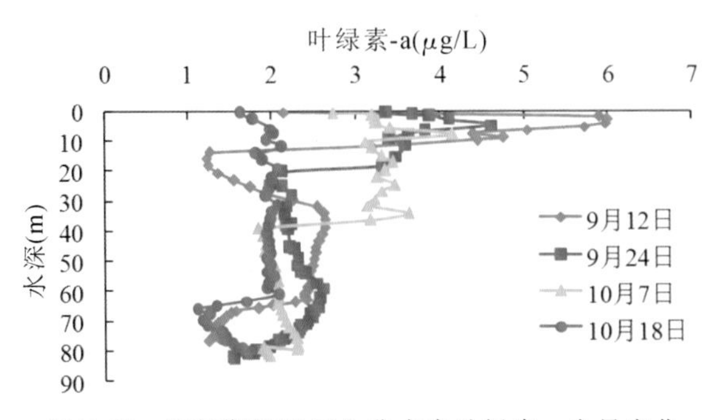

图 7.27 运行期间黑河金盆水库叶绿素 a 含量变化

5.99μg/L范围内变化，平均含量为 5.28μg/L，叶绿素—a 最高值出现在水面以下 3m 的水层，为 5.99μg/L，底部水体叶绿素—a 含量较低，仅为 1.25μg/L。

扬水曝气系统运行后，藻类生长繁殖受到了抑制。9 月 24 日，上部 0～10m 水深范围内叶绿素—a 在 3.36～4.62μg/L 范围内变化，平均含量为 3.78μg/L，峰值浓度出现在水深 5m 处，为 4.62μg/L，底部水体叶绿素—a 浓度略有升高，为 1.53μg/L。

10 月 7 日，上部 0～10m 水深范围内叶绿素—a 在 2.73～4.15μg/L 范围内变化，平均含量为 3.28μg/L，峰值浓度出现在水深 8m 处，为 4.15μg/L，底部水体叶绿素—a 浓度为 1.95μg/L。10 月 18 日，上部 0～10m 水深范围内叶绿素—a 在 1.62～2.13μg/L 范围内变化，平均含量为 1.91μg/L，峰值浓度出现在水深 10m 处，为 2.13μg/L，底部水体叶绿素—a 浓度为 1.64μg/L。运行前后叶绿素—a 变化如表 7.12 所示。

表 7.12 运行期间叶绿素—a 含量变化

项目 / 日期	水深 0～10m 变化范围	均值(μg/L)	峰值位置(m)	峰值大小(μg/L)
9 月 12 日	4.40～5.99	5.28	3	5.99
9 月 24 日	3.36～4.62	3.78	5	4.62
10 月 7 日	2.73～4.15	3.28	8	4.15
10 月 18 日	1.62～2.13	1.91	10	2.13
10 月 22 日	1.46～1.55	1.50	纵向均匀	1.55

由表 7.12 检测结果可见：扬水曝气系统的提水混合作用，使水库上层 0～10m 水深范围内叶绿素—a 持续降低，底部水体叶绿素—a 浓度随藻类的衰亡也持续下降。至 10 月 18 日，水库分层结构被完全破坏，叶绿素—a垂向均化，削减到 1.5μg/L。

上述结果表明，改进后扬水曝气系统的运行有效改变了底层水体的厌氧状态，运行25d后底层水体出现溶解氧过饱和现象；挥发性有机物含量一直低于最低检测限值，水体嗅味也显著降低；显著抑制了底泥中污染物的释放，如垂向水体TN含量较运行前平均削减15%，TP含量较运行前平均削减74%；运行末期TP含量达到《地表水环境质量标准》Ⅱ类水体要求；运行末期垂向铁含量下降至0.1mg/L左右，较运行前平均削减80%以上；锰含量低于最低检测限值；水库混合后表层藻类削减了85%；相应地，水库垂向叶绿素－a的平均浓度也由运行前的5.28μg/L降到了混合后的1.5μg/L。

(二)枣庄周村水库扬水曝气水质改善工程

周村水库位于枣庄市东北处，建成于1959年，水库总库容8404万m^3，兴利库容4442万m^3，是一座以防洪、农业灌溉、城市供水为主，结合发电、养鱼等综合利用的中型水库。20世纪90年代，水库曾进行大面积的网箱养殖，加速了水库富营养化。枣庄市于2008年开展了清理网箱的整治活动，清理网箱1万余只，基本清除了库区范围内的养鱼网箱，水库水质得到一定改善。但库底多年积累的沉积物并没有被清除，同时水库周围居住人口较多，上游河流污染严重，周村水库水质污染形势依然严峻。在夏秋季水体热分层时期，底部水体和底泥的耗氧速率很高，使下层水体很快达到厌氧状态，严重时水深4m以下完全呈现厌氧状态，强还原环境下水库底泥中氨氮、铁、锰、硫化物以及其他还原性污染物质大量释放，同时表层藻类大量爆发，藻细胞最高达2亿个/L，硫化物超标10倍，锰超标8倍以上，严重影响水库供水功能。

2015年6—7月在周村水库实施了扬水曝气水质原位改善示范工程，在水库大坝前主库区安装了8台直径800mm的新型材质第三代扬水曝气器。扬水曝气系统于2015年8月27日开始运行，其间在扬水曝气器之间的中心作用区设置了3个监测点，同时在外围区域设置了3个监测点，考察了扬水曝气系统运行的水质改善效果。

1.扬水曝气系统的混合效果

系统运行期间，中心作用区水温随时间变化如图7.28所示，表层、底层水温及垂向温差变化如表7.13所示。扬水曝气系统运行前，水库表层水温26.6℃，底层水温13.0℃，水体存在明显的水温分层现象，垂向温差高达13.6℃。运行至9月13日，表层水温降低了3℃，底层水温升高了5.4℃，垂向温差降低了8.4℃。扬水曝气运行初期即显示出良好的混合效果，有效降低了水体垂向温差。至9月15日，水库表层水温降至23.2℃，底层水温升至21.0℃，垂向温差缩小至2.2℃。随着扬水曝气系统的运行,其提升混合功能使上下水体发生强烈的垂向混合交换,表层水温进一步降低,中下层水温进一步升高,垂向温差进一步缩小。至9月17日,垂向温差缩小至0.8℃,水库基本达到完全混合状态。至9月29日,水体进一步混合,表层水体与底层水体温差降至0,水库水体达到完全混合。

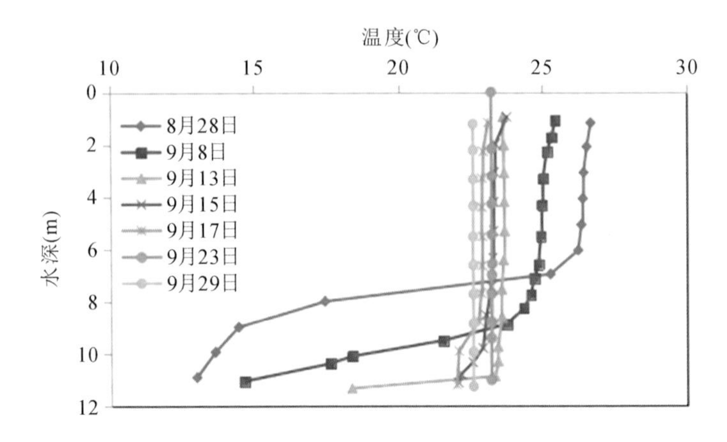

图7.28 周村水库扬水曝气系统运行的水体混合效果

表7.13 周村水库扬水曝气系统运行期间表层、底层水温及垂向温差变化

日期 项目	表层水温		底层		垂向	
	水温(℃)	温降(℃)	水温(℃)	温升(℃)	温差(℃)	温降(℃)
8月28日	26.63	—	12.98	—	13.65	—
9月13日	23.63	↓3.00	18.40	↑5.42	5.23	↓8.42
9月15日	23.19	↓0.44	21.01	↑2.61	2.18	↓3.05
9月17日	22.87	↓0.32	22.07	↑1.06	0.80	↓1.38
9月23日	23.25	↑0.38	23.23	↑1.16	0.02	↓0.78
9月29日	22.61	↓0.64	22.61	↓0.62	0	↓0.02

2.扬水曝气系统的充氧效果

扬水曝气系统一方面直接向底层水体曝气充氧,另一方面通过提水混合作用将底层缺氧水提升至表层,使上层富氧水潜入底层,实现间接充氧。系统运行期间周村水库水体溶解氧变化情况如图7.29所示。

在扬水曝气系统运行之前,周村水库底层水体处于厌氧状态已达4个多月,水深8m以下溶解氧接近0。随着扬水曝气系统的运行,底层水体溶解氧浓度逐渐升高。运行17d后(至9月13日),水库水深10.9m处水体溶解氧已经上升至4.6mg/L,中上层水体溶解氧浓度出现一定程度的降低,这可能是大气

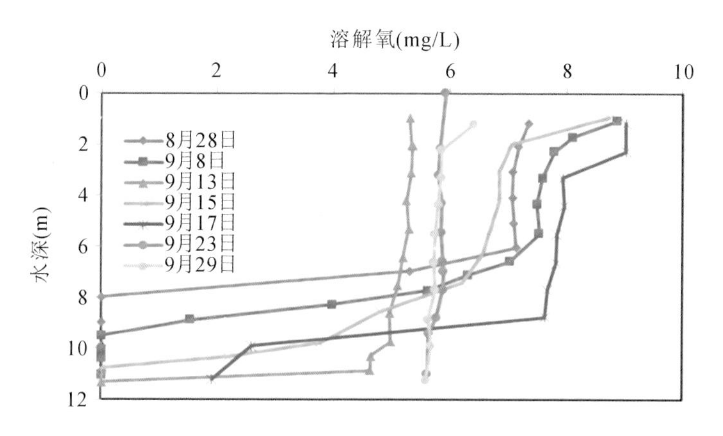

图 7.29 周村水库扬水曝气系统运行的充氧效果

压影响所致。扬水曝气系统运行 19d 后(至 9 月 15 日),中上层水体溶解氧回升至 6.04～6.57mg/L,水深 11m 以下水体溶解氧仍为 0 左右。扬水曝气系统运行末期,水体厌氧层逐渐消失,上下水体均呈含氧状态。运行第 21 天(至 9 月 17 日),水深 11m 以下水体溶解氧达到 2.61mg/L,中上层水体溶解氧也升高至 6.17～7.92mg/L。运行 30d 后,上下水体溶解氧已无明显差异,其浓度为 5.59～5.92mg/L,水库控制区域内水体垂向均呈现好氧状态。水库溶解氧浓度的增加,提高了好氧微生物的代谢活性,利于反硝化脱氮的进行。

3.扬水曝气系统抑制沉积物内源污染释放效果

扬水曝气系统运行后,改变了水库原有的水环境条件,中下层水体逐渐由缺氧环境向好氧环境转变,溶解氧持续升高,表层水体溶解氧浓度也有一定程度的上升。水体温度和溶解氧的升高显著改善了硝化细菌等微生物的代谢活性,促进了氨氮向亚硝酸盐态氮的转化,并进一步转化为硝酸盐态氮。水体中的铁、锰在氧化作用下生成氧化物及氢氧化物沉淀,部分磷在吸附作用下随铁、锰一起进入沉积物中,水体中的磷浓度因此削减。扬水曝气系统的运行对主要污染物的削减情况如图 7.30 所示。

扬水曝气系统运行前,周村水库中下部水体的氨氮、TP、锰以及硫化物含量维持在较高水平,最高值分别为 2.44、0.46、1.95 和 1.41mg/L,均超出《地表水环境质量标准》中Ⅲ类水体标准限值。

扬水曝气系统运行 2 周后,水深 8m 处氨氮浓度已从 1.81mg/L 降至 0.35mg/L,比运行前降低了 1.46mg/L;水深 11m 处氨氮浓度也有所降低,垂向水体氨氮平均浓度也有所下降。水深 8m 处 TP 浓度已由 0.36mg/L 降至

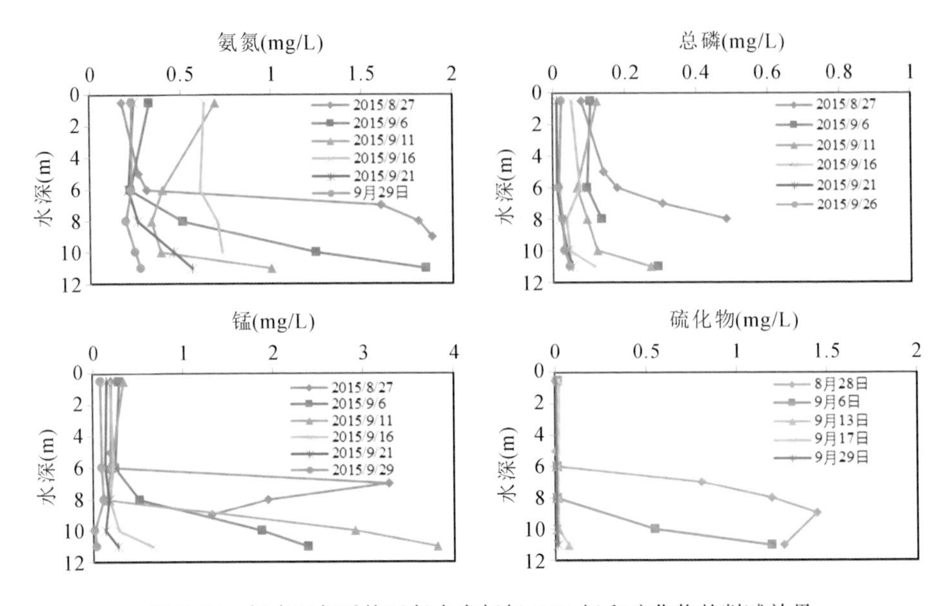

图 7.30 扬水曝气系统运行水中氨氮、TP、锰和硫化物的削减效果

0.12mg/L,较系统运行前降低 0.23mg/L;水深 11m 处水体 TP 浓度有所下降,垂向水体 TP 平均浓度也有所降低。中下层水体锰浓度已大幅削减,其中水深 8m 处锰浓度降至 0.14mg/L,较运行前下降 1.80mg/L;水深 10m 处锰浓度降至 0.21mg/L,较系统运行前下降 0.81mg/L;水深 11m 处锰浓度降至 0.44mg/L,较运行前下降 0.72mg/L,中上层水体锰浓度也有所降低。硫化物浓度较运行前大幅降低,其中水深 8m 处已降至 0.006mg/L,水深 11m 处降至 0.072mg/L。

扬水曝气系统运行 30d 后,水深 8m 处氨氮已降至 0.24mg/L,水深 11m 处氨氮浓度为 0.26mg/L,水库整体氨氮浓度已达到《地表水环境质量标准》中所规定的Ⅱ类水体水质要求,中下层水体氨氮浓度较系统运行前削减 1.57~2.18mg/L,削减率达到 86.6%~89.2%。TP 得到进一步去除,水体 TP 浓度降至 0.07~0.09mg/L,接近《地表水环境质量标准》中所规定的Ⅲ类水体水质要求,中下层水体 TP 浓度较系统运行前下降 0.27~0.38mg/L,削减率达 75.9%~83.6%。水体垂向锰浓度降至 0.01~0.11mg/L,已达到《地表水环境质量标准》中所规定的Ⅲ类水体水质要求,中下层水体锰浓度较系统运行前削减了 1.01~1.83mg/L,削减率达 94.3%~99%。中下层水体硫化物浓度显著降低,水深 11m 处水体硫化物浓度已降至 0.012mg/L,降幅达 1.25~1.4mg/L,削减率达 97%~98.9%。

4. 扬水曝气系统强化生物脱氮效果

扬水曝气系统运行期间，中心作用区和外围作用区不同水深处 TN 的变化以及往年同期 TN 变化如图 7.31 所示。图 7.32 为扬水曝气系统运行期间，氨氮和硝酸盐氮以及往年同期氨氮和硝酸盐氮的变化情况。在扬水曝气系统的强制混合作用下，水库底部水体的污染物质在起始阶段有一个短暂的上升时期，随着扬水曝气系统的运行，水库水体的温度分层逐渐被打破，水体的溶解氧含量逐步增加。随着影响微生物活性的两个关键因素温度以及溶解氧含量的改善，提高了水库水体的土著脱氮微生物活性。

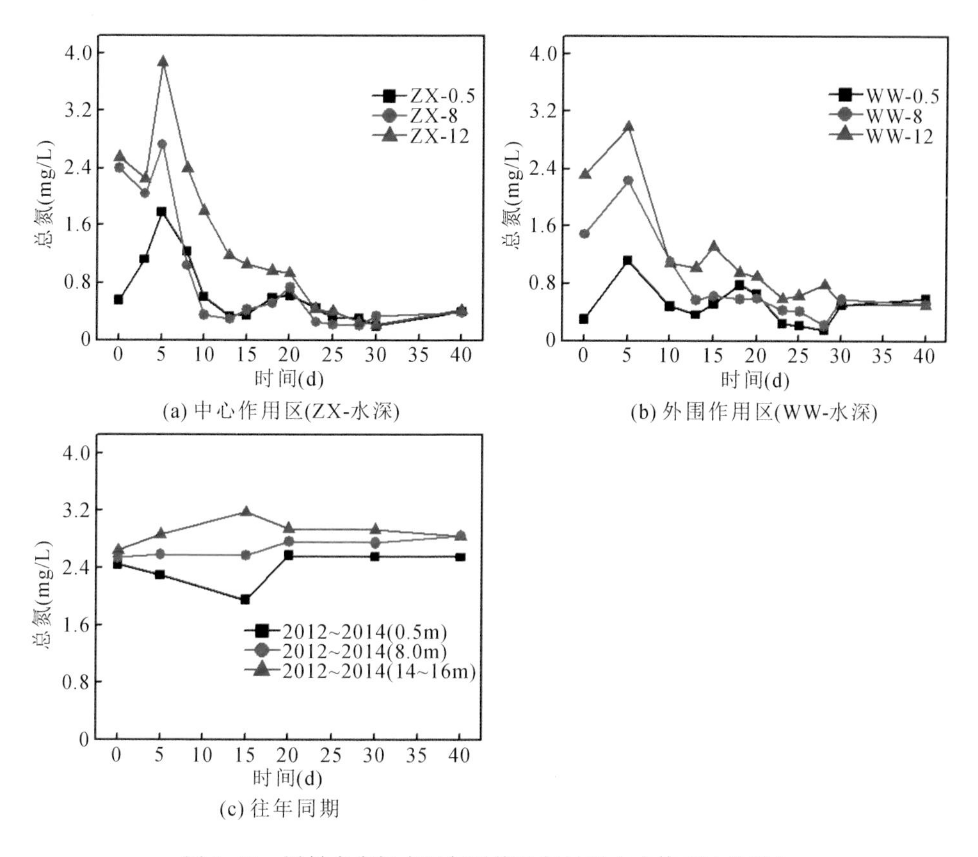

图 7.31　周村水库扬水曝气系统运行过程中水体 TN 的变化

从中心作用区和外围作用区的 TN 浓度变化可以看出，扬水曝气系统运行 5d 后对水体好氧反硝化菌的强化作用逐步显现。运行至 20d 时，扬水曝气系统作用区域 TN 明显降低，其中表层变化较小，中层与底层的变化明显。中心作用区域 8m 处和底层水体的 TN 约有 69.58%和 63.53%的去除率。到扬水曝气系统运行结束，中心作用区的表层、8m 处和底层水体的 TN 削减达到64.36%、86.25%和 92.16%。由于扬水曝气系统在外围作用区的作用强度小于中心作用区，因此，外围作用区的脱氮效果弱于中心作用区，到扬水曝气系统运行结束时，外围作用区水深 8m 处和底层水体的 TN 削减分别为 61.07%和 77.53%。

图 7.31(c)为扬水曝气系统非运行年(2012—2014 年)同时期(8 月 27 日—9 月 26 日)水库表层、水深 8m 处和底层的 TN 变化情况。可以看出，往年同期表层水体的 TN 为 2.37±0.25mg/L，底层水体的 TN 为 2.91±0.19mg/L，基本保持不变。与此相比，扬水曝气系统运行使水库 TN 削减约 78%。进一步说明扬水曝气系统运行有效强化了水体中的生物脱氮作用。

由图 7.32(a)和(b)可以看出，随着扬水曝气系统的运行，中心和外围作用区的氨氮明显降低。与运行初期相比，水深 8m 处和底层的氨氮削减率分别达到 79.02%和 91.01%，而非运行年同时期水深 8m 处和底层的氨氮分别为 1.69±0.06mg/L和 1.87±0.06mg/L。与非运行年同时期相比，水深 8m 处 和底层的氨氮削减率分别为 77.51%和 91.02%。

由图 7.32(c)和(b)可以看出，2015 年扬水曝气系统运行初期硝酸盐氮含量低于 0.1mg/L，一方面是由于 2015 年降雨量很小，外源输入的量很低；另一方面是水库春夏季水体反硝化的作用。在扬水曝气运行过程中，氨氮减小的过程中并没有出现硝酸盐氮的积累，这是由于扬水曝气系统的运行强化了好氧反硝化菌的活性，强化后的脱氮微生物发生硝化和反硝化的耦合作用，使水库水体的氮素转化为气体，从而实现去除。

扬水曝气系统运行期间周村水库水体和表层沉积物好氧反硝化菌数量变化分别见图 7.33 和 7.34，非运行年(2014 年)水体和表层沉积物好氧反硝化菌数量见表 7.14。随着扬水曝气系统的运行，水体温度分层被打破，同时水体中好氧反硝化菌数量明显增加。中心作用区的好氧反硝化菌的数量从系统运行前的(2.56 ± 1.61) × 10^3 cfu/mL 上升到运行第 15 天的(4.84 ± 0.63) × 10^7 cfu/mL。经历短暂的下降后，各个水深下的好氧反硝化菌再次增加，在扬水曝气运行结束时达到(1.63±0.43)×10^8 cfu/mL；同时外围参照点的好氧反硝化菌数量从(4.06±4.46)×10^4 cfu/mL 上升到第 15 天的(3.66±0.41)×10^7 cfu/mL，在系统运行结束时达到(5.56±3.08)×10^7 cfu/mL。由表 7.15 可以看出，非运行年(2014 年)8—10 月水中好氧反硝化菌数量在 3.23 × 10^3 ～

2.82×10^5 cfu/mL范围内变化。这说明，扬水曝气系统的运行使水中的土著好氧反硝化菌大量增殖，好氧反硝化菌数量明显高于非运行年同期，这是扬水曝气系统运行使水体 TN 有效削减的主要原因。

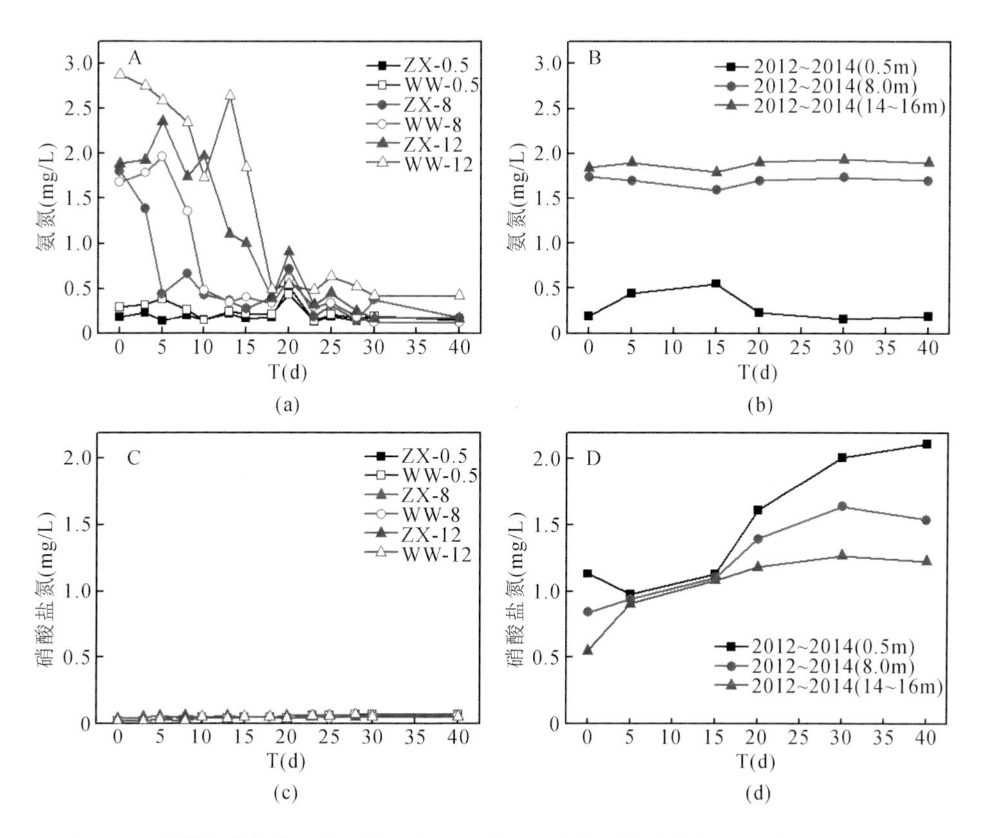

图 7.32　周村水库扬水曝气系统运行过程中以及往年同期水体氨氮和硝酸盐氮的变化

随着扬水曝气系统的运行，水库水体的混合程度加强，底层水体温度和 DO 在逐渐增加，因此中心和外围作用区表层沉积物中好氧反硝化菌的数量增加。由于扬水曝气系统作用强度不同，外围作用区表层沉积物中好氧反硝化菌的增加时间有一定的滞后性。与此同时，由于扬水曝气系统的持续混合作用，表层沉积物的好氧反硝化菌不断向上覆水体输送，成为水体中好氧反硝化菌增加的一个重要途径。在扬水曝气系统运行结束的时候，表层沉积物的好氧反硝化菌与水中好氧反硝化菌基本在同一个数量级上。非运行年(2014 年)8—10 月的周村水库主库区表层沉积物好氧反硝化菌在从 8 月的 3.63×10^8 cfu/mL下降到 10 月的 1.02×10^5 cfu/mL，明显低于扬水曝气系统运行时表层沉积物好氧反硝化菌的菌落数。

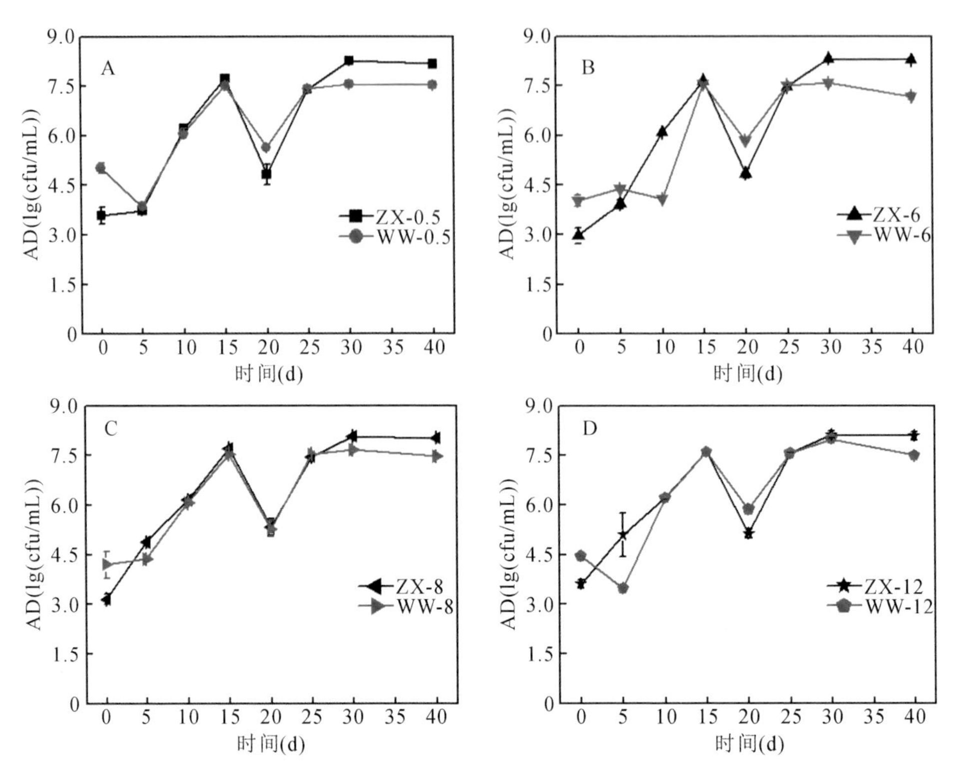

图 7.33 周村水库扬水曝气系统运行过程中好氧反硝化菌数量变化

（ZX，表示中心作用区；WW，表示外围作用区；A～D 图分别为表层、6m、8m 以及底层水体好氧反硝化菌变化情况）

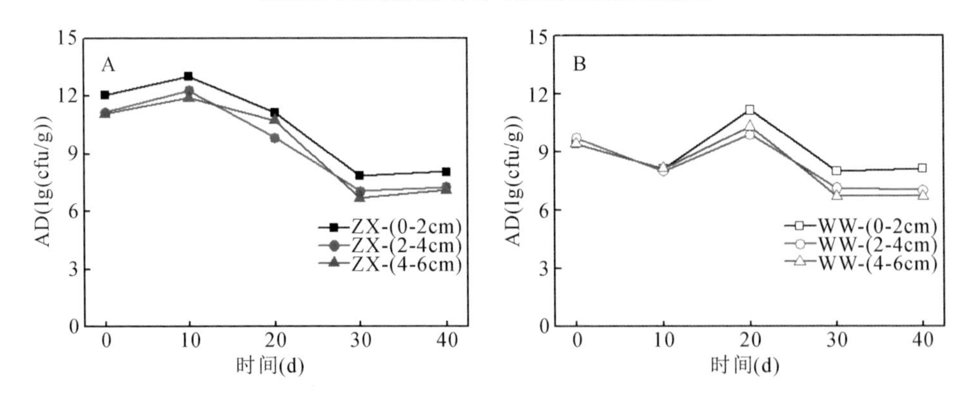

图 7.34 扬水曝气系统运行过程中表层沉积物好氧反硝化菌数量变化

表 7.14 非运行年(2014 年)水体和表层沉积物好氧反硝化菌数量

日期	水体						表层沉积物	
	0.5m		7.5m		12m			
	均值	标准差	均值	标准差	均值	标准差	均值	标准差
8 月	4.64	0.05	4.72	0.01	4.76	0.06	8.56	0.02
9 月	3.52	0.02	3.55	0.02	3.62	0.03	8.32	0.01
10 月	4	0.04	4.31	0.03	5.45	0.04	5.01	0.03

对扬水曝气系统期间水样以及表层沉积物中好氧反硝化菌进行了分离鉴定,得到 26 个主要种属(表 7.15),其中 FNJ5、SWJ17、SWJ22、SWC11、SWC41、SWC42、SWC49、SWC50 为不动杆菌属(*Acinetobacter*),FWJ28、FWJ3149、FNJ12 为根瘤菌属(*Rhizobium*),SWJ11、SWJ30、SWC34、SWC46 为水居菌属(*Aquincola*),TWJ21、TNC4 为短波单胞菌属(*Brevundimonas*),TWC15、SWC5、SNC2、FNJ16 为慢生根瘤菌科(*Bosea* 属),TNC17 为 *Metalliresistens*,SWC36、SWJ13、SWJ27 为申氏杆菌属(*Shinella*),SNJ7 为华杆菌科(*Hydrocarboniphaga* 属)。这与前期分离的高效好氧反硝化菌的种属大体一致,如 *Acinetobacter* sp. ZHF3、*Acinetobacter* sp. G107、*Acinetobacter* sp. 81、*Acinetobacter* sp. ZHF5、*Acinetobacter* sp. ZHF6、*Acinetobacter* sp. ZMF2、*Acinetobacter* sp. ZN2、*Acinetobacter* sp. SF18、*Acinetobacter* sp. SxF14、*Acinetobacter* sp. A14 等。分离的菌株具有良好的异养硝化以及同步硝化反硝化的脱氮特性。与此同时,有一些新出现的菌株,如水居菌属(*Aquincola*)、申氏杆菌属(*Shinella*)以及短波单胞菌属(*Brevundimonas*),其反硝化特性还需进一步分析研究。

表 7.15 扬水曝气运行期间分离的主要好氧反硝化菌的种属

序号	菌株	序列长度	相似种属	相似度(%)
1	TWJ21	1373	*Brevundimonas aurantiaca* DSM 4731(T)	97.67
2	TWC15	1400	*Bosea robiniae* LMG26381(T)	98.57
3	TNC17	1404	*Metalliresistens boonkerdii* NS23(T)	98.10
4	TNC4	1371	*Brevundimonas aurantiaca* DSM 4731(T)	98.83
5	SWC36	1397	*Shinella kummerowiae* CCBAU 25048(T)	99.27
6	SWC5	1393	*Bosea robiniae* LMG26381(T)	98.58
7	FNJ5	1445	*Acinetobacter junii* CIP 64.5(T)	97.92
8	SWJ30	1436	*Aquincola tertiaricarbonis* L10(T)	98.05

续表

序号	菌株	序列长度	相似种属	相似度(%)
9	SWJ27	1373	*Shinella kummerowiae* CCBAU 25048(T)	99.49
10	SWJ22	1442	*Acinetobacter parvus* DSM 16617(T)	97.29
11	SWJ17	1438	*Acinetobacter parvus* DSM 16617(T)	97.91
12	SWJ13	1396	*Shinella kummerowiae* CCBAU 25048(T)	98.90
13	SWJ11	1440	*Aquincola tertiaricarbonis* L10(T)	97.71
14	SWC50	1440	*Acinetobacter parvus* DSM 16617(T)	97.57
15	SWC49	1443	*Acinetobacter parvus* DSM 16617(T)	97.57
16	SWC46	1437	*Aquincola tertiaricarbonis* L10(T)	98.12
17	SWC42	1441	*Acinetobacter parvus* DSM 16617(T)	97.57
18	SWC41	1443	*Acinetobacter parvus* DSM 16617(T)	97.64
19	SWC34	1437	*Aquincola tertiaricarbonis* L10(T)	97.91
20	SWC11	1441	*Acinetobacter parvus* DSM 16617(T)	97.50
21	SNJ7	1431	*Hydrocarboniphaga effusa* AP103(T)	99.02
22	SNC2	1393	*Bosea robiniae* LMG26381(T)	98.56
23	FWJ31	1392	*Rhizobium pusense* NRCPB10(T)	99.27
24	FWJ28	1391	*Rhizobium pusense* NRCPB10(T)	99.34
25	FNJ16	1394	*Bosea robiniae* LMG26381(T)	99.21
26	FNJ12	1393	*Rhizobium pusense* NRCPB10(T)	99.27

注:(T)表示标准菌株。

为了研究扬水曝气系统运行对好氧反硝化菌活性的影响,采用乙炔抑制法测定了扬水曝气系统运行过程中水库表层沉积物的反硝化速率。图7.35为扬水曝气系统运行过程中作用区域各个采样点(A,B,C为中心作用区1#,2#,3#;D,E,F为外围作用区1#,2#,3#)表层沉积物的反硝化速率变化。

由图7.35可以看出,在扬水曝气系统运行期间,反硝化速率整体上呈现上升趋势。水库中心作用区从开始的(5.28~13.22)上升到(1117.02~3129.47) nmol N_2/(gdw·hr);水库外围作用区从开始的(13.03~185.88)上升到(307.56~623.72) nmol N_2/(gdw·hr)。扬水曝气系统运行中心作用区的反硝化速率要强于外围作用区。而往年同期的反硝化速率为(46.44~315.55) nmol N_2/(gdw·hr),扬水曝气系统运行显著强化了反硝化作用。

由于运行初期水库底层氮以氨氮为主、硝氮基本为0,硝氮的限制作用使反硝化速率很低,因此初始阶段反硝化速率较小;随着扬水曝气系统运行后,对底部水体的充氧、上层水体藻类的胁迫下潜增加了生物可利用碳源以及对土著好

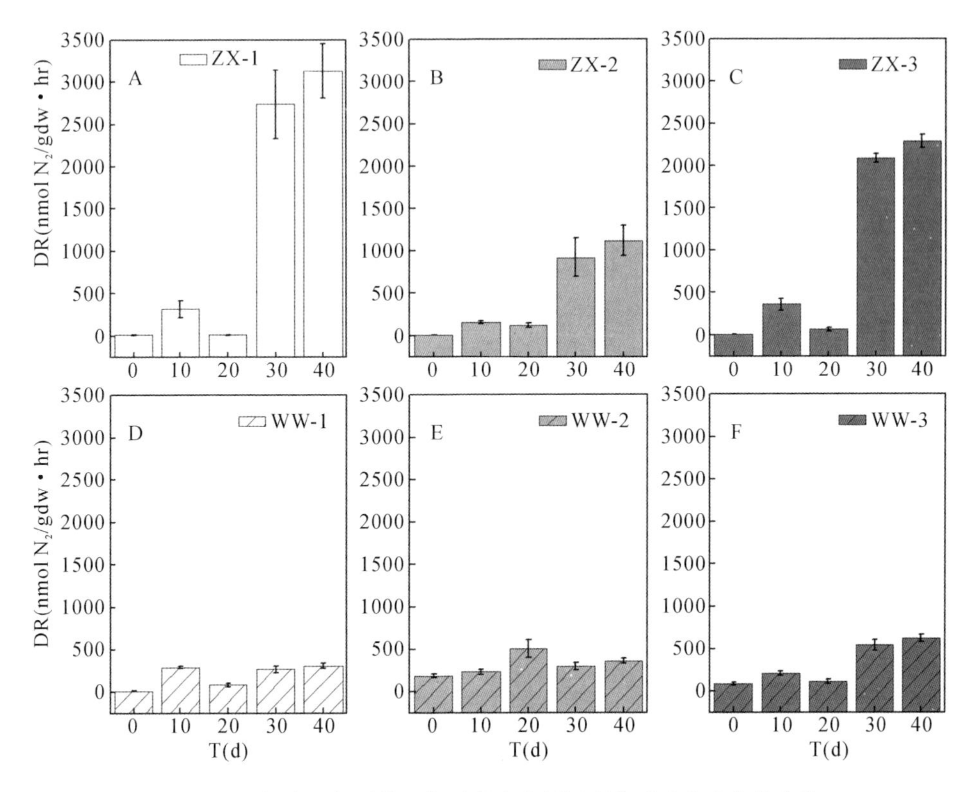

图 7.35 扬水曝气系统运行过程中表层沉积物反硝化速率的变化

氧反硝化菌脱氮能力的强化，因而各个采样点的表层沉积物反硝化速率在逐渐增加；扬水曝气系统运行期间底部水体的硝化作用与反硝化耦合作用的加强；同时在扬水曝气系统运行作用下，底部水温的提升从 12℃上升到 24℃，温度的上升提高了土著反硝化菌反硝化酶的活性，因此在第 30 天的时候中心作用区域的反硝化速率大幅提高。

枣庄周村水库扬水曝气系统的运行有效破坏了水体热分层，使底部水体由厌氧状态变为好氧状态，有效抑制了底泥中氨氮、TP、锰和硫化物的释放；底部水体水温和溶解氧含量的提高为土著好氧反硝化菌的增殖和反硝化作用提供了适宜的条件，主库区好氧反硝化菌数量从$(2.56\pm1.61)\times10^{3}$ cfu/mL 上升到$(1.63\pm0.43)\times10^{8}$ cfu/mL，TN 从 2.55mg/L 降到 0.48mg/L，削减率达到 81.18%。扬水曝气系统在破坏水体分层、抑制底泥内源污染释放的同时能够有效强化好氧反硝化菌的生物脱氮作用，实现水体 TN 的原位削减，控制水体富营养化。

(三)西安李家河水库扬水曝气水质改善工程

李家河水库位于灞河一级支流辋川河中游段，地处蓝田县玉川镇李家河村，距西安市约 68km。本工程以城市供水为主，兼有防洪、发电功能，水库总容量 5260 万 m^3，与岱峪水库联合调节年可向城镇生活和工业供水 7093 万 m^3，主要解决西安城东地区的洪庆组团、纺织城组团、阎良区、临潼区、蓝田县城等共计 200 多万居民的生产生活用水，是西安市继黑河引水工程之后实施的又一重点水源工程。

李家河水库在 2016 年 8 月出现了严重的藻类暴发问题，为保障供水安全，于 2017 年实施了扬水曝气水质改善工程(图 7.36)。该工程采用第四代扬水曝气器——扬水曝气强化生物水质改善设备(图 7.37)，在主库区共安装了 8 台扬水曝气器，并建设了配套的压缩空气制备与输送系统。该工程于 2018 年 6 月下旬建成并开始调试运行，7 月 12 日开始连续运行，运行期间监测了主库区主要水质指标的垂向变化，并与 2017 年同期进行了对比，分析了李家河水库扬水曝气系统的水质改善效果。

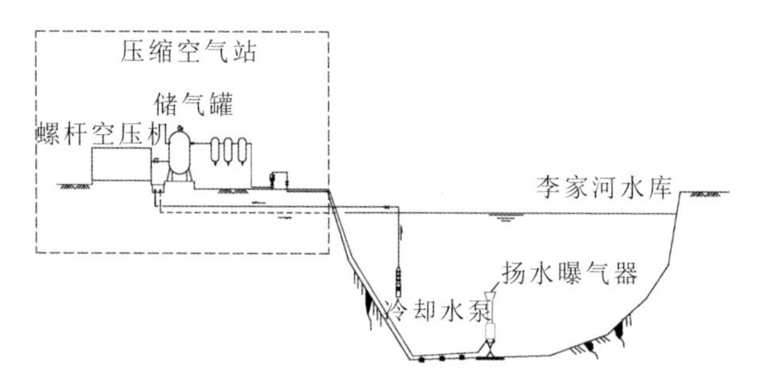

图 7.36　李家河水库扬水曝气水质改善工程工艺流程图

图 7.37　李家河水库水质改善工程使用的第四代扬水曝气器与配套的压缩空气制备系统

1. 扬水曝气系统的混合效果

季节性热分层是深水型水库的重要水力特征，热分层会阻碍上下层水体间的物质传递，使底部水体无法得到大气复氧而形成缺氧或厌氧状态，同时底部水体较低的温度会降低水中微生物活性，使水体生物自净能力降低。扬水曝气系统通过气弹的间歇性释放能将底部水体提升至表层，同时使表层水体向下迁移，促进水体的混合交换，破坏水体热分层。2018 年 7—9 月李家河水库扬水曝气系统运行期间和 2017 年同期主库区水温变化如图 7.38 所示。

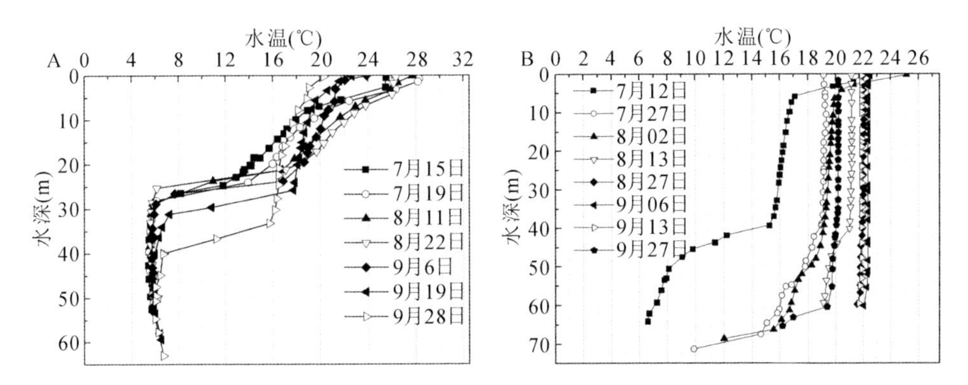

图 7.38　李家河水库 2017 年(A)与 2018 年(B)7—9 月主库区水温变化

可以看出，2017 年 7—9 月李家河水库均处于稳定热分层状态，7 月 15 日底部水体温度为 5.8℃，表层水温为 27.0℃，等温层厚度约 30m；至 9 月底，水库仍然保持稳定热分层状态，底部水温为 6.0℃，与表层水体温差达到 14.3℃。

2018 年 7 月扬水曝气系统运行之初水库表层水温21.8℃，底层水温6.5℃，水体存在明显的水温分层现象，垂向温差为 15.3℃。扬水曝气系统的提水混合功能使表层水温有所降低，底部水体温度明显升高，运行至 7 月 23 日，底部水体温度上升至 14.7℃，表层水温为 18.8℃，垂向温差减小至 4.1℃。继续运行至 8 月 27 日，水体进一步混合，表层水体与底部水体温差降至 0.47℃，水库达到完全混合状态，与 2017 年自然状态下相比，扬水曝气系统运行使水库混合时间提前 3 个月以上。

2.扬水曝气系统的充氧效果

水体热分层导致的底部水体缺氧是深水型水库水质恶化的重要原因。底部水体缺氧环境会促进沉积物中铁、锰、氮、磷、有机物等污染物的释放，并使水体的生物和化学自净能力降低。扬水曝气系统一方面能直接向底层水体充氧，另一方面通过提水混合作用将底层缺氧水提升至表层，使上层富氧水潜入底层，实现间接充氧。2018 年 7—9 月李家河水库扬水曝气系统运行期间和 2017 年同期主库区溶解氧变化如图 7.39 所示。

可以看出，2017 年 7 月 5 日底部水体溶解氧为 3.3mg/L，7 月 19 日已下降至 0.9mg/L，这是由于水体热分层阻碍了大气复氧，在水体和底泥双重耗氧作用下底部水体溶解氧迅速下降。此外，值得注意的是在水深 5～20m 范围内还

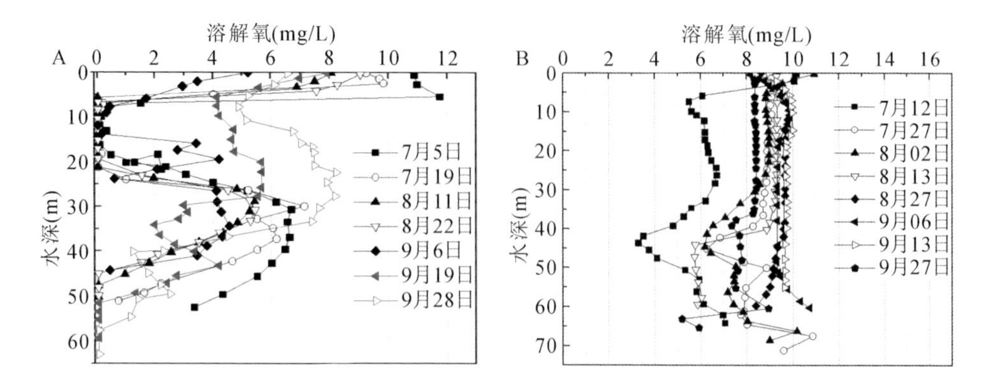

图 7.39　李家河水库 2017 年(A)与 2018 年(B)7—9 月主库区溶解氧变化

存在一个厌氧区,这主要是由于藻类大量繁殖后衰亡的藻类在该区域大量积累并在微生物作用下分解而消耗溶解氧。2018 年扬水曝气系统运行初期,中下部水体溶解氧最低为 3.2mg/L,系统运行使整个水体溶解氧明显升高,运行至 8 月 13 日,整个水体溶解氧均高于 6.0mg/L,之后整个水体溶解氧充足,既抑制了底泥中污染物的释放,又促进了水体中好氧微生物的活性和污染物的氧化。

3.扬水曝气系统的营养盐削减效果

水体热分层导致的底部缺氧或厌氧环境是底泥中营养盐释放的主要原因。扬水曝气系统的运行能够提高底部水体溶解氧含量,从而抑制底泥中营养盐的释放,从而降低水体富营养化水平。2018 年 7—9 月李家河水库扬水曝气系统运行期间和 2017 年同期底部水体营养盐含量如图 7.40 所示。可以看出,2017 年水体稳定分层期随着底部水体溶解氧下降,底部水中 TN(TN)和 TP(TP)有明显上升趋势,9 月份 TN 最高达到 3.0mg/L,TP 最高达到0.18mg/L。2018 年扬水曝气系统运行后底部水体营养盐含量整体呈下降趋势,与 2017 年同期相比,TN 和 TP 均有明显降低,TN 最高削减 1.0mg/L,TP 最高削减 0.15 mg/L。这表明扬水曝气系统运行改善了底部水体的厌氧环境,沉积物中氮磷的释放得到有效抑制。

4.扬水曝气系统的控藻效果

李家河水库上游来水氮、磷营养盐含量较高,水体富营养化程度高,夏秋季藻类高发问题较为突出。扬水曝气系统通过水体循环使表层藻类向下层迁移,同时由于提水作用使表层水温降低,因此能够有效控制藻类的繁殖。

2018 年 7—9 月李家河水库扬水曝气系统运行期间和 2017 年同期表层水体藻密度如图 7.41 所示。可以看出,2017 年未安装扬水曝气系统时 7—9 月期

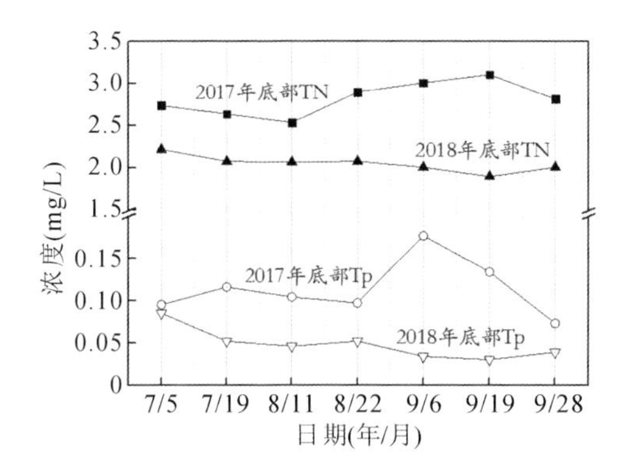

图 7.40　2017 年与 2018 年 7—9 月李家河水库底部营养盐对比

间在较高的水温和充足日照条件下，表层水体中藻类大量繁殖，藻密度最高达到了 2.7 亿个/L(8 月 22 日)。2018 年扬水曝气系统运行有效控制了藻类繁殖，7—9 月藻密度维持在 500 万个/L 左右，与 2017 年同期相比削减率达到了 98%，控藻效果显著。

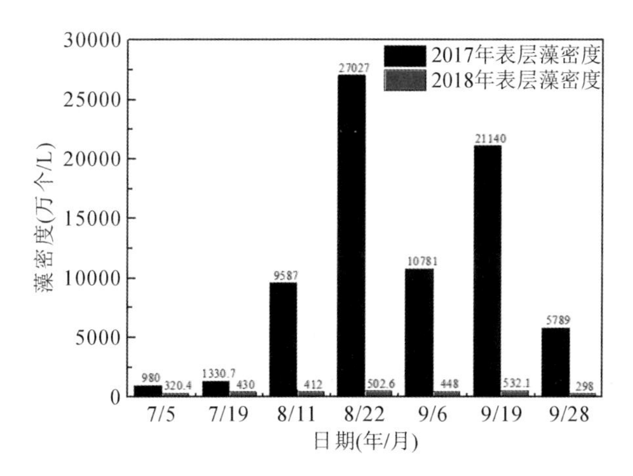

图 7.41　2017 年与 2018 年 7—9 月李家河水库表层藻密度对比

参考文献

[1]黄廷林.水源水库水质污染原位控制与改善是饮用水水质安全保障的首要前提[J].给水排水，2017，(01)：1-3+69.

[2]马经安，李红清.浅谈国内外江河湖库水体富营养化状况[J].长江流域资源与环境，2002，(06)：575-578.

[3]黄廷林,丛海兵,柴蓓蓓.饮用水水源水质污染控制[M].中国建筑工业出版社,2009.

[4] ELÇIŞ. Effects of thermal stratification and mixing on reservoir water quality[J]. Limnology,2008,9(2):135-142.

[5]李璇.分层型富营养化水源水库水质演变机制与水质污染控制[D].西安:西安建筑科技大学,2015.

[6] RAEK J., LECHTENFELD O. J., TITTEL J., et al. Linking the mobilization of dissolved organic matter in catchments ad its removal in drinking water treatment to its molecular characteristics[J]. Water Res, 2017(113):149-159.

[7]马卫星.暴雨径流潜流对峡谷分层型水源水库水质影响与水质原位改善[D].西安:西安建筑科技大学,2015.

[8]王力玉,秦华鹏,谭小龙等.深圳大气湿沉降对典型屋面径流水质的影响[J].环境科学与技术,2013,36(02):60-64.

[9]伍远康,卢国富.浙江省大气降水水质对地表水水质的影响[J].水资源保护,2013,29(06):31-35+40.

[10]PIVOKONSKY M.,NACERADSKA J.,KOPECKA I.,et al. The impact of algogenic organic matter on water treatment plant operation and water quality: A review[J]. Critical Reviews in Environmental Science and Technology,2015,46(4):291-335.

[11] FANG J., YANG X., MA J., et al. Characterization of algal organic matter and formation of DBPs from chlor(am)ination[J]. Water Res, 2010,44(20):5897-5906.

[12]ELLIOTT J. A. Is the future blue-green? A review of the current model predictions of how climate change could affect pelagic freshwater cyanobacteria[J]. Water Res,2012,46(5):1364-1371.

[13]邱晓鹏.我国北方分层型水库水质演变规律及富营养化研究[D].西安:西安建筑科技大学,2016.

[14]周子振.混合充氧对分层水库水质改善及微生物种群结构调控研究[D].西安:西安建筑科技大学,2017.

[15]黄廷林,史建超,杨霄.水体原位多相界面反应器:中国,201210089293.6[P].2012-03-30.

[16]史建超.分层型水源水库水质变化特征与水质原位改善技术研究[D].西安:西安建筑科技大学,2016.

[17]徐祖信,叶建锋.前置库技术在水库水源地面源污染控制中的应用[J].长江流域资源与环境,2005,(06):120-123.

[18]CLASEN J., KRÄMER R. Experience with integrated water quality management in the Wahnbach Watershed[J]. Water Science and Technology,2002,46(6-7):303-309.

[19]周石磊.混合充氧强化水源水库贫营养好氧反硝化菌的脱氮特性及技术应用研究[D].西安:西安建筑科技大学,2017.

[20]WENTZKY V. C., FRASSL M. A., RINKE K., et al. Metalimnetic oxygen minimum and the presence of *Planktothrix rubescens* in a low-nutrient drinking water reservoir[J]. Water Res,2019(148):208-218.

第八章　海绵城市建设与城市水环境安全

第一节　概　　述

一、海绵城市的背景与概念

随着城市化水平不断提高，城市气象条件与下垫面条件改变，引起水文循环发生变化，且随着工业化程度与人口密度的增加，污染排放明显增多，远超天然水体的自净能力，城市内涝、城市水体黑臭、城市热岛效应与水环境严重恶化等“城市病”十分突出。针对这一现状，2012 年 4 月，在《2012 低碳城市与区域发展科技论坛》中，首次提出“海绵城市”概念。2013 年 12 月，习近平总书记强调应当建设自然存积、自然渗透、自然净化的海绵城市，利用自然的力量提升城市排水能力，对雨水资源进行合理利用。2014 年 11 月，为推进我国海绵城市的建设，住房和城乡建设部（简称“住建部”）发布了《海绵城市建设技术指南——低影响开发雨水系统构建（试行）》（简称“《指南》”），旨在为各地新型城镇化建设中海绵城市的建设提供理论指导。2015 年 4 月，迁安等 16 个城市经过多轮评选，被评为海绵城市建设试点城市。2016 年 4 月，北京等 14 个城市经过海绵城市试点竞争性评审，进入 2016 年中央财政支持海绵城市建设试点范围。2017 年，政府工作报告明确了海绵城市的发展方向，继续推进海绵城市建设，使城市既有“面子”、更有“里子”。

《指南》对海绵城市进行了如下定义：城市能够像海绵一样，在适应环境变化和应对自然灾害等方面具有良好的“弹性”，下雨时吸水、蓄水、渗水、净水，需要时将蓄存的水“释放”并加以利用，见图 8.1。从城市雨洪管理角度来看，海绵城市是一种可持续的城市建设模式。

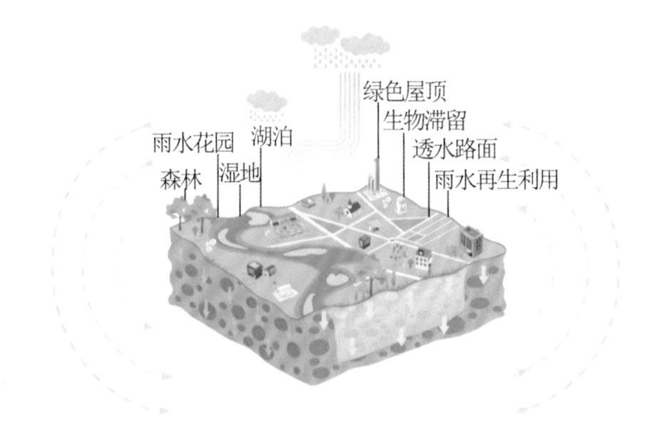

图 8.1 海绵城市示意图

二、海绵城市的建设途径与技术

海绵城市的建设强调优先使用绿色、生态化的“弹性”设施，同时也要注重和传统的“刚性”设施相衔接。通过“绿色＋灰色”的雨水基础设施组合，建立完善的城市雨洪利用与管理利用体系，从而实现提高雨水资源化利用、缓解城市内涝、削减径流污染、改善城市景观等目标。海绵城市建设应统筹低影响开发雨水系统、城市雨水管渠系统及超标雨水径流排放系统。

（一）低影响开发雨水系统

狭义的低影响开发雨水系统是指采用源头分散措施控制降雨，以绿色屋顶、雨水花园、生态滤沟和植被过滤带等源头控制措施为主。广义的低影响开发雨水系统是指在城市开发建设过程中，统筹渗、滞、蓄、净、用、排等多种手段，实现多重径流雨水控制目标，恢复城市良性水文循环，提高对径流雨水的渗透、调蓄、净化、利用和排放能力，维持或恢复城市的“海绵”功能，包含湿塘、雨水湿地、多功能调蓄设施等相对大型、集中的末端绿色雨水基础设施等。低影响开发雨水系统可以通过对雨水的渗透、储存、调节、转输与截污净化等功能，有效控制径流总量、径流峰值和径流污染。

（二）城市雨水管渠系统

城市雨水管渠系统按照设计标准来控制不同重现期的降雨，主要通过管渠、泵站、调蓄池等传统灰色雨水基础设施实现，也可通过与低影响开发雨水系统共同处理径流雨水的收集、转输与排放，提升雨水管渠系统的排水能力。

（三）超标雨水径流排放系统

高于城市管渠系统设计重现期的暴雨，主要通过超标雨水径流排放系统和低影响开发雨水系统实现，包括调蓄池、深层隧道、行泄通道（内河、沟渠、道路等）、自然水体（河道、湖泊等）和大型多功能调蓄设施（湿塘、雨水湿地等）等。

以上 3 个系统相互补充、相互依存，是海绵城市建设的重要基础元素，需通过综合规划设计进行整体衔接。

三、海绵城市建设与水环境

海绵城市建设应遵循生态优先等原则，将自然途径与人工措施相结合，在确保城市排水防涝安全的前提下，最大限度地实现雨水在城市区域的渗透、积存和净化，促进雨水的资源利用和水环境的保护，逐步实现“小雨不积水、大雨不内涝、水体不黑臭、热岛有缓解”的建设目标。

（一）防治内涝

城市化的快速发展导致可渗透面积减少，雨水径流下渗量减小，径流系数增大，传统排水能力难以适应暴雨产生的径流量，形成城市内涝。利用海绵城市建设方式治理城市内涝，实质是控制雨水径流，延缓与减少径流是控制城市内涝的关键。海绵城市六字方针中的“渗”与“滞”是控制雨水径流的重要手段。“渗”是通过减少屋面、路面等硬质铺装，增加绿地面积，增强城市雨水蓄渗能力，从源头控制雨水径流，降低城市雨洪风险；“滞”是指通过植草沟、滞留带等低影响开发措施，中途拦截雨水径流，降低雨水汇集速度，延缓洪峰出现时间，缓解排水压力。

（二）雨水资源利用

水资源是制约一个城市发展的决定性因素。我国水资源匮乏，淡水资源总量为 280000 亿 m^3，占全球水资源的 6%，人均水资源量不足世界平均水平的1/4。城市快速发展对水资源的需求逐渐增大，城市化导致的硬化地面增加造成降雨径流大量外排，雨水下渗量减小，地下水补给不足。只有通过建设自然存积、自然渗透、自然净化的海绵城市，提高城市水资源的利用，才能实现城镇化与水资源环境协调发展。海绵城市建设将合理增加雨水蓄存含量和循环利用次数，有效减少进入排水管网的雨水总量，减轻排水管网压力，同时增加雨水下渗量，固存有限的雨水，涵养地下水，强化城市良性水文循环，解决城市水资源短缺难题。

（三）改善城市水环境

目前，我国城市雨水径流污染与水体黑臭现象严重，控制城市雨水径流污染与治理黑臭水体是改善城市水环境的重要手段，也是我国海绵城市建设的重点任务。海绵城市建设中的“净”是通过雨水花园、人工湿地等低影响开发设施削减初期雨水径流污染，拦截悬浮污染物，降解地表径流中的有机质，达到净化水体、控制面源污染、保护城市水环境的目的。

第二节 雨水花园对降雨径流及水质的调控效果

雨水是城市水循环系统中的重要因素之一，对于调节局地气候、补充地下水资源、改善生态环境、构建可持续水循环系统起着关键作用。近年来，全球土地利用发生了显著变化，水文循环发生改变，自然循环过程被打破，使得国内城市雨水问题日益突显，主要包括面源污染加重、内涝、水资源短缺以及自然生态退化等。根据美国国家环境保护局（USEPA）测算结果显示，土地未开发利用之前，仅有10%的降雨形成了地表径流，50%降雨下渗；而大规模城市建设之后，地表不透水面积达75%以上，在相同降雨强度下，55%降雨形成了地表径流，仅有15%的降雨下渗，地表径流量明显增加，下渗雨量显著减少。此外，城市降雨径流中含有许多来自人类生活与自然过程所产生的污染物，包括悬浮固体、营养物、重金属、毒性有机物、油脂、有机碳、病原菌等，并且污染物的量在逐年增加。降雨径流污染过程主要受降雨量、降雨强度、下垫面表面特征等因素的影响，污染过程较为复杂。因此，根据城市土地利用布局、小区域降雨特征与地表径流污染状况，合理设计雨水管理设施，使其发挥工程、环境与经济效益是目前雨水管理应用研究的重点问题。

屋面面积在城市建设中所占比例较大，如商业区屋面面积占城市总不透水下垫面面积比例高达40%～50%；作为一种独特的下垫面类型，虽然其受人为干扰因素较少，但由于屋面材料老化产生的腐蚀物被降雨冲刷，且与空气质量、温度等外部气候影响密切相关，屋面雨水径流也是需要被重视的城市面源污染来源之一。如使用截留或是分流的排水体系将屋面径流进行污水处理显然不合理，应尽可能采用绿色屋顶、雨水花园等低影响开发（LID）设施对屋面径流进行调控，在滞留、收集、净化屋面雨水径流的同时美化城市环境。路面作为典型的不透水面，是降雨径流汇集之地，大规模城市化使得路面径流量成倍增加、洪峰时间迅速提前。与此同时，路面径流携带的大量污染物随着路面径流汇入江河、湖泊，或直接下渗补给地下水，造成不同程度的水资源污染。路面径流污染主要来自车胎磨损、行人鞋底摩擦、生产和生活垃圾。

近年来，国外学者针对城市水量控制和水质净化做了大量研究，逐步形成了以生物滞留池、雨水花园为主的低影响开发的城市雨洪管理和污染物净化模式。Davis 历时 2 年监测了 49 场降雨事件，其中，18%的降雨事件中生物滞留池未出现出流现象，径流水量削减率为 100%。该设施可有效降低雨水径流流量，峰值流量被降低 49%～58%，峰值流量的产生时间被显著延迟。Hatt 等人研究了在两种不同气候条件下，生物滞留设施可至少削减 80%峰流量，平均削减径流量为 33%。Hunt 等人研究了季节性变化对生物滞留设施水文效应的影响，结果表明夏天土壤入渗和蒸发蒸腾作用较强，不同地点的生物滞留设施出流量与入流量之比从夏天的 0.07 增加到冬天的 0.54。我国根据自身特点，优先考虑将有限的雨水资源留存下来，建设自然积蓄、自然渗透、自然净化的海绵城市，将雨水资源化利用。为了响应国家方针政策，国内学者开展了大量针对海绵城市建设中，单个海绵体（雨水花园、下凹式绿地、生物滞留槽等）的吸水、蓄水、渗水、净水等功能的研究。李俊奇监测了北京某办公大楼旁的雨水花园系统对污染物的去除效果，结果表明雨水花园对 SS、COD、重金属（Pb、Zn、Cu、Fe)、浊度等均有较好的去除效果，但对 TN、NO^{3-}－N、TP、PO_4^{3-}－P 的去除效果较差。唐双成等人根据西安市雨水花园蓄渗屋面雨水径流的现场试验，研究了不同条件下雨水花园拦蓄雨水径流的能力以及溢流时间和溢流量，结果显示黄土具有良好的入渗能力，达到 2.346m/d；对于某一重现期的暴雨，雨水花园溢流总量受到降水强度和降水历时的影响。相关研究结论可作为海绵城市建设过程中重要的理论支撑。

鉴于雨水花园具有高效去污、简单经济、生态美观的特点，以防渗和入渗两种类型雨水花园为研究对象，评价其对城市径流水量的削减和水质净化的效果。

一、西安理工大学校内雨水花园运行效果评价

（一）研究区概况

试验雨水花园位于西安理工大学校园内。西安市属于半湿润气候区，多年平均气温为 13.3℃，平均降雨量为 580.2mm，降水年内分配不均，5—10 月降雨占全年的 80%左右。西安地处黄土高原南部，黄土入渗性能较好，且黄土层较厚，为蓄存雨水径流提供了天然的水库。本研究共涉及三个雨水花园，分为 1#、2#、3#。

1.1#雨水花园

1#雨水花园于 2010 年建成，主要接纳某办公楼屋面雨水径流，底部做防渗处理，入流口和出流口均安装 30°的三角堰，园内种植黑眼苏珊等植物，汇水

区域面积为 72m²。

2.2#雨水花园

2#雨水花园于 2011 年建成,填充了天然土壤,用于处理办公楼屋面雨水径流,底部不做防渗处理,以入渗为主,面积为 30.24m²,设计处理的初期降雨为 10mm。入流口安装 45°三角堰,溢流口安装 30°三角堰,主要用于分析雨水花园对降雨径流的削减情况。

3.3#雨水花园

3#雨水花园于 2012 年建成,大致为椭圆形,花园中间用隔板分割为 2 个面积相同的雨水花园,一侧为防渗型,入流口安装 2 个 45°三角堰,底部埋设出水管,安装 30°三角堰;另一侧不做防渗处理。主要研究防渗条件下,雨水花园对径流削减和污染物浓度削减的情况。

3 个雨水花园的位置图、现场图、结构图见图 8.2 至图 8.4,构造情况见表 8.1。

表 8.1　雨水花园构造表

<table>
<tr><th colspan="2">花园编号</th><th>尺寸</th><th>底部处理</th><th colspan="2">填料类型及厚度</th><th>汇流比</th><th>汇水面类型</th></tr>
<tr><td rowspan="8">1#</td><td rowspan="3">A</td><td rowspan="3">长×宽×高
=4m×3m×0.9m</td><td rowspan="3">防渗</td><td>蓄水层</td><td>20m</td><td rowspan="8">6:1</td><td rowspan="8">屋面</td></tr>
<tr><td>种植土</td><td>55cm</td></tr>
<tr><td>砾石层</td><td>15cm</td></tr>
<tr><td rowspan="5">B</td><td rowspan="5">长×宽×高
=4m×3m×0.9m</td><td rowspan="5">防渗</td><td>蓄水层</td><td>20cm</td></tr>
<tr><td>种植土</td><td>20cm</td></tr>
<tr><td>细沙</td><td>20cm</td></tr>
<tr><td>粗砂</td><td>15cm</td></tr>
<tr><td>砾石层</td><td>15cm</td></tr>
<tr><td colspan="2" rowspan="2">2#</td><td rowspan="2">长轴×短轴×深度
=7m×5.5m×0.35m</td><td rowspan="2">不防渗</td><td>蓄水层</td><td>20cm</td><td rowspan="2">20:1</td><td rowspan="2">屋面</td></tr>
<tr><td>种植土</td><td>0.20~
50cm</td></tr>
<tr><td rowspan="5">3#</td><td rowspan="3">C</td><td rowspan="3">长轴×短轴×深度
=6m×2m×1.1m</td><td rowspan="3">防渗</td><td>蓄水层</td><td>50cm</td><td rowspan="5">15:1</td><td rowspan="5">屋面和
路面</td></tr>
<tr><td>种植土</td><td>45cm</td></tr>
<tr><td>砾石层</td><td>15cm</td></tr>
<tr><td rowspan="2">D</td><td rowspan="2">长轴×短轴×深度
=6m×2m×1.1m</td><td rowspan="2">不防渗</td><td>蓄水层</td><td>50cm</td></tr>
<tr><td>种植土</td><td>60cm</td></tr>
</table>

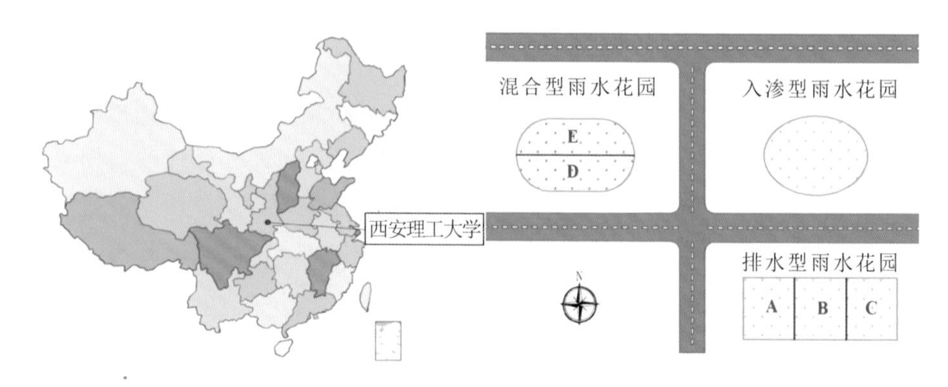

图 8.2　雨水花园位置图

(a) 1#雨水花园　(b) 2#雨水花园　(c) 3#雨水花园

图 8.3　雨水花园现场图

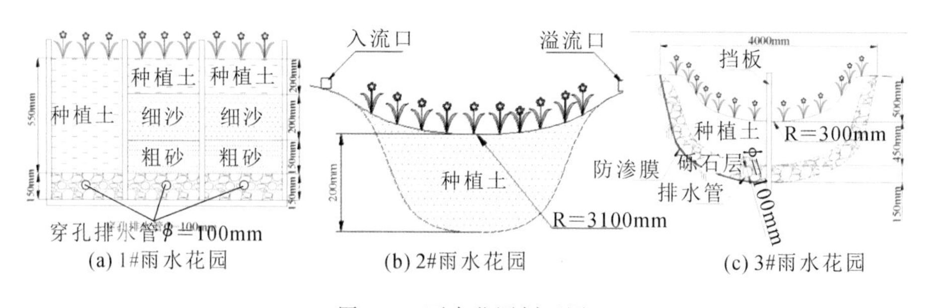

(a) 1#雨水花园　(b) 2#雨水花园　(c) 3#雨水花园

图 8.4　雨水花园剖面图

记录各场次降雨的入流、出流瞬时流量，并采集进、出水水样，现场采集的水样及时放入－4℃冰箱内，水质指标 5d 内分析完毕，氨氮用流动分析仪（荷兰 SKALAR）进行测定，TN 采用碱性过硫酸钾消解分光光度法进行测定，TP 采用过硫酸钾消解—钼锑抗光度法进行测定。监测进程见表 8.2。

（二）径流削减效果评价

对于 1＃和 3＃雨水花园，入流和出流的差值反映了填料层对径流的拦蓄能力。通过径流总量和洪峰流量削减效果评价填料层的功能。利用式(8-1)计算三个花园某一时刻入流、出流和溢流水量：

$$Q = \frac{8}{15}\mu \mathrm{tg}\frac{\theta}{2}\sqrt{2g}h^{2.5} \tag{8-1}$$

表 8.2 试验进程表

雨水花园	监测时段	降雨场次	降雨量分布(mm)
1#	20110320—20110917	11	2.8～37.6
	20120629—20120910	3	15.0～27.0
	20130517—20130923	9	5.6～33.2
	20160522—20160926	7	2.8～39.9
	20170522—20171011	6	2.4～41.2
	20180413—20180809	5	7.8～33.2
2#	20110705—20170911	9	2.8～37.6
	20120629—20120910	6	15.0～27.0
	20130508—20130828	8	1.8～33.2
	20140418—20140830	5	9.1～44.6
	20160522—20160926	7	2.8～39.9
	20170522—20171011	5	2.4～41.2
	20180413—20180809	6	7.8～33.2
3#	20130704—20130923	7	1.8～33.2
	20140418—20140830	5	9.1～44.6
	20160522—20160926	6	2.8～39.9
	20170522—20171011	5	2.4～41.2
	20180413—20180809	5	7.8～33.2

式中，Q 为流量，m^3/s；h 为堰前几何水头，m；θ 为堰口夹角；μ 为流量系数，约为 0.6；g 为重力加速度，取 $9.808m/s^2$。

在试验与现场监测中，三角堰板堰口夹角均为 45°与 30°，因此，上式可分别转化为式(8-2)、式(8-3)：

$$Q = 0.5848h^{2.5} \tag{8-2}$$

$$Q = 0.378h^{2.5} \tag{8-3}$$

根据降雨过程监测的流量过程，计算得到某一时刻入流量和出流量 Q_i，则入流和出流总量为

$$V = \sum_{i=1}^{n} Q_i \times \Delta t_i \tag{8-4}$$

对径流水量削减率(R_v)为

$$R_v = \frac{V_{入} - V_{出}}{V_{入}} \times 100\% \tag{8-5}$$

对洪峰流量削减率(R_p)为

$$R_p = \frac{q_{入} - q_{出}}{q_{入}} \times 100\% \tag{8-6}$$

2＃雨水花园无出流，只有溢流，利用式(8-2)和式(8-3)可计算某时刻的入流和溢流量 Q_i，根据式(8-4)可计算出入流和溢流总量，故径流水量削减率为

$$R_v = \frac{V_{入} - V_{溢}}{V_{入}} \times 100\% \tag{8-7}$$

（三）污染物去除效果评价

雨水花园对污染物的去除包括污染浓度去除率和污染负荷去除率两个方面，污染浓度去除率(R_c)根据以下公式来计算：

$$R_c = \frac{C_{in} - C_{out}}{C_{in}} \times 100\% \tag{8-8}$$

式中，C_{in} 为雨水花园入流中某一污染物浓度，mg/L，C_{out} 为出流中该污染物的浓度，mg/L。

（四）长期运行效果评价

1. 径流水量削减效果评价

2011—2016 年对 1＃和 3＃两个雨水花园进行径流削减效果监测(1＃监测 30 场降雨事件，3＃监测 11 场降雨事件)，年径流削减率见图 8.5 至图 8.6。1＃花园除 2013 年 7 月 15 日(降雨量为 1.8mm)和 2016 年 9 月 26 日(降雨量为2.8mm)未发生出流，径流水量削减率为 100%，其余 28 场降雨均有出流，水量削减率为 9.80%～99.90%，平均削减率为 60.95%，因此对于中小型降雨，削减效果较明显。1＃雨水花园对入流水量削减率的最小值发生在 2011 年 7 月 6 日，仅为 9.8%，分析其原因主要是 7 月 5 日有一场中等降雨，降雨量为 24.8mm，7 月 6 日再次降雨时，花园内大部分土壤孔隙已被充满，土壤处于近似饱和状态，有效滞留雨水的空间不足，故大部分径流水量被迫排出，入流水量削减率降低。因此，雨水花园对降雨径流的削减情况主要取决于花园基质的含水率，降雨过程中，当花园基质含水率较小，有效滞留雨水的空间越大，水量削减率越大；反之，水量削减率就越小。所监测的 30 场降雨事件中，1＃花园的滞峰时间为 10～60min，平均滞峰

时间为 22.1min。说明雨水花园在削减入流水量的同时,可延滞洪峰时间。因此,对于以中小型降雨为主的地区,排水型雨水花园可高效利用,在居住小区或商业区可应用排水型雨水花园来调蓄屋面径流雨水,延滞出流峰值,减少洪涝灾害。如西安地区过去 70 年的降雨统计结果表明,中小型降雨占总降雨量的 60%以上,可利用排水型雨水花园削减径流总量,延滞洪峰时间。

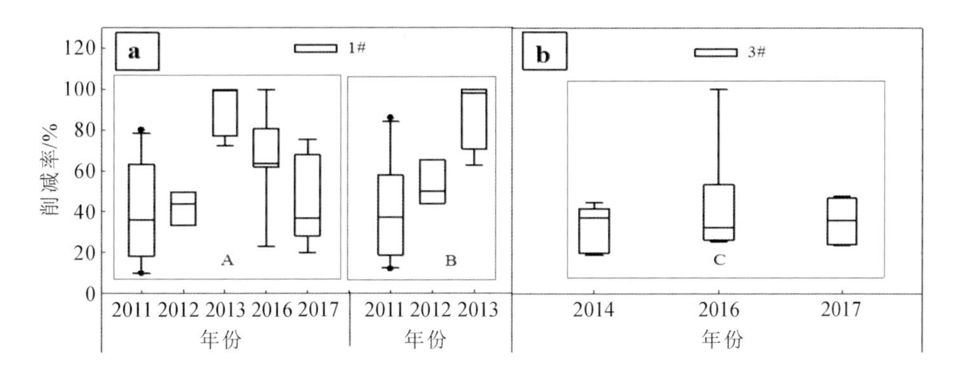

图 8.5　径流削减率

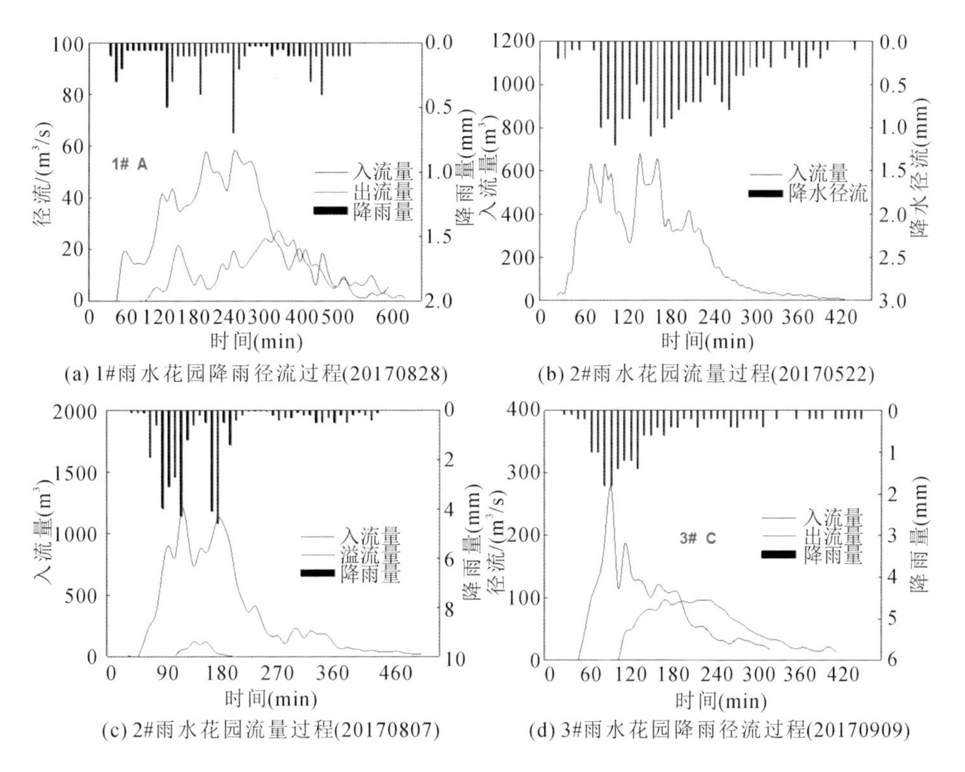

(a) 1#雨水花园降雨径流过程(20170828)　(b) 2#雨水花园流量过程(20170522)

(c) 2#雨水花园流量过程(20170807)　(d) 3#雨水花园降雨径流过程(20170909)

图 8.6　典型降雨径流过程

对于3#花园，除2016年9月26日无出流（降雨量为2.8mm），径流水量削减率和洪峰削减率均为100%。其余10场降雨事件，雨水花园对径流水量削减率为20.89%～44.62%，均值为31.53%，对洪峰削减率在26.45%～62.32%，均值为43.51%。滞峰时间在3～15min，平均为10.8min。

2.污染物削减长期运行效果评价

2011—2018年对1#和3#两个雨水花园进行了污染物去除效果监测（1#监测36场降雨事件，3#监测29场降雨事件），见表8.3。1#花园对NH^{4+}－N、NO^{3-}－N、TN、TP和TSS的浓度去除率为7.83%～94.22%、－583.5%～58.65%、－119.3%～85.06%、－467.4%～48.89%、－18.6%～100%。3#花园对上述指标的浓度去除为14.6%～153.8%、－384.02%～87.3%、－18.8%～75.76%、－46.4%～101.1%、－121.35%～85.23%。两个花园对NH^{4+}－N的浓度去除效果较好，但随着运行时间的推移，对NH^{4+}－N浓度去除率均值逐年降低。对于1#花园，从2011年开始监测至今，NH^{4+}－N浓度去除率均值分别为79.81%、72.67%、63.45%、57.43%、42.42%。对于3#花园，2013年、2016年—2018年所监测的降雨事件中，其氨氮浓度去除率均值分别为50.02%、45.78%、41.95%、36.5%，随着监测时间呈下降趋势，说明雨水花园基质对氨氮的吸附能力受到一定限制，弱化了花园对氨氮的浓度去除效果。两个花园对硝酸盐氮和TP的浓度去除率很不稳定，且大多为负值，对TSS的去除率较TN好。

综上所述，雨水花园不仅可以削减径流水量和洪峰流量，而且可净化降雨径流污染物，同时入渗补给地下水。在实际工程中，为了提高雨水花园对NO^{3-}－N的去除效果，可在花园底部设置一定高度的淹没区，同时，在填料层中适当增加有机质含量，给反硝化菌提供足够的能量和适宜的反硝化环境，提高对NO^{3-}－N的反硝化作用。此外，为了提高雨水花园的运行效果，可将排水型或道路径流型雨水花园和入渗型雨水花园结合使用，在充分利用前面两个花园净化污染物的同时，利用入渗雨水花园二次削减径流和洪峰流量，收集净化后的雨水用于补给地下水，涵养地下水资源。

表 8.3　雨水花园对污染物浓度去除效果

花园编号	时间	降雨场次	去除项目	氨氮(%)	硝酸盐氮(%)	TN(%)	TP(%)	TSS(%)
1#—A	20110320—20120831	13	范围	52.57～94.22	−583.5～58.65	−119.3～85.06	−28.～48.89	1.14～70.2
			均值	79.81	−40.57	40.48	21.2	26.24
	20130517—20130808	6	范围	63.61～84.15	−61.8～32.5	36.5～69.3	−467.4～24	−18.6～100
			均值	72.67	−13.8	50.9	−133.7	62.2
	20160522—20160926	6	范围	51.09～85.82	−46.36～16.65	21.15～53.14	−161.38～21.93	28.64～85.78
			均值	63.45	−28.56	44.36	−87.89	56.35
	20170522—20171011	6	范围	40.84～88.3	−361.93～54.48	−29～59.22	−36.36～47.58	0.4～59.4
			均值	57.43±22.41	−119.5±175.39	38.21±34.36	−4.91±33.65	27.87±31.22
	20180413—20180809	5	范围	7.83～68.32	−238.1～40.15	−20.05～75.09	−63.03～35.19	—
			均值	42.42±24.25	−70.19±117.03	41.48±32.19	−10.78±32.49	—
3#—D	20130704—20130923	7	范围	29.48～71	−348.02～21.94	−18.8～28.5	—	11.3～77.5
			均值	50.02	−139.58	−2.7	6.3	45.8
	20140418—20140830	5	范围	14.6～153.8	−56.2～87.3	2.4～75.76	−46.4～101.1	−121.35～85.32
			均值	—	—	—	—	60.61
	20160522—20160926	6	范围	28.96～94.08	−36.14～37.43	15.75～56.32	−22.35～43.22	22.14～78.43
			均值	45.78±32.15	−2.89±25.64	22.48±22.49	−11.19±40.46	58.75±38.48
	20170522—20170926	6	范围	20.56～74.92	−262.18～3.61	−9.35～49.98	−17.77～22	−62.39～66.04
			均值	41.95±28.14	−87.8±105.28	23.31±22.73	7.74±15.18	11.13±53.81
	20180419—20180819	5	范围	17.3～48.7	−126.26～145.33	−3.23～38.65	−23.6～40.82	—
			均值	36.50±14.71	−40.27±109.4	25.5±15.61	19.92±24.1	—

二、沣西新城同德佳苑雨水花园运行效果评价

(一)研究区概况

研究区域位于西安、咸阳两市建成区之间，东经 107°40′～109°49′，北纬 33°39′～34°45′。属暖温带半湿润大陆性季风气候区，四季冷暖干湿分明，多年平均气温 13.6 ℃，平均降雨 560mm，降雨主要集中在 7—10 月，约占全年降水的 60%。雨水花园设施建在西咸新区同德佳苑小区内，分为入渗型雨水花园和防渗型雨水花园两座，2014 年 11 月雨水花园设施建设完成。两座雨水花园均为长轴 6m，短轴 5m 的椭圆形，单个雨水花园面积 24m^2，汇流比约为 12∶1(汇流比＝屋面面积∶花园面积)，自上而下为 20cm 蓄水层和 50cm 种植土层。防渗型雨水花园底部用防水土工膜处理，并布置 PVC 穿孔管(d＝75mm)进行排水，穿孔管用透水土工布包裹并覆盖一层砾石。渗透型雨水花园底部不做处理，雨水原位下渗。雨水花园所用种植土黏粒、粉粒、沙粒比例分别为 8.8%，79.9%和 11.3%，表层土

TN、TP 及 TOC 含量分别为 7.1g/kg,5.17g/kg 和 1.53%。

（二）收据采集与分析

防渗型雨水花园进出口及渗透型花园进出口均安装液位计和水质自动采样器，自监测点出现径流后，启动自动采样器，采用 0、5、10、20、30、60、90、120min 的时间间隔取样，每个样品体积约 500mL。水质分析指标为 TN、氨氮、硝酸盐氮、TP、TSS 和 COD_{cr}。2015 年 8 月至 2017 年 5 月期间对雨水花园进出水水量水质进行了监测。由于天气条件和不确定性，并不是所有的降雨都能被有效采样。表 8.4 列出了相关降雨信息，包括降雨量、降雨历时和雨前干旱天数。

表 8.4　降雨特性参数

日期	H(mm)	t(h)	ADD(d)	日期	H(mm)	t(h)	ADD(d)	日期	H(mm)	t(h)	ADD(d)
20150510	2.5	3	9	20160825	98.15	13	19	20170705	15.15	15.5	28
20150802	30.4	2.7	11	20160912	2.5	1	18	20170728	11.2	5.2	1
20150809	4.2	1	8	20160918	16.6	12	17	20170807	23.36	8.8	10
20150903	13.2	28	14	20160926	2	2	5	20170820	11.84	1.7	7
20150910	26.2	24	4	20161009	4.4	3.2	20	20170828	7.64	16.5	1
20160522	4.2	4	6	20161024	6.6	4.8	14	20170905	6.68	10.4	2
20160601	5	3.9	5	20170312	39.4	34	20	20170916	11.56	8.4	7
20160623	25.4	8.5	22	20170416	10.8	9.8	6	20170925	6.32	8.2	9
20160713	17	13.3	6	20170502	19.3	14.3	6	20170926	28.44	21.4	1
20160724	15.8	16	19	20170522	18.47	6.6	20	20171009	21.07	11.4	7
20160806	2.8	2.3	1	20170603	13	15.5	5	20171015	3.87	4.6	4

水量削减率、污染物浓度和负荷削减率计算公式为

$$R_V = (V_{in} - V_{out} - V_{over})/V_{in} \times 100\% \tag{8-9}$$

$$R_c = (EMC_{in} - EMC_{out})/EMC_{in} \times 100\% \tag{8-10}$$

$$R_L = (T_{in} - T_{out} - T_{over})/T_{in} \times 100\% \tag{8-11}$$

$$L_y = 0.01 \times (P/\sum_{i=1}^{m} P_i) \times \sum_{i=1}^{m} EMC_i V_i \tag{8-12}$$

式中，R_v 为径流体积削减率(%)；R_c 为污染物浓度去除率(%)；R_L 为污染物负荷削减率(%)；V_{in}、V_{out} 分别为进、出水水量(m^3)；$T_{in/out}$ 为进、出水污染物负荷量(mg)；$EMC_{in/out}$ 为单场降雨事件中进出水污染物平均浓度(mg/L)；L_y 为污染物年负荷量(kg/a)；EMC_i 为第 i 场降雨生物滞留设施进水/出水平均浓

度(mg/L);V_i为第 i 场降雨生物滞留设施进水/出水体积(L);P 为年降雨量(mm);P_i为第 i 场降雨的降雨量(mm)。

(三)运行效果分析

1.径流总量控制

按照西安市暴雨强度公式,选择降雨重现期为两年一遇,降雨历时 120min 为设计标准,其累计降雨量为 28.1mm。高建平等采用数值模拟方法研究了生物滞留带结构层参数对设施积水、产流及径流调控效应的影响特性,结果表明,随着种植土层与砂滤层厚度比值或内部储水区高度的增加,穿孔管产流时刻推迟,产流峰值减小,而蓄水层深度的增加则可导致穿孔管产流时刻提前、产流峰值增大。雨水花园实测稳定下渗率约为0.497mm/min,均采用种植土(50cm)回填,不设内部蓄水区。监测的 33 场降雨事件中,入渗型雨水花园仅 2015 年 8 月 2 日和 2016 年 8 月 25 日降雨事件出现溢流现象,水量削减率分别为 45.7% 和 36.19%,其他场次汇集雨水径流全部入渗(图 8.7)。防渗型雨水花园仅 2016 年 8 月 25 日降雨事件出现溢流现象,水量削减率 32.4%。受气候条件、地理位置和设计目标等的要求,典型生物滞留设施表面积占汇水面积的比例为 1/20~1/10。研究中雨水花园的地点有 20cm 左右的蓄水层,汇流比选择 12∶1,以种植土填充的雨水花园对 30mm 以下降雨事件基本可以全部入渗,不产生溢流现象。

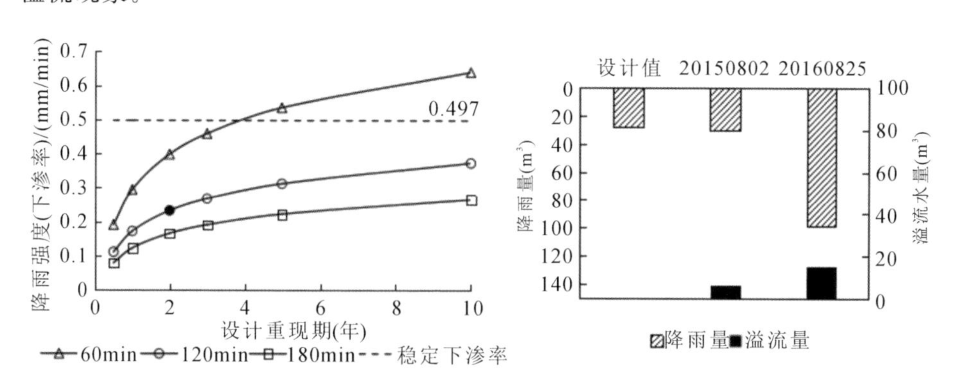

图 8.7 入渗型雨水花园水量调控效果

对生物滞留设施污染物控制效果进行统计分析,未出流场次认为污染物水量削减率,浓度去除率及负荷削减率均为 100%。Mangangka 等研究了生物滞留池运行效果与水文/水力要素(降雨量、降雨强度强度、ADDs、进水总量、出流峰值流量、汇流面积比、水量控制量)之间的关系,结果表明雨前干燥天数和水量控制是相对更重要的影响生物滞留设施处理效果的因素。Davis 等研究发现干燥期较长,过滤填料的水分含量较低,可以提高生物滞留系统的处理能力,以滞留更多的降雨水量,植物的存在也可以减少过滤填料的水分含量并增加其孔隙度,也将有助于提高生物滞留系统的处理效果。监测的降雨事件基本集中在5—10月份,日均温度范围为10～32 ℃,雨前干燥天数在1～7d的监测降雨事件占52%,且降雨间隔期为6d左右的频率最高。与此同时,雨水花园不定时的市政浇洒喷灌,使得统计数据中雨前干燥天数对出水水量的影响并不明显。防渗型雨水花园水量削减率为11.2%～100%,中位数为69.14%,标准偏差23.78%,对于小雨、中雨降雨事件(降雨量<24.9mm),水量控制率基本可达到60%以上。

2. 污染物浓度特征

以《地表水环境质量标准》基本项目标准限值为基准,对2015年5月至2017年10月,33场降雨数据进出水TN、氨氮、TP、化学需氧量浓度进行统计分析。其中,污染物浓度分布图从下到上五条线分别表示最小值、下四分位数、中位数、上四分位数和最大值(图8.8)。根据《地表水环境质量标准》Ⅰ～Ⅳ类水标准限值,分析污染物EMC浓度特征(图8.9)。

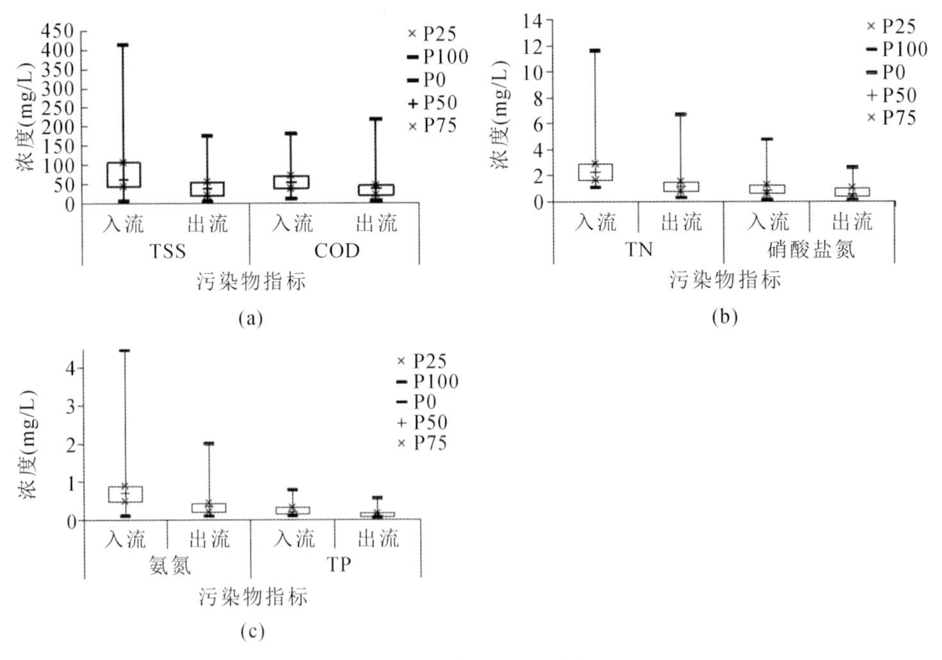

图8.8 污染物浓度分布

TSS和硝酸盐氮进出水污染物浓度受降雨条件影响较大,平均浓度去除率分别为55.44%和44.84%。防渗型雨水花园COD和TN入流浓度为11.5～180.66mg/L(中位数=52.85mg/L),1.07～11.6mg/L(中位数=2.27mg/L),及入

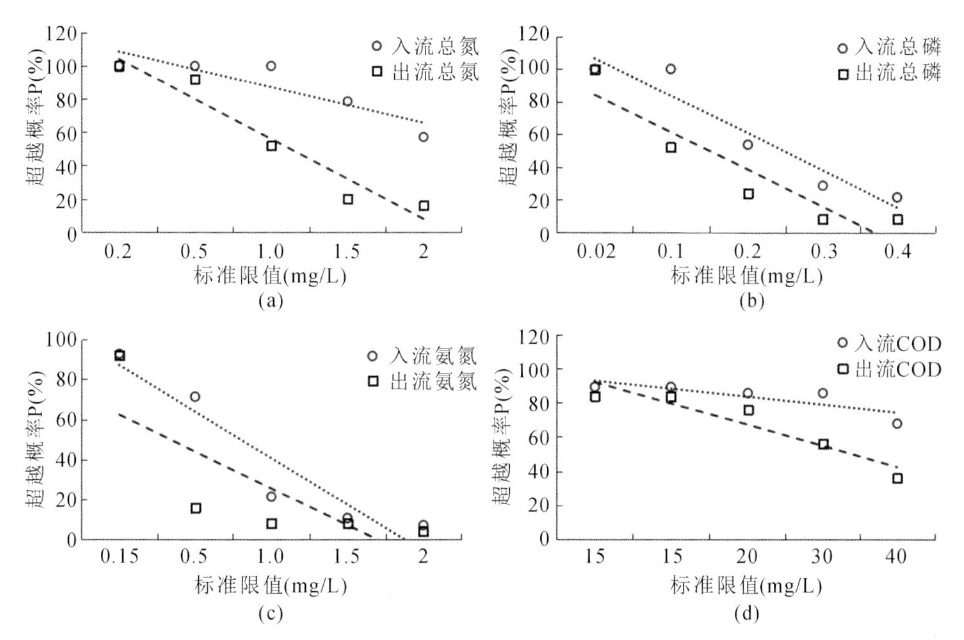

注:指横坐标中,TN、氨氮、TP、COD地表水环境质量标准Ⅰ～Ⅴ类标准限值。TN:0.2,0.5,1.0,1.5,2.0;氨氮:0.15,0.5,1.0,1.5,2.0;TP:0.02,0.1,0.2,0.3,0.4;COD:15,15,20,30,40,单位mg/L.

图8.9　污染物浓度概率

流浓度中位数均劣于Ⅳ类。出流浓度分别为6.75～218.69mg/L(中位数=38.69mg/L)和0.28～6.68mg/L(中位数=1.14mg/L),COD浓度控制效果欠佳,TN出水浓度基本可达到Ⅳ类,氨氮和TP入流和出流浓度均相对较低,出流浓度甚至优于Ⅲ类水。TN、氨氮、TP、化学需氧量入流浓度超过地表Ⅳ限制的概率分别为78.57%,10.71%,28.57%,85.71%,出流浓度超过地表Ⅳ限制的概率分别为20%,8%,8%和56%,分别降低了58.57%,2.71%,20.57%和29.71%。

3.污染物负荷控制量

(1)场次水量削减率与负荷削减率相关关系。对防渗型雨水花园设施场次污染物负荷削减率进行统计分析,SS、氨氮、硝酸盐氮、TN、TP、和COD负荷削减率分别为44.72%～100%(中位数=82.98%),33.19%～100%(中位数=86.19%),5.17%～100%(中位数=77.10%),23.7%～100%(中位数=85.18%),11.66%～100%(中位数=84.86%)和46.36%～100%(中位数=79.74%),相对于污染物浓度去除率有了较大的提高。认为未出流场次水量削减率和污染物负荷削减率均为100%情况下,水量削减率与污染物负荷削减率关系见表8.5。

表 8.5　水量与负荷控制率相关关系

项目	R_V	R_L－SS	R_L－氨氮	R_L－硝酸盐氮	R_L－TN	R_L－TP	R_L－COD
R_V	1	.857**	.862**	.877**	.876**	.914**	.912**
R_L－SS		1	.711**	.790**	.809**	.830**	.865**
R_L－氨氮			1	.792**	.788**	.756**	.702**
R_L－硝氮				1	.967**	.854**	.788**
R_L－TN					1	.833**	.787**
R_L－TP						1	.801**
R_L－COD							1

注：** 在 .01 水平(双侧)上显著相关。

Pearson 相关系数(pearson correlation coefficient)是用来衡量 2 个数据集合是否在同一条线上面，衡量定距变量间的线性关系。相关系数的绝对值越接近于 1，相关性越强；相关系数越接近于 0，相关度越弱。结果表明水量削减率与污染物负荷削减率的相关性在 0.857 以上，可能因为 33 场降雨事件中有 8 场次降雨事件未出现出流，可认为水量削减率与污染物负荷控制率均为 100%，所以水量削减率与污染物负荷削减率线性相关性比较明显。

(2)年污染物负荷控制量估算。基于式(8-12)，分别计算了防渗型雨水花园 2016 年和 2017 年场次降雨事件进出水污染物平均浓度和累计污染物负荷量。研究区域 2016 年和 2017 年总降雨量分别为 457.4mm 和 605.2mm，监测降雨事件的总降雨量为195.9mm和 237.9mm，进出水污染物负荷量见表 8.6 和表 8.7。

表 8.6　防渗型雨水花园年 EMC 去除率与负荷削减率(2016 年)

	EMC_{in}	EMC_{out}	L_{in} (kg·ha^{-1}·a^{-1})	L_{out} (kg·ha^{-1}·a^{-1})	$L_{retention}$ (kg·ha^{-1}·a^{-1})	Rc (%)	R_L (%)
SS	62.77	30.12	266.93	65.32	201.61	52.02	75.53
TN	2.93	1.24	12.47	2.69	9.78	57.74	78.44
TP	0.37	0.20	1.59	0.44	1.15	45.79	72.35
COD	90.32	76.96	384.07	166.92	217.14	14.79	56.54
硝酸盐氮	1.09	0.61	4.65	1.33	3.32	43.81	71.34
氨氮	0.64	0.39	2.70	0.85	1.86	38.62	68.69

注：EMC_{in}和 EMC_{out}分别为雨水花园系统年进水/出水平均浓度；L_{in}、L_{out}、$L_{retention}$分别为雨水花园系统年进水、出水和滞留污染物负荷量。

表 8.7 防渗型雨水花园年 EMC 去除率与负荷削减率(2017 年)

	EMC_{in}	EMC_{out}	L_{in}/kg/(ha · year)	L_{out}/kg/(ha · year)	$L_{retention}$/kg/(ha · year)	R_C/%	R_L/%
SS	59.35	31.98	295.64	53.31	242.32	46.12	81.97
TN	2.43	1.25	12.12	2.08	10.04	48.64	82.81
TP	0.19	0.12	0.93	0.19	0.73	37.28	79.01
COD	75.16	61.44	374.36	102.44	271.92	18.25	72.64
硝酸盐氮	0.79	0.69	3.92	1.15	2.76	11.93	70.52
氨氮	1.01	0.39	5.04	0.66	4.38	60.97	86.94

生物滞留系统可有效去除悬浮固体和重金属,磷素主要通过土壤的吸附与沉淀作用去除,以微生物的硝化和反硝化作用实现生物脱氮是系统去除氮的主要途径。通过监测的降雨事件降雨量及系统进出水水质水量,估算出的雨水花园系统年径流污染物净化效果表明,以纯种植土为填料的雨水花园年污染物浓度去除效果不稳定,污染物负荷削减率基本在 70%以上。对 COD 浓度去除效果相对较差,2016 年和 2017 年分别为 14.79%和 18.25%。2017 年硝态氮浓度去除率仅 11.93%;2016 年和 2017 年,SS、TN、TP、氨氮浓度去除率为 37.28%～60.97%。而污染物年负荷控制率方面,除 2016 年 COD 控制率为 56.54%,相对较低外,其他污染物负荷削减率均在 70.52%以上。在没有特殊要求(存在一些特殊的污染物或者对污染物净化效果有特殊的要求),土壤拥有较好的入渗性能情况下,以纯种植土填充的雨水花园可有效进行雨水径流的源头调控作用。

三、沣西新城康定和园雨水花园运行效果评价

(一)研究区概括

雨水花园位于陕西省西安市西咸新区一小区内,于 2016 年 12 月底建成。花园为直径 5.5m 的圆形,深度约为 0.8m(蓄水层高度 15cm,填料深度 65cm,池体超过溢流口安全高度 5cm),花园主要承接屋面雨水,汇水面积与花园面积比值大约为 15∶1。花园池体内部做防渗处理,底部埋设穿孔排水管,排水管用透水土工布包裹,周围用砾石反滤,排水管伸出池体后向上弯折形成 20cm 的淹没区,溢流可通过中心溢流口汇入底部穿孔管。花园种植细叶芒、日本矮麦冬、佛甲草等植物。雨水花园入流和出流口均设置 30°三角堰,并安装网络液位采集系统(MX7200)记录入流和出流水量过程。雨水花园实景和结构如图 8.10 所示。

(a) 雨水花园现场效果

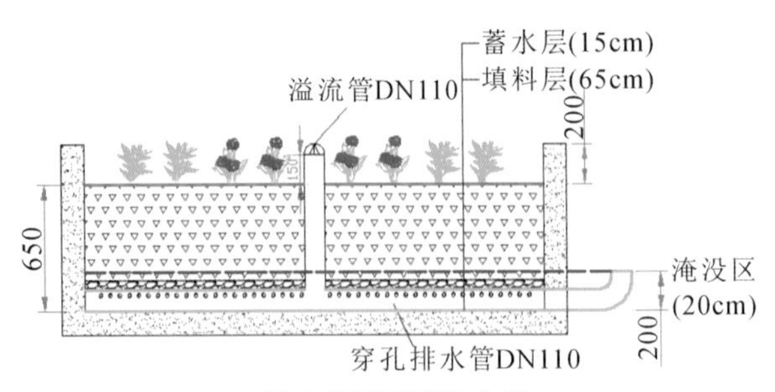

(b) 雨水花园剖面结构图

图 8.10　雨水花园现场与结构图

采用马尔文 MS 2000 激光粒度分析仪对当地土壤样品进行检测，结果显示土壤中含有 9.12%砂粒、2.91%的粉粒和 17.97%的黏粒，并被归类为美国农业部土壤划分标准的粉沙壤土。经检测，土壤饱和下渗率约为(1～3)×10^{-7}m/s；土壤含氮量为 6.4g/kg，含磷量 0.45g/kg，本底值作为生物滞留填料过高且土壤下渗能力较低。对其土壤介质进行改良，改良填料为体积比：60%土壤＋30%沙子＋5%锯末＋5%给水厂污泥(WTR)。填料部分参数如表 8.8 所示。

表 8.8　填料部分理化参数

项目	pH	可溶性氮(mg/kg)	硝氮(mg/kg)	可溶性磷(mg/kg)	有机质(%)	干容重(g/cm^3)
土壤	8.41	16.5	14.8	0.55	0.032	1.179
沙子	9.28	0	0	0.33	0.745	1.547
WTR	7.34	51	20	0.095	10.30	0.931
锯末	6.20	65	3.2	10.3	45.40	0.255

注："0"表示低于检测限值。

小区内安装有小型气象站记录天然降雨数据。对天然降雨进行监测，自形成入流和出流开始，就对液位数据进行采集，数据每隔 1min 采集一次，形成入流和出流前 30min 水样采集，每 10min 采集一次，随后根据降雨强度的变化，每 30min 采集一次水样，若降雨历时较长，可在后期延长至 1h 采样一次，及时对相关指标进行测定。

(二)检测与评价方法

检测的水质指标包括 pH、COD、TN、氨氮、硝氮、TP，指标测定方法如表 8.9所示。

表 8.9 相关指标与测定方法

指标	测定方法
pH	玻璃电极法(GB/T 6920)
COD	快速消解分光光度法(HJ/T 399—2007)
TN	碱性过硫酸钾消解紫外分光光度法(HJ 636—2012)
氨氮	纳氏试剂分光光度法(HJ 535—2009)
硝氮	紫外分光光度法(HJ/T 346—2007)
TP	钼酸铵分光光度法(GB 11893—1989)

雨水花园水量削减效果可由水量削减率进行评价,削减率由式(8-13)进行计算。而进出水水量通过液位采集系统提供的液位数据进行计算,具体计算见式(8-14):

$$R_v = 1 - \frac{V_{\text{out}}}{V_{\text{in}}} \tag{8-13}$$

$$V_{\text{in/out}} = \sum Q_t \Delta t \tag{8-14}$$

式中,R_v为水量削减率,%;$V_{\text{in/out}}$为进/出水体积,m^3;Q_t为间隔时间段内流量,m^3/min。

雨水花园对水质调控效果采用浓度去除率和负荷削减率进行评价,实际降雨采样为离散的点不能与流量一一对应,进出水也并非整体收集,因此浓度采用平均浓度(EMC)表示,相关计算方法见式(8-15)至式(8-17):

$$EMC_{\text{in/out}} = \frac{M}{V} \approx \frac{\sum C_j V_j}{V_j} \tag{8-15}$$

式中,$EMC_{\text{in/out}}$为进出水平均浓度,mg/L;C_j为采样间隔浓度,mg/L;V_j为采样间隔段内水量,m^3。

$$R_C = \frac{EMC_{\text{in}} - EMC_{\text{out}}}{EMC_{\text{in}}} \times 100\% \tag{8-16}$$

$$R_L = \frac{EMC_{\text{in}} \cdot V_{\text{in}} - EMC_{\text{out}} \cdot V_{\text{out}}}{EMC_{\text{in}} \cdot V_{\text{in}}} \times 100\% \tag{8-17}$$

式中,R_C为浓度去除率(%);R_L为负荷削减率(%)。

(三)运行效果分析

雨水花园对水量削减效果如下。

2017 年 5 月至 2017 年 10 月监测有效降雨 14 场,监测之前雨水花园用清水浸润 2 次,并经过 3 月 12 日和 4 月 16 日两场降雨冲刷。根据小区内设置的小型气象站数据,监测期内降雨历时、单场降雨量、降雨最大强度、降雨类型和

径流削减效果如表 8.10 所示。

表 8.10 降雨基本特征与径流削减效果

日期	降雨量(mm)	降雨历时(h)	最大降雨强度(mm/3min)	降雨类型	雨前干燥期(d)	径流量削减率(%)
2017.5.2[a]	19.30	14.08	0.6	中雨	7	64.14
2017.5.22[a]	18.47	6.55	0.8	中雨	20	70.73
2017.6.3	13.00	15.5	0.2	中雨	5	75.01
2017.7.5	15.15	15.45	0.4	中雨	28	69.91
2017.7.28[a]	11.20	5.2	1.4	中雨	1	50.94
2017.8.7	23.36	8.8	2.2	中雨	10	56.96
2017.8.20[a]	11.84	1.7	1.4	中雨	7	72.23
2017.8.29[a]	7.64	16.5	0.4	小雨	1	75.67
2017.9.5[a]	7.60	10.35	0.2	小雨	2	85.04
2017.9.16[a]	12.00	8.35	0.4	中雨	7	75
2017.9.25[a]	6.32	8.2	0.2	小雨	9	89.55
2017.9.26	28.44	21.35	0.4	大雨	1	39.59
2017.10.9	21.07	11.4	0.6	中雨	7	61.81
2017.10.15	3.87	4.55	0.2	小雨	4	100

注:雨前干燥期,上次降雨(降雨量超过 2mm)与本次降雨的间隔时间;a,有完整水质监测数据。

表 8.10 显示监测的 14 场降雨中只有一场大雨(25～50mm/d),其余均为中小雨(<25mm/d),雨水花园对中小雨的水量削减率基本可达 60%以上。监测发现,雨水花园入渗性能较原状土有很大改善,只有 8 月 7 号降雨事件雨水花园出现溢流现象,在 7 月 28 号与 8 月 20 号降雨过程中雨强较大的时段内,雨水花园形成短时间积水,雨强减小后园内的积水很快入渗,唐双成等对雨水花园的监测也发现类似情况。对雨水花园水量削减率与降雨量建立相关性分析(表 8.10),可以清楚地看到降雨量与水量削减率成负相关关系。经分析可得,雨前干燥期同样是影响水量削减效果的主要因素,对比 5 月 2 号和 5 月 22 号,7 月 28 号和 9 月 16 号降雨特征发现,相近降雨量情况下,雨前干燥期越长,水量削减率越大;随着雨前干燥期增加,填料和淹没区中的水分向上迁移,蒸发量则越大,下次降雨时对水量就会有较好的削减效果(图 8.11)。Davis 等研究发现,干燥期较长,过滤填料的水分含量较低,可以提高生物滞留系统的处理能力,以滞留更多的降雨水量;植物的存在也可以减少过滤填料的水分含量并增加其孔隙度,有助于提高生物滞留系统的处理效果。

污染物浓度去除效果如下。

针对 2017 年监测的 14 场次降雨,选取采样较为全面的降雨进行分析。从进水与出水相关数据来看屋面雨水中污染物浓度较低。屋面雨水显碱性,pH

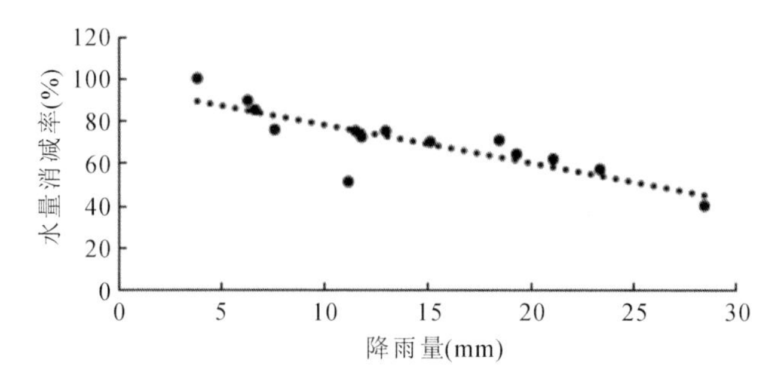

图 8.11　降雨量与水量削减率相关性分析

基本为 8～9.02(中值 8.35)，出水 pH 为 7.5～8(中值7.81)，可有效地中和雨水的 pH。相关研究发现污染物浓度削减效果与实验室相关研究结果有较大差异，因此实际监测可为雨水花园实际建设提供理论经验。

(1)COD 和 SS 的去除效果。车伍等研究分析认为屋面径流雨水中 COD 与 TSS 有较好的相关性，监测进出水 SS 和 COD 浓度相对较小，且相关性不太明显。对 COD 和 SS 浓度削减效果进行计算，结果如图 8.12 所示。初始浓度削减率出现负值，这可能是由于雨水花园初期运行结构不稳定，随着运行时间的推移，结构层趋于稳定，出水浓度也呈现下降趋势，浓度削减率基本可达23%～40%；监测中发现，COD 出水浓度维持为 12～55.8mg/L，运行初期结构层未见大量 COD 淋出，但其运行效果并不稳定，总体浓度削减率为14.69%～80%。

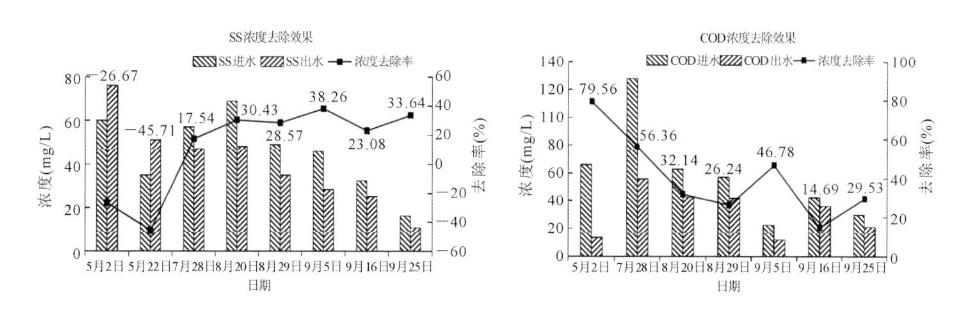

图 8.12　雨水花园 SS、COD 浓度去除效果

(2)氮素去除效果。在国内外学者对径流污染物中的氮素去除研究中显示，硝氮的有效去除是重点的研究方向，但淹没区的设定存在一定的争议。为了探究设置淹没区对氮素去除的实际效果，在雨水花园的底部设计了 20cm 的淹没区，对进出水中的氮素组成与削减效果进行监测分析，结果见图 8.13。

TN 进水浓度维持为 1.18～3.93mg/L，氨氮为 0.35～1.175mg/L，硝酸盐氮为 0.47～2.18mg/L，出水浓度跨度较大，TN 出水为1.16～18.44mg/L，氨

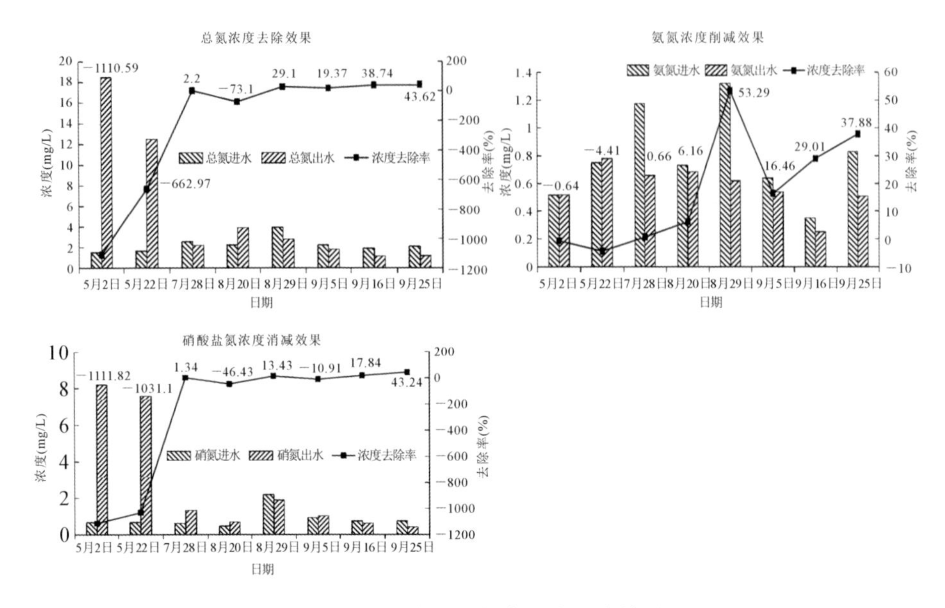

图 8.13　雨水花园氮素浓度去除效果

氮为 0.25～0.8mg/L，硝酸盐氮为 0.42～8.2mg/L。氮素初期，淋洗现象较为严重，其中氨氮、硝酸盐氮及其他形态氮均发生不同程度的淋出现象，这是因为填料本底含氮量较高。体积比占到 60%的土壤中含可溶性氮量达到 16.5mg/kg，其中大部分为硝酸盐氮，其他形态的氮主要来自 WTR 和木屑。研究发现，传统生物滞留设施设计并未考虑淹没区，不具备反硝化功能，降雨径流对回填介质的淋溶作用是导致脱氮效果不稳定的重要因素。经过短暂初期淋洗之后，出流浓度降低，监测发现 7 月 28 日虽然硝氮仍有溶出现象，但是含量已经明显减少，其余氮含量也维持在较低水平。8 月 20 日以后几场降雨中 TN 去除率明显增大，基本维持在 20%～45%，氨氮维持在 15%～55%，硝酸盐氮在－10%～45%之间，总体去除率较低。虽然设置了淹没区，但在运行稳定后硝氮的去除率也不高，这可能是因为锯末投加量不够，缺少碳源。

(3)磷素的去除效果。雨水花园 TP 进出水浓度变化曲线如图 8.14 所示。由图可知，TP 进出水浓度较低，进水水质维持在 0.074～0.17mg/L，出水水质维持在 0.048～0.16mg/L，均优于地表水Ⅲ类水质标准。

相比 TN 的初期淋洗，TP 初期淋洗较低，这是因为占到主要成分的土壤可溶性磷含量为 0.55mg/kg，虽然木屑含磷量较高，但其体积占有率仅为 5%，且经过两次初期浸润和两次降雨已经基本淋出，运行初期出现出水浓度大于进水浓度现象，运行后期这种现象基本消失。由于进水磷含量较低，浓度去除率不

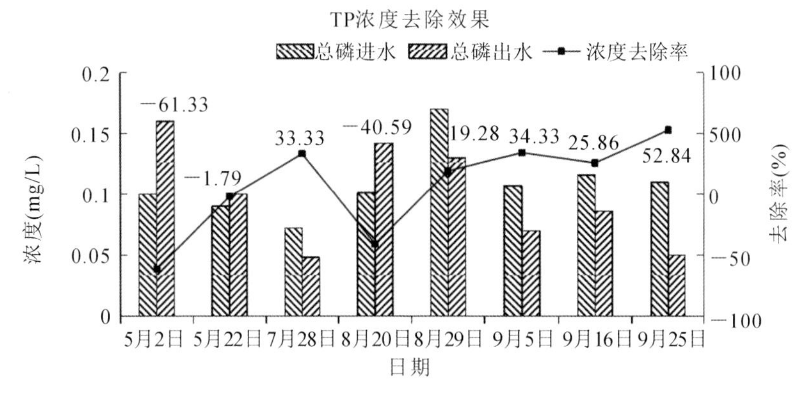

图 8.14 雨水花园 TP 浓度去除效果

高，监测时段 TP 浓度去除率维持在－61.33％～52.84％，监测后期运行稳定之后，TP 浓度去除率均为正且在 20％～55％，出水基本可以达到地表Ⅱ类水质指标。李俊奇等监测屋面雨水中磷素去除效果中发现，其对 TP 削减效果为－86.3％～76.5％，正磷基本均为负值，且正磷淋洗严重。Hunt 等也得出相似规律，可见生物滞留系统对磷素去除效果很不稳定。试验中加入 WTR，其铝含量可达 122g/kg，对磷素有很好的吸附效果，因此运行后期出水磷浓度基本维持在较低水平，运行效果良好，可有效解决磷素去除率较低情况。

(4)污染物负荷削减效果。对水质监测降雨场次中单场负荷削减率和总负荷削减率进行计算，计算结果见表 8.11。

表 8.11 雨水花园负荷削减效果

日期	负荷削减率(％)					
	CODcr	TN	氨氮	硝酸盐氮	SS	TP
2017.5.2	92.67	－334.08	63.91	－334.52	54.58	42.15
2017.5.22	*	－123.43	69.42	－231.22	57.33	70.19
2017.7.28	78.61	57.58	72.47	－5.87	59.58	67.32
2017.8.20	57.48	51.94	73.95	59.34	80.69	60.96
2017.8.29	82.05	82.75	88.63	78.94	82.62	80.36
2017.9.5	91.95	87.80	87.36	83.22	90.66	90.06
2017.9.16	78.67	84.69	82.25	79.46	80.77	81.47
2017.9.25	91.59	93.27	92.58	93.22	92.08	94.37
入流总量(g)	1718.09	71.33	25.33	27.42	1618.59	3.52
出流总量(g)	273.65	83.94	6.02	41.58	506.76	1.08
削减总量(g)	1444.44	－12.60	19.32	－14.15	1111.83	2.45
总负荷削减率(％)	84.07	－17.67	76.25	－51.61	68.69	69.43

雨水花园负荷削减率明显高于浓度去除率，这是因为雨水花园水量削减较为明显。对 2017 年监测的这 8 场降雨中污染物负荷削减量进行估算表明，雨水花园对 COD 的总负荷削减率最大，其次为氨氮、SS 和 TP，均在 68%以上。雨水花园在开始运行时有大量污染物质淋出，淋出现象主要集中在 5 月 2 日至 8 月 20 日，氮素淋出现象最为严重，其中氨氮淋出量较少且雨水花园中削减可达 19.32g，硝酸盐氮淋出现象严重，监测的几场降雨中淋出量可达 14.15g，而根据元素质量守恒原则计算出其他形态的氮素淋出量约为 20.55g，由于出水中 SS 含量较少，因此考虑是可溶性有机氮淋出严重。雨水花园运行至后期趋于稳定，淋出现象消失，单场降雨污染物负荷削减率基本都在 70%以上。

第三节　低影响开发措施模型模拟

随着城市化进程的加快，气候环境恶化、雨水资源流失、内涝风险加剧、径流污染严重等问题日益突出，而最直接的影响结果是城市土地利用类型发生改变，进而也改变了城市的水文机制。城市不透水地表区域的增加，使雨水排水压力增大，径流量的急速增加和洪峰到达时间的大幅提前使得雨水资源大量流失、内涝风险加剧。径流中众多污染物通过城市排水系统进入收纳水体，危害生态系统的安全。目前，低影响开发(LID)是国际社会城市水环境保护和发展雨洪管理的新策略，作为高弹性、多功能、源头控制和自然效果等特点的 LID 模式，其主要措施包括雨水花园、生物滞留池、绿色屋顶、可渗透路面、植草沟以及下凹式绿地等。作为一种新型的雨水管理措施，LID 的措施不仅需要进行试验研究，还需要采用雨洪模型综合分析与评价其措施性能。

为了实现对城市雨洪的有效管理，必须对降雨径流过程和地面积水有更加深入的认识、准确地预测和模拟。近年来，国内外开发了较多的城市雨洪管理模型，如 SWMM、Mike Urban、Info Works CS、SUSTAIN、STORM 和 MOUSE 等。其中，SWMM 模型能够对场地规划和设计进行模拟，适用于多种土地利用下垫面情况，且具有较高的精度，可以通过建立降雨径流模型来模拟流域降雨径流和污染负荷的输移过程，在防洪排涝和面源污染控制等方面得到广泛应用。Mike Urban 能完整模拟单个或连续降雨的降雨产汇流过程，精确模拟城市不同下垫面多种典型污染物累积、迁移过程，与 GIS 的模拟环境可完全整合，是较适宜模拟分析不同土地利用情景以及

LID措施的软件，实现了LID调控措施对径流量、峰值流量及径流污染物控制效果的模拟。

一、SWMM和MIKE模型简介

SWMM是暴雨洪水管理模型，是一个动态的降水—径流模型，主要用于对城市某一单一降水、径流和污染负荷的模拟。模型可以对不同时间步长、任意时刻每个子汇水区所产生径流的水质和水量进行跟踪模拟，同时也可以对每个管道和河道中的水流、水深及水质进行模拟。SWMM模型包括水文过程模拟、水力过程模拟和水质过程模拟，是一个基于水动力学的降雨径流模型。水文过程模拟是在子汇水区的基础上完成。由于不同类型下垫面的影响，子汇水区一般被划分为透水区、有洼蓄的不透水区、无洼蓄的不透水区三部分，整个子汇水区出流量为三部分出流量之和。地表径流通过联立连续性方程和曼宁方程，将透水区和不透水区近似看作非线性水库来处理，计算得到地表产流量。透水区的下渗水量计算模型有Horton方程、Green—Ampt模型和径流曲线数值方法。SWMM模型对于水流在管线中的运动提供了三种计算方法：稳定流法、运动波法和动力波法。其中动力波法通过求解完整的圣维南方程组来进行汇流演算，圣维南方程组包括导管中的连续和动量方程以及节点处的质量守恒方程。动力波法能够解决节点处水深和有压水流在管道中的运动问题，适用于任何管网系统。水质模块在模拟管线中运动水质变化的过程时，假定导管中水是充分混合的，时段末流出连接导管的污染物浓度可以由质量平衡方程计算得出，对时段内可能发生变化的项目如流量和管道容积等，取其在时段中的平均值。蓄水设施节点内的水质模拟遵从管渠相同的方法，对于没有容积类型的节点，节点存在的水质简化为所有进入节点的混合浓度。

Mike Flood是一个耦合的水力模型，能够完整模拟一维地下排水管网系统水流过程和二维地表漫流过程。Mike Flood集成了三个独立的软件模块：一维的Mike Urban城市排水管网建模软件，一维的Mike 11河道建模软件和二维的Mike 21海岸及地表漫流建模软件，根据不同的应用情景将其中的Mike Urban或者Mike 11与Mike 21进行动态耦合，以弥补各个模块单独模拟时的不足。本模拟中只涉及Mike Flood中的Mike Urban和Mike 21模块。

二、基于 SWMM 模型的海绵城市调控措施效果模拟

（一）材料与方法

1.研究区概况

研究区位于陕西省西安市与咸阳市建成区之间，南起西宝高速线，北至统一路，西至渭河大堤，东至韩非路。气候属于温带大陆性季风型半干旱、半湿润气候区，夏季炎热多雨，冬季寒冷干燥，四季冷、暖、干、湿分明。自然降水量年际变化较大，季节分配不均，6—9 月降水较大，冬季相对较少。研究区总面积 $22.65km^2$，位置如图 8.15(a)所示。区域内整体南高北低，场地内地势平坦。根据相关规划，研究区域可分为 6 个排水分区，如图 8.15(b)所示。

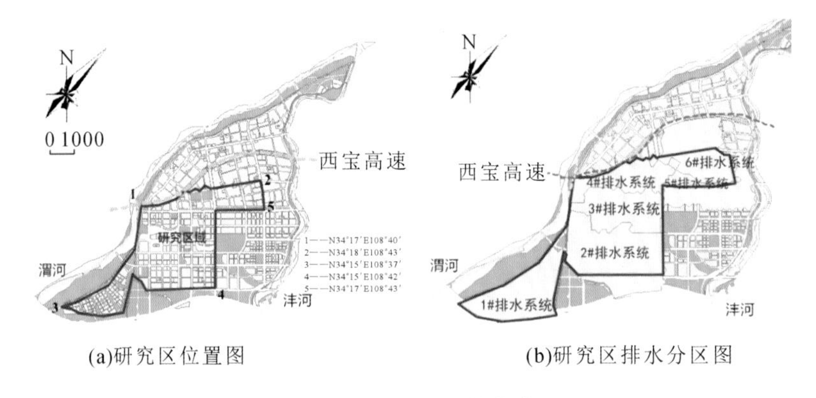

(a)研究区位置图　　　(b)研究区排水分区图

图 8.15　研究区位置和排水分区图

2.研究区模型建立

目前研究区域城市建设正在进行，区域内多为未开发的耕地。对研究区域进行传统开发模拟时，主要参考该海绵城市研究区的 3 年实施计划中规划建成的管网和下垫面资料，概化节点、管道和子汇水区面积。针对建模需求，将研究区域内的居住区、工业区、商业区、公用设施区、道路、绿化各项土地利用划分为路面、屋顶和绿地，各子汇水区路面、屋顶和绿地比例根据研究区域用地性质来确定。对研究区域进行 LID 模拟时，LID 措施类型、面积比例和参数的设置根据该研究区 LID 专项规划确定，LID 模式下选取的措施有雨水花园、渗渠、绿色屋顶、透水铺装、雨水桶和下凹式绿地等 6 种。

结合研究区域排水系统走向、建筑物以及路面的分布状况，人工划分子汇水区域，并利用 SWMM 软件建立研究区域模型，将规划的 6 个排水分区建于同一个平面内，概化结果如图 8.16 所示。研究区排水系统概化结果如表 8.12

所示。

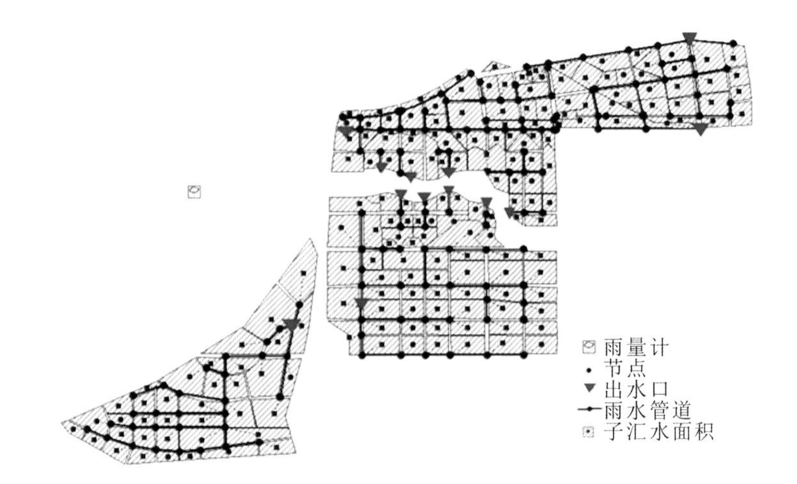

图 8.16 研究区域概化结果

表 8.12 研究区排水系统概化结果表

	1#分区	2#分区	3#分区	4#分区	5#分区	6#分区	总计
子汇水区	37	45	37	39	14	45	217
节点	31	31	18	32	14	39	165
排放口	1	1	9	1	1	1	14
管段	31	31	18	32	14	39	165
总面积(hm^2)	530.76	629.69	298.86	296.36	123.32	485.92	2364.91

研究区 6 个排水分区总面积为 23.65hm^2，平均不透水面积率为 54.71%。对研究区域内的所有子汇水区均进行了 LID 措施的布设，布设情况如表8.13所示。其中每个子汇水区均布设雨水花园、渗渠、下凹式绿地、雨水桶、透水铺装 5 种 LID 措施，184 个子汇水区布设了绿色屋顶。

表 8.13 LID 措施布设面积比例

	雨水花园	渗渠	下凹式绿地	雨水桶	绿色屋顶	透水铺装	总计
面积(hm^2)	76.09	75.23	75.71	76.3	42.07	111.09	456.5
布设比例(%)	3.22	3.18	3.2	3.23	1.78	4.7	19.3

3.模型参数

(1)模型参数敏感性分析。SWMM 模型中水文水力参数有 19 个，包括汇水区特征宽度、曼宁系数、洼蓄深度和下渗参数等；水质参数 9 个，包括冲刷模型中的冲刷指数和冲刷系数、累积函数中的最大累积量和累积速率常数等。研究区域的管道长度、管径大小、井底标高，子汇水面积大小、区域不透水面积比例等几何参数主要由研究区域管网资料与下垫面资料整理获得；水力参数和水质参数很难进行实际测量，但在模型运行过程中又是必不可少的，对于这部分参数初值主要结合研究区实际情况，并参考 SWMM 模型用户手册及相关文献选取。研究区模型入渗选用 Horton 下渗模型，径流汇流过程计算采用非线性水库模型，排水系统演算采用动力波方法。

在城市降雨径流污染模型研究中，对参数进行敏感性分析是模型率定与验证过程中的必要环节。参数敏感性分析的作用是定性或定量地评价模型输入误差对模型输出结果的影响。通过该分析，可以提高模型构建过程中参数识别和模型验证的效率，也可以筛选出对模型结果影响大、需要精确校准的参数。本研究选取需要率定的参数，利用 Morris 筛选法对模型参数进行局部敏感性分析。

用 Morris 筛选法选定模型中一个参数为变量 x_i，保持其余参数不变，在变量值域范围内随机改变变量 x_i，运行模型得到不同 x_i 所对应的目标函数 $y(x_i)$ 的结果，用影响值 e_i 表示参数变化对模型模拟结果的影响程度：

$$e_i = (y - y_0)/\Delta i \tag{8-18}$$

式中，e_i 为 Morris 系数；y 为参数变化后的模型输出值；y_0 为参数变化前的模型输出值；Δi 为参数 i 的变幅。

修正的 Morris 筛选法使自变量以固定步长百分率改变，最终敏感性判别因子取多个 Morris 系数的平均值，其计算公式为

$$\mathrm{SN} = \sum_{i=1}^{n} \frac{(Y_{i+1} - Y_1)/Y_0}{(P_{i+1} - YP_1)/100}/n \tag{8-19}$$

式中，SN 为参数敏感性判别因子；Y_i 为模型第 i 次运行的输出值；Y_{i+1} 为第 $i+1$ 次运行的输出值；Y_0 为参数调整后计算结果的初试值；P_i 为第 i 次运行模型后参数值相对于校准后初始参数值的变化百分率；P_{i+1} 为第 $i+1$ 次运行模型后参数值相对于校准后初始参数值的变化百分率；n 为模型的运行次数。

Morris 依据参数的 SN 值，将参数的敏感性划分为四类：$|\mathrm{SN}| \geqslant 1$ 为高敏感性参数；$0.2 \leqslant |\mathrm{SN}| < 1$ 为敏感参数；$0.05 \leqslant |\mathrm{SN}| < 0.2$ 为中等敏感参数；$0 \leqslant |\mathrm{SN}| < 0.05$ 为不敏感参数。

利用 Morris 筛选法分别对研究区模型的水文水力和水质参数进行敏感性分析。水文水力模块需要率定的参数主要有 10 个，包括汇水区特征宽度、透水区和不透水区曼宁系数、透水区和不透水区的洼蓄深度、管道曼宁系数、最大和最小下

渗率、渗透衰减常数以及完全干燥所需天数。水质模块需要率定的参数主要为不同土地利用条件下的污染物累积和冲刷参数。本研究采用5%的固定步长对参数进行扰动,即保持其他参数不变的情况下,某一参数的取值分别取初始值的-20%、-15%、-10%、-5%、+5%、+10%、+15%和+20%,计算模型模拟结果的波动程度。降雨数据采用19.2mm、2年一遇和20年一遇这三场降雨,对径流总量、峰值流量和SS总量进行参数敏感性分析。分析结果见表8.14(a、b)。

表8.14(a) 水文水力模块参数的局部敏感性分析结果

参数名称	水文水力参数							
	径流总量灵敏度				径流峰值灵敏度			
	19.2mm	2a	20a	变异系数(%)	19.2mm	2a	20a	变异系数(%)
宽度	0.06	0.09	0.11	25.94	0.277	0.13	0.091	48
透水区曼宁系数	-0.05	-0.08	-0.09	-26.8	-0.045	-0.05	-0.04	-8.1
不透水区曼宁系数	-0.01	-0.01	-0.02	-40.4	-0.233	-0.08	-0.05	-63
透水区洼蓄量	-0.07	-0.07	-0.03	-30.4	-0.054	-0.03	-0.01	-64
不透水区洼蓄量	-0.06	-0.02	-0.01	-85.0	-0.092	-0.02	0	-106
管道曼宁系数	0	0	0	—	-0.575	-0.85	-0.75	-15.8
参数名称	水文水力参数							
	径流总量灵敏度				径流峰值灵敏度			
	19.2mm	2a	20a	变异系数(%)	19.2mm	2a	20a	变异系数(%)
最大下渗率	-0.05	-0.04	-0.01	-69.3	-0.037	-0.02	0	-85.01
最小下渗率	-0.09	-0.07	-0.09	-10.7	-0.029	-0.01	-0.01	-47.96
渗透衰减常数	0.05	0.05	0.002	66.66	0.037	0.02	0.001	81.43
坡度	0.03	0.04	0.06	25.82	0.135	0.06	0.047	46.84

表8.14(b) 水质模块参数的局部敏感性分析结果

参数名称	水质参数			
	SS总量灵敏度			
	19.2mm	2a	20a	变异系数(%)
路面最大累积量	0.375	0.335	0.257	15.21
路面半饱和常数	-0.234	-0.209	-0.159	-15.62

续表

参数名称	水质参数			
	SS总量灵敏度			
	19.2mm	2a	20a	变异系数(%)
路面冲刷系数	0.112	0.021	0.015	90.44
路面冲刷指数	0	0	0	−75.54
屋面最大累积量	0.214	0.191	0.146	15.36
屋面半饱和常数	−0.145	−0.129	−0.005	−67.34
屋面冲刷系数	0.024	0.02	0.016	17.97
屋面冲刷指数	0	0	0	71.06
绿地最大累积量	0.295	0.285	−0.402	549.17
绿地半饱和常数	−0.2	−0.193	−0.16	−9.40
绿地冲刷系数	0.143	0.129	0.095	16.65
绿地冲刷指数	−0.013	−0.006	0.003	−124.50

根据Morris筛选法的灵敏度分类可得，10个水文水力参数中不存在高敏感参数。①对SWMM模型径流总量影响较大的参数有汇水区宽度、最小下渗率、透水区曼宁系数和透水区洼蓄量，这4个参数均为径流总量的中等敏感参数。在20年一遇降雨事件中灵敏度分别为0.114，−0.093，−0.088和−0.033。不透水区洼蓄量、最大下渗率和渗透衰减常数对于19.2mm降雨事件中的灵敏度分别为−0.061，−0.051和0.052，表现为中等敏感性参数。对比不同降雨条件下参数对径流总量的灵敏度可知，不同降雨条件下的参数灵敏度差异较大，例如透水区洼蓄量，在19.2mm和2年一遇降雨条件下灵敏度分别为−0.072和−0.066，但在20年一遇降雨条件下灵敏度为−0.033。②对径流峰值敏感性较大的参数依次是管道曼宁系数、汇水区宽度、不透水区曼宁系数和汇水区坡度，其中管道曼宁系数在三场降雨中灵敏度分别为−0.575、−0.852和−0.758，为敏感性参数，汇水区宽度、不透水区曼宁系数和汇水区坡度为中等敏感性参数。降雨条件不同对模型参数灵敏度也有一定的影响，例如不透水区洼蓄量在19.2mm降雨条件下灵敏度是−0.092，为中等敏感性参数，但在其他两场降雨中表现为不敏感参数。该结果与史蓉等对北京一排水片

区的研究结果大致相同。③对水质参数SS敏感性较大的参数有7个，其中路面最大累积量和路面半饱和常数为敏感性参数，屋面最大累积量、屋面半饱和常数、绿地最大累积量、绿地半饱和常数和绿地冲刷系数为中等敏感性参数。路面冲刷系数在19.2mm降雨事件中灵敏度为0.112，但在其他两场降雨中表现为不敏感参数。因此对污染物负荷SS最敏感的参数为路面和屋面的累积参数、绿地的累积和冲刷参数。

(2)模型参数的确定及验证。该研究区域属于城市新区，管网系统未完全建成，缺乏水量水质的实测资料，不能通过出水口实测数据进行模型参数的校准与验证，因此须参考相似流域研究进行参数初设，并通过比较模型模拟计算得到的径流系数和综合径流系数经验值，根据参数灵敏度分析结果，手动调试校准模型参数。最终模型参数取值如表8.15所示，污染物在不同土地利用类型中的参数取值如表8.16所示。

LID模式下各个单项措施参数根据研究区域LID专项研究报告确定，参数最终选取：雨水花园表面层400mm、土壤层700mm、填料层500mm、植物密度0.6；渗渠表面层200mm、填料层400mm、植物密度0.5；绿色屋顶表面层100mm、土壤层150mm、植物密度0.8；透水铺装表面层100mm、透水层500mm、填料层400mm、植物密度0.3；雨水桶填料层700mm；下凹式绿地表面层200mm、土壤层300mm。其余参数选取模型默认值。

表8.15　模型参数取值

	模型参数	英文名称	参数取值
子汇水区	不透水区曼宁系数	N－Imperv	0.013
	透水区曼宁系数	N－perv	0.15
	不透水区洼蓄量(mm)	D－Imperv	2.03
	透水区洼蓄量(mm)	D－perv	3.81
霍顿入渗	最大入渗率(mm/h)	MaxRate	25.4
	最小入渗率(mm/h)	MinRate	3.56
	衰减常数(d^{-1})	Decay Constant	7
管道	糙率系数	Roughness	0.013

表 8.16　污染物在不同土地利用类型中的参数

土地利用类型	参数		SS	COD	TP	TN
屋面	累积过程参数	最大累积量(Kg/hm^2)	140	100	1.4	2.3
		半饱和常数(d^{-1})	10	10	10	10
	冲刷过程参数	指数	0.009	0.008	0.008	0.008
		系数	0.4	0.54	0.45	0.55
绿地	累积过程参数	最大累积量(Kg/hm^2)	120	120	1	19
		半饱和常数(d^{-1})	10	10	10	10
	冲刷过程参数	指数	0.09	0.085	0.09	0.085
		系数	0.2	0.53	0.5	0.53
路面	累积过程参数	最大累积量(Kg/hm^2)	130	90	1.5	27
		半饱和常数/(d^{-1})	8	8	6	8
	冲刷过程参数	指数	0.008	0.007	0.007	0.007
		系数	0.5	0.8	0.45	0.45

为验证模型在不同降雨条件下的稳定性，模型采用重现期 2 年和 5 年的设计降雨进行参数验证，两场降雨的模拟径流系数分别为 0.498 和 0.566，均满足建筑较稀居住区的综合径流系数(0.4～0.6)要求。对比 2 年与 5 年一遇降雨条件下的降雨量与各排水口洪峰流量，发现降雨量增加，洪峰流量也随之增加，满足产汇流规律。模型参数经验证对研究区模型有很好的适用性，可用于该区域的内涝模拟分析。

4. 降雨条件设计

研究区域设计暴雨强度公式为

$$q=\frac{2785.833(1+1.1658\lg P)}{(t+16813)^{0.9302}} \tag{8-20}$$

式中，q 为暴雨强度[L/(s · hm^2)]；P 为设计重现期(a)；t 为降雨历时(min)。

城市排水设计中，雨型分为均匀雨型和不均匀雨型，均匀雨型应用最广、最简单，但计算结果偏小；不均匀雨型中最简单的是三角形雨型，Chu 和 Keifer 通过研究强度—历时—频率关系提出了一种新的不均匀雨型，被称为芝加哥雨型。岑国平等对国内外常用的几种设计暴雨雨型进行了比较和分析，认为芝加哥雨型能全面地反映各种特征的暴雨雨型，雨峰部分与降雨历时无关，计算的洪峰流量相当稳定,对城市暴雨过程的模拟有较好的适应效果,且在国内多个城市得到了良好的应用。研究区域雨型设计采用芝加哥雨型,参考住房和城乡建设部《试点城市内涝积水点分布图绘制说明》,对 0.5 年、1 年、2 年、5 年一遇的情景,计算采用短历时(2h 或 3h)设计雨型,对于 10 年、20 年和 50 年一遇的情景计算推荐采用 24h 的长历时设计雨型(如果没有,可以采用短历时设计雨型替代)。本节短历时设计雨型采用 3h,时间步长均为 5min,雨峰系数一般在 0.3~0.5,因缺乏当地降雨统计资料,因此雨峰系数选用经验值 0.4。研究区域不同的重现期的降雨过程如图 8.17(a、b)所示。设计降雨量分别为14.37mm、22.14mm、29.92mm、40.19mm、59.86mm、69.24mm 和 82.00mm。根据研究区规划的总体建设目标要求,另设计一场 19.2mm 的典型降雨量降雨过程如图 8.17(c)所示。

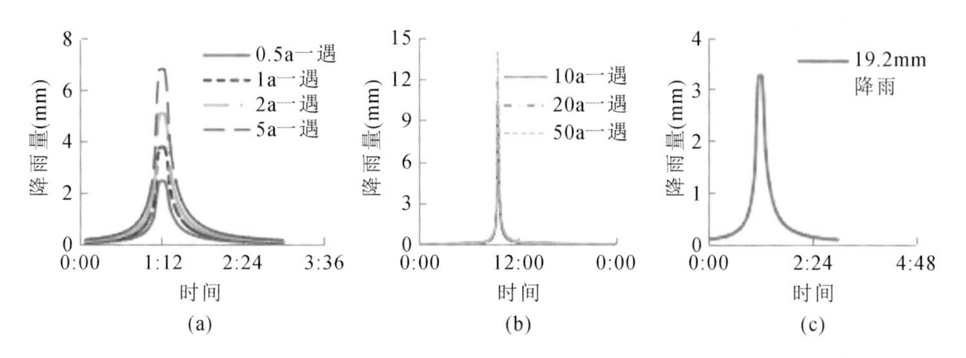

图 8.17　不同重现期降雨过程线

(二)结果与讨论

在进行研究区域情景模拟时,需要考虑子汇水区的坡度、不渗透性以及土地利用情况等。为了得到具体的模拟结果并与其他开发情景进行对比,设计管网的布置由该研究区域管网布置规划确定,模拟结果主要从溢流节点、径流控制率和污染负荷模拟 3 个方面进行分析和评价。

研究区不同重现期下的水文效应分析如下。

发生内涝的具体位置是由节点的深度和管道的排水能力共同决定的,可以通过模型计算得出。在地势较低的位置必然会形成积水,除此之外,管道的排水量若超过管道排水能力的上限,也会形成积水。但因为 SWMM 模型的局限性,无法进行二维模拟,因此只能模拟出积水点及内涝时长,对于积水点的积水深度、积水面积等无法进行模拟。故选取节点的积水时长、最大流量发生时刻以及最大流量值三个参数进行节点评价。径流量的模拟分析主要通过径流量

的削减程度来评价。

(1)积水点模拟分析。利用SWMM模型对不同重现期的降雨过程进行模拟计算,通过数据的整理与分析,可知对于历时3h的降雨,节点积水主要集中在时段1:20～1:45;历时24h的降雨,节点积水主要集中在时段9:38～10:05。根据研究区土地利用与模型结果整理分析可知,积水点多发生在建成区与村镇集中的沿线阶段。积水点的统计结果如表8.17所示。

表8.17　积水点统计结果表

降水事件	积水点个数		最大流量值(m^3/s)		持续时间范围(h)	
	传统模式	LID模式	传统模式	LID模式	传统模式	LID模式
0.5a	0	0	—	—	—	—
19.2mm	3	0	0.595	—	0.53～0.96	—
1a	5	0	0.838	—	0.08～1.24	—
2a	21	0	2.045	—	0.22～1.81	—
5a	61	7	4.375	2.807	0.01～2.27	0.07～1.02
10a	92	22	8.68	1.876	0.01～3.07	0.06～2.21
20a	104	41	12.249	3.835	0.01～3.45	0.01～2.67
50a	116	75	15.5	4.407	0.01～3.49	0.01～3.16

由表8.17可知:对于0.5a、1a、2a、5a一遇与19.2mm的短历时降雨,研究区积水点个数较少,其中0.5a一遇降水条件下无积水节点。添加LID措施后,5a一遇降水条件下积水节点由61个减少到7个,其余积水点均为0个。对于10a、20a和50a一遇的长历时降雨,积水点个数逐渐增多。传统开发模式下,10a、20a和50a节点最大流量值分别为8.68m^3/s、12.249m^3/s和15.5m^3/s,最大流量值出现时间分别为9:51、9:49和9:47。LID模式下,10a、20a和50a节点最大流量值分别为1.876m^3/s、3.835m^3/s和4.407m^3/s,最大流量值出现时间分别为10:06、10:03和9:56。

对该海绵城市的考核中,对于50年一遇强度的24h降雨,要求积水时间不超过30min且积水深度不超过15cm,由于SWMM模型无法进行二维模拟,因此选取积水时间不超过30min的进行分析评价。50a一遇降水事件在传统开发模式下,积水时间超过30min的内涝点共70个,低影响开发模式下,积水时间超过30min的内涝点减少到31个。内涝点主要集中在2#分区、4#分区和6#分区,因为2#分区和4#分区主要为工业区与商业区,硬化地面面积较大,渗透性差,导致径流量增大,节点荷载增大,从而产生积水。6#分区为旧城区,在进行LID模拟计算时许多措施布设受到限制,无法实现最优的低影响开发。

随着降雨重现期的增大，积水节点的个数逐渐增加，最大流量和节点积水时间逐渐增大。而符锐等人对不同重现期设计暴雨下节点积水的研究也得出了相同的结论。本研究在此基础上分析了增设LID措施后节点的积水现象，得出结论，在不同降水事件中，低影响开发后的积水现象较传统开发有着明显的减弱效果。LID措施对于节点积水的缓解具有较好的效果，在非暴雨强度下的降雨，可以实现积水现象的全部去除。而对于强度大的降雨过程，也具有较好的控制效果。

(2)径流量模拟分析。利用模型对研究区内部排放口的水量过程进行模拟计算，通过模型对各排水口的模拟计算，整理汇总得到研究区域不同重现期下的径流控制率，计算结果如表8.18所示。

表8.18　传统开发与LID模式下研究区水量结果表

降雨历时	模拟对象	面积(hm^2)	降雨量(mm)	总水量(m^3)	传统模式排水总量(m^3)	LID模式排水总量(m^3)	传统开发模式径流控制率(%)	LID模式径流控制率(%)
3h	0.5a	2364.91	14.37	339837.567	158246	45014	53.43	86.75
	19.2mm	2364.91	19.2	454062.72	231957	74616	48.92	83.57
	1a	2364.91	22.14	523591.074	278016	97072	46.90	81.46
	2a	2364.91	29.92	707581.072	395598	169256	44.09	76.08
	5a	2364.91	40.19	950457.329	519452	284295	45.35	70.09
24h	10a	2364.91	59.86	1415635.13	755656	440669	46.62	68.87
	20a	2364.91	69.24	1637463.68	854408	524333	47.82	67.98
	50a	2364.91	82	1939226.2	974627	620744	49.74	67.99

由表8.18可知，LID措施对于短历时降雨有着很好的调控效果，0.5a、1a、2a、5a一遇和19.2mm的径流控制率均达到44%以上，其中0.5a、1a、2a、5a一遇降雨条件下，LID模式与传统开发模式相比较，径流控制率分别提高了34.3%、35.71%、33.11%和26.03%。而对于长历时降雨10a、20a和50a一遇，加入LID措施后，径流控制率分别提高了17.01%、14.94%和13.11%。对于19.2mm降雨，传统开发模式下径流总量控制率为49.34%，添加LID措施后，控制率提高到85.12%，满足该区域海绵城市规划的总体建设目标中对于径流总量控制率达到85%以上的要求。

对模型模拟计算结果分析可知，添加了LID措施之后，1#、2#、4#、5#和6#分区排水口各重现期条件下峰现时间分别推迟了10～24min，8～21min，5～19min，1～7min，7～25min。19.2mm降水事件峰值到达时间分别推迟了10、11、13、1、25min。3#分区排水口较多，因此不展示其峰值时间的推迟时间。各排水口的峰现时间与重现期之间关系虽无规律可循，但峰现时间均有一定程度的推迟。

研究设置雨水花园、渗渠、绿色屋顶、透水铺装、雨水桶、下凹式绿地六项措施组合，模拟不同降雨条件下径流削减情况，发现径流总量控制率显著增加，洪峰时间明显推迟。对于重现期较小的降雨，洪峰延迟时间较长。王雯雯等利用SWMM模型对下凹式绿地、透水铺装两种LID模式下的径流总量和洪峰流量进行模拟分析，得出与本研究相似的结论。LID措施组合可以减少洪峰流量，减小径流总量，更好地发挥雨洪控制作用。潘国艳等的研究也表明LID措施可以削减径流总量，延迟洪峰时间约26.6min，对短历时降雨的洪峰延迟时间较长。

(3)污染负荷模拟分析。降雨产生的径流过程不仅使研究区水量增加，同时还伴随着大量污染物的产生。城市雨水径流含有多种污染物，包括TSS、COD、TP、TN、生化需氧量及重金属等。污染物主要来源于大气沉降、车辆交通、植物生长、动物活动及建筑侵蚀等。

不同土地利用类型的污染物通过雨水冲刷汇入区域水体，使水体受到不同程度的污染。可以通过模型模拟不同开发情景下的污染负荷过程。以研究区的主要污染物SS、COD、TP和TN为指标，模拟计算不同开发模式下区域的总污染负荷削减率，计算结果如表8.19所示。

由表8.19可以看出，不同模拟条件下区域污染负荷均大幅度降低。

(1)LID模式与传统开发模式相比较，各污染物排放量得到了很好控制。添加LID措施后，短历时降雨条件下，SS、COD、TP和TN负荷削减率分别提高了32.32%～49.60%，37.40%～56.65%，33.00%～52.91%，34.76%～54.63%；长历时降雨条件下SS、COD、TP和TN负荷削减率分别提高了37.51%～40.18%，54.13%～54.36%，34.50%～38.87%，42.15%～45.22%。

(2)对于19.2mm降雨，传统开发模式下SS总量削减率为37.63%，添加LID措施后，削减率提高到84.64%，满足该海绵城市规划的总体建设目标中对于SS污染负荷削减率达到60%以上的要求。

表 8.19　研究区污染负荷计算结果表

降雨历时	模拟对象		污染物排放量(kg)			
			SS	COD	TP	TN
3h	0.5a	TD	7742.806	10538.35	199.138	2658.415
		LID	2749.248	1909.24	39.268	526.123
	19.2mm	TD	10817.96	13239.3	270.041	3432.794
		LID	4533.193	3125.183	68.03	870.337
	1a	TD	12728.04	14802.61	313.393	3895.491
		LID	5935.621	4079.969	90.736	1140.593
	2a	TD	17573.62	18318.78	420.165	4990.382
		LID	10135.85	6852.962	161.904	1952.869
	5a	TD	22809.46	21332.98	529.056	6020.117
		LID	16049.68	10358.19	266.722	3059.779
24h	10a	TD	35005.04	29499.39	766.567	8614.803
		LID	23252.18	13913.25	399.361	4362.672
	20a	TD	39391.85	30954.13	847.421	9286.141
		LID	26910.79	15309.18	467.058	4957.524
	50a	TD	44755.32	32484.31	944.684	10067.1
		LID	31084.31	16618.37	543.903	5592.878

注:TD 为传统开发模式;LID 为低影响开发模式。

(3)LID 措施对污染物负荷具有较好的去除效果,可以有效改善径流水质状况。降雨过程中地表累积的污染物冲刷程度不同,伴随降雨径流所产生的面源污染负荷不同。虽然 LID 措施对于不同污染负荷去除效果不同,但污染物浓度变化曲线仍然具有一定的相似性,各污染物排放总量与降雨重现期成正相关。随着降雨重现期的增大,降雨量增大,径流对地表污染物的冲刷程度变大,使得降雨径流污染负荷变大。降雨历时一定时,各污染负荷的削减率与重现期成负相关。

(三)基于 MIKE FLOOD 模型的海绵城市调控措施的效果模拟

1. 材料与方法

(1)研究区概况。研究区属温带大陆性季风型半干旱、半湿润气候区。其历年各月风向以西风为主,年平均气温 13.6℃。多年平均降水量约 520mm,且

续表

夏季降水多以暴雨形式出现，易造成洪涝和水土流失等。其位于西安咸阳中间核心区，总面积 28.1km²，包括西部云谷、尚业路、康定和园地块、同德佳苑、秦皇大道等。

根据相关规划，研究区域可分为六个排水分区，如图 8.18(a)，其中 1# 和 2# 分区子汇水面积共 1226.367hm²，3# 分区子汇水区共 306.89hm²，其中中心绿廊面积 99.98hm²；4# 分区子汇水面积共 189.25hm²；5# 分区子汇水面积共 51.53hm²；6# 分区子汇水区面积共 764.47hm²。

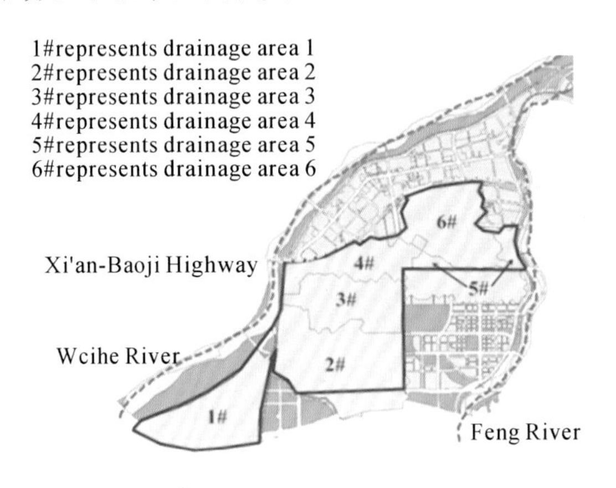

图 8.18(a)　研究区排水分区图

根据海绵城市建设的工程进度，研究区域现有 LID 设施总面积 103.83hm²，占总面积的 3.68%，相比较规划 LID 措施，措施尚未构建完全，故截污减排效果仍有很大的提升空间。本节基于研究时情况进行率定验证。对比传统开发模式和规划 LID 开发模式下对雨水径流的水量水质削减率，研究 LID 措施效能。

城市用地类型主要分为居住用地、公共设施、工业用地、绿地等。其中，居住用地、公共设施以及工业用地又细分了几个子项。根据研究区城市现状土地利用图基础资料，结合住房和城乡建设部编制的《城市排水（雨水）防涝综合规划编制大纲》中对城市地表类型解析的分类，最终将用于不透水率计算的下垫面图层概化为水体、道路、绿地、建筑物四大类，概化后的土地利用图见图 8.18(b)。

不透水率是影响模型结果的最敏感参数之一，它直接影响到子汇水区的产流量，进而影响到模型模拟结果的精度。由于影响不透水率的因素很多，要精准确定不同地类不透水率较为困难，在城市雨洪模型中，不透水率通常采用地

图 8.18(b)　城区土地利用分布图

面覆盖种类确定的经验数值。根据《室外排水设计规范》GB 50014—2006 给出的径流系数的建议取值，本次模拟计算水体、道路、绿地、建筑物等各用地参数取值及面积比例见表 8.20。因考虑到土壤下渗能力和速度，不透水率在模拟的过程中会有一定的变化。

表 8.20　研究区用地面积统计表

土地类型	不透水率(%)	初损(m)	汇流参数	面积(hm^2)	占面积比例(%)
绿地	20	0.001	0.03	628.01	22.27
建筑	58	0.001	0.02	1553.26	55.08
道路	50	0.001	0.018	345.45	12.25
河流	0	0.001	0.025	283.28	10.4
合计	—	—	—	2810	100

(2)研究区模型建立。根据研究区基础资料，采用 Mike Urban 建立研究区模型。建模所需资料及来源见表 8.21。

表 8.21　建模数据来源汇总表

数据类型	获取参数	获取来源
土地利用	现状下研究区各土地利用情况	百度卫星图
LID 专项规划	LID 类型、面积比例、设置参数	LID 专项规划
数字地形图	所需地点的高程	格栅数据 DEM
市政雨水管网平面图	管径、管长、坡度、覆土深度	市政雨水规划
雨水流域规划	子汇水面积划分，雨水流向	市政雨水规划
降雨资料	降雨量	雨量计
水文参数	—	先参考，再率定
水质参数	—	先参考，再率定

根据实际建设情况，本次模拟选取整个试点区域作为研究区域，共设置3种LID措施：雨水花园、渗透铺装、绿色屋顶。参考区域地形图以及雨水管网分布图，将模拟区概化为647个子汇水区域，汇水区的划分采用泰森多边形法，并按检查井划分，排水管网管段648段，管网节点648个，其中末端排口17个，划分结果见一维排水模型，如图8.19(a)所示。

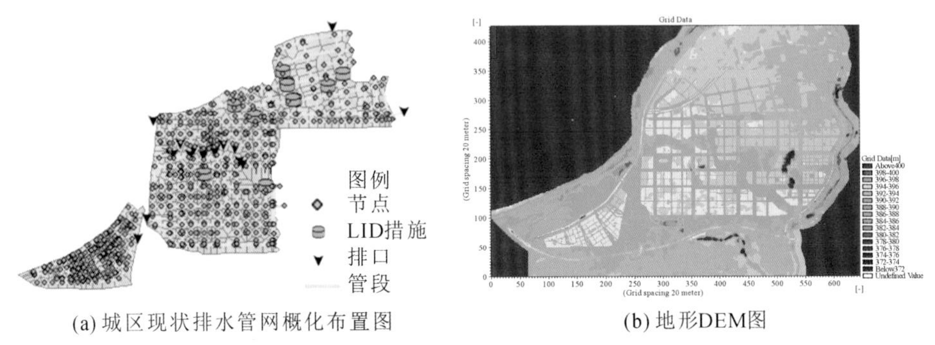

(a) 城区现状排水管网概化布置图　　(b) 地形DEM图

(c) 内涝耦合模型

图8.19　研究区地形DEM图和内涝耦合模型图

建立二维模型的首要条件是引入地面高程模型。高程数据采用研究区地形图(比例尺C1：70000)，提取高程点数据即可建立研究区地形DEM图。研究区域内整体南高北低，场地内地势平坦，平均地势差仅为1m。在构建地形DEM图时，将建筑拔高5m，道路降低0.15m。在Mike Flood耦合模拟平台上连接一维排水管网模型Mike Urban和二维地表漫流模型Mike 21，能够反映城区中排水流态在管道及可能地表积水处的表现，这拓展了传统城市排水系统管网模型的模拟能力，能更准确地反映城市排水管网中水流和地表漫出水流的交互，模拟出地表积水以及退水等情况。生成后的地形DEM图和具体内涝耦合模型分别见图8.19(b)和(c)。

研究区低影响开发措施的布置图参考研究区《低影响开发专项研究报告》，具体面积布设比例见表8.22，设计参数见表8.23，模型概化LID布设图见图8.20。

表 8.22 研究区 LID 措施布设面积比例

	生态滞留设施(包括雨水花园、生态草沟、渗井等)	透水铺装(包括有停车透水砖、无停车透水砖)	绿色屋顶(仅为薄层绿色屋顶,不包括屋顶庭院)	总计
面积(hm^2)	326.74	141.44	32.39	500.57
布设比例(%)	11.59	5.02	1.15	17.75

表 8.23 LID 设施的设计参数

	生态滞留设施(包括雨水花园、生态草沟、渗井、水塘等)	渗透铺装(包括停车透水砖、无停车透水砖、有停车混凝土砖)	绿色屋顶(仅为薄层绿色屋顶,不包括屋顶庭院)
Infiltration method	Constant infiltration	No infiltration	infiltration
Infiltration rate(m/s)	0.001	—	—
Pororsoty of fill material(m)	0.3	0.3	0.35
Intial water level	Bottom level	Bottom level	Bottom level

图 8.20 研究区模型概化 LID 规划布置图

(3)模型参数。

1)基础数据

降雨数据来自研究区监测雨量计,选择监测点有流量和水质监测的降雨进行参数率定,所选降雨过程如图 8.21(a)和(b)所示。其中“20160724”降雨 304min,降雨量约为 19.8mm,经估算该降雨重现期接近 1 年一遇;“20160623”降雨 504min,降雨量约为 25.6mm,经初步估算该降雨重现期接近 2 年一遇。

研究区各监测点位处监测水质指标为 SS、COD、TN 和 TP。经降雨实测,研究区天然雨水中污染物含量为 SS=10.62~12.47mg/L,COD=7.79~10.26mg/L,TN=0.31~0.6mg/L,TP=0.01~0.1mg/L。研究区各个下垫面

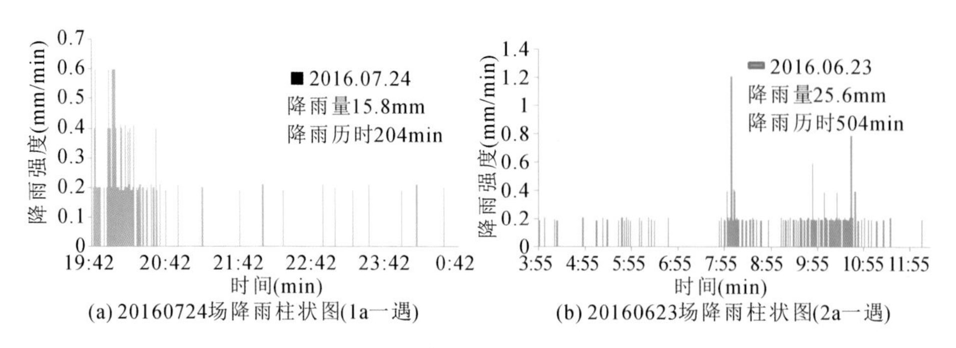

(a) 20160724场降雨柱状图(1a一遇)　(b) 20160623场降雨柱状图(2a一遇)

图 8.21　降雨过程图

污染物本底含量见表 8.24。

表 8.24　研究区各下垫面污染物本底含量

屋顶(mg/L)				道路(mg/L)				绿地(mg/L)			
SS	COD	TN	TP	SS	COD	TN	TP	SS	COD	TN	TP
140.24	100.45	2.3	1.4	130	100.54	27	1.5	120	120	19	1

模型在子汇水区的基础上根据不同产流表面类型采用降雨－径流模型计算产流水量，用时间面积曲线法进行汇流计算，管流计算选用运动波法。研究区径流污染物的累积和冲刷函数选择指数函数。

2)参数率定

模型率定遵循以下原则：因为水质的变化是随着水量的改变而变化，所以首先率定水量参数，再率定水质参数。

本研究模型参数率定过程中，选取相关系数的平方(R^2)和 Nash－Sutcliffe 效率系数(E_{NS})评价模型的模拟结果。其中，Nash－Sutcliffe 效率系数(E_{NS})是用来评价模型模拟精度的指标，具体公式为

$$E_{NS} = 1 - \frac{\sum_{i=1}^{n}(y_i - y_{i0})^2}{\sum_{i=1}^{n}(y_i - y_p)^2} \tag{8-21}$$

式中，E_{NS} 为 Nash－Sutcliffe 效率系数；y_i 为实测值；y_{i0} 为模拟值；y_p 为实测值的均值；n 为数据序列长度。E_{NS} 值在 $-\infty \sim 1$，E_{NS} 值越大表示模拟效果越好，当 E_{NS} 小于 0 时表示模拟精确度较差。

以“20160724”暴雨过程为入流条件，模拟该降雨条件下研究区积水淹没情况，并结合实地勘查完成模型的率定。区域内最大淹没水深范围模拟结果参见图 8.22，该最大水深(最大淹没范围)发生时刻为 20:52，即降雨历时约 70min，与实际调查最大积水深度发生时刻基本一致。同时，为进一步分析全域内不同

子区域积水情况，结合城区传统易涝点，提取如表 8.25 所示的 6 个积水深度较大的区域予以分析。

图 8.22　研究区“20160724”降雨最大淹没范围

表 8.25　研究区“20160724”暴雨易涝区最大积水深度统计表

序号	易涝区名称	计算积水水深(cm)	实际积水水深(cm)
1	秦皇大道北段	12	12～14
2	同德路北段	5	5～7
3	永平路南段	24	20～22
4	秦皇大道中段	11	10～13
5	秦皇大道南段	16	17～20
6	统一路东段	14	12～14

表 8.25 给出了研究区 6 个易涝区的最大积水深度模拟计算值，结合收集到的积水情况资料以及实地调查，可初步分析判断本次降雨上述 6 个易涝区的积水深度基本与实际情况吻合。

为了进一步校准模型，参考了有实测数据的云谷地块排放口污染物排放过程，具体变化过程见图 8.23(a)～(d)。

由图 8.23(a)～(d)可见，Mike Urban 验证结果与实测值拟合程度较好。模型率定后结果中，污染物指标均高于 0.82。研究区水量和水质率定结果分别见表 8.26 和表 8.27。

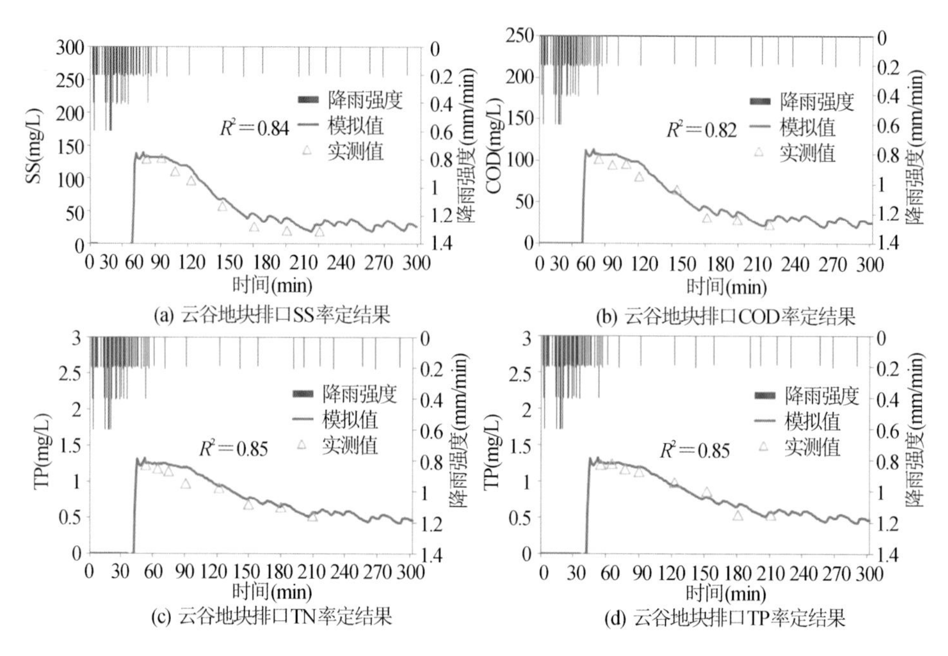

(a) 云谷地块排口SS率定结果
(b) 云谷地块排口COD率定结果
(c) 云谷地块排口TN率定结果
(d) 云谷地块排口TP率定结果

图 8.23　率定结果

表 8.26　Mike Flood 水量参数率定结果

Mike Urban			Mike 21			Mike Flood		
Mean Surface Velocity	Hydrological Reduction Factor	Initial Loss	Initial Surface Elevation	Flooding depth	Drying depth	Max Flow	Inlet Area	Discharge Coef
0.3(m/s)	0.9	0.0006	0	0.003	0.002	1.0	0.16	0.61

表 8.27　Mike Urban 水质参数率定结果

COD			SS			TN			TP		
Type	Dissolved		Type	Suspended		Type	Total		Type	Total	
Initial condition	0.001		Initial condition	0.002		Initial condition	0.001		Initial condition	0.002	
Dacay constant	0.824		Dacay constant	1.033		Dacay constant	0.628		Dacay constant	0.416	
Values for each layer (mg/L)	Building	100	Values for each layer (mg/L)	Building	140	Values for each layer (mg/L)	Building	2.3	Values for each layer (mg/L)	Building	1.4
	Green	120		Green	120		Green	19		Green	1
	River	0		River	0		River	0		River	0
	Road	90		Road	130		Road	27		Road	1.5

3)模型验证

研究区模型验证过程中,依然选取相关系数 R^2 评价 Mike Urban 模型的水质模拟效果,降雨数据选择 20160623,模拟该降雨事件下研究区积水淹没情况。计算区域内最大淹没水深(最大淹没范围),计算结果见图 8.24,该最大水深(最大淹没范围)发生时刻为 8:21,即暴雨历时约 334min,与实际调查最大积水深度发生时刻基本一致,提取如下表 8.28 所示的 6 个积水深度较大的区域予以分析。

图 8.24　研究区“20160623”降雨最大淹没范围图

表 8.28　研究区“20160623”暴雨易涝区最大积水深度统计表

序号	易涝区名称	计算积水水深(cm)	实际积水水深(cm)
1	秦皇大道北段	15	14～16
2	同德路北段	9	8～9
3	永平路南段	20	20～22
4	秦皇大道中段	18	17～20
5	秦皇大道南段	12	10～12
6	康定路南段	10	9～10

为了进一步验证模型的适用性,提取了有实测数据的云谷地块排口污染物排放过程,具体变化过程见图 8.25(a)～(d)。

由图 8.25(a)～(d)可知,Mike Urban 验证结果与实测值拟合程度较好。

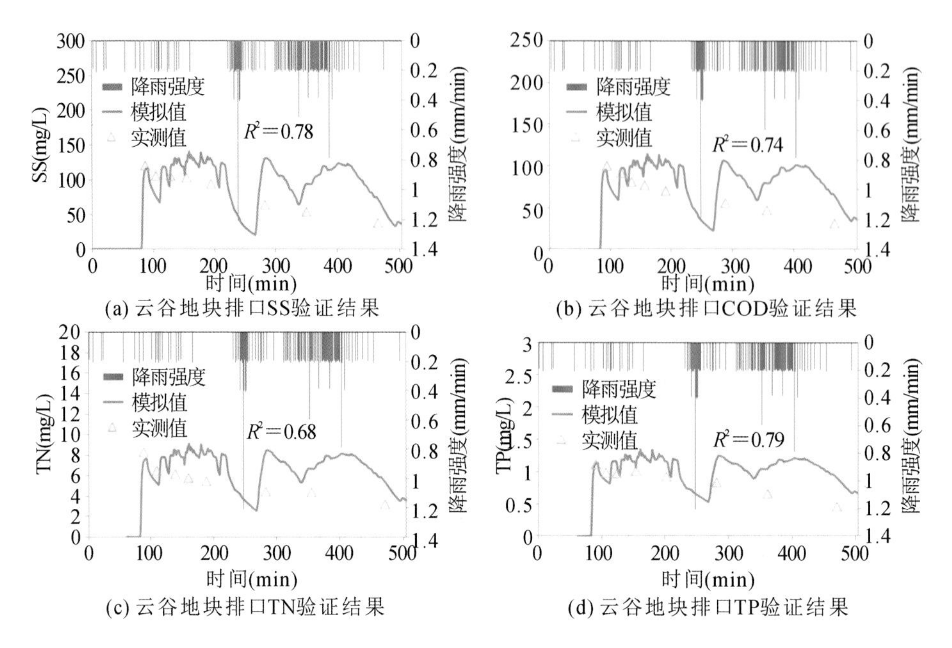

(a) 云谷地块排口SS验证结果　(b) 云谷地块排口COD验证结果

(c) 云谷地块排口TN验证结果　(d) 云谷地块排口TP验证结果

图 8.25　云谷地块排口污染物排放结果

模型验证结果中,污染物指标均高于 0.68。说明所建研究区模型具有较好的可靠性和稳定性。

4)降雨条件设计

同(二)中(1)材料与方法中(4)的降雨设计。

1.结果与讨论

(1)降雨节点溢流分析。在降雨发生后,雨水通过道路、屋顶、地面等集水区流入集水口,即模型中的节点,随后通过排水管道进行雨水的输送,当区域径流量超过排水管道的输送能力时就会发生地面积水。节点溢流量是指当地面径流量过大,负责本区域的排水管道发生满流,在节点处所汇集的雨水的总体积。

对 6 种不同频率设计暴雨的模拟结果的溢流节点数量、溢流量进行统计,结果见表 8.29。

表 8.29　节点溢流情况统计表

降雨重现期	总降雨量(mm)	溢流量(m^3)			溢流节点数量(个)				
		传统	LID	削减率(%)	传统	溢流节点百分比(%)	LID	溢流节点百分比(%)	削减率(%)
19.2mm	19.2	0.027	0	100	1	0.15	0	0	100
1a	22.24	0.329	0	100	1	0.15	0	0	100
2a	29.92	11.63	0.55	95.29	34	5.25	2	0.3	94.12

续表

降雨重现期	总降雨量(mm)	溢流量(m³)			溢流节点数量(个)				
		传统	LID	削减率(%)	传统	溢流节点百分比(%)	LID	溢流节点百分比(%)	削减率(%)
5a	40.19	99.42	55.06	44.62	195	30.01	122	18.83	37.44
10a	59.86	401.2	236.98	40.93	475	73.3	373	57.56	21.47
20a	69.24	511.96	343.96	32.82	516	79.63	455	70.22	11.82
50a	82	629.8	488.72	22.4	542	83.64	512	79.01	5.54

从表8.29可以看出，不同开发模式的溢流节点数量与降雨强度均成正相关，即在研究区648个检查井中，随着重现期的增加，发生溢流的检查井个数也在逐渐增加。在LID调控措施下，短历时降雨条件下溢流井个数分别达到总数的0、0、0.3%和18.83%，与传统开发模式相比提高了37.44%～100%。模型模拟效果也可以从相关文献中得到验证。孙阿莉等对上海市暴雨内涝模拟的结果显示，在不同情景下，随着重现期增大，积水点个数逐渐增加且积水出现时间提前，积水历时显著增长，节点洪峰流量增大，从而导致地面积水程度加重，并带来一定内涝灾害。

管道的负荷状态是指管道内水流的充满程度，一般用管道内水深与管道高度的比值来描述。Mike Urban用“超负荷状态”来反映管道的负荷状态。选取4个超负荷状态阈值，小于1说明该段管道没有形成满流，表示管道排水能力满足相应设计重现期要求；大于1则说明该段管道已经有压流状态，表示管道排水能力不满足相应设计的重现期要求，超负荷值越大说明该段管道的水深越大。

为定量反映7场设计降雨情景下管道的超负荷状态，基于7场暴雨的模型模拟结果，对4种负荷状态的管道总长度及占模拟管网总长148.13km的比例进行相应统计。四场不同频率设计暴雨下管网系统的超负荷状态详细统计结果见表8.30。

表8.30　管网超负荷状态统计表

暴雨重现期		超负荷状态S								
		S≤1		1<S≤2		2<S≤3		3<S		超负荷管段比例(%)
		长度(km)	比例(%)	长度(km)	比例(%)	长度(km)	比例(%)	长度(km)	比例(%)	
19.2mm	传统	70.01	47.26	53.49	36.11	20.35	13.74	4.28	2.89	52.74
	LID	112.63	76.03	35.5	23.97	0	0	0	0.00	23.97
1a	传统	54.64	36.89	54.60	36.86	29.15	19.68	9.24	6.23	63.11
	LID	84.45	57.01	49.50	33.42	14.15	9.55	0	0.00	42.99

续表

暴雨重现期		超负荷状态 S								
		S≤1		1<S≤2		2<S≤3		3<S		超负荷管段比例（%）
		长度（km）	比例（%）	长度（km）	比例（%）	长度（km）	比例（%）	长度（km）	比例（%）	
2a	传统	29.33	19.80	39.53	26.69	36.10	24.37	43.18	29.15	80.20
	LID	45.97	31.03	49.55	33.45	35.85	24.20	16.76	11.31	68.97
5a	传统	13.37	9.03	31.03	20.95	29.63	20.00	74.11	50.03	90.97
	LID	17.96	12.12	36.61	24.71	32.31	21.81	61.25	41.30	87.88
10a	传统	4.54	3.06	22.46	15.16	28.49	19.23	92.65	62.55	96.94
	LID	7.87	5.31	24.58	16.59	26.33	17.77	89.35	60.32	94.69
20a	传统	4.31	2.91	18.79	12.68	27.36	18.47	97.66	65.93	97.09
	LID	5.55	3.75	23.38	15.78	27.74	18.73	91.45	61.74	96.25
50a	传统	4.31	2.91	17.49	11.81	25.88	17.47	100.44	67.80	97.09
	LID	4.31	2.91	19.40	13.10	27.02	18.24	97.4	65.75	97.09

从表 8.30 可以看出，低影响开发措施对管网的排水能力有一定的优化作用，但随着重现期的增大，优化能力逐渐减弱；短历时降雨情况下，LID 措施布置后，研究区雨水管网超负荷小于 1，即满足排水要求的对比传统开发模式削减率分别减少了 28.77%、20.12%、11.23%和 3.09%；长历时降雨情景下，分别减少了 2.25%、0.84%和 0。

对比统计的暴雨节点溢流，在同频率设计暴雨情景下超负荷管网所占的比例均比节点溢流比例大，即可知存在一定量的雨水管网虽然没有产生溢流，但却是在高负荷状态运行。

(2)研究区域径流总量及污染物负荷削减率分析。对于重现期分别为 1a、2a、5a 的短历时降雨和 10a、20a 和 50a 的长历时降雨以及 19.2mm 的设计降雨，研究区添加 LID 措施前后 6 个排水分区的出水口流量以及洪峰流量削减率见表 8.31。选取 1 号排水分区 5a 一遇和 20a 一遇不同污染物负荷量在两种不同开发模式进行对比，见图 8.26(a)～(d)。各污染物污染径流平均浓度(Event Mean Concentrations，EMCs)是指总负荷和总出水量的比值，入流污染物 EMC，SS、COD、TN 和 TP 分别为 119.89mg/L、4.37mg/L、8.81mg/L 和 1.18mg/L。各污染物浓度不同重现期下两种开发模式的总负荷量和出口

EMC 模拟结果见表 8.32。

表 8.31　径流总量和峰值流量削减率统计表

降雨历时	降雨重现期	总水量（m^3）	模式	排水总量（m^3）	控制率（%）	峰值大小（m^3/s）	峰现时间（h）
3h	19.2	539520	传统	140060	74.04	2.04～4.69	1:35－1:53
			LID	75641	85.98	0.63～1.46	1:47－2:37
	1a	622134	传统	176623	71.61	3.20～7.73	1:32－1:41
			LID	114970	81.52	1.43～3.16	1:39－2:06
	2a	840752	传统	259203	69.17	7.38～15.29	1:25－1:27
			LID	197660	76.49	4.40～8.66	1:34－1:35
	5a	1129340	传统	365793	67.61	14.43～19.85	1:20－1:23
			LID	318586	71.79	11.07～17.45	1:23－1:30
24h	10a	1682066	传统	721101	57.13	20.06～21.48	9:32－9:44
			LID	542129	67.77	19.75～20.54	9:35－9:50
	20a	1945644	传统	858807	55.86	21.87～21.94	9:31－9:34
			LID	652763	66.45	19.95～20.84	9:33－9:38
	50a	2304200	传统	1019608	55.75	22.07～22.32	9:31－9:33
			LID	829281	64.01	21.85～22.28	9:31－9:35

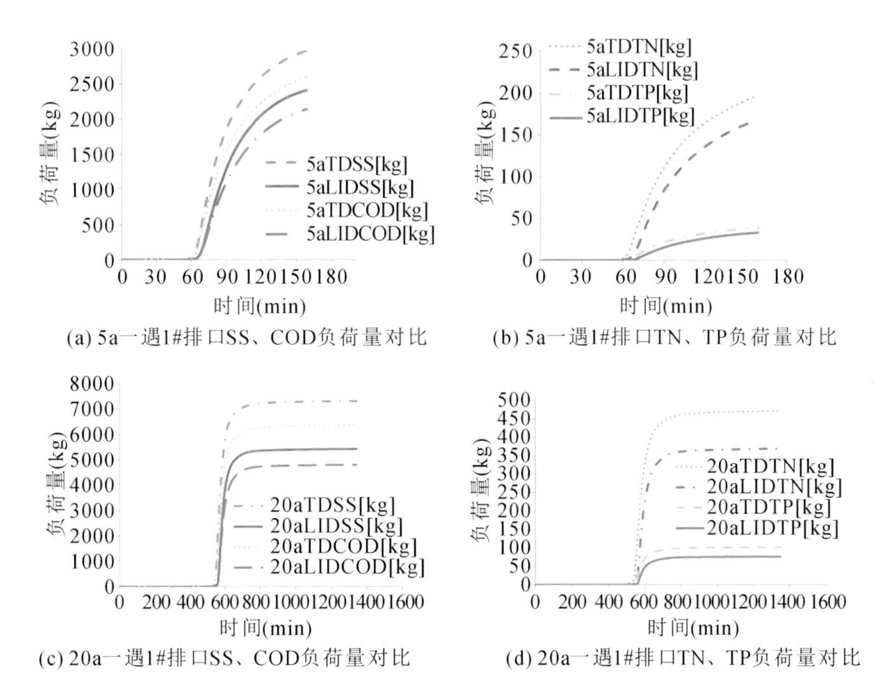

(a) 5a一遇1#排口SS、COD负荷量对比　(b) 5a一遇1#排口TN、TP负荷量对比

(c) 20a一遇1#排口SS、COD负荷量对比　(d) 20a一遇1#排口TN、TP负荷量对比

图 8.26　排水分区不同污染物负荷量对比

表 8.32　污染物出口负荷量模拟结果

降雨历时	降雨重现期		SS负荷量(kg)	EMC(mg/L)	COD负荷量(kg)	EMC(mg/L)	TN负荷量(kg)	EMC(mg/L)	TP负荷量(mg)	EMC(mg/L)
3h	19.2	传统	3367.29	24.04	2906.49	20.75	178.98	1.28	47.59	0.34
		LID	1053.52	13.93	936.49	12.38	69.96	0.92	14.87	0.20
	1a	传统	5259.93	29.78	4516.89	25.57	269.14	1.52	74.13	0.42
		LID	2308.04	20.08	2018.95	17.56	135.53	1.18	32.68	0.28
	2a	传统	10876.57	41.96	9216.66	35.56	530.64	2.05	148.50	0.57
		LID	6476.93	32.77	5571.37	28.19	340.11	1.72	90.73	0.46
	5a	传统	19415.25	53.08	16217.71	44.34	910.33	2.49	254.50	0.70
		LID	15541.20	48.78	13072.91	41.03	752.62	2.36	206.50	0.65
24h	10a	传统	40184.56	55.73	33914.9	47.03	1907.32	2.65	563.40	0.78
		LID	28232.9	52.08	23955	44.19	1386.44	2.56	398.48	0.74
	20a	传统	48644.09	56.64	41088.45	47.84	2316.45	2.70	684.24	0.80
		LID	35677.19	54.66	30196.19	46.26	1739.29	2.66	499.77	0.77
	50a	传统	57862.6	56.75	48961.14	48.02	2775.85	2.72	818.98	0.80
		LID	46754.38	56.38	39563.57	47.71	2256.30	2.72	656.06	0.79

从表 8.31 和表 8.32 可以看出，低影响措施对 6 个排水系统在 7 场降雨过程中的流量峰值和总量、水质总量都有一定的削减效果。水量和污染物的削减率都随着降雨强度的增大而减小，这是由于降雨强度较大时，LID 措施迅速达到饱和状态，对后续的水量水质处理效果明显下降。1a、2a、5a 一遇和19.2mm 的径流控制率均达到 70%以上；而对于长历时降雨如 10a、20a 和 50a 一遇，LID 措施对径流量的控制率小于短历时降雨，加入 LID 措施后，径流控制率分别提高了 10.64%、10.59%和 9.26%。统计各个排放口洪峰流量和峰值到达时间，其中短历时降雨洪峰流量减少 68.87%～12.09%；长历时降雨洪峰流量减少 0～4.38%；峰现时刻推迟分别为 7～44min 和 0～6min。对于 19.2mm 降雨，传统开发模式下径流总量控制率为 74.04%，添加 LID 措施后，控制率提高到85.98%，满足该区域海绵城市规划的总体建设目标中对于径流总量控制率达到 85%以上的要求。

由图 8.26 可以明显看出，1＃分区传统开发模式下 4 种污染物负荷量均高于低影响开发模式，且5a一遇负荷增长幅度高于20a一遇。

由表8.32可以得出，添加了LID措施之后，长历时降雨SS负荷总量分别减少了29.74%、26.66%和19.20%；COD负荷总量分别减少了29.37%、26.51%和19.19%；TN负荷总量分别减少了27.31%、24.92%和18.72%；TP负荷总量分别减少了29.27%、26.96%和19.89%；短历时降雨SS负荷总量分别减少了56.12%、40.45%和19.95%；COD负荷总量分别减少了55.3%、39.55%和19.39%；TN负荷总量分别减少了49.64%、35.91%和17.32%；TP负荷总量分别减少了55.92%、38.9%和18.86%；不同重现期低影响开发模式下出水EMC明显低于传统开发模式，长历时降雨出水SS的出口平均浓度EMC分别减少了6.55%、3.51%和0.65%；COD的EMC分别减少了29.37%、26.51%和19.19%；TN的EMC分别减少了3.31%、1.22%和0.06%；TP的EMC分别减少了5.92%、3.9%和1.51%；短历时降雨SS的出口平均浓度EMC分别减少了32.59%、21.91%和8.09%；COD的EMC分别减少31.33%、20.73%和7.45%；TN的EMC分别减少了22.64%、15.95%和5.07%；TP的EMC分别减少了32.27%、19.88%和6.84%。模型模拟效果对于19.2mm降雨来说，传统开发模式下SS总量削减率为43.27%，添加LID措施后，负荷削减率提高到88.38%，满足该海绵城市规划的总体建设目标中对于SS污染物负荷削减率达到60%以上的要求。

(3)二维地表淹没结果。针对不同设计降雨模拟评估研究区内涝范围的分布情况，对比两种不同开发模式下、相同淹没水深下的淹没范围大小。图8.27分别给出了重现期为5a和20a一遇的两种设计暴雨内涝积水最大淹没水深分布情况。

由图8.30可以看出，内涝点的点位多集中在排放口附近的主管道沿线上，主要是因为这些管段承载了大量的瞬时水量，无法快速地进行水量的释放，因而造成了内涝结果的出现，加之一般积水较深点地处地势较低，雨水排泄不通导致积水难以排除。低影响措施能有效改善内涝点程度，但仍有部分积水点存在。

为了进一步定量分析两种不同开发模式下不同频率暴雨造成的内涝淹没面积和淹没水深的关系，表8.33给出了不同重现期设计暴雨引起的不同水深分级的淹没面积。在《室外排水设计规范》中通常把低于15cm的暴雨积水不定为影响交通或者其他危害。

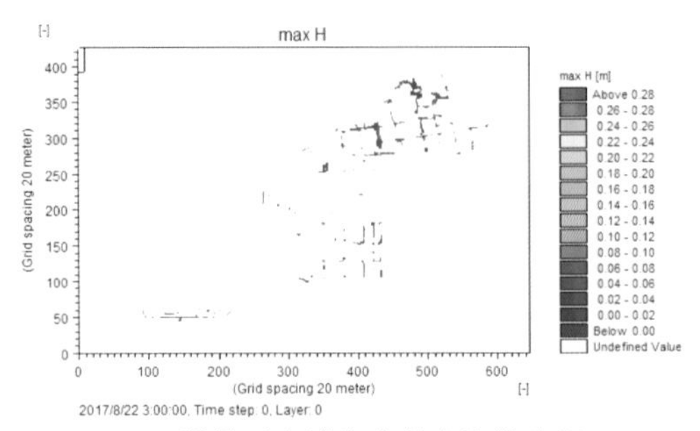

(a) 5a一遇暴雨内涝积水最大淹没水深TD

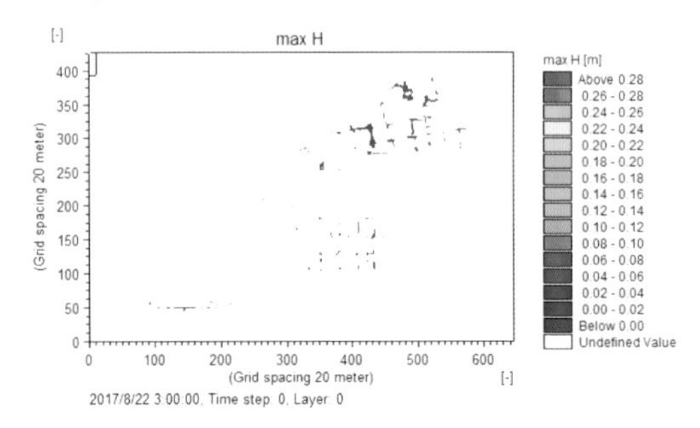

(b) 5a一遇暴雨内涝积水最大淹没水深LID

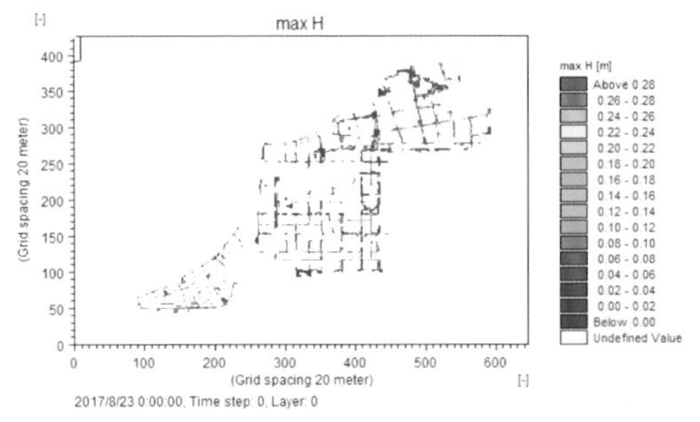

(c) 20a一遇暴雨内涝积水最大淹没水深TD

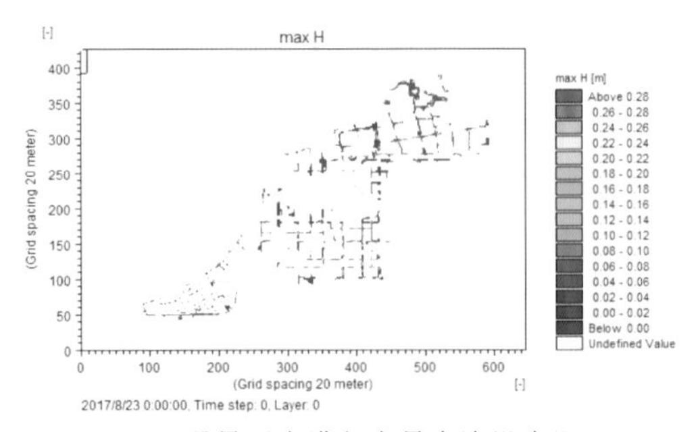

(d) 20a一遇暴雨内涝积水最大淹没水深LID

图 8.27　暴雨内涝积水最大淹没水深

表 8.33 不同淹没水深分级的淹没范围

淹没面积 hm²		淹没水深						
		0.05～0.15m	0.15～0.3m	0.3～0.4m	0.4～0.5m	>0.5m	总计	15cm 以上积水面积百分比(%)
19.2mm	传统	0.16	0.08	0.04	0.04	0.36	0.68	52.94
	LID	0	0	0	0	0	0	0
1a	传统	0.24	0.20	0.04	0.04	0.48	1	48.00
	LID	0	0	0	0	0	0	0
2a	传统	1.6	0.52	0.2	0.16	0.52	3	17.33
	LID	0.24	0.2	0.04	0.04	0.48	1	48
5a	传统	17.28	3.28	0.68	0.28	0.96	22.48	4.27
	LID	7.92	1.36	0.28	0.16	0.84	10.56	7.95
10a	传统	77.8	27.52	3.84	2.04	3.44	114.64	3
	LID	41.16	10.12	1.68	0.52	2.24	55.72	4.04
20a	传统	101.4	41.96	7.88	3.44	5.08	159.76	3.18
	LID	65.72	20.16	2.88	1.2	3	92.96	3.23
50a	传统	125.72	58.24	12.44	5.2	7.52	209.12	3.6
	LID	96.2	38.6	6.84	2.68	4.76	149.08	3.2

从表 8.33 可以看出，随着淹没深度的增加，对应深度下淹没范围逐渐减少，15cm 以上积水面积所占总积水面积的百分比随着重现期的增加而逐渐增大。在 50a 一遇的 24h 降雨情景下和试点区域在低影响开发情景下，相同的淹没水深对应内涝的淹没面积明显缩短。

在 7 场不同重现期的降雨事件下，各场次降雨内涝点淹没范围在低影响开发下的结果均达到了较好的削减率，在降雨强度较小的情况下，淹没范围削减率减少达到 100%的良好处理效果，而对于 50a 一遇大暴雨的削减率减少 11.11%，可见低影响开发可以有效地缓解城市内涝。

低影响开发的削减效果随着降雨强度的增大而减小，在短历时降雨过程中，内涝淹没范围减少率为 46.29%～100%，长历时内涝淹没范围减少率为 25.74%～11.11%，这是由于在短历时强降雨过程中，低影响措施迅速地达到满负荷状态，对于水量的削减效果明显减弱，故其处理效果较差。

除淹没水深外，积水历时也是内涝危害的一个重要估计指标，将积水深度大于 15cm(交通影响时间)的不同淹没历时的淹没面积，在不同频率暴雨情景下的两种开发模式的计算结果进行统计对比，结果见表 8.34。

表 8.34　不同淹没历时分级的淹没范围

降雨历时	淹没面积 hm^2		淹没历时					
			30～60min	60～90min	90～120min	120～150min	＞150min	总计
3h	19.2mm	传统	0.21	0.04	0	0	0	0.25
		LID	0	0	0	0	0	0
	1a	传统	0.28	0.09	0	0	0	0.37
		LID	0	0	0	0	0	0
	2a	传统	0.64	0.44	0.2	0	0	1.28
		LID	0.28	0.24	0	0	0	0.52
	5a	传统	1.92	1.68	0.28	0	0	3.88
		LID	1.76	0.76	0	0	0	2.52
降雨历时	淹没面积 hm^2		淹没历时					
			0.5～1h	1～2h	2～5h	5～10h	＞10h	总计
24h	10a	传统	11	10.48	9.28	4.4	0	35.16
		LID	4.68	4.64	3.48	1.6	0	14.4
	20a	传统	15.84	11.8	8.88	6.64	0	43.16
		LID	8.52	7.84	6.68	3.76	0	26.8
	50a	传统	22.28	21.26	15.68	9.72	0	68.94
		LID	14.84	14.56	11.44	5.88	0	46.72

对比表 8.33 和表 8.34 可以看出，两种开发模式下，积水时间较长区域大都集中在积水深度比较大的地方，造成这一结果的主要原因为 6 号排水系统大部分为建成区，故在进行低影响开发时许多措施的设施布置受限，对于内涝的控制未能达到最好的状态。

淹没区积水时间随着重现期的提高而延长，长历时较短历时的降雨淹没时间明显延长，且低影响开发后的内涝现象较传统开发有明显的减弱效果，短历时降雨积水时间在 90min 以下，淹没范围削减率减少了 35.05%～100%。长历时降雨的淹没范围削减率分别减少了 59.04%、37.91% 和 32.23%，这也说明设计暴雨重现期的提高导致产生的径流量增加，汇入排水管道的流量也增加，但排水管道能力受管道大小限制，就有这种随着重现期的提高退水时间加长的现象。

第四节　降雨集中入渗对地下水的影响

降雨是地下水的主要补给来源，可使水资源在开采和利用后得到补充，具有再生性。但随着城市化进程的加速，城市中的自然地貌发生了很大程度的改变，大量的不透水路面阻断了城区内原有的水文循环，使得天然降雨不能有效地补给地下水；与此同时，人们对地下水的开采量却是有增无减，城区的地下水位急剧下降，由城区地下水漏斗引发的地面沉降、地裂缝、建筑物倾斜等潜在威胁日益严重。相比中水等其他水源，雨水受到的污染较轻，处理工业较为简单。国内一些城市也建立了雨水的收集、处理、存放、补给等综合利用的试验点，分析了可利用的雨水总量和雨水中污染物的去除，着重强调了雨水的处理与再利用。

降雨补给地下水受诸多因素的影响，降水到达地面后，一部分以地表径流的方式流出，另一部分渗入地下。但渗入地下这部分水量并非全部补给了地下水，而是在入渗过程中部分被土壤的蒸发和植物的蒸腾作用所消耗，部分附着于土壤颗粒的表面，余下的一部分才真正地补给地下水，形成入渗补给量。集中入渗补给地下水的同时，可能会使径流污染物进入地下水，从而对地下水水质产生一定的负面影响，降雨径流影响浅层地下水水质的程度受一些环境因素主导，如降雨模式、地下水埋深及土壤特性等。入渗雨水花园蓄渗雨水径流，汇集的雨水径流的主要入渗补给地下水和蒸发，在控制削减径流总量的同时，可以填补地下水超采后遗留的地下漏斗，所以雨水花园不但具有水文效应，而且具有一定的环境生态效应。

（一）研究区概况

研究区域位于西安理工大学某雨水花园，雨水花园的结构主要由雨水汇集区（路面、屋顶）、屋顶落水管以及各自基于范围内的雨水花园构成。根据研究区周围的实际情况分析，位于土建实验楼后面的雨水花园又分为 2 个不同构造的部分，其中间用灰塑料板隔开，靠近土建实验楼一侧的花园做了防渗处理，下面铺设了防渗土工布、排水管；而远离防渗实验楼的一侧花园不做任何防渗处理。研究共选取 3 个井分别进行水位和水质检测，井 2 位于垃圾场旁边的不防渗收集屋面雨水的雨水花园内，井深 4m，进行水质和水位检测；井 3 位于综合型雨水花园，井深均 4m，进行水位和水质监测；井 1 位于水资所对面的实验场内。井 2、3 为主要研究目标，井 1 为辅助用于比较研究。

研究区涉及2个雨水花园，2#和3#系统，2#雨水花园用于收集屋面雨水，深度20cm，面积约30.24m²，汇流比20∶1，径流系数0.9，汇流面积为604.7m²，结构为种植土。在雨水花园的入流口处设置45°的三角堰，溢流口设置30°三角堰，计算汇流量。

3#雨水花园分为2个不同构造的雨水花园，中部用塑料板隔开，一侧做防渗处理，其下铺设防渗土工布、排水管；另一侧不做任何防渗处理，J3位于不防渗一侧。3#系统2个雨水花园长、宽均为6.2m、2m，蓄水层厚度为50cm，接受屋面和路面雨水，汇流比为15∶1，径流系数0.9，花园面积约9.74m²，汇流面积155.84m²。在雨水花园入流口和出流口各安装45°的三角堰，溢流口安装30°三角堰。2#和3#2个系统均种植黑眼苏珊、万寿菊、常春等植物。本监测为3个地下水井，J2和J3为雨水花园2#和3#内部监测井。J1距离雨水花园2#和3#系统40m左右，由混凝土路面打入浅层地下水层，不直接受外界影响。3个地下水井埋深均在4m左右，主要用于监测地下水位和水质TN、氨氮、硝氮、TP、化学需氧量等变化情况，雨水花园及地下水井的基本概况如图8.28所示。

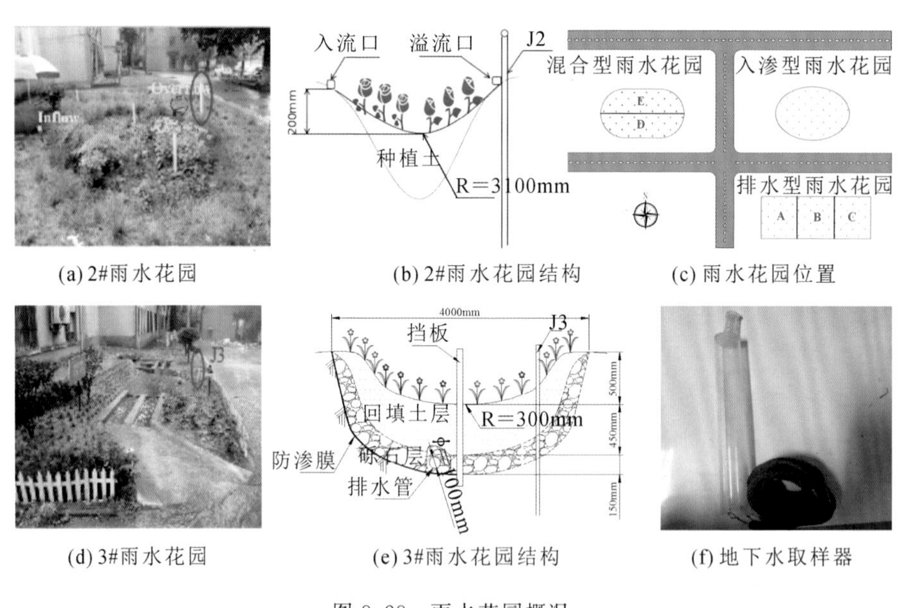

(a) 2#雨水花园　(b) 2#雨水花园结构　(c) 雨水花园位置

(d) 3#雨水花园　(e) 3#雨水花园结构　(f) 地下水取样器

图8.28　雨水花园概况

(二)监测方法

本节考虑降雨强度、降雨历时、雨前干燥期、降雨径流量和污染物浓度等外部影响因素，监测整个降雨过程，并在其附近选择监测井，采集地下水样，测定其TN、氨氮、硝氮、TP、化学需氧量等污染物指标，作为该场降雨地下水位、水质的本底值。在降雨结束后，根据地下水流特点，水样监测为雨前、雨后、汛期每七天一次、非汛期每月两次（视两次降雨间隔而定）各监测一次地下水埋深的变化情况，并采集地下水样测定上述指标含量。若 2 次降雨间隔较长，可增加监测频率，观测该场降雨对地下水水位水质的持续性影响，通过比较同一场降雨地下水水位、水质数据的变化情况，分析单场暴雨入流水量、水质对雨水设施地下水位和水质的影响大小；对比背景监测井地下水水位与水质大小、同一雨水设施不同地下水水井的水位、水质数据，分析该场暴雨对地下水水位、水质的影响大小与影响范围；其次，拟定每月中旬对地下水水位、水质进行长期、连续性动态监测，分析雨水设施集中入渗径流雨水对地下水水位、水质年内变化和年际变化的影响。

（三）降雨集中入渗对地下水埋深的影响

雨水花园作为被广泛认可的海绵城市绿色基础设施之一，通过集中入渗，不仅可以调节雨水径流过程，而且可以增加对地下水的补给。Machusick 等在美国宾夕法尼亚州东南部地区的研究发现，当降雨量大于 18mm，雨水径流通过渗蓄设施向下入渗补给地下水，局部得到补给的地下水凸起形成小丘，造成地下水水位波动较大。Barron 等在地中海地区的研究发现，由于存在高渗透性砂土和地下水埋深较浅，年降雨量超过 40％的水分都补给到地下水中。Massuel 等研究发现，入渗水量占据存储罐总量的 57％～63％，方圆 100m 以内地下水都受到影响。一般把降雨从土壤表面进入到土壤，再通过土壤又进入到地下水的整个过程称为降雨入渗补给。其中降雨从土壤表面进入到土壤的水量称为降雨入渗量，补给过程如图 8.29。雨水花园地下水位从 2013 年观测至 2016 年，夏秋两季的水位埋深在 3.5～3.7m 之间，冬春两季的地下水位埋深在 3.0～3.2m 之间。其中地下水位埋深最浅为 1.93m，发生于 2014 年 9 月 16 日，地下水埋深变幅近 1m，这主要是由于 2014 年 9 月 13—15 日连续降雨，总降雨量达 68.4mm，降雨产生的雨水径流通过雨水花园入渗补给地下水，使地下水位抬升。以完整的一年监测为例，在 2016 年 5—10 月，共收集了 12 场降雨的 55 组地下水位数据，并绘制出地下水位埋深与降雨量的变化趋势见图 8.30。研究区地下水位随降雨量而改变，整个动态监测变化过程中 J2 和 J3 的水位埋深均小于 J1（参考井），即集中入渗可以抬升地下水位高度。J1 地下水位埋深基本保持稳定，J2 和 J3 的变化趋势一致且 J2 的水位埋深低于 J3。研究区雨季降雨量丰沛，地下水埋深呈明显的“锯齿状”，其地下水埋深随降雨的开始与结束呈现快速升降的特点，补给量随降雨强度和降雨月份发生改变，一般在降水 2～3d 之后，地下水位会出现明显的上升趋势。表 8.35 列出了 2＃雨水花园和 3＃花园的地下水埋深观测值在整个监测期内以及降雨后 3d 内的变化范围及统计结果。统计分析运用 t 检验比较监测井和参考井(CKJ)观测结果差异的显著性。考虑到地下水位及水质本身具有一定的波动性,文中对于差异显著性的置信水平取较为严格的 0.01。由于 LID 设施效果受到地下水运动的影响,特别是非降雨期内,集中入渗的影响可能很快会被削弱,故考虑了长期和短期效果两个方面,长期效果基于整个监测期的数据比较,短期则基于降雨后 3d 内地下水的变化。检验结果显示,在监测期间,监测井 J2、J3 地下水平均埋深均显著小于参考井 J1;降雨后 3d 内各监测井的地下水平均埋深也均显著小于参考井 J1、J2、J3 地下水位平均抬高了 0.3m 且标准差较小,说明入渗补给点的地下水位较高且水位稳定。

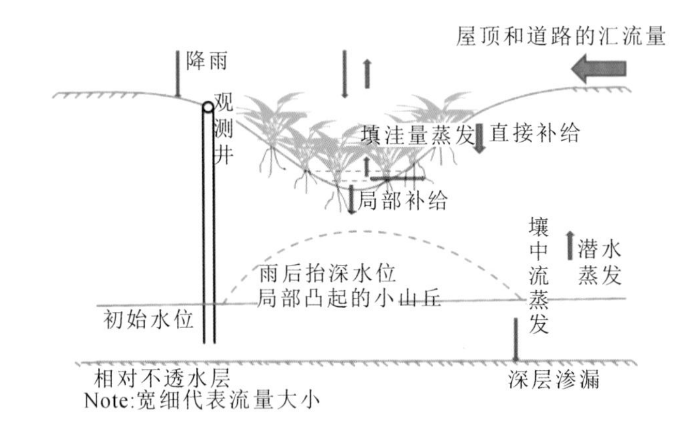

图 8.29　雨水路径图

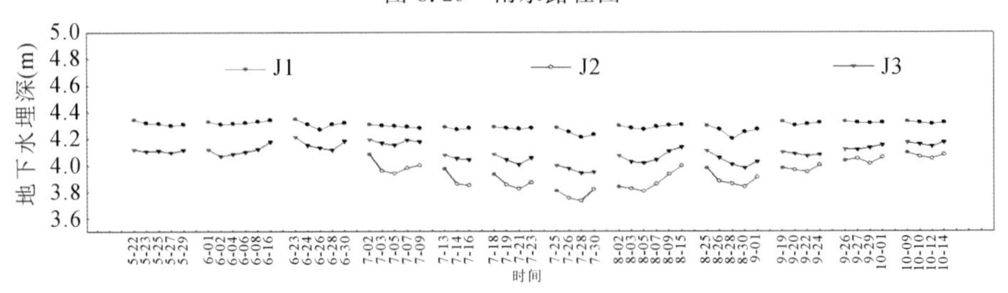

图 8.30　地下水埋深随监测进程变化过程

表 8.35　监测井地下水位埋深统计结果

井号	监测期			降雨后 3 天内		
	Avg±S_d	t	p	Avg±S_d	t	p
J1	4.2984±0.031			4.2978±0.032		
J2	3.9364±0.097	0.777	0*	3.9322±0.103	0.765	0*
J3	4.0958±0.064	0.743	0*	4.0911±0.062	0.751	0*

（四）降雨集中入渗对地下水水质的影响

1. 雨水花园集中入渗对地下水中氮含量（总氮、氨氮、硝酸盐氮）的影响

雨水花园从建设期到 2016 年监测到的地下水中总氮（TN）的变化为 2012 年至 2014 年 TN 平均浓度 J2 1.81mg/L 、J3 1.87mg/L、J1（CKJ）2.31mg/L，2016 年 TN 平均浓度 J2 0.923mg/L 、J3 0.907mg/L、J1（参考井）0.872mg/L。2016 年 5 月至 10 月，整个监测期间共收集了 12 场降雨 55 组地下水 TN 水质数据，如图 8.31（a、b）所示，TN 含量随时间的推移呈现降低趋势，且观测井 TN 含量相较背景井更大，造成观测井 TN 浓度在 7、8 月份增大可能为以下原因：由于 J2 和 J3 上层为种植土层，并具有植被覆盖层，汛前降雨量较小，污染物进入土壤中有小幅度的积累作用。汛期由于降雨频繁，雨强较大，对汇水下垫面和花园内部冲刷效应大，土壤中累积的污染物在水流的冲刷作用下进入地下水中。与此同时，夏季大气干、湿沉降污染严重，降雨携带的空气污染物和城市径流污染物较多，故 J2 和 J3 地下水中的氮含量会有小幅上升。虽然在短时期内，雨水花园集中入渗对地下水氮含量会有一定的影响。但汛期过后，随着降雨强度的降低，降雨对雨水花园的冲刷作用减弱，故在本监测条件下，雨水花园集中入渗对地下水中含氮化合物没有造成明显污染。

雨水花园从建设期到 2016 年监测到的地下水中氨氮的变化为 2012 年至 2014 年平均浓度 J2 0.33mg/L、J3 0.33mg/L、J1（CKJ）0.31mg/L，2016 年平均浓度 J2 0.31mg/L 、J3 0.31mg/L、J1（参考井）0.28mg/L，2016 年 5 月至 10 月，整个监测期间共收集了 12 场降雨 55 组地下水氨氮水质数据，如图 8.31（c、d）所示。氨氮含量变化不明显，这主要是由于降雨径流进入雨水花园后，颗粒态污染物被拦截在土壤表层，溶解态污染物随着雨水入渗通过土壤基质吸附、离子交换、细菌降解得到有效去除。并且氨氮主要带正电荷，而土壤基质大多带有负电荷，对氨氮的吸附作用较强。同时，氨氮也可被硝化细菌氧化，形成硝酸盐氮。在上述 2 个相关过程的协同工作下，雨水中氨氮得到较好去除，故降雨径流入渗补给地下水时，对地下水中氨氮的影响较小。

雨水花园从建设期到 2016 年监测到的地下水中硝酸盐氮的变化为 2012 年至 2014 年平均浓度 J2 0.05mg/L 、J3 0.06mg/L、J1（参考井）0.06mg/L，2016 年平均浓度 J2 0.530mg/L 、J3 0.518mg/L、J1（参考井）0.501mg/L。2016 年 5 月至 10 月，整个监测期间共收集了 12 场降雨 55 组地下水水质数据。硝酸盐氮含量随时间的推移呈现增长趋势，这主要是由于硝酸盐氮带负电荷，不易被吸附，易被降雨淋溶进入地下水，造成地下水氮污染，并且砂性土壤含量的比例越高，硝酸盐氮的淋溶越快。

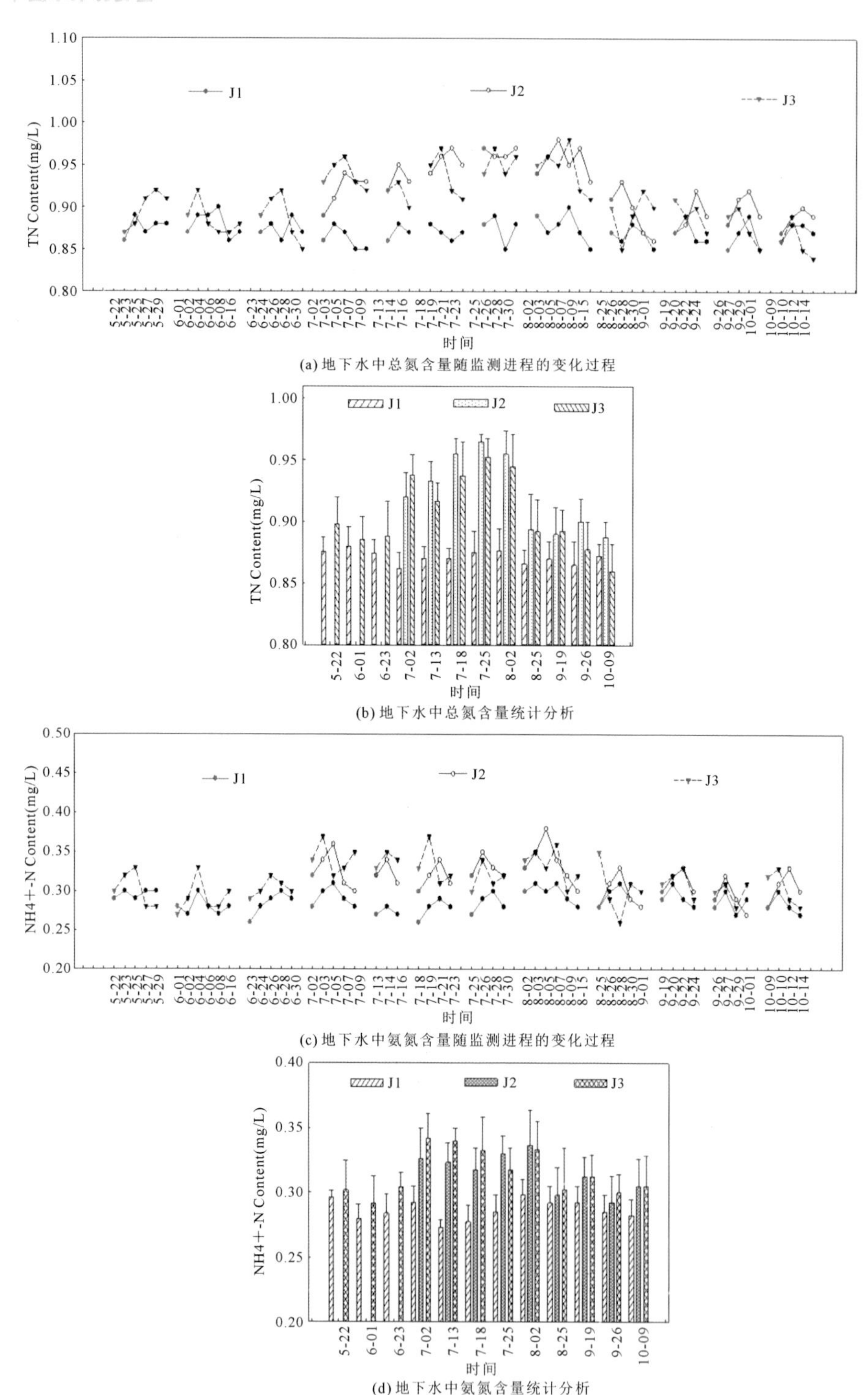

(a) 地下水中总氮含量随监测进程的变化过程

(b) 地下水中总氮含量统计分析

(c) 地下水中氨氮含量随监测进程的变化过程

(d) 地下水中氨氮含量统计分析

图 8.31 地下水中氮含量随监测进程的变化过程

2.雨水花园集中入渗对地下水中磷含量的影响

雨水花园从建设期到2016年监测到的地下水中总磷的变化为2012年至2014年平均浓度J2 3.05mg/L 、J3 0.35mg/L、J1(参考井)0.91mg/L,2016年平均浓度J2 0.48mg/L 、J3 0.48mg/L、J1(参考井)0.47mg/L。整个监测期间共收集了12场降雨55组地下水水质数据如图8.32所示,整个监测过程中J1、J2、J3中总磷的浓度均是随降雨先上升后下降,浓度变化有相同的趋势。J2和J3中总磷含量在汛期(7、8月份)有小幅度上升见图8.32(b),而J1中总磷含量在整个监测期间保持稳定。这可能是由于产流初期,进入土壤中总磷含量较高并随着径流迁移而逐渐降低,其中颗粒态磷会被拦截在土壤中,而部分溶解态磷随着雨水下渗进入地下水中,当径流中携带的污染物浓度基本稳定后,进入土壤中磷含量也逐渐趋于一个定值,因此,每次降雨后会导致地下水中磷含量会出现短暂升高。但由于地下水自身的净化、降解作用,使得地下水中磷含量会有所降低。与地下水中氮含量的变化规律一致。

3.雨水花园集中入渗对地下水中化学需氧含量的影响

2016年5月至10月,整个监测期间共收集了12场降雨55组化学需氧量(COD)水质数据,如图8.32所示,2016年COD平均浓度J2 59.18mg/L 、J3 59.42mg/L、J1(参考井)58.61mg/L。雨水花园对COD的去除主要通过土壤基质过滤和微生物降解作用。该净化效果一方面源于雨水花园中基质吸附、植物吸收和微生物降解作用,另一方面源自地下水的稀释和自净作用,最终使得地下水中COD含量大幅降低并趋于稳定。由图8.33可以看出,每次降雨3d后J2和J3中COD含量略有上升,但随后又有所降低,最终保持在60mg/L左右。这可能是由于2#雨水花园主要收集屋面雨水,由于受2#系统东侧垃圾场的影响,有机质含量较多,水质相对较差,而3#雨水花园 雨水部分来自屋面,部分来自路面。虽然路面上车胎磨损、行人鞋底摩擦造成的污染较大,但该路面由于中间高,两端较低,实际汇入雨水花园中的雨水仅来自部分路面雨水和屋面雨水,故其有机质含量较少。因此,J2和J3地下水中的COD含量与对照井J1中COD含量差异性较小,故在本监测条件下,雨水花园集中入渗对地下水没有造成明显的有机污染。

(五)降雨集中入渗对地下水补给的影响

天然空隙含水层中地下水流的雷诺数远小于临界雷诺数和临界水力坡度,因此天然地下水多处于层流状态,符合达西定律。降雨入渗补给系数与给水度是地下水相关研究中的重要水文参数,降雨入渗补给是地下水资源形成的重要

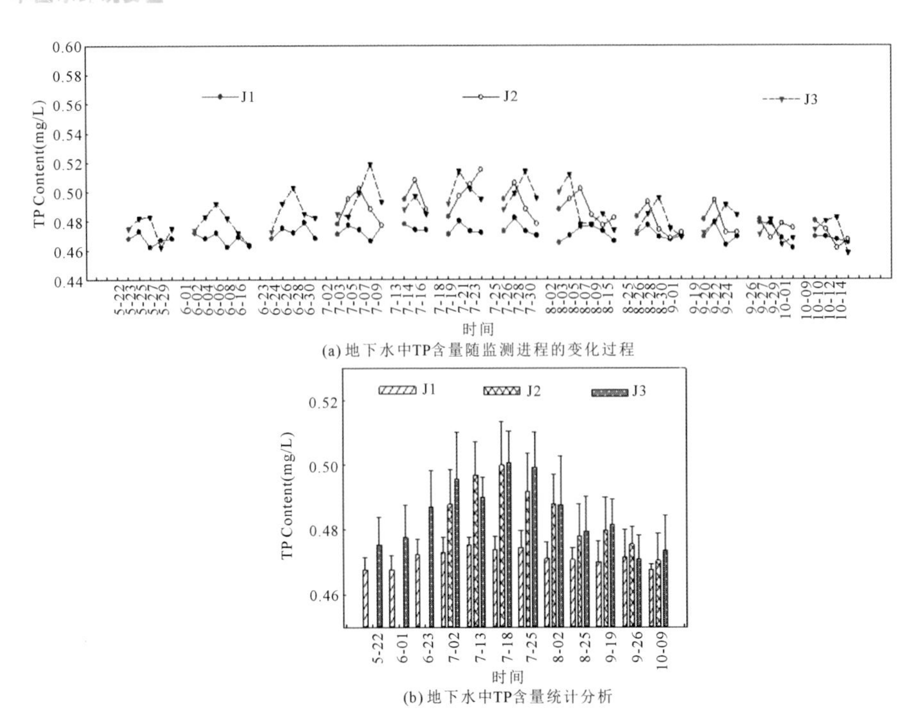

(a) 地下水中TP含量随监测进程的变化过程

(b) 地下水中TP含量统计分析

图 8.32　地下水 TP 浓度变化及统计分析

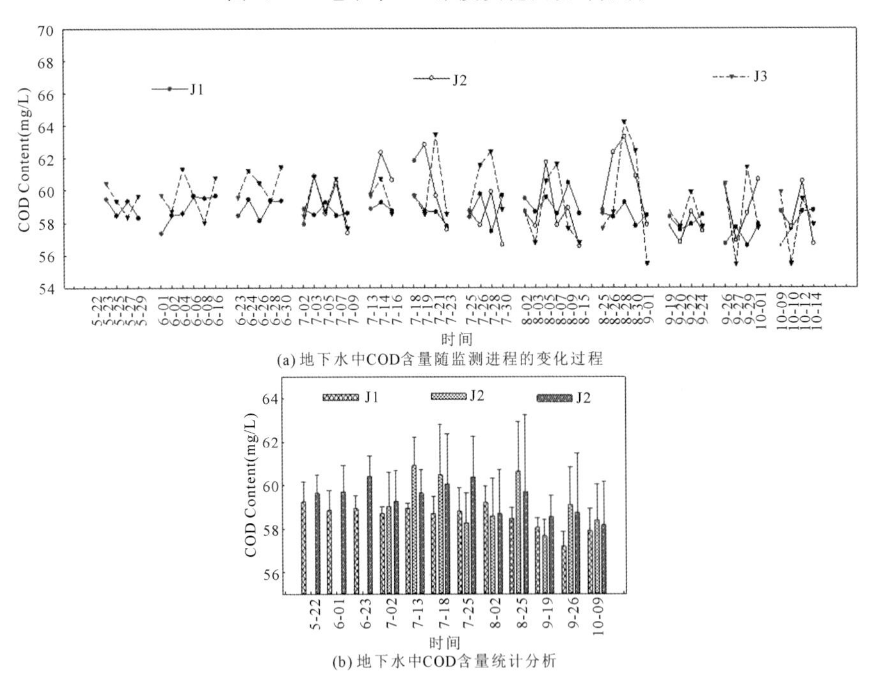

(a) 地下水中COD含量随监测进程的变化过程

(b) 地下水中COD含量统计分析

图 8.33　地下水中 COD 含量随监测进程的变化过程及统计分析

组成部分，地下水储量的多寡与降雨入渗补给量密切相关。地下水补给主要包括直接补给和局部补给，降雨对地下水径补给的损失主要包括植物截留、雨期蒸发、被土壤吸收的量、填洼量和地表径流。其中植物截流量大小与降雨量、降雨历时、枝叶的郁闭度和表面积等有关且很难计算。据陕西黄龙试验站的观测数据，植物截留量占观测期内降雨量的 12%～22%，被土壤吸收的量最终因蒸发消耗。填洼量受降雨强度、降雨历时、地表粗糙度等因素影响，最终蒸发一部分、下渗一部分。为了便于计算，采用水量平衡法计算地下水补给量 Pr，并计算补给系数 a，如式(8-27)所示。2＃雨水花园为当地均质黄土，3＃花园为分层填料。土壤样品经测量显示属于粉砂土且随时间推移，粉砂土的含量在缓慢增加，2015 年底达到 73.49%，雨水花园平均土壤入渗率为2.277m/d。Loheid 等人通过使用变饱和带二维数值模拟(VS2D)提出不同介质瞬时给水度的合理取值，当埋深较浅时，可参考式(8-27)。雨水花园内黄土介质的饱和含水量一般在 40.2%～50%，雨前土壤含水量为 19.5%～29.1%。给水度值介于0.111～0.305 之间。Gerla 提出了一种适用于地下水位较浅的给水度计算方法，见式(8-28)。给水度值介于 0.031～0.829 之间，给水度初始值采取两种计算方法的平均值取 0.2。Schilling 计算美国艾奥瓦州的 Walnut Creak 湿地中藨草生长区的地下水蒸发蒸腾量，采用式(8-29)。得出 2＃花园和 3＃花园的补给，如表 8.36 所示。

表 8.36　2＃花园和 3＃花园的补给量

	月份	时间	降雨量 P	汇流量 Q	高差 ΔH	入渗量 P_r	蒸发 E	补给系数 a	补给量
	单位	Yr/m/d	mm	mm	mm	mm	mm	/	mm/yr
＃2	7	20160702	5.9	112.1	150	31.2	68.42	0.278	1173.12
		20160713	42.5	807.5	130	27.04	780.46	0.033	
		20160718	10	190	110	22.88	158.8	0.120	
		20160725	56.6	1075.4	80	16.64	1040.04	0.015	
	8	20160802	7.3	138.7	80	16.64	84.62	0.120	274.56
		20160825	16.9	321.1	30	6.24	300.3	0.019	
	9	20160919	10.1	191.9	140	29.12	152.38	0.151	424.32
		20160926	2.8	53.2	30	6.24	36.56	0.117	
	10	20161009	3.5	66.5	50	10.4	49.86	0.156	124.8

续表

	月份	时间	降雨量 P	汇流量 Q	高差 ΔH	入渗量 P_r	蒸发 E	补给系数 a	补给量
	单位	Yr/m/d	mm	mm	mm	mm	mm	/	mm/yr
#3	5	20160522	7.9	114.55	20	4.16	106.23	0.036	49.92
	6	20160601	15.7	227.65	50	10.4	194.37	0.046	374.4
		20160623	39.9	578.55	100	20.8	545.27	0.036	
	7	20160702	5.9	85.55	50	10.4	66.83	0.122	574.08
		20160713	42.5	616.25	40	8.32	607.93	0.014	
		20160718	10	145	80	16.64	117.96	0.115	
		20160725	56.6	820.7	60	12.48	806.14	0.015	
	8	20160802	7.3	105.85	60	12.48	68.41	0.118	449.28
		20160825	16.9	245.05	120	24.96	209.69	0.102	
	9	20160919	10.1	146.45	30	6.24	138.13	0.043	74.88
		20160926	2.8	40.6	0	0	34.36	0	
	10	20161009	3.5	50.75	30	6.24	38.27	0.123	6.24

$$S_y = \theta_s - \theta_{suiface} \tag{8-22}$$

$$S_y = \frac{P_r}{\Delta H} \tag{8-23}$$

$$E_{Tg} = \sum (d_i - d_{i-1}) * S_y \tag{8-24}$$

式中，S_y是给水度；θ_s是饱和含水率（%）；$\theta_{surface}$是地表含水率（%）；Pr 是将于补给（mm）；ΔH 是地下水埋深高差（mm）；d_i是第 i 天的地下水埋深（mm）；d_{i-1}是第 $i+1$ 天的水位埋深（mm）；E_{Tg} 是潜水蒸发（mm）；Q 是汇流量（mm）；a 是补给系数。

（六）地下水数值模拟

为了探究雨水回灌设施对地下水水位与水质的影响，目前已经有相关学者应用地下水可视化软件来模拟雨水集中入渗。从 20 世纪 60 年代开始，地下水保护和污染控制问题已经引起一些先进国家的关注，同时相关的理论研究也相继展开，而我国运用数值模拟方法研究地下水保护问题始于 20 世纪 70 年代。地下水赋存于地下岩石空隙中，不能直接观察，只有通过水文地质勘查和地下水动态监测才能揭示其赋存条件与运动变化规律。利用可视化技术展现地下水赋存环境和动态特征，从而较全面准确地揭示研究区水文地质状况，而这已成为海绵城市的热点研究课题之一。

1.可视化数值模拟

地下水时空变化可视化以水文地质调查数据、地下水文动态监测数据、数值模拟结果及专家分析数据为基础，建立地下水流场各类渗流、运移、污染扩散、水位变化等时空变化模型，并实现可视化模拟分析及显示。这方面的研究主要有以下三类。

(1)地下水流模拟模型与 GIS 软件相结合。从 20 世纪 90 年代开始，地理信息系统(GIS)广泛应用于水文地质领域的各方面研究，主要包括：基于 GIS 的地下水资源评价、地下水资源管理、地面沉降研究、地下水水质评价及污染物分析、水文地质调查、地下水保护，以及 GIS 与数值模拟技术的结合等。充分利用 GIS 软件的可视化功能实现水文地质信息分图层管理、自动绘制等值线图、生成水位剖面图、控制点的添加、参数赋值、空间查询等。在地下水资源管理方面，GIS 主要应用于地下水资源开采与规划、地下水与地表水的联合调度研究、地下水资源管理与决策系统的开发等方面。

(2)基于地下水流模拟专业软件的可视化。国际上比较流行的地下水模拟软件有 GMS、FEFLOW、Visual MODEFLOW、Visual Groundwater、MIKE SHE、MT3DMS、TOUGH2 等。地下水模型是模拟软件的核心，即软件的主要模拟功能依赖于模型或模型耦合，目前 MODFLOW、MT3D、PEST、MODPATH、UCODE 等模型已经被国际上很多专业机构、学者所使用，并运用到具体的地下水模拟软件当中，为解决不同水文地质条件提供模型参考。

(3)多技术组合可视化。主要是上述技术和软件与其他方法的联合使用。概念模型确定模拟的准确度，信息获取将成为地下水模拟软件发展的核心问题。地下水数值模型的离散网格与 3S 栅格数据有很多相似之处，所以两者之间可以实现有效结合。模拟软件将进一步集成 RS、GIS、环境同位素等技术，地下水数值模型与 3S 技术的深度结合，可以更准确地预测地下水流场。MATLAB 软件、人工神经网络技术、随机理论及回归模型等系统预测理论方法具有较强的模拟预测作用对水文地质资料缺乏的区域有很好的预测作用。

2.地下水数值模拟方法与步骤

合理的地下水流动数值模型是定量评价地下水资源的有效手段，可以为地下水资源的优化开采、科学配置和污染防治提供科学的依据。在实际应用中，由于研究区边界条件、含水层结构、水文地质参数往往比较复杂,如何科学地概化这些水文地质属性,使模型能够再现该区地下水流动规律是建立一个合理模型的重要保障。总的来说,建立一个地下水流动数值模型,一般分为以下 7 步(俗称七步法),具体步骤如图 8.34 所示。

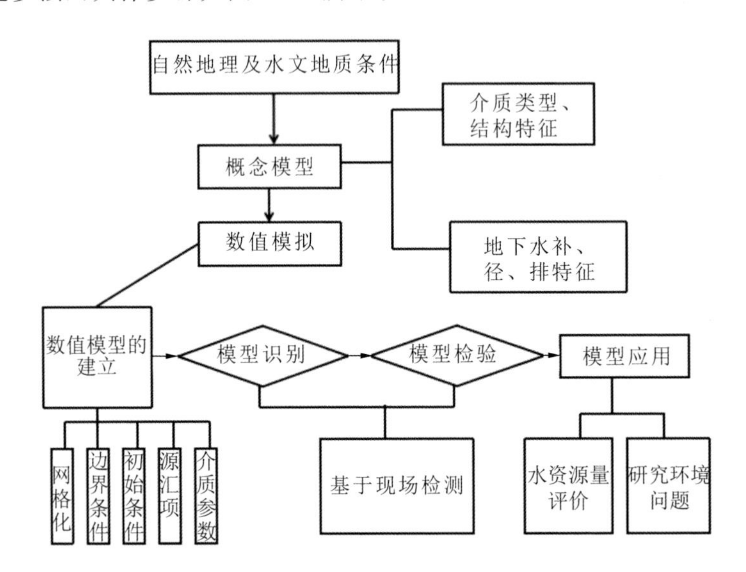

图 8.34　地下水数值模型建立的一般步骤与方法

(1)分析研究区水文地质条件。

(2)根据水文地质条件建立研究区水文地质概念模型。

(3)选择(或建立)合适的数学模型。

(4)建立数值模型。

(5)数值模型的拟合调参。

(6)数值模型的检验。

(7)数值模型的应用。

3.数值模拟在雨水花园集中入渗中的应用

通过上述方法,结合西安地区水文地质资料及现有软件功能,选取 Visual MODFLOW 软件模拟雨水花园集中入渗后对地下水流的影响。

MODFLOW 非稳定流水流方程:

MODFLOW 作为被广泛应用的地下水流模型,它采用三维的有限差分计算方法,基本方程如下所示。

常密度地下水的三维非稳定流动基本方程式如下:

$$\frac{\partial}{\partial \chi}\left(\kappa_\chi \frac{\partial \mathrm{h}}{\partial y}\right)+\frac{\partial}{\partial y}\left(\kappa_y \frac{\partial h}{\partial y}\right)+\frac{\partial}{\partial z}\left(\kappa_z \frac{\partial h}{\partial z}\right)-q=\mu_s \frac{\partial H}{\partial t} \tag{8-25}$$

式中，κ，沿 x,y,z 三个维度方向上潜水层地下水介质的渗透系数[LT－1]；q，地下水的源汇项。

建立定解条件式：

$$H\big|_{B1} = H(x,y,t) \tag{8-26}$$

$$H\frac{\partial H}{\partial n}\bigg|_{B2} = q(x,y,t) \tag{8-27}$$

4.水流模拟的结果

通过模型模拟出来的计算值与实际观测到的水位纳什进行拟合，拟合的结果如下图8.35所示。拟合的结果良好，表明所建立的水流数值模型较符合实际情况，可为以后预测地下水埋深变化提供预测依据。

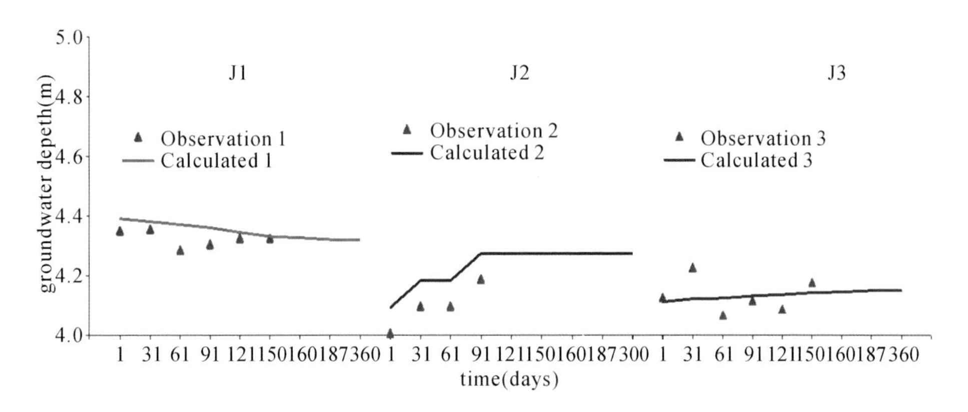

图8.35　水流模拟的结果

第五节　结　　论

随着我国城市化进程的加快，不透水面积剧增，城市内涝、面源污染、雨水资源流失等问题严重。面源污染经由径流与排水系统排入末端水体，污染城市河流，造成水体黑臭和水生态严重恶化。因此，海绵城市建设须遵循生态优先等原则，将自然途径与人工措施相结合，在确保城市排水防涝安全的前提下，最大程度地实现雨水在城市区域的积存、渗透和净化，促进雨水资源的利用和生态环境保护。在城市开发建设过程中采用源头削减、中途转输、末端调蓄等多种手段。通过渗、滞、蓄、净、用、排等多种技术，实现城市良性水文循环，提高对径流雨水的渗透、调蓄、净化、利用和排放能力，维持或恢复城市的“海绵”功能。

1. 雨水花园对降雨径流及水质的调控

通过对西安理工大学3个雨水花园进行的长期运行条件下寿命分析，并对一般的排水型和入渗型雨水花园各功能价值进行了估算，研究得出以下结论：①雨水花园对径流水量的削减与花园基质的入渗性能有关，对溶解态污染物的净化与基质类型有关，3个雨水花园对径流水量的削减和污染负荷的削减呈先增大后减小的趋势；②雨水花园系统是雨水径流水量调控及非点源污染源头控制的有效措施，对防渗型和渗透型两套雨水花园监测的33场降雨事件分析结果表明，入渗型雨水花园仅出现两次溢流事件，水量削减率分别为45.7%和36.19%，其他场次汇集雨水径流全部入渗；防渗型雨水花园对于小雨、中雨降雨事件(降雨量小于25mm)，水量控制率基本可达到60%以上；认为未出流场次水量削减率和污染物负荷削减率均为100%情况下，防渗型雨水花园水量削减率与污染物负荷削减率的相关关系在0.857以上；③TN、氨氮、TP、化学需氧量出流浓度超过地表Ⅳ限制的概率分别为20%，8%，8%，56%，相对于入流污染物浓度有较好的改善；④以纯种植土为填料的雨水花园年污染物浓度去除率效果不稳定，估算的污染物年浓度去除率为11.93%～60.97%，污染物负荷削减率基本在70%以上，说明由于水量的控制，污染物负荷量有了较好的控制。

通过对新建雨水花园一年的监测与分析发现，雨水花园对水量滞蓄效果较为明显，其对中小雨(＜25mm/d)的水量削减效果基本可达60%以上，水量削减率和进水水量成一定的负相关关系，且受雨前干燥期影响较大，相同降雨量下干燥期越长，水量削减效果越明显。运行初期会出现明显的污染物质溶出现象，主要体现在TN、硝氮、有机氮与颗粒氮，水质净化效果受到一定的影响。初始运行时SS受结构层不稳定影响，运行后期浓度去除率在23%～40%；COD去除效果波动较大，为14.69%～80%；运行后期氮素去除效果有一定上升，TN浓度去除20%～45%、氨氮15%～55%、硝氮－10%～45%，淹没区作用有待持续研究；运行后期TP出水水质基本可达地表Ⅱ类水质指标，证明WTR对磷素有较强的吸附能力。对单场负荷削减率和年负荷削减率进行统计发现，雨水花园负荷削减率明显高于浓度去除率，雨水花园对COD、氨氮、SS、TP入流负荷均有良好的削减效果，年负荷削减率基本可达68%以上。TN受淋洗现象影响严重，年负荷削减率为负值，其主要原因在于结构层中硝氮、可溶性氮等的短暂淋洗。

2. 低影响开发措施模型模拟

以西咸新区沣西新城海绵城市研究区域为对象，构建了SWMM和MIKE

模型,并进行了不同降雨事件的雨型设计以及LID措施对研究区域水文效应与环境效应的影响。

SWMM模型模拟结论:①雨水管网积水节点的个数与降雨重现期的大小成正相关。添加LID措施后,积水节点个数明显减少,积水时长缩短,最大流量发生时刻推迟;②LID措施能够有效调控城市暴雨径流量,对区域洪峰流量、径流总量有很好的削减效果。在不同降水条件下,添加LID措施后径流总量控制率增加了13.11%~35.71%,洪峰迟滞时间为1~25min。LID模式与传统开发模式相比较,SS负荷削减率提高了32.32%~49.60%;COD负荷削减率提高了37.40%~56.65%;TP负荷削减率提高了33.00%~52.91%;TN负荷削减率提高了34.76%~54.63%;③SWMM模型可以有效模拟LID措施的效果,并且能够将水量水质模拟结果量化表示,对LID措施的推广和应用具有实际意义。本研究中设置的LID措施效果良好,但仍可以进一步优化,可以通过增设LID措施面积,改变LID措施设置位置或采用单项措施的不同组合等来达到更好的径流和污染负荷调控效果。

MIKE模型模拟结论:①LID措施能够有效调控城市暴雨径流及污染,通过对试点区域进行不同重现期下模拟,可以得出相较于传统开发模式,溢流量减少率为22.4%~100%,溢流点个数减少率为5.54%~100%,超负荷管段比例减少率为0~54.55%,径流量减少率为64.01%~81.52%,峰值流量减少率为0~69.09%,峰值迟滞时间为0~48min;SS负荷减少率19.20%~68.71%、出口平均浓度(EMC)减少率0.65%~42.07%;COD负荷减少率为19.19%~67.78%、EMC减少0.65%~40.34%;TN负荷减少率18.72%~60.91%、EMC减少率为0.06%~27.62%;TP负荷减少率为19.89%~68.75%、EMC减少率为1.51%~42.14%;各指标的负荷减少程度排序为:TP >SS> COD >TN。同时,低影响开发措施对于内涝点有一定的控制作用,即不同淹没水深和淹没历时下淹没范围分别减少11.11%~100%和32.23%~100%;②海绵城市规划总体建设目标年径流总量控制率85%对应的设计降雨量为19.2mm的降水事件中,在该雨量的3h降雨过程中,排放口实现无水量外排;同时SS负荷削减率达到60%;但低影响措施对于内涝的控制未能实现零内涝。在50a一遇强度的24h降雨过程中,积水时间超过30min且积水深度超过15cm的内涝点大多集中在6号排水系统中,造成这一结果的主要原因为6号排水系统地势低洼,且大部分为建成区,故在进行低影响开发时许多措施的设施布置受限;③MIKE FLOOD模型能够有效模拟低影响开发措施影响效果且可以将模拟结

果量化，本节仅对 LID 措施布置总比例17.75%，其中包括生态滞留设施11.59%、透水铺装 5.02%和绿色屋顶 1.15%效果进行模拟，还可以通过增设面积、选取最优组合等方式设置并进行效果模拟，从而更好地为科学决策提供依据。

3.雨水集中入渗对地下水的影响

J2 和 J3 在整个监测期间变化幅度较大，每次降雨后 J2 和 J3 水位均略有上升，J1 地下水位的变化幅度较小，基本保持稳定。J1 地下水埋深保持在 4.20～4.35m，J2 保持在 3.73～4.12m，J3 保持在 3.94～4.22m。整个监测期间，3 个地下水井中氮磷含量较小，与对照 J1 相比，J2 和 J3 地下水中氮磷含量在 7、8 两月略有上升，随后 3 个地下水井中氮含量趋于一致。

雨水花园集中入渗可补给地下水，涵养地下水资源，抬升地下水位；对地下水中氮磷含量的影响表现为：汛期(7、8 两月)地下水氮磷含量有所升高，汛期末其含量逐渐下降并趋于稳定。

参考文献

[1]夏军，张永勇，张印，等.中国海绵城市建设的水问题研究与展望[J].人民长江，2017，48(20)：1-5.

[2]刘耀龙，陈圆圆，王军，等.浅论城市化与水环境安全的关系[J].资源环境与发展，2010(4)：32-34.

[3]赵亮，邱勇哲.海绵城市理念纳入新型城市发展[J].广西城镇建设，2016(4)：20-27.

[4]北京建筑大学.海绵城市建设技术指南：低影响开发雨水系统构建(试行)[M].中国建筑工业出版社，2015.

[5]王文亮，李俊奇，王二松，等.海绵城市建设要点简析[J].建设科技，2015，(1)：19-21.

[6]DAVIS A P，TRAVER R G，III W FH，et al. Hydrologic performance of bioretention storm-water control measures [J]. Journal of Hydrologic Engineering，2012，17(5)：604-614.

[7]谢雯，阎瑾.海绵城市理论及其建设评析[J].价值工程，2015(28)：11-13.

[8]解静静.谈海绵城市建设的必要性[J].山西建筑，2015，41(25)：194-195.

[9]程娟.新型资源观与实现水资源的可持续利用[J].中国水利,2003(4):24-25.

[10]李树平,黄廷林.城市化对城市降雨径流的影响及城市雨洪控制[J].中国市政工程,2002(3):35-37.

[11]王建龙,车伍,易红星.基于低影响开发的城市雨洪控制与利用方法[J].中国给水排水,2009,25(14):6-16.

[12]许萍,张丽,张雅君,等.中国低影响开发城市雨水管理模式推广策略[J].土木建筑与环境工程,2012,土木建筑与环境工程,2012,34(Z1):165-169.

[13]高晓丽.道路雨水生物滞留系统内填料的研究[D].太原:太原理工大学,2014.

[14]Davis A P. Field performance of bioretention: hydrology impact[J]. Journal of Hydrologic Engineering,2008,13(2):90-95.

[15]Vaze J,Chiew F H. Experimental study of pollutant accumulation on an urban road surface[J]. Urban Water,2002,4(4):379-389.

[16]唐双成.海绵城市建设中小型绿色基础设施对雨洪径流的调控作用研究[D].西安:西安理工大学,2016.

[17]Gregoire B G,Clausen J C. Effect of a modular extensive green roof on stormwater runoff and water quality[J]. Ecological Engineering,2011,37(6):963-969.

[18]胡文力.浅析初期雨水水质及弃水量[J].山西建筑,2011,37(25):129-130.

[19]胡世强.雨水花园对城市屋面雨水径流的水文及水质作用研究[D].西安:西安理工大学,2014.

[20]Lürling M, Waajen G, Van O F. Humic substances interfere with phosphate removal by Lanthanum modified clay in controlling eutrophication.[J]. Water Research,2014,54(4):78-88.

[21]Liu J Y,Davis A P. Phosphorus speciation and treatment using enhanced phosphorus removal bioretention [J]. Environmental Science & Technology,2014,48:607-614.

[22]Hatt B E,Fletcher T D,Deletic A. Hydrologic and pollutant removal performance of stormwater biofiltration systems at the field scale[J]. Journal of Hydrology,2009,365(3-4):310-321.

[23]Hunt W F,Jarrett A,Smith J,et al. Evaluating bioretention hydrology and

nutrient removal at three field sites in North Carolina[J]. Journal of Irrigation and Drainage Engineering,2006,132(6):600-608.

[24]住房和城乡建设部.海绵城市建设技术指南[S].2014.

[25]李俊奇.雨水花园蓄渗处置屋面径流案例分析[J].中国给水排水,2010,26(10):129-133

[26]唐双成.西安市雨水花园蓄渗雨水径流的试验研究[J].水土保持学报,2012,26(6):75-84.

[27]赵苗苗.雨水花园集中入渗对地下水影响的研究[D].西安:西安理工大学,2015.

[28]卢金锁,程云,郑琴,等.西安市暴雨强度公式的推求研究[J].中国给水排水,2010,26(17):82-84.

[29]高建平,潘俊奎,谢义昌.生物滞留带结构层参数对道路径流滞蓄效应影响[J].水科学进展,2017,28(5):702-711.

[30]PAYNE E G,FLETCHER T D,COOK P L,et al. Processes and drivers of nitrogen removal in stormwater biofiltration[J]. Critical Reviews in Environmental Science and Technology,2014,44(7),796-846.

[31]MANGANGKA I R, LIU A, EGODAEATTA P, et al. Performance characterisation of a stormwater treatment bioretention basin[J]. Journal of Environmental Management,2015,150:173-178.

[32]DAVIS A P,HUNT W F,TRAVER R G,et al. Bioretention technology: overview of current practice and future needs [J]. Journal of Environmental Engineering,2009,135 (3):109-117.

[33]SUN X L,DAVIS A P. Heavy metal fates in laboratory bioretention systems[J]. Chemosphere,2007,66(9):1601-1609.

[34]侯立柱,冯绍元,丁跃元,等.多层渗滤介质系统对城市雨水径流氮磷污染物的净化作用[J].环境科学学报,2009,29(5):960-967.

[35]CHEN X L,EDWARD P,BELINDA S M,et al. Nitrogen removal and nitrifying and denitrifying bacteria quantification in a stormwater bioretention system[J]. Water research,2013(47):1691-1700.

[36]唐双成,罗纨,贾忠华,等.雨水花园对暴雨径流的削减效果[J].水科学进展,2015,26(06):787-794.

[37]LI J,JIANG C,LEI T,et al. Experimental study and simulation of water

quality purification of urban surface runoff using non-vegetated bioswales [J]. Ecological Engineering,2016,95:706-713.

[38]LI J K,DAVIS A P. 2016. A unified look at phosphorus treatment using bioretention[J]. Water Research,90:141-155

[39]许萍,黄俊杰,张建强,等.模拟生物滞留池强化径流雨水中的氮磷去除研究[J].环境科学与技术,2017(2):107-112.

[40]车伍,李俊奇.城市雨水利用技术与管理[M].中国建筑工业出版社,2006.

[41] PALMER E T, POOR C J, Hinman C, et al. Nitrate and phosphate removal through enhanced bioretention media: mesocosm study[J]. Water Environment Research,2013,85(9):823-32.

[42]BROWN R A, HUNT W F. Impacts of Media depth on effluent water quality and hydrologic performance of undersized bioretention cells[J]. Journal of Irrigation & Drainage Engineering,2011,137(3):132-143.

[43]李俊奇,向璐璐,毛坤,等.雨水花园蓄渗处置屋面径流案例分析[J].中国给水排水,2010,26(10):129-133.

[44]QIN H P,KHU S T,YU X Y. Spatial variations of storm runoff pollution and their correlation with land-use in a rapidly urbanizing catchment in China[J]. Science of the Total Environment,2010,408(20):4613-4623.

[45] LI J, SHEN B, DONG W, et al. Water contamination characteristics of a representative urban river in Northwest China [J]. Fresenius Environmental Bulletin,2014,23(1A):239-253.

[46]李家科,李亚,沈冰,等.基于SWMM模型的城市雨水花园调控措施的效果模拟[J].水力发电学报,2014,33(4):60-67.

[47]戚海军.低影响开发雨水管理措施的设计及效能模拟研究[D].北京:北京建筑大学,2013.

[48]TSIHRINTZIS V A, HAMID R. Runoff quality prediction from small urban catchments using SWMM[J]. Hydrological Processes,1998,12(2):311-329.

[49]赵刚,史蓉,庞博,等.快速城市化对产汇流影响的研究:以凉水河流域为例[J].水力发电学报,2016,35(5):55-64.

[50]CHEN Y,ZHOU H,ZHANG H,et al. Urban flood risk warning under rapid urbanization. [J]. Environmental Research,2015,139:3-10.

[51]李春林,胡远满,刘淼,等. SWMM模型参数局部灵敏度分析[J]. 生态学杂志,2014,33(4):1076-1081.

[52]ROSSMAN L A. Storm water management model user's manual[J]. United States:Environmental Protection Agency,2007.

[53]MORRIS M D. Factorial sampling plans for preliminary computational Experiments[J]. 1991,33(2):161-174.

[54]SHARIFAN R A,ROSHAN A,AFLATONI M,et al. Uncertainty and sensitivity analysis of swmm model in computation of manhole water depth and subcatchment peak flood[J]. Procedia -Social and Behavioral Sciences,2010,2(6):7739-7740.

[55]何福力. 基于SWMM的开封市雨洪模型应用研究[D]. 郑州:郑州大学,2014.

[56]马越,姬国强,石战航,等. 西咸新区沣西新城秦皇大道低影响开发雨水系统改造[J]. 给水排水,2017(3):59-67.

[57]KEIFER C,JC Y HUANG,K. WOLKA. Modified Chicago hydrograph method[J]. Storm Sewer Design,University of Illinois,1978.

[58]岑国平,沈晋. 城市设计暴雨雨型研究[J]. 水科学进展,1998,9(1):41-46.

[59]史蕊. 基于GIS和SWMM的城市洪水模拟与分析[D]. 昆明:昆明理工大学,2010.

[60]符锐,罗龙洪,刘俊,等. SWMM模型在城市排水防涝系统能力评估中的应用[J]. 中国农村水利水电,2015(3):103-105.

[61]王雯雯,赵智杰,秦华鹏. 基于SWMM的低冲击开发模式水文效应模拟评估[J]. 北京大学学报自然科学版,2012,48(2):303-309.

[62]潘国艳,夏军,张翔,等. 生物滞留池水文效应的模拟试验研究[J]. 水电能源科学,2012(5):13-15.

[63]张辰,支霞辉,朱广汉,等. 新版《室外排水设计规范》局部修订解读[J]. 给水排水,2012,38(2):34-38.

[64]DREELIN E A,FOWLER L,Ronald C C. A test of porous pavement effectiveness on clay soils during natural storm events [J]. Water Research,2006,40(4):799-805.

[65]ZHANG JIQUAN,OKADA NORIO,TATANO HIROKAZU,et al. Risk assessment and zoning of flood damage caused by heavy rainfall in

Yamaguchi Prefecture, Japan[A]. Flood Defence'2002, New York, 2002, 162-170.

[66]AKAN A O. Pavement drainage design using Yen and Chow rainfall[C]// Proceedings of the International Conference for Centennial of Manning's Formula and Kuichling's Rational Formula. Charlottesville: University of Virginia, 1989:285-2911.

[67] FRÉDÉRIC, CHERQUI. Assessing urban potential flooding risk and identifying effective risk-reduction measures [J]. Science of the Total Environment, 2015(514):18-125.

[68]孙艳伟.城市化和低影响发展的生态水文效应研究[D].西安:西北农林科技大学,2011

[69]王丹.基于 MIKE 模型的西安市曲江新区城市内涝模拟研究[D].西安:西安理工大学,2017.

[70]HUDAK P F. Regional trends in nitrate content of Texas groundwater [J]. Journal of Hydrology, 2000, 228(1):37-47.

[71]MACHUSICK M, WELLKER A, TRAVER R. Groundwater mounding at a storm-water infiltration BMP[J]. Journal of Irrigation and Drainage Engineering, 2011, 137(3):154-160.

[72]BARRON O V, BARR A D, DONN M J. Evolution of nutrient export under urban development in areas affected by shallow water table[J]. Science of the Total Environment, 2013, 443:491-504.

[73]MASSUEL S, PERRIN J, MASCRE C, et al. Managed aquifer recharge in South India: what to expect from small percolation tanks in hard rock[J]. Journal of Hydrology, 2014, 512:157-167.

[74]李文跃,张博,洪梅,等. Visual MODFLOW 在大庆龙西地区地下水数值模拟中的应用[J].世界地质,2003,22(2):161-165.

[75] LOHEIDE S P, BUTLER J J, GORELICK S M. Estimation of groundwater consumption by phreatophytes using diurnal water table fluctuations: A saturated-unsaturated flow assessment [J]. Water Resources Research, 2005, 41(7):372-380.

[76]GERLA P J. The relationship of water-table changes to the capillary fringe, evapotranspiration, and precipitation in intermittent wetlands[J].

Wetlands,1992,12(2):91-98.

[77]SCHILLING K E,Kiniry J R. Estimation of evapotranspiration by reed canarygrass using field observations and model simulations[J]. Journal of Hydrology,2007,337(3):356-363.

第九章　水环境安全预警系统

第一节　概　　述

近年来，我国水安全事故频发，对人们健康、生态环境以及经济发展造成了严重的损失。水安全事故具有突发性和非确定性特点，使其在发生后难以得到及时的应对处置，因而成为现今水环境安全防控工作的难点，水环境安全预警因此应运而生。根据水质预警系统和生物预警系统两大预警体系的特点，衍生出了公认的综合预警系统。在国内，得益于信息采集方法、信息传输技术、预警模型和GIS技术的迅猛发展以及科研成果的共享，预警应急系统在众多领域得以广泛应用。系统主要分为两类：一类是在水环境安全评价和预警的基础上，建立湖泊与水库区的水环境监控预警系统和水环境安全预警平台；另一类是构建了适合河网区域的水环境安全预警体系，并开发出了适合河流的水环境预警与管理系统。

水环境安全预警系统是水环境安全保障的非工程措施，预警系统的构建能够在一定程度上提高用水的安全性，并减少由水环境安全事故引起的各种其他经济损失。水环境安全预警系统在事故发生前和事故发生后均可起到重要的作用，在事故发生前其可根据实际情况进行预测防控，在事故发生后也可为进一步的应急工作提供支撑。

一、水环境安全预警框架

水环境安全预警框架主要分为区域环境概况、指标体系构建、水环境监测、水环境安全评价、水环境安全预警五个部分。首先需要了解区域环境概况，主要包括区域自然地理、水环境防控体系现状、社会经济三个方面；其次根据区域的环境现状，构建水环境安全评价指标体系，先确定原则，并对指标进行筛选，最后确定各项指标的阈值、权重。水环境监测主要包括地表水、地下水以及排污口的水质、水量监测。水环境安全评价分为现状评价和预测评价两类。现状评价是根据水环境监测数据，通过指标值计算、指标赋权、评价模型构建进行安全评价，而预测评价则是将指标的预测值代入评价模型进行评价。预测模型包括社会经济与资源利用模型、土地利用预测模型、流域面源污染负荷模拟模型以及流域内水环境水动力水质模拟模型。根据水环境实时监测数据以及水环境安全评价结果，进行水环境安全预警并划分预警等级。具体的水环境安全预警框架见图 9.1。

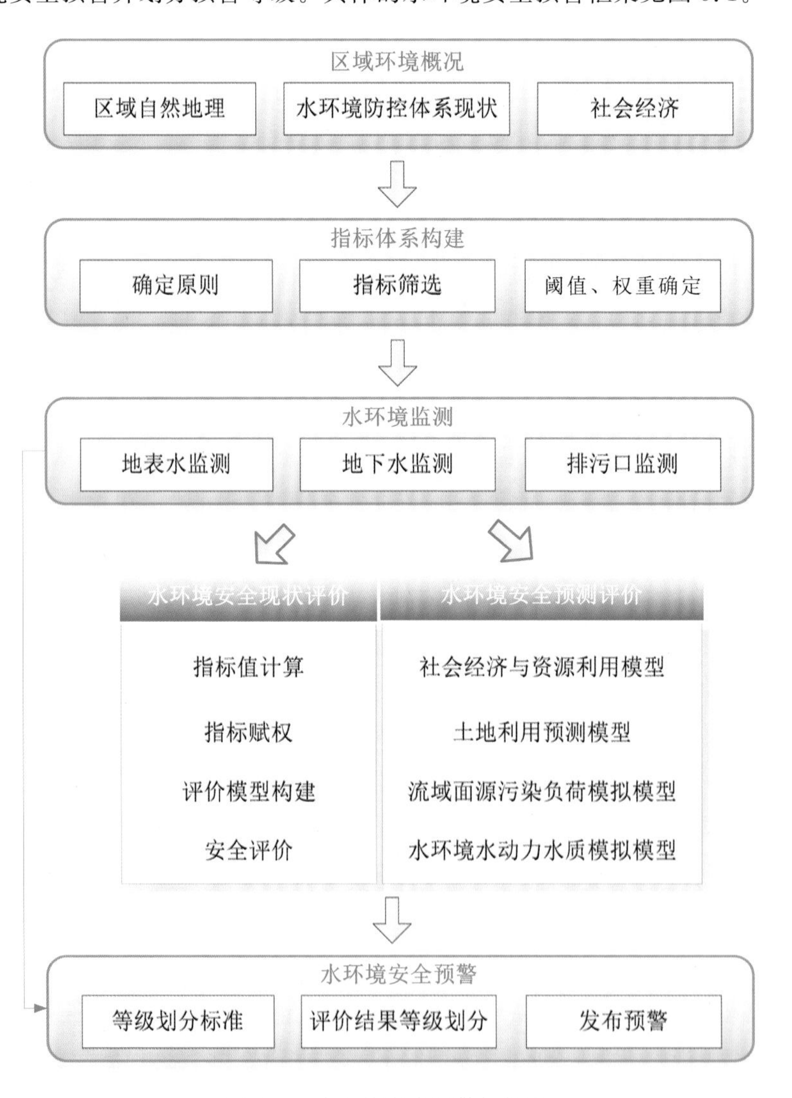

图 9.1　水环境安全预警框架图

二、水环境安全预警实现方式

水环境安全预警主要从水环境监测、水环境安全评价、水环境安全预警三个方面实现。

水环境监测是对重点污染源在线监控数据和水质自动站的数据开展实时分析，对超标水质进行预警，以便为水环境安全现状及未来的预测评价提供数据支撑，并对区域或流域水环境发展趋势进行分析预测。水环境安全监测主要从地表水、地下水以及排污口的水质水量监测三个方面开展。

水环境安全评价的主要任务是建立评价指标体系并选用合适的评价方法开展水环境安全评价。指标体系建立包括指标选取及阈值、权重确定。水环境安全评价就是根据所建立的评价指标体系，选择适当的评价方法和模拟预测模型作为主要的测算手段，将水环境风险和水环境状态予以定量化的关联，以便考察水体状态在致险因素影响下是否发生变化及如何发生变化。水环境安全预测即对区域或流域水环境发展趋势进行分析，找出影响其变化的主驱动力，以采取相应的预防或治理措施。

水环境安全预警根据监测及评价结果形成预警判断，提供警示信息，包括当前预警信息和变化趋势预警信息；若当前的状态超过预先设定的预警阈值时，便发出当前警示信息；若当前的状态没有超过预先设定的预警阈值，但在预先设定的时间范围内，变化幅度和恶化趋势超过预先设定的变化趋势阈值时，便发出变化趋势警示信息。进行水环境安全预警首先需要划分预警等级标准，接着根据预测结果划分并发布预警等级，以便根据预警等级开展相应的应急应对工作。

第二节　水环境监测

水环境监测通过适当的方法对可能影响水环境质量的代表性指标进行测定，以便及时、准确、全面地了解水体环境质量现状及发展趋势，为环境管理、环境规划、环境评价以及水污染控制与治理等提供科学依据。

水环境监测的对象可分为纳污水体水质监测和污染源监测。前者包括地表水（江、河、湖、库、海水）和地下水，后者包括生活污水、医院污水和各种工业废水，有时还包括农业退水、初级雨水和酸性矿山排水等。

我国水环境监测方法可以归为三类：①自动监测，执行生态环境部、美国环境保护署和欧盟认证的仪器分析方法，并按照生态环境部批准的水质自动监测技术规范进行。②常规监测，执行生态环境部批准的《地表水环境质量标准》。③应急监测，凡有国家认可标准方法的项目，必须采用标准方法，没有标准方法的项目，采用等效方法进行测定。

水环境质量标准是开展水环境监测的依据，没有标准也就无法判断水质的优劣及污染物的超标情况。我国常用的水环境质量标准有 GB 3838—2002《地表水环境质量标准》、GB/T 14848—2017《地下水质量标准》、GB 3097—1997《海水水质标准》、GB 5749—2006《生活饮用水卫生标准》、GB 5084—2005《农田灌溉水质标准》等。水环境监测方面的标准有 SL 219—2013《水环境监测规范》、SL 183—2005《地下水监测规范》等。在污染排放标准方面，我国颁布了 GB 8978—1996《污水综合排放标准》和近 20 多个行业的污水排放标准。

根据监测目的或服务对象的不同，监测站网可分成国界、跨省（自治区、直辖市）和设区市等行政区界、集中式饮用水水源地、其他各类水功能区、入河排污口、水体沉降物、水生态等专业监测网或专用监测网。监测站网规划应遵循以下原则。

(1)流域与区域相结合，区域服从流域，以流域为单元进行统一规划。

(2)与水文站网（雨量观测站网、地下水观测井网）规划、流域水资源综合管理规划和相关专项规划相结合。

(3)与当地经济发展水平相适应，以满足水资源管理的要求为目标，完善现有监测站网。

(4)应布局合理、作用明确、相对稳定、适度超前、避免重复，具有较强的代表性。

(5)与监测技术发展水平相适应，实验室监测、移动监测与自动监测相结合；常规监测、动态监测和应急监测相结合。

水环境监测的水质项目随水体功能和污染源类型的不同而有所差异，由于污染物种类繁多，达成千上万种，不可能也没必要一一对其进行监测。在实际操作中，通常根据实际情况和监测目的，选择环境标准中必须要求监测的以及那些影响大、危害重、分布范围广、测定方法可靠的环境指标项目进行监测。根据 SL 219—2013《水环境监测规范》中的规定，河流的监测要素中，必测项目为 24 项，选测项目为 17 项；湖泊水库的必测项目为 27 项，选测项目为 16 项；饮用水源地必测项目为 32 项，选测项目为 80 项；地下水必测项目为 25 项，选测项目为22项。入河排污口按工业废水、生活污水、医疗污水、市政污水(含城镇污水处理厂)以及农业废水五类进行监测,监测要素按SL 219以及GB 8978中的相关要求执行。

在水环境监测领域,针对不同流域和管理需要,一般采取常规监测和水质自动监测相结合的方式,以提高监测的有效性,更好地开展监测数据分析,为水环境安全提供保障。随着环保产业的发展及物联网概念的兴起,将物联网与环境监测融合已成为环境监测与管理新的发展趋势。常规监测响应时间长,监测频次有限,但监测参数全面且分析结果精确;自动在线监测投资运行成本高,但监测及时、预警能力强。物联网将自动监测和常规监测手段结合起来,充分利用传感器技术、射频技术、无线通信技术等,快速有效获取大范围(甚至是整个水域)水质信息并对这些信息进行综合挖掘利用,做出有效的评价。

第三节　水环境安全评价

由于水环境系统涉及不同时空尺度下自然界中水的形成、运移和转化等复杂过程,再加之影响水环境系统的因素也形式各异,所以难以直接对水环境的安全状况进行评价。一种合适可行的办法是将水环境安全状况影响因素按照不同类别进行主题化分类。针对不同的水环境安全主题,可以构建不同的评价业务,即每一个水环境安全主题对应一套评价指标体系、权重计算方法以及评价方法。主题化、业务化的方式便于有针对性地对水环境安全的某些致险因素进行评价,也方便对不同的主题评价结果进行进一步的综合评价。

一、水环境安全评价指标体系

涉及方面众多的水环境安全评价是复杂的决策评价,因此其指标结构也必定复杂。若选择少量关键指标则不能涵盖复杂问题的方方面面,代表性差;若照顾到各个方面而选择大量指标,则加权困难,指标变化对整体评价结果影响较小,结果不能准确表达问题的复杂。对于复杂的决策评价问题,将其分解为多个简单的主题,不仅能够把复杂问题形式化、结构化、相对简化,而且能够更透彻地分析问题,从多方面辨证地看待问题,有针对性地提供支撑决策。

水环境安全评价指标体系构建可以从水资源管理所涉及的业务出发,将水环境安全进行主题化分类,然后针对各个主题构建指标体系。例如从水资源的水质水量安全、兴利除害安全、可持续利用安全等角度出发，形成若干主题，继而进一步梳理这些主题的业务，再得到若干子主题。当水环境系统中出现新的安全问题时，可以将其抽象概括，形成新的主题，以构建不断丰富完善的评价主题库。水环境安全评价的主题化示例如图 9.2 所示。

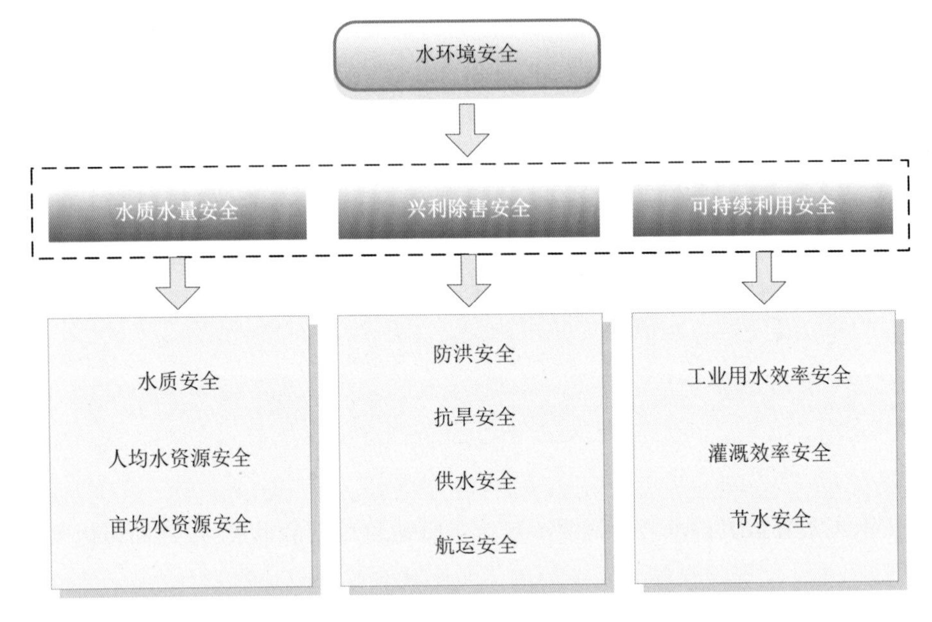

图 9.2　水环境安全评价主题化示意图

水环境安全主题化之后更有利于指标体系的构建，通常选取与评价的主题对象直接相关的要素作为评价指标，包括正向和逆向的影响要素。例如构建水质安全主题的评价指标体系，可根据国家或者地方颁布的地表水环境质量标准、地下水质量标准、灌溉水质标准等指南，进行指标筛选与构建。进行水资源量安全评价时则可充分考虑地区的水资源状况，结合水资源对于居民生活、生态保护、经济发展的影响，视指标对水环境安全的影响程度、获取的难易程度、量化的难易程度构建指标体系。

总体来说，主题具有明显的业务特征，不同主题之间也具有明显的边界，这样更加有利于指标体系的梳理构建。总之，只要遵循科学性、系统性、可操作性、动静结合、定性与定量结合等原则，所构建的指标能够在一定程度上反映水环境安全在特定主题之下的安全状况。

二、水环境安全评价方法

传统的水环境安全评价方式是统筹考虑指标体系中各个指标对水环境安

全的影响,再进行综合评价。这种方式需要首先确定各个指标的权重,然后进行综合评价,最后再根据安全等级标准,判定水环境安全等级,这样有利于对水环境安全的综合判断。但是该方法概括性太强,不能直接判定不安全诱导要素,且权重计算和评价方法的选择对结果的影响较大,其评价结果也容易受到主观思想的影响。综合评价中关键的一项工作是确定指标权重,一般常用的指标权重计算方法有专家估测法、污染物超标倍数法、熵权法、层次分析法等,也可以采用组合赋权的方式,来吸收每类方法各自的优势,使确定指标权重更加客观合理。在确定指标权重的基础上,根据评价主题的特征,需要选用合适的评价方法进行评价,目前常用的综合评价方法有综合指数法、模糊综合评价法、未确知测度法等。除综合评价之外,还可以对影响水环境安全的要素进行对比评价,可与要素标准值、上一时段的水平、历史平均水平或者行业最高水平进行比较。这种评价方式的好处是能够直接确定不安全诱因及不安全程度,评价结果也客观真实。缺点是指标众多,可能产生冗余的评价结果,不利于对相关主题的不安全程度进行综合判断。

为了动态地识别出水环境安全隐患,可以采用在线评价的方式对不同的主题进行安全评价。在线评价将水环境安全的时空变化特征作为评价对象,进行连续评价。其目的是解决水环境安全的动态性和人工决策之间的相互影响,基本思想是将评价与决策进行耦合,即通过评价识别问题进行决策,决策后再评价,反馈决策效果。在线评价是为了解决传统评价模式的可操作性低、难以实现动态、无法支撑决策需求等缺陷提出的,是一个能够灵活面对复杂问题动态变化的决策调整过程。值得一提的是,如果采用综合评价模型对水环境安全状况进行在线评价,会隐藏事情动态发展过程中的细节变化,不利于探寻问题所在。而采用对比评价的方式进行在线评价,可以识别出局部问题所在、导致问题的原因以及问题的严重程度,以便为决策提供更多的细节支撑。

在线评价是在决策过程(决策方案的制订→决策方案的实施→实施效果的总结)的三个阶段分别进行实时评价,评价结果的即时反馈可以支撑决策方案的即时调整。在线评价模式是以问题(如水污染问题、水灾害问题、缺水问题等)为导向,以主题(如防洪抗旱安全、水土保持安全、水资源利用效率安全)为驱动,以支持决策为目的(决策者的关注点包括完成度、成本、合理性、可行性等),通过滚动评价决策模式"评价→反馈→决策→再评价→再反馈"不断积累经验。在线评价在水环境安全预警流程中的应用环节见图9.3。

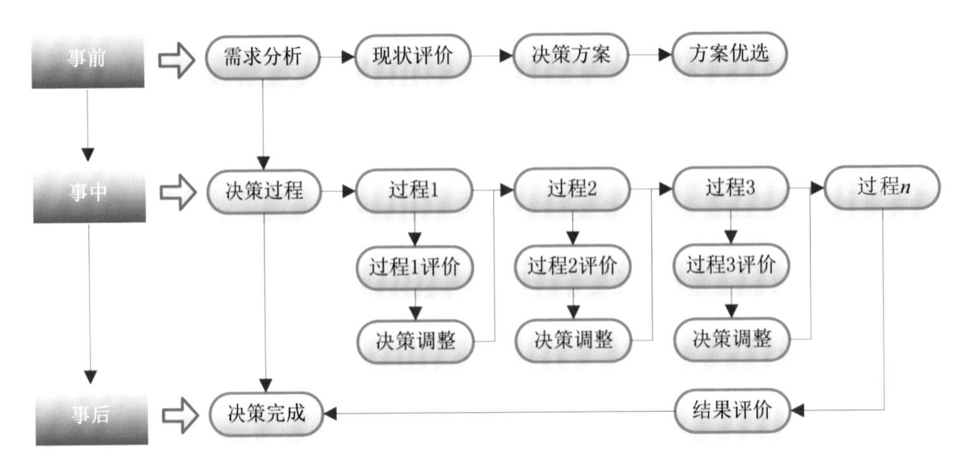

图 9.3　在线评价模式框架图

三、水环境安全预测

在水环境安全评价中不仅需要对现状进行评价，有时候还需要对未来的水环境安全状况进行评价，以便对未来的水环境安全状况做出渐变式预警。水环境安全预测评价与现状评价一样，也采用主题化的形式，将水环境安全细分为若干主题，针对某一主题建立评价指标体系，进行安全评价。指标体系构建思路、权重计算方法、评价方法与现状评价思路相同，评价模型的构建模式也相同，唯一不同的是，预测评价需要先对未来的指标值做出预测，然后再在预测值的基础上进行水环境安全评价。

针对不同水环境安全评价主题，需采用不同的预测方法进行预测，对于与经济社会相关的用水量、用水工艺、用水效率等指标，可用现状值乘以一定的发展系数，例如经济发展速度、人口增长速度等，获得未来的预测值。也可以采用灰色预测模型、ARMA 模型等数学模型进行预测。对于天然水资源量则可采用常用分布式水文 SWAT 模型、决策树、神经网络等物理水文模型和统计模型进行预测。对于短期的水质则可以采用水动力水质模型进行模拟预测。

四、突发性水污染风险评价

风险评价是估测或计算风险发生的概率，对风险可能带来的损失和危害后果进行判断和评估，得到各类风险源可能造成风险的程度，与相应的风险标准进行对比，判断风险的可接受性过程。

突发性水污染风险评价的指标体系设计需能够反映某地区或流域以突发

性水污染为主要控制因素的生态、社会经济、水资源和水环境协调发展的现状和趋势，风险评价指标应涉及生态环境破坏程度、污染事件的影响类别、影响范围、污染持续时间、对水质影响程度等方面。

针对突发水污染事件风险源而构建的指标体系能使管理者更好地了解流域风险源的分布情况，明确风险产生的根本原因。了解各因素对风险产生的重要性是对突发水污染事件进行管理和决策的基础。指标体系的确定通常要考虑到科学性、可操作性、相对完备性、相对独立性以及针对性，尤其是要选取能够反映该区域环境风险相似性或差异性的指标。构建的指标体系应既能反映风险发生的过程，又符合“无遗漏，不重复，重要性”的选取原则。根据流域突发性水污染风险评价指标体系的理论构建依据，以压力（风险源）、状态（风险受体）、响应（风险控制机制）三方面的具体表征指标为代表，同时需考虑数据的可获得性和可操作性，确定具体表征指标。其中风险源方面可以考虑沿河危险企业数、废水排放去向、企业距河远近、沿河公路数、跨河桥梁数等指标；风险受体方面可以考虑敏感保护区、暴露人口数量、支流个数等指标；风险控制机制方面主要考虑企业自身管理水平、事故应急处理机制、社会经济水平等指标。指标体系的权重可以通过分析整理专家估测法权重结果与频数统计法权重计算结果确定，各指标的等级划分可以依据相关国家标准，结合专家判断法与经验法加以确定。

第四节　水环境安全预警

一、预警等级

流域水环境安全预警的目的主要是通过对流域水环境预警的研究，实时预报水环境变化情况，使决策部门根据预警结果进行水环境安全决策，干预水环境发展方向，以避免出现严重水质污染事件，确保用水安全和环境卫生，减轻或防止未来可能的污染源对生物圈和社会产生的影响，从而达到社会效益、环境效益、经济效益的统一。

水环境安全预警可以根据研究对象的时空范围、预警方式、预警目的等分为不同的类型。在实际研究中，一般根据警情的发生状态将其分为渐变式预警和突发性预警两类。渐变式预警，即水环境出现危机或警情达到较长时间的潜伏和演化，经过时空累积效应才体现出来；突发性预警，即水环境出现危机或警情但事先没有任何征兆，是在某一时间突然出现的。渐变式预警注重对环境影响因子的变化趋势进行分析、预测，并考虑未来多种不确定因素的影响。突发性预警则要求系统能在规定的时间内提供即时预警信息，满足预警的时效性。

参考区域生态安全评价标准，水环境安全预警等级可划分为五级，如表 9.1 所示。

表 9.1　水环境安全预警等级表

安全等级	表征状态	指标特征
Ⅰ红色预警	非常不安全	水系统严重受到破坏，服务功能丧失，生态状况很难逆转，水灾害时常发生
Ⅱ橙色预警	不安全	水系统受到较大破坏，服务功能严重退化，自我恢复困难，水灾害较多
Ⅲ黄色预警	较不安全	水系统受到一定破坏，服务功能有所退化，受干扰后可恢复，水灾害时有发生
Ⅳ蓝色预警	较安全	水系统服务功能基本保证，系统基本未受到破坏，自我恢复能力强，水灾害偶有发生
Ⅴ绿色预警	安全	水系统服务功能基本完整，系统未受到破坏，系统恢复再生能力强，水灾害少

二、预警机制及流程

水环境安全预警机制主要包括风险信息识别、安全状况评价、预警等级划分和预警信息发布，流程见图 9.4。

(1)风险信息识别。基于布设的监测系统，对监测点的实时监测信息进行分析，在结合历史数据资料的基础上，进行风险因子的筛选，从而确定水环境安全风险信息的来源。

(2)安全状况评价。基于事故诱因将水环境预警分为渐变式和突发式。两种预警方式均可通过已经建立的相适应的评价指标体系，选择对应模型进行评价。

(3)预警等级划分。根据评价的结果与相应的预警等级标准进行匹配，获取预警等级及预警内容。

(4)预警信息发布。根据预警等级的判断结果，进行预警信息的发布。

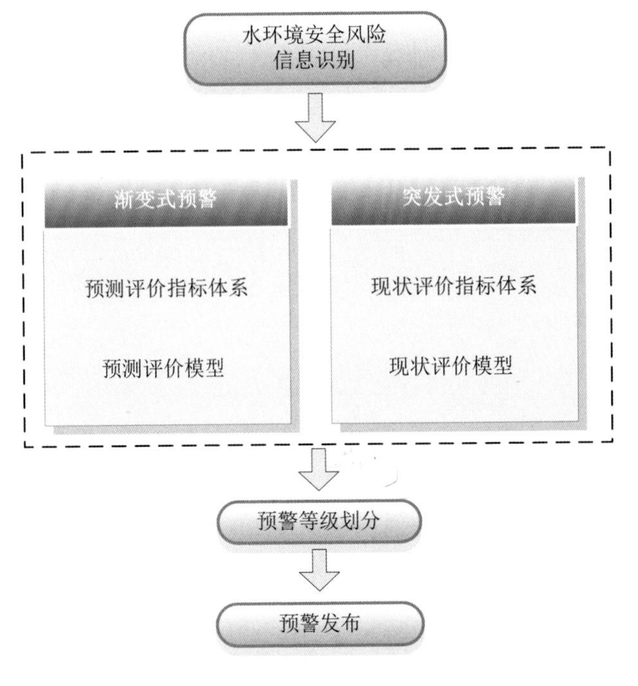

图 9.4　水环境安全预警机制流程图

第五节　水环境安全预警系统设计

水环境安全预警系统是对水环境不安全状况进行警兆识别，通过现状与评价结果分析警情、警源的变化，利用定量、定性结合的预警模型确定其变化的趋势和速度，以形成对突发性或长期性警情的预报体系，从而形成达到排除警患为目的的系统。

一、系统总体框架

水环境安全预警系统主要包括综合查询、共享及数据管理、水环境安全信息发布、基础数据分析、监测预警、预测评价六个模块(图 9.5)。

从层次结构上来看，水环境安全预警系统主要围绕数据库层、组件服务层、集成应用层三个层次进行设计，各个层次系统的功能模块与逻辑关系分述如下。

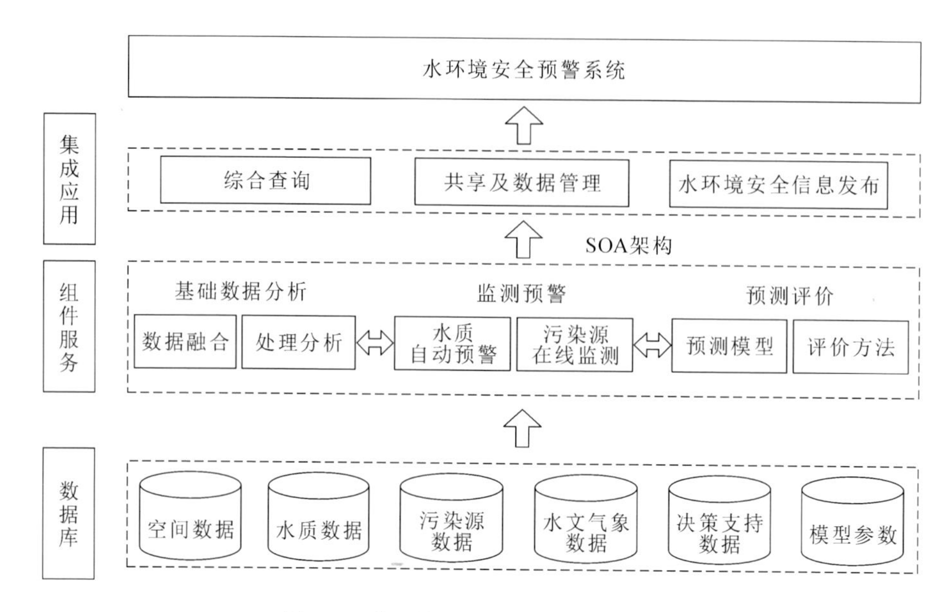

图 9.5　水环境安全预警系统总体框架

数据库层：主要建设水环境安全预警系统的基础数据库、模型参数和决策支持库。内容主要由基础空间数据、水质监测数据、污染源数据、气象水文监测数据、决策支持数据、模型参数等组成。

组件服务层：①水环境基础数据分析：一方面，通过综合查询系统实现对不同的水质断面环境水质状况和超标情况进行查询，另一方面，可组合查询流域内、区域内的污染源年度排放统计信息，为预警平台日常运行和渐变式预警提供可靠的数据支持。②水质监测预警：属于突发式预警，主要对重点污染源的在线监测和水质自动站的实时数据进行实时分析，对于超标水质进行报警。③预测评价：属于渐变式预警，利用预测模型对各评价指标值进行预测，对区域或流域水环境发展趋势进行分析，找出影响其变化的主驱动力，并进行评价及预警。

集成应用层：根据水环境管理应用需求，可划分为日常的信息综合查询、共享与数据管理、水环境安全信息发布。

二、系统功能框架

水环境安全预警系统包括综合查询、基础数据分析、监测预警、预测评价、水质安全信息发布、共享及数据管理六个模块，主要实现基础信息管理及水环境安全预警两个方面的功能。基础信息管理包括信息综合查询、数据分析、信息发布共享等；水环境安全预警分为渐变式预警和突发式预警两种模式。系统功能模块划分见图 9.6。

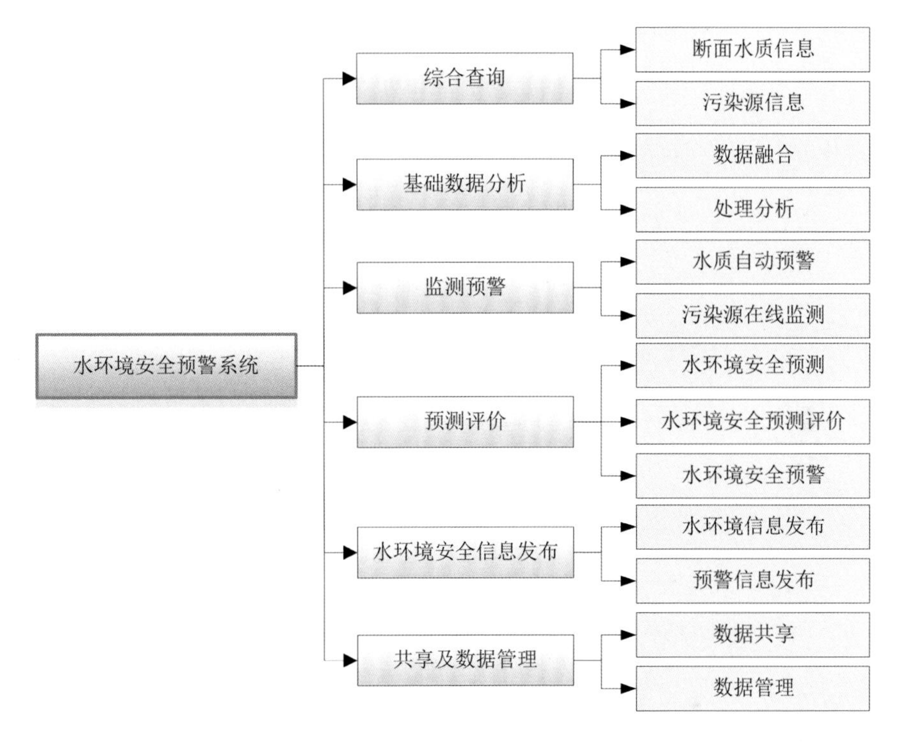

图 9.6　水环境安全预警系统功能模块图

三、系统构建模式

水环境安全预警系统以综合集成平台为基础，由主题库、知识图库、组件库构成。构建水环境安全预警系统首先需要建立水环境安全预警业务数据库，为业务管理提供数据支持；其次确定业务主题，通过主题驱动的方式进行业务流程化分析，将业务流程概化为知识图，进行知识可视化描述；最后根据概化的业务流程划分业务组件，实现业务功能，完成业务管理流程化、可视化的应用。系统构建可具体分为组件划分与开发、服务发布、知识图绘制、业务组件定制、组件的添加及系统运行等几个步骤。

(1)组件通常按照业务流程进行划分，将水环境安全预警的每个部分分割为一个个组件，通过编程实现其功能，每个组件可独立运算。例如水环境安全预警系统组件可划分为水质监测组件、水环境安全预测组件、水环境安全评价组件、水环境安全预警组件等等。

(2)服务发布是将应用程序封装成 Web Service 标准形式，然后将 Web Service 部署到服务器上，并在 JUDDI 上注册和发布。

(3)知识图是将非结构化和半结构化信息转化为结构化信息的知识管理方法，是通过节点、链接和相关文字标注描述异构信息源概念、联系之间的层次逻辑关系，从而构建的一种知识与知识之间的关系网。构建业务系统首先必须熟悉业务的基本流程，基于综合集成平台，采用知识图的方式绘制业务流程。

(4)组件开发、发布之后即可进行定制，组件定制好后，只需将组件添加至知识图即可运行。

第六节　水环境安全预警系统实现

一、系统实现的关键技术

(一)综合集成平台

由于传统水环境安全预警模式在实际应用中存在着数据量大、计算过程复杂等问题，使得其在应用方面缺乏通用性、可操作性，且不易推广，而根据水利行业标准《水利信息处理平台技术规定》(SL 538－2011)设计和建设的知识可视化综合集成支持平台，能够为水环境安全预警系统应用提供有效的技术支撑和工作平台。此平台与传统平台不同之处在于它没有具体业务功能，这是由于该平台体系框架是基于面向服务的体系架构设计的，所有的业务应用都是以知识图、组件的方式，通过面向服务的体系结构(SOA)、Web Service 技术被实现。采用 SOA 体系可有效提高组件的重复利用率及灵活性，能使用户避开烦琐的代码，仅需制定相关业务组件便可组织业务应用。Web Service 是配合实现 SOA 技术的集合，能实现不同系统间的相互调用，实现了基于 Web 的无缝集成目标。

(二)知识可视化技术

业务系统的开发采用图形化编程方式。通过知识图，以主题的方式来描述和组织应用，把复杂、烦琐、费时的语言编程简化成菜单或图标提示的模式。通过选择带有可视化描述特征的组件，用线条把各种业务组件连接起来，如图9.7所示。把服务组合框架和工作流引入到应用框架中，通过业务编排形成与服务对应的作业模型，以数据流作为水环境安全预警系统的编程方式，程序框图中节点之间的数据流向决定了程序的执行顺序(图标表示任务，连线表示数据流向，产生的程序为框图形式），实现上级业务组件输入流与下级业务组件输出流的对接，以数据流模式完成业务组件之间的数据信息交换。通过业务组件内部的算法来处理数据信息，形成一种以专业主题为特色，以个性化服务为特征，可编辑、可重用、机制灵活的业务服务环境，如图 9.8 所示。

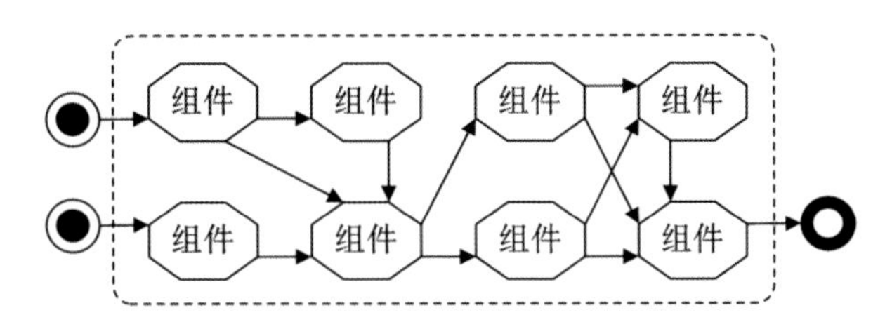

图 9.7　业务组件编排示意图

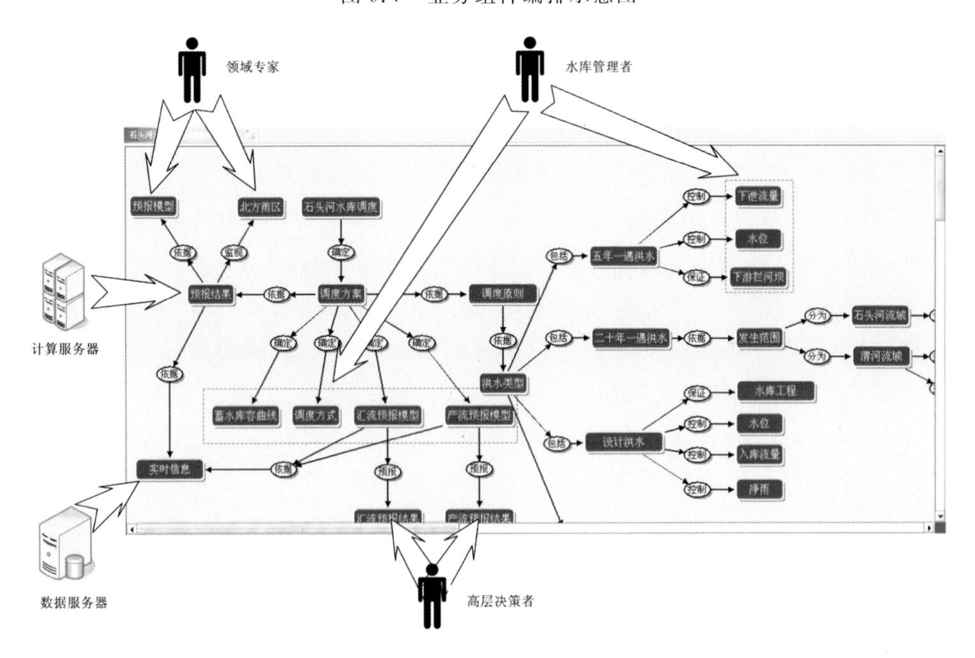

图 9.8　知识可视化服务图

（三）组件开发技术

1. 组件技术

组件具备复用、封装、组装、定制、自治性、粗粒度、集成和契约性接口的特征。组件的这些特征，使得其在应用开发方面具有以下特点：软件重用和高度的互操作性、细节透明、接口的可靠性、良好的可扩展性、即插即用以及与开发工具语言无关，所以易于实现系统组件的替换与集成，提高了系统的开发效率和可维护性，缩短了系统的开发周期。

组件具有以下特点。

(1)重用性和互操作性强。重用是组件的最大特色,指完成某一系统时,多个模块的软件可以重复利用,而不需要重新写代码实现。

(2)实现细节透明。组件在运行过程中,输入和输出接口是完全透明的,它的实现和功能完全分离,因而对于应用组件来说,只关心输入和输出两个接口即可,无须关心组件内部。

(3)良好的可扩展性。每个组件都是独立的,有其独有功能,若需要组件提供新的功能,对组件来说,只需增加接口,不改变原来的接口,即可实现组件功能的扩展。

(4)即插即用。组件的使用就类似搭积木,可以随时搭建,随时使用。

(5)开发与编程语言无关。开发人员可以选用任何语言的开发组件,只要符合组件开发标准,组件编译后就可以采用二进制形式发布,避免源代码泄漏,保护开发者的版权。

2. Web Service 技术

Web Service 是一种组件技术,其采用 XML 格式封装数据,对自身功能进行描述时采用 WSDL。同时,要想使用 Web Service 提供的各种服务,必须进行注册,可以使用 UDDI 来实现,组件之间数据的传输是通过 SOAP 协议进行的。Web Service 与平台以及开发语言无关,无论基于什么语言和平台,只要指定其位置和接口,就可以在应用端通过 SOAP 实现接口的调用,同时得到返回值。

虽然传统的组件技术,如 DCOM,也可以进行远程调用,但其使用的通信协议不是 Internet 协议,就会有防火墙的障碍,也不能实现 Internet 共享。并且它们由不同公司设计,采用规范不一致,因而不能通用。

Web Service 主要建立在服务提供者、请求者和注册中心之间相互交互的基础上,交互的内容主要有查找、发布和绑定。三者之间关系如图 9.9 所示。

3. SOA 架构

面向服务的体系结构(SOA)是一个组件模型,它可以通过服务定下良好的接口和契约,将应用程序的不同功能单元联系起来。

SOA 强调将现存的应用系统集成,而且以后开发的新系统也要遵循相关的规则。从应用开发分工来看,组件在应用开发中往往扮演服务组装与实现角色,而 SOA 则是表现层的软件组件化。

二、系统功能实现及实例

(一)系统实现

组件开发、服务发布完成后,就可以基于综合集成平台搭建水环境安全预

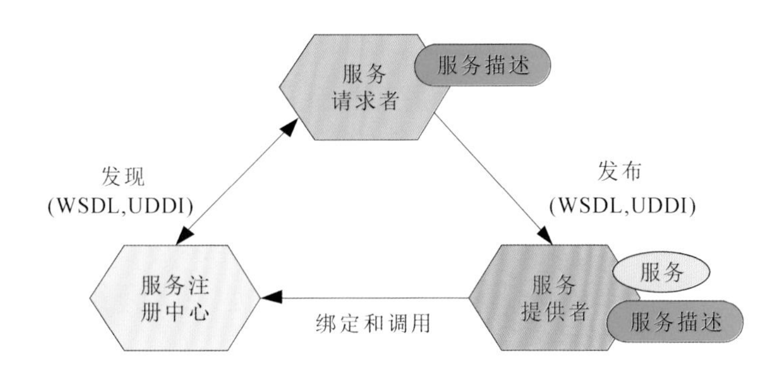

图 9.9　Web Service 体系结构

警系统。用户只需要根据自己的需求绘制知识图，添加相应组件即可实现仿真系统的搭建。具体步骤如下。

1. 流程知识图的绘制

构建水环境安全预警系统，首先需要了解水环境安全预警的基本流程，基于综合集成平台，运用知识图绘制动态计算流程图，绘制过程如图 9.10 所示。

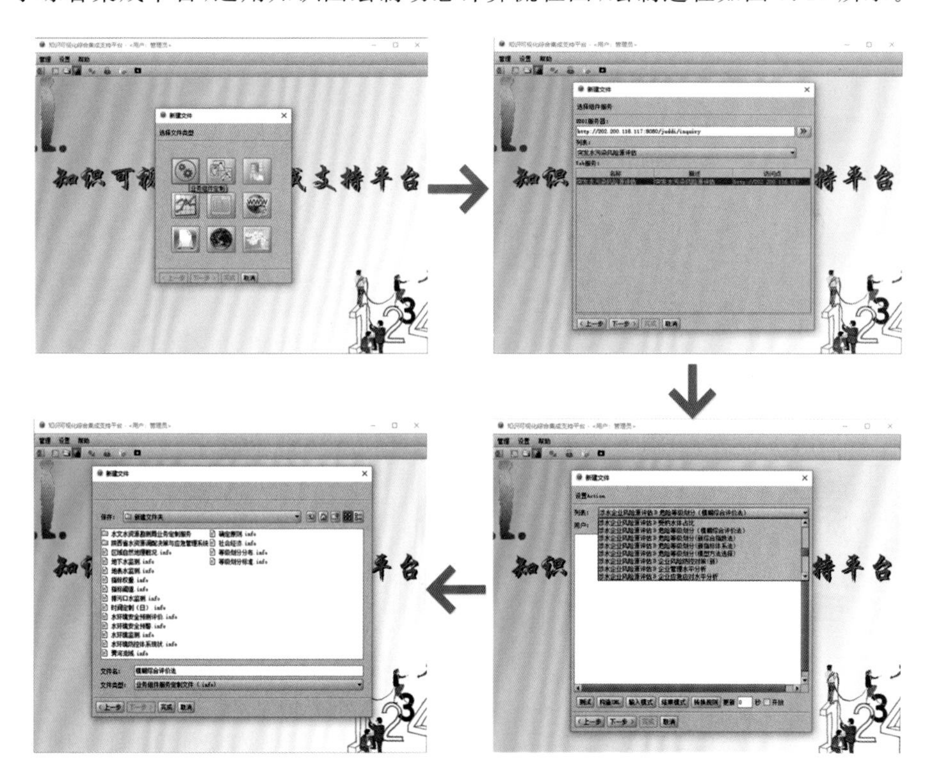

图 9.10　知识图绘制流程图

2.组件的定制

水环境安全预警组件定制的具体步骤如下。

(1)选择水环境安全预警组件定制,进入计算组件库。

(2)在组件库中选择需要的组件,如选择水环境安全评价组件,然后进入下一步。

(3)如果选择的组件需要构造 XML,则点击“构造 XML”按钮,在弹出框中选择相应的信息,再点击确定即可;如果选择的组件不需要构建 XML,只需选中“开放”,然后点击下一步。

(4)输入组件的名称,确认后一个组件就定制完成,组件以 info 文件形式保存。

组件的具体定制过程如图 9.11 所示。

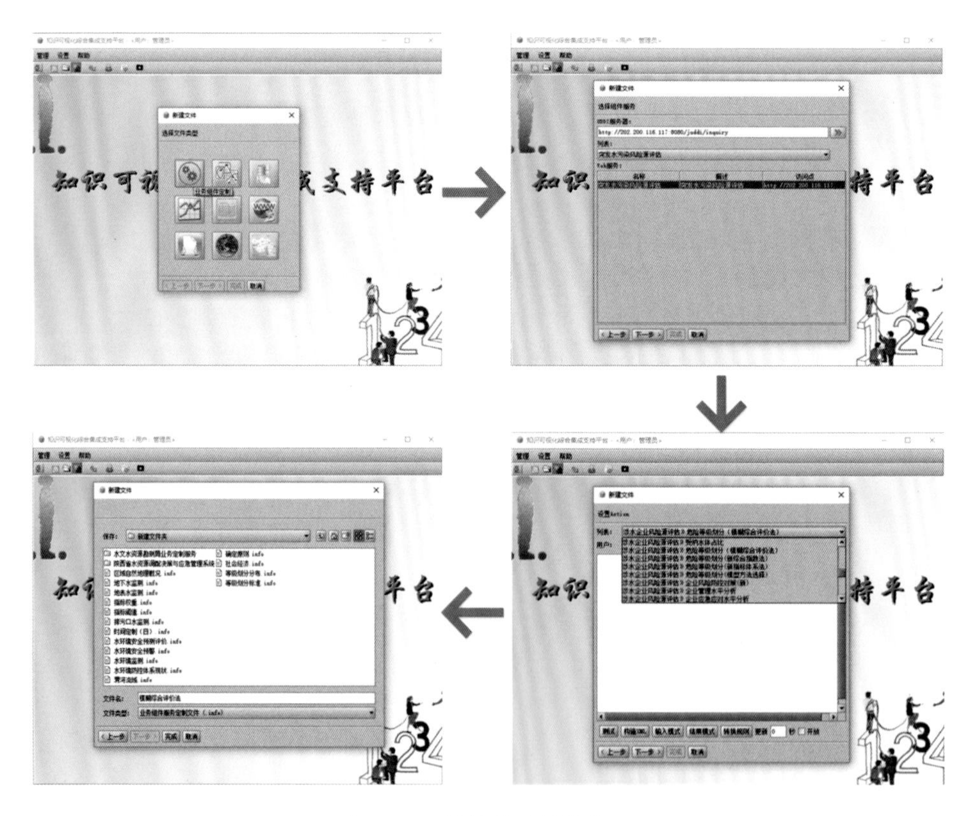

图 9.11　组件定制的流程图

3.组件的添加及系统运行

水环境安全预警组件定制好后,只需要将定制好的组件添加到知识图中相应的节点即可运行。组件的添加以及系统运行过程如图 9.12 所示。

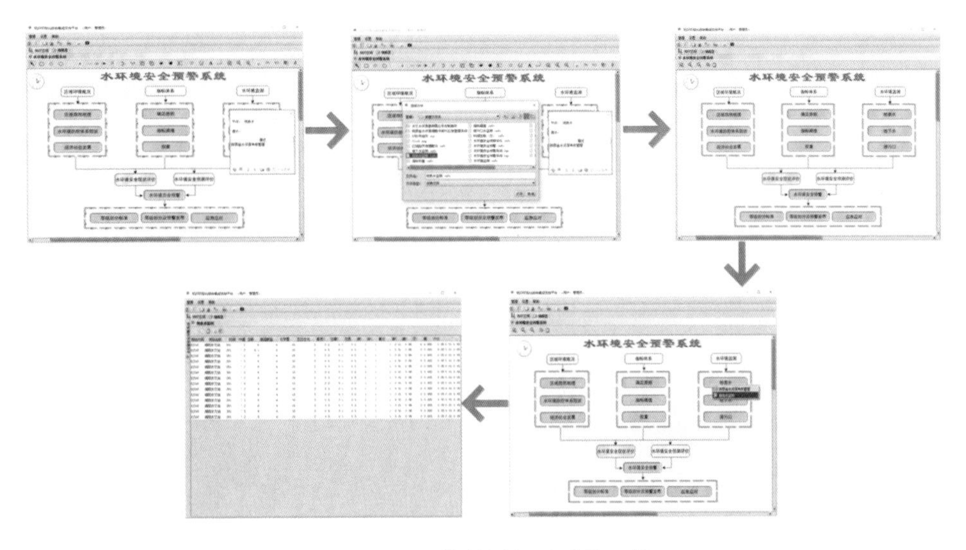

图 9.12 组件的添加及系统运行

(二)实例应用

本书以渭河流域为研究案例,搭建水环境安全预警系统。系统实现的功能有区域水环境安全概况调查分析、指标体系构建、水环境监测、水环境安全现状评价、水环境安全预测评价及水环境安全预警等。以下分别对此进行介绍。

1. 区域水环境安全现状调查分析

由于水环境安全不仅涉及水循环系统,还涉及经济社会的发展,以及经济社会发展对水环境的影响,所以进行水环境安全评价时,有必要对当地的自然地理概况、水资源条件、气候特征、经济社会发展以及水环境安全的预警防控体系的构建水平做出定期的调查分析,以便为水环境安全预警打下基础。该部分功能在水环境安全预警系统中的实现如图 9.13 所示。

2. 指标体系构建

水环境安全涉及的影响因素众多,本案例从水资源安全、水生态环境安全、防洪抗旱安全三个目标出发,建立复合指标体系,并对每个目标的控制指标进行分析。其中水资源安全涉及水资源量、水资源利用效率、节水工艺等;水生态环境安全则与水质、水土保持、森林覆盖率等因素相关;防洪抗旱安全则反映了洪水灾害和干旱灾害的受灾状况,可以从受灾面积、水利工程的防洪兴利库容以及堤防工程对区域的保护能力出发,构建指标体系。将定性的指标定量化,然后查阅相关的规范标准确立指标的阈值,然后采用专家打分法、熵权法、层次分析法结合的方式确定指标权重,进一步为水安全评价奠定基础。系统功能的

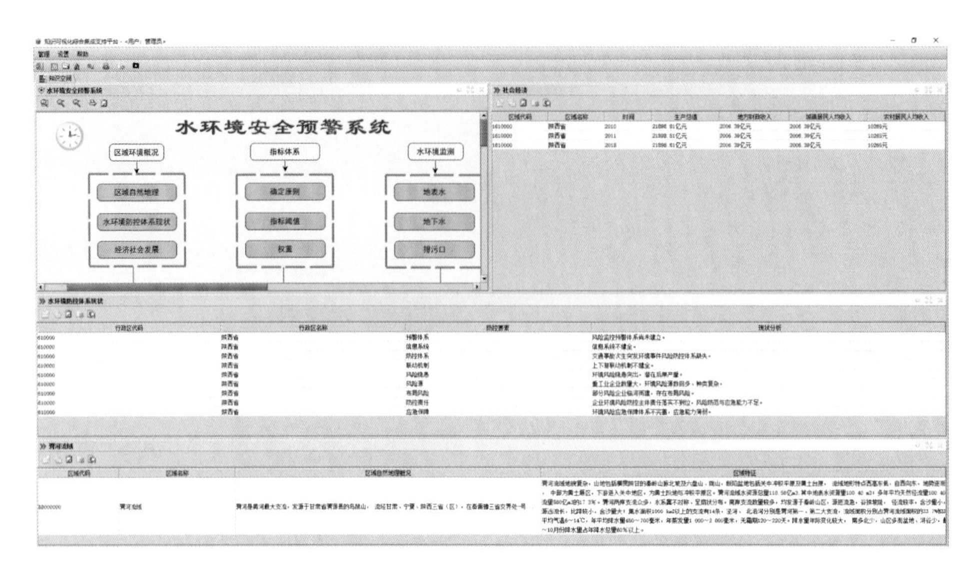

图 9.13　区域水环境安全现状调查结果展示

实现如图 9.14 所示。

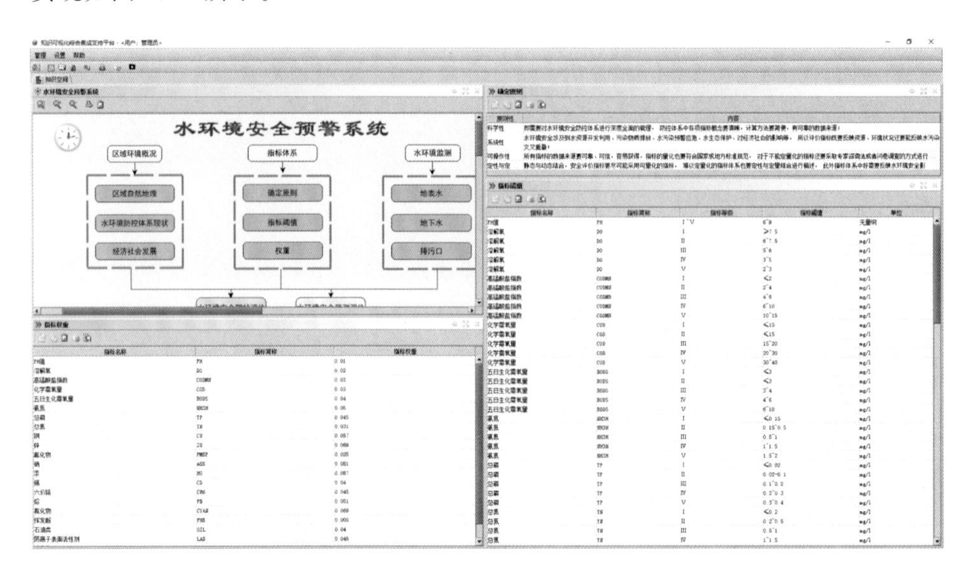

图 9.14　评价指标体系构建结果展示

3. 水环境监测

水环境安全评价离不开水环境监测，本系统实现了对研究区域水质和水量的监测评价，其中水质监测评价包括对地表水、地下水以及排污口各项污染物的监测，并根据河流不同水文条件计算出各河段的纳污能力。系统功能实现如图 9.15、图 9.16 所示。

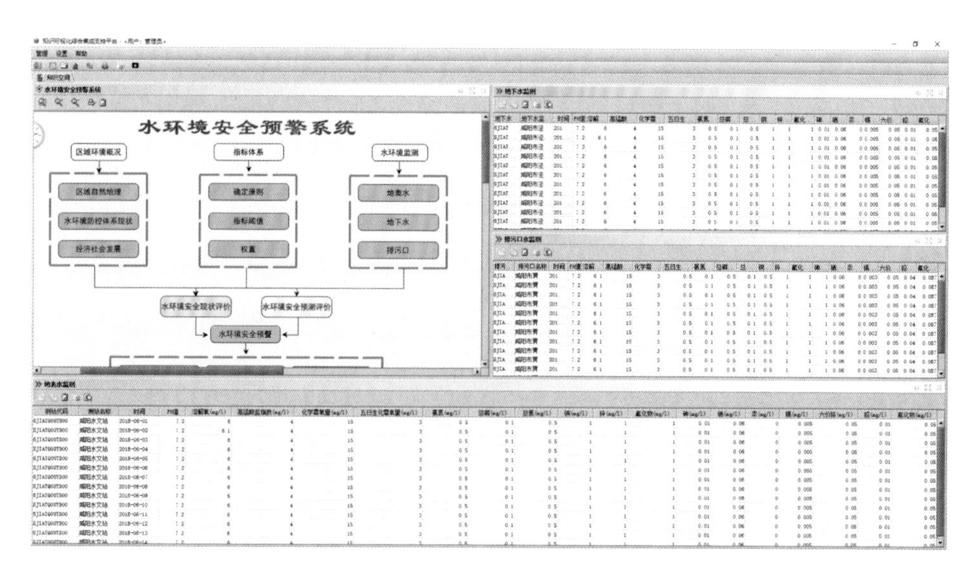

图 9.15　水环境监测结果展示

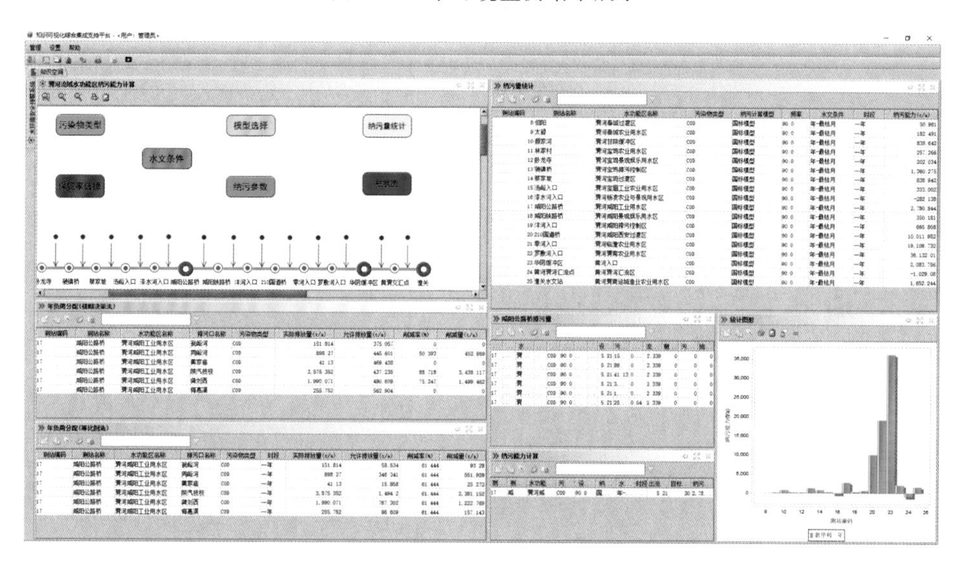

图 9.16　河流纳污能力计算结果展示

4.水环境安全评价及预警

在计算指标权重的基础上，根据指标的监测信息，本案例采用了模糊综合评价法、未确知测度法以及综合指数法，对水环境的安全现状和预测情况进行评价，并根据指标值以及指标权重的大小，找出对水环境安全影响最大的若干指标，这样可以有针对性地为水环境安全问题应对与解决提供决策支撑。然后根据评价结果划分预警等级，并发布预警信息。系统的功能实现如图 9.17

所示。

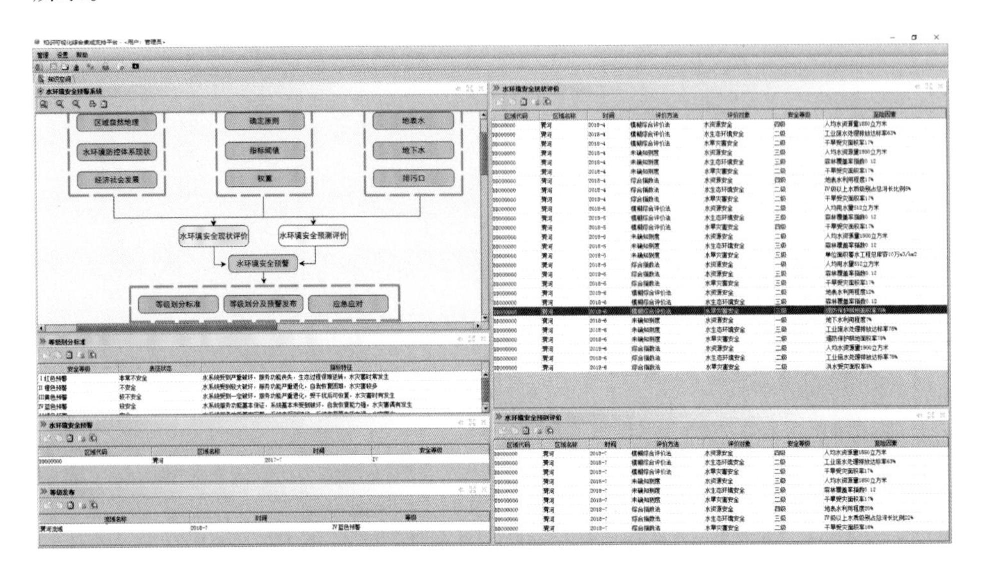

图 9.17　水环境安全评价及预警结果展示

参考文献

[1]陈晨,罗军刚,解建仓.基于综合集成平台的水资源动态配置模式研究与应用[J].水力发电学报,2014,6:68-77.

[2]窦明,左其亭.水环境学[M].北京:中国水利水电出版社,2014.

[3]高娟,李贵宝,华珞.地表水环境监测进展与问题探讨[J].水资源保护,2006,22(1):5-8,14.

[4]宫继萍,石培基,魏伟.基于BP人工神经网络的区域生态安全预警:以甘肃省为例[J].干旱地区农业研究,2012,30(01):211-216,223.

[5]贾桂林,刘美岑,曾宝国,等.基于物联网的水质在线监测系统设计[J].物联网技术,2012(12):81-83.

[6]解建仓,罗军刚.水利信息化综合集成服务平台及应用模式[J].水利信息化,2010(4):18-22.

[7]李淑祎,王烜.水环境安全预警系统构建探析[J].安全与环境工程,2006,13(3):79-82,86.

[8]李伟伟.流域水环境安全预警预测方法研究[J].资源节约与环保,2016,11.

[9]梁艳,俞旭东,谢凯.基于物联网的水环境监测及分析系统[J].环境科技,2014,27(5):62-65.

[10]刘定一,郑逢斌,乔保军,等.基于SOA企业级架构的水利防御平台设计[J].微计算机信息(管控一体化),2010,26(6-3):40-42.

[11]吕宏伟.SOA体系结构中的Web Service技术[J].电脑编程技巧与维护,2010(4):75,78.

[12]蒙海涛,张骥,易晓娟,等.物联网技术在环境监测中的应用[J].环境科学与管理,2013,38(1):10-12,86.

[13]冉圣宏,陈吉宁,刘毅.区域水环境污染预警系统的建立[J].上海环境科学,2002,21(9):541-544.

[14]石为人,李渊,邓春光,等.基于AHP的水环境安全风险评估模型设计及实现[J].仪器仪表学报,2009,30(5):1009-1013.

[15]王春燕,黄德彬.水环境监测的方法分析[J].环境科学,2006(11):477-479.

[16]王蕾,解建仓,罗军刚.水库优化调度模型组件化及集成应用模式[J].水电能源科学,2011,29(7):42-45.

[17]徐敏,孙海林.从“数字环保”到“智慧环保”[J].环境监测与管理技术,2011,23(4):5-7,26.

[18]俞露,陈吉宁,曾思育,等.区域水环境安全预警系统框架的建立及应用[J].环境监测管理与技术,2005,17(6):7-10.

[19]岳昆,王晓玲,周傲英.Web服务核心支持技术研究综述[J].软件学报,2004,15(3):428-434.

[20]曾畅云,李贵宝,傅桦.水环境安全的研究进展[J].水利发展研究,2004,(4):20-22.

[21]张刚,解建仓,罗军刚.洪水预报模型组件化及应用[J].水利学报,2012,42(12):1479-1486.

[22]詹晓燕,薛生国,张建英,等.环境安全预警系统的研建[J].环境污染与防治,2005,27(4):290-293.

[23]张艳军.基于SOA的三峡库区水环境安全预警平台集成[J].四川环境,2010,29(1):47-50,64.